煤炭院校特色应用型本科系列教材

MEITAN YUANXIAO TESE YINGYONGXING BENKE XILIE JIAOCAI

矿井粉尘防治及职业健康

主编　王亚军

中国矿业大学出版社

·徐州·

内容简介

本书是黑龙江龙煤矿业控股集团有限责任公司(下文简称黑龙江龙煤集团)与黑龙江科技大学合作编写的煤炭院校特色应用型本科系列教材之一,与《矿井通风》《矿井火灾防治》《矿井瓦斯防治与利用》等配套使用,书中系统介绍了粉尘的性质及来源、粉尘性质的测定技术、粉尘爆炸及防治方法、矿井粉尘的综合防治措施、煤矿注水的设计方法、煤矿主要职业危害及其防治方法和管理措施等。

本书可供高等院校安全工程、采矿工程及相关专业的本科生作为教材使用,也可供矿山工业领域的科研、设计、管理及工程技术人员参考使用。

图书在版编目(CIP)数据

矿井粉尘防治及职业健康/王亚军主编. —徐州:中国矿业大学出版社,2022.8

ISBN 978-7-5646-5406-1

Ⅰ. ①矿… Ⅱ. ①王… Ⅲ. ①矽尘—除尘—研究②粉尘—职业安全卫生—研究 Ⅳ. ①TD714②X964

中国版本图书馆 CIP 数据核字(2022)第 091835 号

书　　名 矿井粉尘防治及职业健康
主　　编 王亚军
责任编辑 周　红
出版发行 中国矿业大学出版社有限责任公司
(江苏省徐州市解放南路　邮编 221008)
营销热线 (0516)83884103　83885105
出版服务 (0516)83995789　83884920
网　　址 http://www.cumtp.com　**E-mail**:cumtpvip@cumtp.com
印　　刷 江苏淮阴新华印务有限公司
开　　本 787 mm×1092 mm　1/16　**印张** 17　**字数** 435 千字
版次印次 2022 年 8 月第 1 版　2022 年 8 月第 1 次印刷
定　　价 38.00 元
(图书出现印装质量问题,本社负责调换)

#《矿井粉尘防治及职业健康》编写委员会

主　　编　王亚军

副 主 编　吴　琼　张景龙

参编人员　赵子琪　刘　洋　刘雨春

吕孝先　李福库　代振远

吴　敏

前　言

我国是世界上最主要的煤炭生产和消费国，2021 年煤炭消费量在我国一次能源消费量中占比为 56%，研究表明 2050 年以前煤炭仍是我国的主要能源。近些年来，我国煤炭安全高效开采达到了世界领先水平。但以粉尘为主，噪声、高温、高湿、职业毒物等危害因素并存的煤矿职业安全健康问题不容忽视。煤矿井下粉尘不仅威胁矿井安全生产，还会诱发肺部、心血管和脑部等各种疾病。2021 年，我国共报告各类职业病新病例 15 407 例，职业性尘肺病及其他呼吸系统疾病 11 877 例，其中职业性尘肺病 11 809 例。

国家出台《"健康中国 2030"规划纲要》《关于实施健康中国行动的意见》等一系列政策、法规推进健康中国建设。本书是在参阅相关矿井粉尘防治及职业危害教材、吸收诸教材优点的基础上，由一线教师和现场技术管理人员共同编写而成的，详细介绍了粉尘防治和职业健康的相关理论和实践知识。书中对粉尘和煤矿职业危害的产生、来源、性质、防治措施等进行了系统的介绍，尤其对粉尘和职业危害的防治技术进行了详细介绍，以提高读者对粉尘和职业危害的认识，加强对其的防治力度。本书在每个章节前设有学习目标和导言，供教师在组织教学活动时参考，章后附有复习思考题，供学生学习参考。

本书由黑龙江科技大学王亚军担任主编，黑龙江龙煤集团鹤岗矿业公司安监局张景龙和黑龙江科技大学吴琼担任副主编。全书共 10 章，具体编写分工如下：第 1 章、第 2 章由黑龙江科技大学吴琼编写，第 3 章由黑龙江龙煤集团鹤岗矿业公司安监局张景龙和刘洋编写，第 4 章、第 5 章由黑龙江科技大学王亚军编写，第 6 章由黑龙江龙煤集团安监局吕孝先和双鸭山矿业公司通风管理部李福库编写，第 7 章由黑龙江龙煤集团鹤岗矿业公司刘雨春编写，第 8 章由黑龙江省馨祥安全评价咨询服务有限公司代振远与吴敏编写，第 9 章、第 10 章由黑龙江科技大学赵子琪编写。

由于编者水平所限，加之时间紧迫，书中难免有不妥之处，恳请读者不吝指正。

编　者

2022 年 5 月

目　录

第 1 章　矿尘的性质

学习目标

1. 掌握矿尘的基本概念和物理化学性质相关知识；
2. 掌握煤矿井下粉尘的产生机理、来源及影响因素。

导　言

了解矿尘的性质是做好防尘工作的基础。矿尘的性质取决于构成的成分和存在的状态，矿尘与形成它的矿物在性质上有很大的差异，这些差异隐藏着巨大的危害，同时也决定着矿井防尘技术的选择。因此，本章主要介绍了矿尘的基本概念和物理化学性质相关知识，同时对煤矿井下粉尘的产生机理、来源及影响因素进行了详细介绍。

1.1　概　　述

在矿井生产过程中所产生的各种岩矿微粒统称矿尘，也叫粉尘。飞扬在空气中的矿尘称为浮尘，浮尘在空气中飞扬的时间不仅与尘粒的大小、质量、形状有关，还与空气的湿度、风速有密切关系。对矿井安全生产与井下工作人员的健康有直接影响的是浮尘，因此，浮尘是矿井防尘的主要对象。从空气中沉降下来的矿尘称为积尘。随外界条件的改变，浮尘和积尘可以相互转化，积尘是产生矿井连续爆炸的最大隐患。

按对人体的危害程度将矿尘分为呼吸性粉尘和非呼吸性粉尘。呼吸性粉尘是指能在人体肺泡内沉积的，粒径在 5～7 μm 以下的粉尘，特别是 2 μm 以下的粉尘。呼吸性粉尘和非呼吸性粉尘之和就是全尘。

矿井空气中所含浮尘的数量叫作矿尘浓度。矿尘浓度的表示方法有质量法和计数法两种：① 质量法，每立方米空气中所含浮尘的毫克数，mg/m^3；② 计数法，每立方厘米空气中所含浮尘的颗粒数，粒/cm^3。

国内外早期都使用计数法，后因认识到计数法不能很好地反映矿尘的危害性，从 20 世纪 50 年代末起，国内外广泛开始采用质量法来计量矿尘浓度。矿尘浓度的大小直接影响矿尘危害的严重程度，是衡量作业环境的劳动卫生状况和评价防尘技术效果的重要指标。因此，《煤矿安全规程》对井下作业场所空气中粉尘浓度的标准做了明确规定，见表 1-1。

表明矿尘产生状况的指标除矿尘浓度(C)外，还有产尘强度(G)和相对产尘强度(G')。产尘强度为单位时间内进入矿内空气中的矿尘量(mg/min)；相对产尘强度为每采掘一吨矿

(岩)所产生的矿尘量(mg/t)。

表 1-1 作业场所空气中粉尘浓度要求

粉尘种类	游离 SiO_2 含量/%	时间加权平均容许浓度/(mg/m^3)	
		总尘	呼尘
煤尘	<10	4	2.5
矽尘	10～50 50～80 ≥80	1 0.7 0.5	0.7 0.3 0.2
水泥尘	<10	4	1.5

1.2 矿尘的粒径、分散度

1.2.1 矿尘的粒径

矿尘颗粒大小的尺度称为粒径,其单位用微米(μm,1 μm=10^{-6} m)表示。矿尘的形状不规则,不能直接用直径表示;一般采用有不同定义的“当量粒径”,根据测定方法与目的确定。矿山一般用显微镜测定的尘粒投影定向径表示。按粒径大小,矿尘可分为:

① 粗尘,粒径大于 40 μm,相当于一般筛分的最小颗粒,在空气中极易沉降;

② 细尘,粒径为 10～40 μm,肉眼可见,在静止空气中做加速沉降运动;

③ 微尘,粒径为 0.25～10 μm,用光学显微镜可以观察到,在静止空气中做等速沉降运动;

④ 超微尘,粒径小于 0.25 μm,要用电子显微镜才能观察到,在空气中做扩散运动。

矿尘的形状很不规则,主要由矿物组成来决定。非球形颗粒的大小一般是通过投影面积直径和当量几何直径来衡量的。

表 1-2 给出了一些常规浮尘的典型粒径范围。通常来说,在各自粒径范围内的颗粒大小呈对数正态分布。小于 10 μm 当量直径的颗粒,人的肉眼是看不到的。通常有害的呼吸性粉尘也是不可见的。然而,可确认矿井中浓度较大的可见粉尘中也肯定伴随着大量的呼吸性粉尘。小颗粒呼吸性粉尘的沉降速度很低,实际上,它可以随时悬浮在空气中,这对人的健康是极为不利的。

表 1-2 常规浮尘的粒径范围

悬浮颗粒类型	粒径范围/μm	
	下限	上限
呼吸性粉尘	—	7
煤尘及其他岩尘	0.1	100
正常空气灰尘	0.001	20
柴油烟气	0.05	1
病毒	0.003	0.05

表 1-2(续)

悬浮颗粒类型	粒径范围/μm	
	下限	上限
细菌	0.15	30
烟草烟气	0.01	1
引起过敏的花粉	18	60
尘雾	5	50
薄雾	50	100
细雨	100	400

1.2.2　矿尘的分散度

在气溶胶力学中常采用“分散度”这一概念，以统计形式表征多分散性气溶胶集合体的粒径分布状况。在通风除尘技术中，又常称分散度为粒径分布或粒度分布。矿尘分散度表征岩矿被粉碎的程度，是指矿尘整体组成中不同粒径范围(粒级)内的尘粒所占的百分比。通常说分散度高，即表示矿尘总量中微细尘粒多，所占比例大；分散度低，即表示矿尘中粗大的尘粒多，所占比例大。

矿尘分散度有两种表示方法：

(1) 数量分散度

数量分散度指各粒径区间尘粒的颗粒数占总颗粒数的百分比。

$$P_{ni} = \frac{n_i}{\sum n_i} \times 100\% \tag{1-1}$$

式中　n_i——某粒径区间尘粒的颗粒数。

(2) 质量分散度

质量分散度指各粒径区间尘粒的质量占总质量的百分比。

$$P_{mi} = \frac{m_i}{\sum m_i} \times 100\% \tag{1-2}$$

式中　m_i——某粒径区间尘粒的质量，mg。

矿尘分散度是衡量矿尘颗粒大小构成的一个重要指标，是研究矿尘性质与危害的一个重要参数。矿尘总量中的微细颗粒多、所占比例大时，称为高分散度矿尘；反之，如果矿尘中的粗大颗粒多、所占比例大时，就称为低分散度矿尘。矿尘的分散度越高，危害性越大。

同一矿尘组成，用不同方法表示的分散度，在数值上相差很大，必须说明之。矿山多用数量分散度，矿尘一般划分为四个粒径区间：小于 2 μm、2～5 μm、5～10 μm 和大于 10 μm。矿山实行湿式作业的情况下，矿尘分散度(数量)大致是：小于 2 μm 占 45.5%～60%；2～5 μm占 24.5%～35%；5～10 μm 占 4%～11.5%；大于 10 μm 占 2.5%～7%。一般情况下，5 μm 以下的尘粒占 90%以上，说明矿尘危害性很大，也难于沉降和捕获。

矿尘分散度可用表格或曲线表示，累计分布曲线是其中的一种表示方法，它包含如下参数：

① 筛上累计分布 R，表示大于某一粒径的矿尘的累计值占矿尘总量的百分数。

② 筛下累计分布 D，表示小于某一粒径的矿尘的累计值占矿尘总量的百分数。

$R+D=100\%$，且 R 与 D 各为 50%时的粒径，称为矿尘的中位径。矿尘的粒径分布是连续的，将累计分布连成曲线即为累计分布曲线，多采用质量累计分布。设矿尘为均质球形的，则尘粒质量正比于粒径 3 次方，依次可换算出各粒径尘粒的等效质量百分比，再计算筛上与筛下累计分布并绘制累计分布曲线(筛上以粒径区间的小值，筛下以粒径区间的大值为准测)。表 1-3 及图 1-1 为一示例。

表 1-3　矿尘累计百分数计算

粒径/μm	<2	2～5	5～10	10～20	20～30	>30	累计
代表粒径 d_i/μm	1	3.5	7.5	15	25		
颗粒数 n_i	220	134	35	10	1		400
等效质量 nd_i^3	220	5 745	14 765	33 750	15 625		70 105
质量百分数/%	0.31	8.20	21.06	48.14	22.29	0	100
筛上累计 R/%	99.69	91.49	70.43	22.29			
筛下累计 D/%	0.31	8.51	29.57	77.71	100		

矿尘分散度是衡量矿尘颗粒大小的一个重要指标，是研究矿尘性质与危害时的一个重要因素。

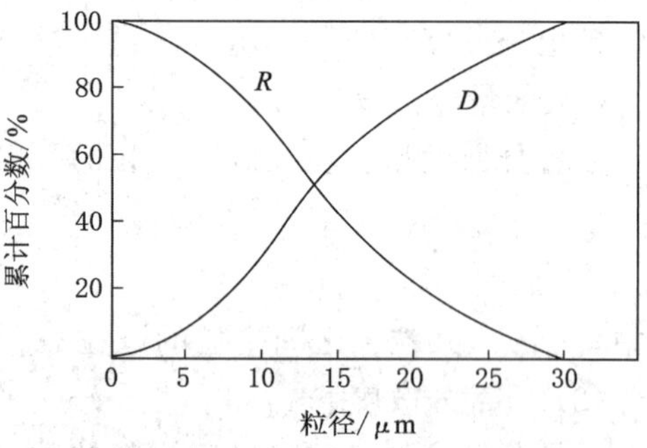

图 1-1　粒径累计分布曲线图

① 矿尘分散度直接影响着它的比表面积的大小，矿尘分散度愈高，其比表面积愈大，矿尘的溶解性、化学活性和吸附能力等也愈强。如石英粒子粒径由 75 μm 减小到 50 μm 时，它在碱溶液中的含量由 2.3%上升到 6.7%，这对尘肺的发病起着重要作用。

煤尘比表面积愈大，与空气中的氧气反应就愈剧烈，更易引起煤尘自燃和爆炸。

随着粉尘颗粒比表面积的增大，微细尘粒的吸附能力增强。一方面，井下爆破后，尘粒表面能吸附诸如 CO、氮氧化合物等有毒有害气体；另一方面，由于充分吸附周围介质(空气)的结果，微细尘粒表面形成气膜现象随之增强，从而大大提高了微细尘粒的悬浮性，而尘粒周围气膜的存在，阻碍了微细尘粒间的相互结合，尘粒的凝聚性和吸湿性明显下降，不利于粉尘的沉降。

② 矿尘的分散度对尘粒的沉降速度有显著的影响。矿尘在空气中的沉降速度主要取决于它的分散度、密度及空气的密度和黏度。矿尘的分散度愈高，其沉降速度愈慢，在空气中的悬浮时间愈长。如静止空气中的岩尘和煤尘，粒径为 10 μm 时，沉降速度分别为 7.86 mm/s 和 3.98 mm/s；而粒径为 1 μm 时，沉降速度则仅为 0.078 6 mm/s 和 0.039 8 mm/s；粒径小于 1 μm 时，沉降速度几乎为零。在实际的生产条件下，由于风流、热源、机械设备运转及人员操作等因素的影响，微细尘粒的沉降速度更慢。微细尘粒难以沉降，给降尘工作带来了不利因素。

③ 矿尘分散度对尘粒在呼吸道中的阻留有直接影响。空气中悬浮的矿尘，随着气流吸进人体呼吸道，尘粒通过惯性碰撞、重力沉降、拦截和扩散等几种运动方式，进入并阻留在呼吸道和肺泡里。矿尘分散度的高低和被吸入人体后在呼吸道中各部位的阻留程度有着密切关系。30 μm 的尘粒可达支气管分歧部；10 μm 的可达终末支气管；3 μm 的可达肺泡管；1 μm的可达肺泡道和肺泡囊腔；1 μm 以下的，部分沉着在肺泡上，部分再呼出。

由上述分析可见，矿尘的分散度愈高，危害性愈大，而且愈难捕获。

1.3　矿尘的物理化学性质

煤矿生产过程产生粉尘一般都不伴有化学变化，因此漂浮于空气中粉尘的化学成分与其来源物料的化学成分基本相同。煤炭、岩石往往由多种矿物成分组成，这些成分的硬度有差别，某些成分较易破碎形成细小颗粒，某些成分密度较小，其细小颗粒容易漂浮到空气中，所以漂浮于空气中的粉尘，其成分与原始物料略有不同，但这种差别一般很小，工程上常把煤炭、岩石的化学成分与煤炭、岩石粉尘成分等同对待。

1.3.1　矿尘的成分和游离二氧化硅的含量

矿岩被粉碎成矿尘后，化学成分基本上无改变。从安全卫生角度考虑，主要了解矿尘中是否含有有毒物质、放射性物质、燃烧与爆炸性物质和游离二氧化硅，以便采取相应的预防措施。游离状态的二氧化硅（主要是石英）是许多矿岩的组成成分，如煤矿上常见的页岩、砂岩、砾岩和石灰岩等中游离二氧化硅的含量通常多在 20%～50%，煤尘中的含量一般不超过 5%，半煤岩中的含量在 20%左右。矿尘中游离二氧化硅的含量是危害人体的决定因素，其含量越高，危害越大。

从工业卫生角度来说，各种粉尘对人体都是有害的，粉尘的化学组成及其在空气中的浓度，直接决定对人体的危害程度，矿尘中含游离二氧化硅的量越高，危害越严重。

二氧化硅是地壳上最常见的氧化物，是许多岩石和矿物的重要组成部分。它有两种存在状态：一种是结合状态的二氧化硅，即硅酸盐矿物，如长石（$K_2O \cdot Al_2O_3 \cdot 6SiO_2$）、石棉（$CaO \cdot 3MgO \cdot 4SiO_2$）、高岭土（$Al_2O_3 \cdot 2SiO_2 \cdot 2H_2O$）、滑石（$3MgO \cdot 4SiO_2 \cdot H_2O$）等；另一种是游离状态的二氧化硅，主要是石英，在自然界中分布很广。

矿尘中的游离二氧化硅是引起并促进尘肺病及病程发展的主要因素，其含量越高，其危害越大。

许多矿岩都含有游离二氧化硅，煤系由于沉积环境不同、岩性不同，其游离二氧化硅的含量变化较大。煤层中以煤为主，时也伴有夹石等，从煤种来看，无烟煤的二氧化硅的含量高于烟煤。

1.3.2　矿尘的密度

矿山粉尘粒子间存在空隙，颗粒的外开孔和内闭孔占据了比尘粒本身大得多的体积，这使得矿山粉尘的密度有三种概念：

（1）矿山粉尘的堆积密度指单位体积内松散堆积的矿山粉尘质量。

（2）真密度指单位体积（不包括内闭孔体积）的矿山粉尘颗粒材料所具有的质量，矿山粉尘的真密度，在理论上应与形成这种矿山粉尘的固体材料的密度一致。

(3) 假密度指单位矿山粉尘颗粒体积（包括内闭孔体积）所具有的矿山粉尘质量。

由于矿尘的产生或实验条件不同，获得的密度值亦不相同。因此，在此主要介绍的矿尘密度分为堆积密度和真密度。

① 矿尘的堆积密度

矿尘呈自然堆积状态时，单位体积矿尘的质量称为矿尘的堆积密度，用 ρ_b 表示。

$$\rho_b = \frac{\text{矿尘的质量}}{\text{矿尘占据的体积}}, \text{kg/m}^3 \text{ 或 g/cm}^3 \tag{1-3}$$

② 矿尘的真密度

不包括矿尘之间的空隙时，单位体积矿尘的质量称为矿尘的真密度，用 ρ_P 表示。

$$\rho_P = \frac{\text{矿尘的质量}}{\text{矿尘的体积}}, \text{kg/m}^3 \text{ 或 g/cm}^3 \tag{1-4}$$

一般情况下，矿尘的真密度与组成此种矿尘的物质密度是不同的，通常矿尘的物质密度比其真密度大 20%～50%。只有表面光滑而又密实的矿尘的真密度才与其物质密度相同。

1.3.3 矿尘的润湿性

粉尘粒子能否与液体相互附着或附着难易的性质称为粉尘的润湿性、浸润性等。粉尘粒子与液体接触时，如果接触面能扩大而相互附着，就能被润湿；如果接触面趋于缩小而不能相互附着，则不能被润湿。

粉尘的粒径、形状、含水率、表面粗糙度及荷电性等对润湿性有影响。当尘粒越细时，润湿能力越差；同类粉尘，球形尘粒比不规则尘粒润湿性差。液体表面张力越小，越易被粉尘吸湿，如酒精、煤油等表面张力小，对粉尘的润湿比水好。尘粒与水雾粒的相对运动速度较高时易被吸湿。粉尘的吸湿能力还随着局部环境温度的上升而下降。由于不同粉尘对同一液体的亲、憎程度是不同的，故一般可用湿润角 θ 和吸湿速度 v_{20} 两个指标来评定它们的吸湿能力。

(1) 湿润角 θ

如图 1-2 所示，把水滴或溶液滴滴于某种物质的平面上，通过水滴或溶液滴与物体表平面接触的边界点且作水滴或溶液滴的切线，该切线与物体表平面之间的夹角 θ 称为物质的湿润角。

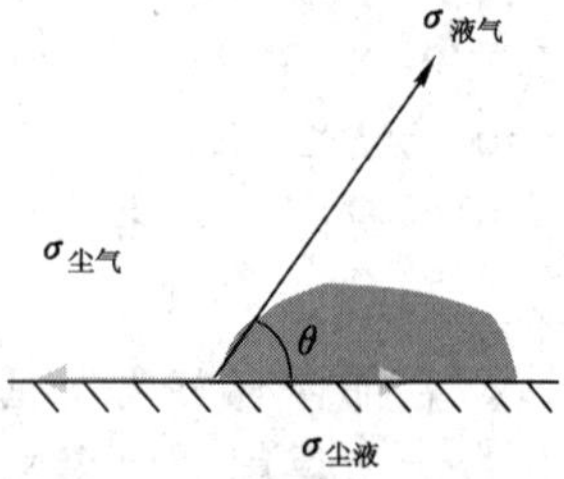

图 1-2　湿润角示意图

(2) 吸湿速度 v_{20}

粉尘的吸湿性除用湿润角来评定外，还可用粉尘的吸湿速度 v_{20} 来评定。通常取粉尘的吸湿时间为 20 min，测出此时的吸湿高度 L_{20}（单位：mm），则吸湿速度（单位：mm/min）为：

$$v_{20} = \frac{L_{20}}{20} \tag{1-5}$$

根据粉尘的吸湿速度 v_{20} 评定粉尘的吸湿性时，可将粉尘对水的亲、憎情况分为四类，见表 1-4。

表 1-4　粉尘对水的吸湿性

比较项目	粉尘类别			
	Ⅰ	Ⅱ	Ⅲ	Ⅳ
吸湿性	绝对憎水	憎水	中等亲水	弱亲水
v_{20}/(mm·min^{-1})	<0.5	0.5～2.5	2.5～8.0	>8.0
粉尘举例	石蜡、聚四氟乙烯、沥青	石磨、煤、硫	玻璃微球、石英	锅炉飞灰、钙

1.3.4　矿尘的比表面积

矿尘粒度指矿尘颗粒的平均直径，单位为 μm。矿尘的比表面积，单位为 m^2/kg 或 cm^2/g。

矿尘的比表面积与粒度成反比，粒度越小，比表面积越大，因而这两个指标都可以用来衡量矿尘颗粒的大小。煤岩破碎成微细的尘粒后，首先其比表面积增加，因而化学活性、溶解性和吸附能力明显增加；其次更容易悬浮于空气中，表 1-5 所示为在静止空气中不同粒度的尘粒从 1 m 高处降落到底板所需的时间；再次，粒度减小后容易进入人体呼吸系统，据研究，只有 5 μm 以下粒径的矿尘才能进入人的肺内，是矿井防尘的重点对象。

表 1-5　尘粒沉降时间

粒度/μm	100	10	1	0.5	0.2
沉降时间/min	0.043	4.0	420	1 320	5 520

1.3.5　矿尘的吸附性

矿尘的吸附能力与矿尘颗粒的表面积有密切的关系，表面积与分散度呈正比例关系。即矿尘分散度越大，表面积也越大。矿尘颗粒随表面积增大其吸附能力也增强。

(1) 吸湿性

吸湿性是指矿尘颗粒对水分的吸附性能。液体能向固体表面扩散，是由于固体表面张力大于固体与液体间的界面张力及液体表面张力之和，故矿尘被润湿。矿尘的吸湿性与矿尘的成分、结构有关，矿尘可以分为亲水性矿尘和疏水性矿尘两大类。对于 5 μm 以下的尘粒，即使是亲水性矿尘，也必须在尘粒与水雾有较高的相对速度条件下才能被润湿。

矿尘的吸湿性与生产环境的微气候条件也有关联，吸湿性可随气压增高而增大，随温度上升而下降。

在煤矿生产中，矿尘的吸湿性被广泛利用于湿式作业，诸如湿式打眼、封水炮泥、洒水喷雾、煤体注水等。但由于矿尘颗粒对周围介质的气体吸附能力很强，往往在矿尘产生的同时，便吸附了气体分子，在表面形成一层薄膜，阻碍了对水分的吸附能力，增加了气溶胶的稳定性。生产中采用煤体注水，利用固体物质在矿尘未形成以前与水接触进行预湿润，或在工作面采用水雾，增加与矿尘粒子的接触面积，有助于矿尘的重力沉降作用。

(2) 吸油性

在生产中由于各种机械设备，如采煤机组、风镐、电钻都加有润滑油，随着机械的运转与压缩风流的喷射，这些润滑油亦可以形成雾状悬浮在生产环境空气中，部分矿尘对它亦有吸附性。这些油雾可干扰矿尘浓度的测定，而且由于油的憎水性，吸附油雾的矿尘阻碍对水分的吸附，干扰了水雾的除尘效果。用湿式打眼可减少或消除油雾的影响。

(3) 吸毒性

吸毒性主要指矿尘对有毒气体的吸附，如对一氧化碳、氮氧化物等的吸附。有文献记载，在爆破后沉降的矿尘中，按质量计算，有 0.012%～0.018%吸附了氮氧化物，从而增加了矿尘对人体的危害。

1.3.6 矿尘的溶解性

矿尘的溶解性对人体有一定的危害。对人体产生危害作用的主要是机械刺激性矿尘，其粒子的溶解性越小，对机体的危害性越大。一些游离二氧化硅含量较高的矿物性矿尘，对人体的致纤维化作用很强。我国煤矿岩巷掘进工作面矿尘中的游离二氧化硅含量一般都在10%以上，最高可达到80%，多数在30%～40%之间。有人认为游离二氧化硅含量较高的矿尘进入人体后，在体内存留时间过长，可能缓慢溶解。溶解后在体内形成胶体硅酸，对细胞蛋白有毒害作用，引起肺组织的纤维性变。

1.3.7 矿尘的凝聚和附着

细微矿尘增大了表面能，即增强了尘粒的结合力。一般把尘粒间互相结合形成一个新的大尘粒的现象叫作凝聚，尘粒和其他物体结合的现象叫附着。

矿尘的凝聚和附着是在粒子间距离非常近时，由于分子间引力的作用而产生的。一般尘粒间距离较大，需要有外力作用使尘粒间碰撞、接触，促进其凝聚和附着。这些外力作用有粒子热运动(布朗运动)、静电力、超声波、紊流脉动速度等。

矿尘的凝聚有利于对它进行捕集分离。

1.3.8 矿尘的电性质

(1) 荷电性

自然界中的粉尘通常都带有电荷，使粉尘带有电荷的原因有很多，诸如粒子间撞击、天然辐射、物料破碎时摩擦、电晕放电等，且粉尘的正负电荷几乎相等，因而悬浮于空气中的粉尘整体呈中性。矿尘荷电量的大小取决于物料的化学成分和与其接触的物质，如高温可使带电量增加，高湿则使带电量减少。通常在干燥空气中，粉尘表面的最大荷电量约为 $2.7\times10^{-9}\ C/cm^2$，而粉尘由于自然产生的电量却仅为最大荷电量的很小一部分。一般而言，非金属矿尘与酸性氧化物(如二氧化硅、三氧化二铝等)常带正电荷；金属粉尘和碱性氧化物则带负电荷。异性荷电尘粒因相互吸引、黏着、凝结，增大了尺寸而加速沉降；同性荷电尘粒由于排斥作用增加了漂浮于空气中的相对稳定性。美国亚利桑那大学研究结果表明，呼吸性粉尘(3 μm 以下)一般带负电荷，大颗粒粉尘带正电荷或呈电中性。研究粉尘电性质，一方面可利用其特性研制电除尘设备；另一方面，一些学者认为带电尘粒吸入肺组织，较易沉积于支气管、肺泡中，增加了对人体的危害。

(2) 比电阻

粉尘的电性质对除尘有着重要意义，目前在地面环境或工厂除尘技术中，越来越多地利用粉尘的电性质来捕集粉尘。可是粉尘的自然荷电具有两性，且荷电量也很小。为了达到捕集的目的，须利用附加条件使粉尘荷电。粉尘的导电性通常用比电阻表示。粉尘比电阻可用圆板电极法测出，即在两圆板电极间堆积粉尘层，在两极间加直流电压，测出电压、电流后算出。比电阻是评定粉尘导电性的指标，一般在 $10^4 \sim 10^{11}\ \Omega \cdot cm$ 范围内，比较适于静电除尘。

1.3.9 矿尘的光学特性

矿尘的光学特性包括矿尘对光的反射、吸收和透光强度等性能。在测尘技术中，常利用矿尘的光学特性来测定它的浓度和分散度。

(1) 尘粒对光的发射能力。光通过含尘气流的强弱程度与岩粒的透明度、形状、大小及气流含尘浓度有关，但主要取决于气流含尘浓度和尘粒大小。当尘粒直径大于 1 μm 时，光线由于被直接反射而损失，即光线损失与反射面面积成正比。当气流含尘浓度相同时，光的反射值随粒径减小而增加。

(2) 尘粒的透光程度。含尘气流(对光线)的透明程度，取决于气流含尘浓度的高低。当浓度为 0.115 g/m^3 时，含尘气流是透明的，可通过 90%的光；随着浓度的增加，其透明度将大为减弱。

(3) 光强衰减程度。当光线通过含尘气流时，由于尘粒对光的吸收和散射等作用，光强减弱。

1.3.10 矿尘的爆炸性

当煤等可燃性物料被研磨成粉料时，总表面积增加，系统的表面自由能也增加，从而提高了粉尘的化学活性，特别是提高了氧化产热的能力，这种情况在一定条件下会转化为燃烧状态。粉尘的自燃是粉尘氧化而产生的热量不能及时散发，而使氧化反应自动加速所造成的。

各类可燃性粉尘的自燃温度相差很大。根据不同的自燃温度可将可燃性粉尘分为两类。第一类粉尘的自燃温度高于周围环境的温度，因而只能在加热时才能引起燃烧；第二类粉尘的自燃温度低于周围空间的温度，甚至在不加热时都可能引起自燃，这种粉尘造成火灾的危险性最大。

煤尘和有些矿尘(如硫化矿尘)在空气中达到一定浓度并在外界高温热源的作用下，能发生爆炸，称为爆炸性矿尘。在封闭或半封闭空间内(包括矿井各种巷道)可燃性悬浮煤尘燃烧导致的化学爆炸的粉尘最低浓度和最高浓度称为爆炸的上限和下限。处于上下限浓度之间的粉尘都具有爆炸危险性。在封闭或半封闭空间内低于爆炸浓度下限或高于爆炸浓度上限的粉尘虽然不能爆炸，但是可以燃烧，因此也是不安全的。矿尘爆炸时产生高温、高压，同时产生大量有毒有害气体，对安全生产有极大的危害，防止煤尘的爆炸是具有煤尘爆炸危险性矿井的主要安全工作之一。

1.4 煤矿井下粉尘的产生机理、来源及影响因素

1.4.1 煤矿井下粉尘的产生机理

煤矿井下粉尘都要经过一定的传播过程，才能以空气为媒介侵入人的机体组织。自然

力或机械力使尘粒从静止状态变成悬浮于周围空气中状态的作用，称为尘化作用。下面简要介绍造成尘化作用的几种情况及机理。

（1）切割压缩造成的尘化作用

当采煤机及综掘机往复切割煤岩体时，切割压缩造成的尘化作用使疏松的煤岩体不断受到挤压，因而会把煤岩体间隙中的空气猛烈挤压。当这些气流向外高速运动时，气流和粉尘的剪切压缩作用，带动粉尘一起挤出，如图 1-3 所示。

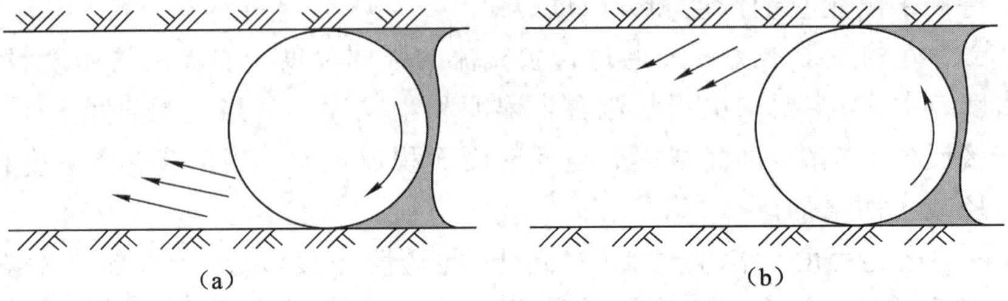

图 1-3　切割压缩造成的尘化作用

（2）诱导气流造成的尘化作用

煤体或粒状煤体在空中高速运动时，能带动周围空气随其流动，这部分空气称为诱导气流。空气和煤体的相对运动可使矿尘飞扬，如图 1-4 所示。

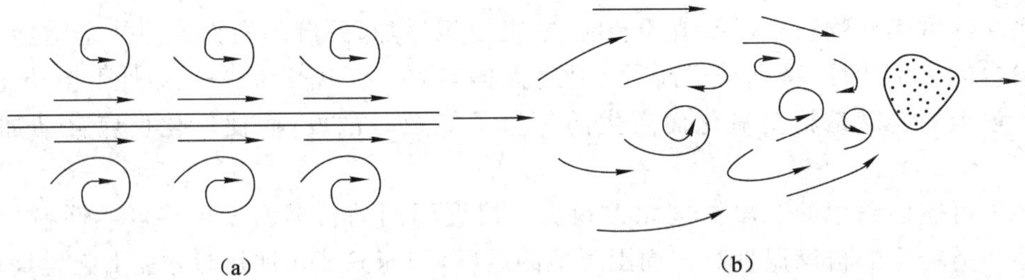

图 1-4　诱导气流造成的尘化作用

（3）综合尘化作用

如图 1-5 所示，带式输送机输送的煤体从高处下落到地面时，由于气流和矿尘的剪切作用，被物料挤压出来的高速气流会带着粉尘向四周飞溅。另外，矿尘在下落过程中，由于剪切和诱导气流的作用，高速气流也会使部分矿尘飞扬起来。

（4）热气流上升造成的尘化作用

当输送带运转及摩擦等原因使空气被加热上升时会带着矿尘一起做上升运动。

通常把上述各种使尘粒由静止状态进入空气中浮游的尘化作用称为一次尘化作用，引起一次尘化作用的气流称为尘化气流。

图 1-5　巷道内综合尘化作用

1.4.2　煤矿井下粉尘的来源

随着工业化的发展，生产过程中粉尘产生量大且广，特别是在煤炭行业。煤矿在回采、运输、储存及巷道掘进等各个环节都会产生大量的粉尘。掘进工作面分为岩石掘进工作面和煤层掘进工作面。

1.4.2.1　*岩石掘进工作面粉尘来源*

目前岩石掘进工作面多采用钻爆法施工，按掘进工序划分，其粉尘来源主要有打眼作业、爆破作业、装岩与运输作业和锚喷作业等。

(1) 打眼作业

打眼作业是岩巷掘进施工的第一道工序。凿岩机或煤电钻打炮眼是掘进工作面最主要的产尘源之一。打眼时粉尘浓度的高低主要与生产强度以及岩石理化性质有关。一般干式打眼产尘量占掘进产尘量的 80%～90%，湿式打眼产尘量占 40%～60%。干式打眼时，粉尘浓度高达几百至数千毫克每立方米；湿式打眼时，粉尘浓度也有十几毫克每立方米。实测结果和统计数据表明，炮采、炮掘工作面的打眼工序是高产尘工序，在整个作业循环过程中，打眼工序时间最长，粉尘浓度最高。

《煤矿井下粉尘综合防治技术规范》对井下岩巷、煤巷掘进过程打眼情况作了规定，一般情况下必须进行湿式打眼，若采取干式打眼，须制定相关技术措施，并报单位技术负责人审批。

(2) 爆破作业

爆破作业是岩巷掘进施工的第二道工序。在炮掘工作面，岩体爆破作业也是一个主要的产尘源。爆破作业不但是产尘集中的生产工序，而且还是产生有毒有害气体最集中的生产工序。实测资料显示，干式爆破后 1 min 内粉尘浓度可高达 400～1 500 mg/m^3，10 min 内达 50～100 mg/m^3，15 min 内达 30～50 mg/m^3。如果采取水封爆破或爆破喷雾，则爆破后 1 min 内粉尘浓度为 50～200 mg/m^3，10 min 后基本降至国家卫生标准以下。根据计算，干式作业爆破工序产尘量可占掘进总产尘量的 15%～25%，湿式作业爆破工序产尘量占掘进总产尘量的 20%～25%。炮采工作面爆破作业产尘情况如图 1-6 所示，每爆破一次破碎单位体积岩石消耗的炸药量和产生的粉尘量关系如图 1-7 所示。

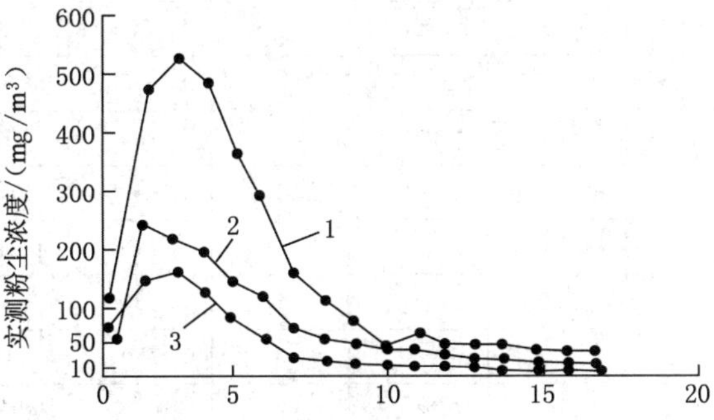

1—干式爆破；2—水封爆破；3—水封爆破加水幕。

图 1-6　炮采工作面爆破作业产尘情况

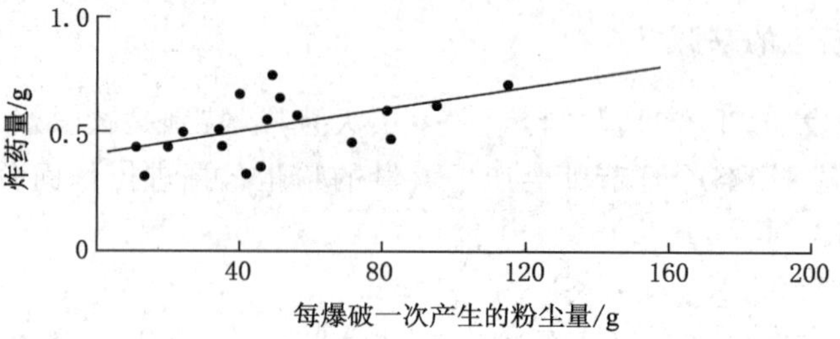

图 1-7 每爆破一次破碎单位体积岩石消耗的炸药量和产生的粉尘量关系图

(3) 装岩与运输作业

一般来说，装岩有机械装岩和人工装岩两种方式。目前我国煤矿大多采用机械装岩方式。机械装岩和矿车运输也是掘进工作面产尘的主要原因之一。这部分粉尘虽然大多不是直接来源于煤岩体破碎，但它可以使风流中的粉尘浓度相对增加，改变堆积粉尘与浮尘的比例关系，使静态的沉积粉尘转化为浮游粉尘。岩巷干式装矸一般可使风流中的粉尘浓度增加 10～15 mg/m^3。另外，矿车和其他运输机械摩擦振动也可使风流中的粉尘浓度增加 5～10 mg/m^3。这部分二次扬尘在干式作业条件下，可占掘进工作面总浮尘量的 5%～10%。各种机械装岩产生的粉尘量见表 1-6。

综合对比上述 3 种工艺产尘量，可以从表 1-7 的统计数据得知，爆破作业时产尘量最高，打眼作业次之，装岩与运输作业最低。

表 1-6 各种机械装岩产生的粉尘量

机械类别	项目	风量 /(m^3/s)	吨位 /t	采样期 /min	试验次数 /次	呼吸性粉尘生成量/(mg/m^3)			
						总计	可燃的	矿物的	石英的
迎头装岩机	值域	1.5～3	60～90	210～330	3	40～200	12～180	14～42	7～21
	平均	2	75	260		90	80	24	11
上山扒矿机	值域		30～50	69～150	3	0～50	0～6	8～80	4～39
	平均	1.5	35	95		18	2	35	18
采场扒矿机	值域	0.6～4	50～200	220～280	4	11～150	0～10	40～170	24～84
	平均	3	80	250		60	7	80	40
	值域	0.5～1.5	50～80	210～270	4	60～500	90～250	100～250	10～110
	平均		40	250		180	120*	90*	45
	值域	1.3～1.7	60～100		4	80～250	30～45	40～200	20～53
	平均	1	80			140	34	110	30
迎头自装运卸式矿车	值域	0.6	500		1	136	43	100	23
	平均				3	750	450	180	20
	值域	10	200	100～180	9	220～980	240～250	100～400	29～315
	平均	10	200	140	1	60	360*	240	103

表 1-6(续)

机械类别	项目	风量 /(m^3/s)	吨位 /t	采样期 /min	试验次数 /次	呼吸性粉尘生成量/(mg/m^3)			
						总计	可燃的	矿物的	石英的
放矿点自装运卸式矿车	值域	3.5～8	250～500	90～345	4	200～450	170～280	50～200	14～39
	平均	6	350	245		270	200	100	30
	值域	1～17		100～350	5	260～3 000	230～350	150～1 300	15～130
	平均	5	160	250			270	55*	55
试验手段的总值域								26～540	
总平均								140	

注：* 的数值原文如此。

表 1-7 打眼、爆破和装运工序产尘量对比表 单位:mg/m^3

矿(区)名	打眼		爆破		装岩与运输	
	无措施	有措施	无措施	有措施	无措施	有措施
七星煤矿	13.5	3.3	46.5	11.5	12	4.9
岭东煤矿	65.2	9.7	13.2	5.1	18.7	5.9
牛心台煤矿	342.5	3.8	741.2	13.6	68	3.2
邢台煤矿	21		106		20	
孔集煤矿	12.5		30.4		14.2	
兴隆庄煤矿	34.5		121.4		9.5	
徐州矿区		4.4		242.2		8.9
东滩北风井		11.7	141.7			9.7
双鸭山矿区	57.4		16.6		13.2	

(4) 锚喷作业

锚喷作业是岩巷掘进过程的主要辅助工序，它的主要工序有打锚杆(索)眼、安装锚杆(索)、混合料转运、拌料和上料、喷射混凝土等。由于打锚杆(索)眼和安装锚杆(索)均采用湿式钻进作业，认为不产生粉尘，见其主要产尘来源是喷射混凝土的工序。我国3个矿井(区)测定的喷射混凝土工序的产尘情况见表1-8，掘进工作面生产工艺中产尘量占总产尘量的情况见表1-9。

表 1-8 我国3个矿井测定的喷射混凝土工序的产尘情况 单位:mg/m^3

矿(区)名	拌料		上料		喷浆	
	范围	平均	范围	平均	范围	平均
孔集煤矿	25～92	52.3	115～172.5	146.6	70～135	103.9
兴隆庄煤矿	10.1～116	62.6	133.3～375	252.7	15～240	143.8
抚顺矿区		170		350	154～204	179.5

表 1-9　掘进工作面生产工艺中产尘量占总产尘量的情况

工作面类别	总产尘浓度/(mg·m⁻³)	生产工艺中产尘量占总产尘量的百分数/%											
		干式打眼			湿式打眼			机掘			锚喷		
		打眼	装炮	装车	打眼	装炮	装车	切割	转载	转溜	上料	喷浆	拌料
炮掘	1 300～1 600	85	10	5	41	46	13						
机掘	1 000～3 000							86	13	1			
锚喷	600～1 000										49	34	17

1.4.2.2　煤层掘进工作面粉尘来源

目前我国现代化矿井的煤层掘进方式多为综合机械化掘进，少数地质条件较差的中小型矿井采用爆破掘进。煤层巷道多为锚杆支护巷道，多用于采区准备和回采；目前我国中西部矿井推广全煤巷支护后，开拓巷道也采用煤层巷道。用于采区的准备巷道和回采巷道多数采用锚杆(索)、网、带联合支护，而不采用喷射混凝土方式。

(1) 炮掘工作面

炮掘工作面整个工艺流程和岩巷掘进相同，不过产生的尘粒为煤尘。

(2) 机掘工作面

机掘工作面指的是采用综掘机、小型 TBM 或连续采煤机掘进的工作面。由于机掘工作面的生产效率高，设备先进，自身多带有较好的防尘设备，其防尘效果较好。

1.4.2.3　采煤工作面的粉尘来源

采煤工作面的采煤工艺分为爆破落煤开采(炮采)、普通机械化开采(普采)、高档普通机械化开采(高档普采)、综合机械化开采(综采)、综合机械化放顶煤开采(综放)、大采高综合机械化开采(大采高综采)。采煤工作面粉尘量是随着采掘机械化程度的提高和矿井开采强度的增大而急剧上升的。在地质条件和通风状况基本相同的情况下，若不采取防尘措施，一般炮采工作面的粉尘浓度为 300～600 mg/m^3，普采工作面的粉尘浓度达 1 000～3 000 mg/m^3；而综采割煤时粉尘浓度则高达 4 000～8 000 mg/m^3，有的甚至更高。在采取了喷雾洒水和煤层注水措施后，炮采工作面的粉尘浓度为 30～80 mg/m^3，普采工作面的粉尘浓度可达40～100 mg/m^3，综采工作面的粉尘浓度仍高达 40～1 000 mg/m^3。

目前普采工作面和高档普采工作面在我国已经很少布置，本书重点介绍目前常用的炮采工作面、综采工作面、综采放顶煤工作面和大采高综采工作面的粉尘来源。

(1) 炮采工作面的粉尘来源

目前我国的炮采采煤工艺主要在采矿地质条件较差的矿井使用。煤层赋存不稳定，呈“鸡窝”状分布，顶底板围岩较差，采用采煤机割煤在技术上不可行、经济上不合理、管理上上不去，只能采用适应地质条件变化大、可灵活操作的炮采工艺，但在支护方式上和以前的炮采装备也有了区别，多采用悬移支架或者轻型支架进行采场支护，大大提高了采掘空间的工作环境、通风条件和安全系数。其粉尘主要来源于打眼、爆破和装载工序。

(2) 综采工作面的粉尘来源

由于综采工作面多采用大型设备，且具有生产效率高、采动影响范围广的特点，其产生的粉尘量一般大于炮采工作面。综采工作面的产尘环节主要有滚筒采煤机割煤、移动支架放顶等工序。受各种采煤机及其防尘措施状况的影响，各矿产尘量有所差异。

采煤工作面煤尘的产生，从客观因素上来看与煤体本身的赋存条件和特性有关，这是人类无法改变的自然条件；后天改变的只能是人为方面，而人为因素又比较复杂。采煤工作面产尘主要在采煤机割煤、输送机运煤和采场支护3个工序，目前对每一道工序都进行严格的防尘要求，通过设备的改进和安装已经达到了较好的效果。

采煤机产生粉尘的数量统计起来比较复杂，其原因在于滚筒采煤机割煤时粉尘的形成与采煤机本身的机械参数和工作状况有关，其中包括滚筒的结构和形状、截齿结构和数目、滚筒转速和旋转方向、采煤机的牵引速度、截深、机体上与滚筒上安装的内外喷雾装置的捕尘除尘效率、采区顺风还是逆风、单向或者双向割煤作业等。

① 采煤机

采煤作业是综采工作面的第一大尘源。采煤机滚筒的结构形式一般为圆柱形、圆锥形和指数回转形，如图1-8所示。圆柱形滚筒在截割过程中的螺旋高度和运煤断面是不变的，而圆锥形和指数回转形滚筒越靠近卸载端其运煤断面积和螺旋高度越大，以适应不同的运煤量。从运输角度来看，圆锥形和指数回转形滚筒具有更强的运输能力和适应性；但是从防尘角度来看，圆柱形滚筒则具有更好的防尘能力。因为圆柱形滚筒向输送机运送的煤流是稳定的，再次进行研磨的机会较少，二次破碎就少，粉尘量相应就低。另外，现场测试表明，采煤机切割煤壁速度相等情况下，同质硬煤浮游尘量高于软煤（分别为286.7 mg/m^3 和120 mg/m^3）。

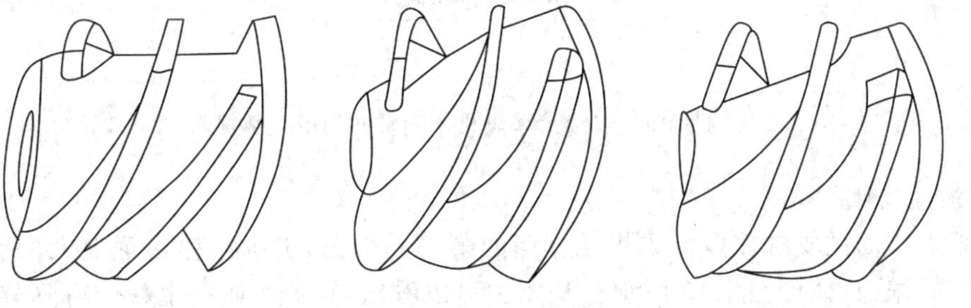

（a）圆柱形　　（b）圆锥形　　（c）指数回转形

图1-8　滚筒的结构形式

目前采煤机用的截齿主要有点击式和刀楔式两种。实验证明，使用点击式截齿比刀楔式截齿的粉尘量高出50%；滚筒上安装截齿越少产生的粉尘量也越少，大截齿落煤比小截齿落煤产生的粉尘量少。

滚筒的转速也是影响产尘量的一个重要指标，同样牵引速度和截深的情况下，降低滚筒速度，煤尘的生成量可以减少15%～30%。若加大截深，有可能增加块煤量，同时煤尘的生成浓度下降60%左右。

滚筒的转向和产尘量也有很大的关系，经测定，单滚筒采煤机从顶板往底板方向旋转割煤时，因为煤被抛出的部位低，距离近则产尘量小；相反则产尘量大，如章节1.4.1中图1-3所示。对双滚筒采煤机测定的结果就相反，滚筒从底板往顶板方向旋转割煤[图1-3(b)]时与从顶板往底板方向旋转割煤[图1-3(a)]时相比，粉尘产生量反而较小。

双滚筒采煤机从顶板往底板方向旋转割煤时，两个滚筒在摇臂下装煤，而装煤口是一条窄线，容易堵塞而导致牵引速度下降，增加滚筒研磨落煤时间而粉尘产生量高，如图 1-9(a)所示；从底板往顶板方向旋转割煤时，装煤口发生变化，前滚筒装煤是在底部前侧 1/4 圆周之外进行的，后滚筒装煤是通过挡煤板实现的，在这种情况下，装煤通道的横断面面积大大增加，减少了滚筒和落煤再次研磨的机会，所以粉尘产生量小，如图 1-9(b)所示。美国虽然使用双滚筒采煤机采煤，但多是单向割煤，采煤机司机始终处于上风向，以此来降低粉尘对操作工作造成的危害。

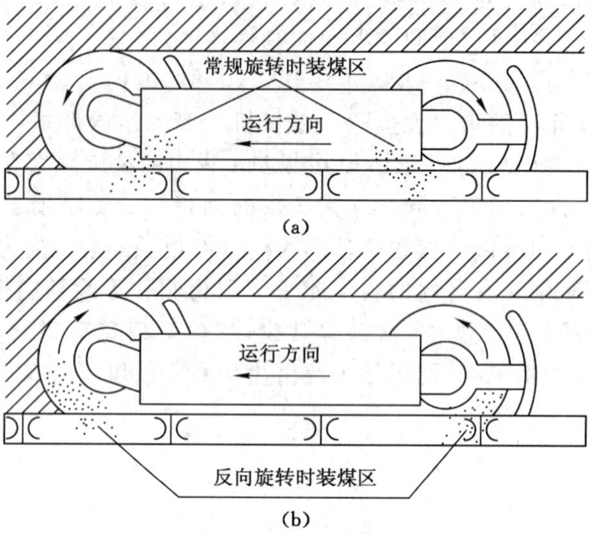

图 1-9　双滚筒采煤机不同转向的产尘情况

② 液压支架

综采工作面的支护作业是采煤工作面的第二大尘源，美国西弗吉尼亚大学研究小组给出了测定数据，具体如图 1-10 所示。从图中可以看出，支护作业产生粉尘有降架、移架和升架 3 个过程。其中，降架时顶板可能出现离层，反复升降架促使顶板离层或煤层被挤压得越来越破碎，堆积在支架顶梁上的破碎岩石和煤随支架下降而落下，所以粉尘生成量在这 3 个环节中最高。移架过程在瞬间完成，升架时由于支架顶梁再次撑住顶板，所以粉尘产生量不

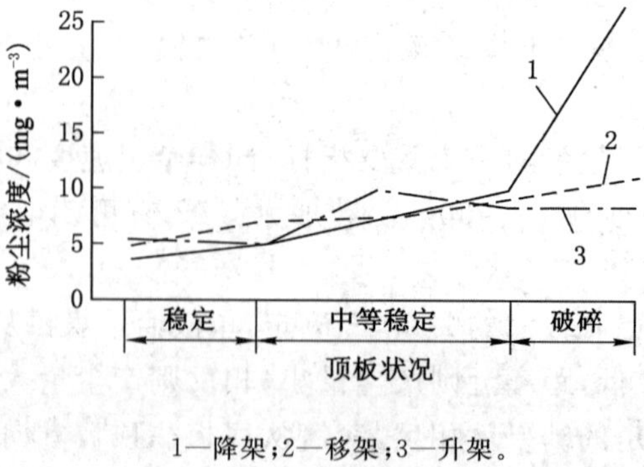

1—降架；2—移架；3—升架。

图 1-10　不同顶板条件下支架移设过程产生的粉尘量

明显。此外，在降架时后侧采空区顶板冒落而可能使得原来沉积在底板上的粉尘再次扬起而浓度增高。

对于综采工作面，粉尘的产生量和煤炭产量具有很大的关系，通过多元回归，得出表 1-10所示的线性正相关关系。

表 1-10　粉尘产生量和煤炭产量之间关系

矿名	观察次数/次	回归结果	相关系数 r
C	10	$y=-0.078x+31.9$	−0.371
F	10	$y=0.076x+41.9$	0.272
H	5	$y=0.392x-1.4$	0.659
K	12	$y=0.122x+33.1$	0.474
Q	16	$y=0.036x+29.0$	0.195
V	13	$y=0.039x+41.2$	0.404
M	7	$y=0.184x+3.9$	0.698
X	29	$y=0.080x+23.3$	0.693
Y	11	$y=0.062x+25.0$	0.491

注：x—工作面产量，t；y—产尘量，mg/s。

(3) 综采放顶煤工作面的粉尘来源

综合机械化放顶煤开采技术是利用矿山压力的作用或辅以松动爆破等手段，使支架上方的顶煤破碎成散体后，由支架后方或上方的放煤口放出，经由刮板输送机运出工作面的一种采煤工艺。综合机械化放顶煤开采技术自 20 世纪 80 年代引入我国以后，解决了长期困扰我国厚煤层和特厚煤层开采的效益、工效问题。由于开采强度大，且放煤量约占工作面产量的 70%，又增加了放煤口这一大尘源，粉尘产生量大幅度增加。高浓度粉尘(个别工作面达到 8 000～10 000 mg/m^3)使工作面的作业环境急剧恶化，容易导致煤硅肺病，而且增加了煤尘爆炸的风险。

综采放顶煤工作面由于具有设备多、工序复杂、割煤和放煤平行作业、开采强度大等特点，产尘源较其他采煤工艺要多得多，粉尘的治理难度更大。综放面设备遍及整个工作面及运输巷，不仅产尘点多，而且产尘量大。风流系统内的煤尘来源主要有以下 4 个方面：

① 采煤机割煤时产生的煤尘。采煤机割煤是综放工作面最大的产尘工序，产尘量约占综放工作面粉尘的 60%。

② 支架放顶煤过程中产生的煤尘约占总粉尘量的 25%。

③ 在降架、移架、升架以及前后可弯曲刮板输送机向前推移的过程中产生的煤尘约占总粉尘量的 10%。

④ 各转载点落煤、破碎机破煤等环节产生的煤尘。

综采放顶煤工作面的粉尘分布规律如图 1-11 所示。

(4) 大采高综采工作面的粉尘来源

大采高综采工作面具有工作面单产高、采出率高、巷道布置方便、生产系统简单、矿山生

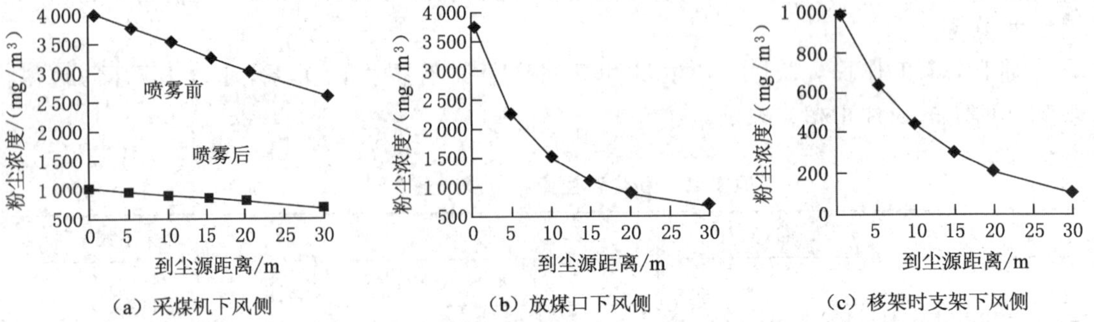

图 1-11 综采放顶煤工作面的粉尘分布规律

产集中度高的优点,是目前厚煤层开采技术的主要发展方向之一。高产高效往往和矿山灾害是伴生的,产量越高,往往灾害越严重,粉尘的产生也不例外。由于开采强度和采煤机开采面积的增加,相应的采煤环节、运输环节、支护环节的产尘量也大大增加。

大采高综采近些年在我国神东、榆林等矿区应用比较广泛,在其他的一些采掘条件比较合适的地区也有部分应用,且有逐步扩大的趋势。随着该项技术的逐步应用,大采高工作面粉尘的防治问题逐步成为影响工作面安全生产的关键问题。但由于大采高综采工艺应用时间较短,对大采高工作面粉尘防治方面的相关研究较少,主要侧重于现场的应用与实践,而基本都是将现有综采、综放工作面的防尘技术加以移植后直接在大采高工作面应用。

大采高综采工作面的主要粉尘来源有通风带入、采煤机截割、移架、煤炭运输。

① 通风带入的粉尘

综采工作面一般离矿井进风井筒路程较远,并且我国大部分矿井采用的是抽出式通风方式,从地面进入井下的新鲜空气在输送到采煤工作面时经过了较长的井下巷道,因此,可以将通风带入的粉尘分为两类:一类是新鲜空气自身含有的粉尘(主要是地面大气粉尘,致病性比较弱);另一类是由于通风作用,新鲜风流所流经的巷道中的部分积尘由静止状态转变为飞扬状态并且随风流传播的粉尘。这类粉尘量一般在统计时不计算在内。

② 采煤机截割产生的粉尘

采煤机割煤工序是大采高综采工作面的主要产尘工序之一。采煤机滚筒在截割落煤时,由于滚筒螺旋叶片上的截齿对煤体的切割和挤压作用,煤层产生了弹性变形,储存了弹性能,在煤屑与煤体分离时,煤屑弹性恢复,煤在弹性能的作用下以较高的速度从齿前飞出,经此强压和释放过程,整体的煤层被破坏成大小不等的块煤以及大量的煤粉;截齿对煤的冲击也将产生煤尘,而且冲击力越大,所产生的煤粉越多。此外,煤体或煤块受到强烈振动,可使原来的裂隙加大,从而变为更小的煤块或直接变成煤尘。煤粉在风流的作用下飞扬在气流中则形成了煤尘。此外,在螺旋滚筒将破碎下来的煤炭装入刮板输送机时,由于振动、摩擦等,同样也会产生煤尘。

③ 移架(支护)产生的粉尘

由于综采工作面的液压支架支撑的是上部煤层,煤层在工作面推进过程中已经逐渐破碎,煤层上方的顶板也随之破碎。因此,在支架降架、移架、升架时,支架上方的破碎煤层和顶板随之运动,从而产生大量粉尘。

④ 煤炭运输时产生的粉尘

煤炭运输时，一方面，粉尘受到振动和风流吹动而重新扬起；另一方面，运输过程又造成煤块之间的互相碰撞，使得煤块出现二次破碎，从而增加了现场的粉尘含量。综采工作面煤炭运输时产生的粉尘主要来自刮板输送机运输时产生的粉尘以及转载机处因高差作用而产生的粉尘。

1.4.2.4　*岩石和煤炭运输过程粉尘来源*

井下运输过程中，岩尘和煤尘由于受到振动和风流吹动而重新扬起；另外，运输过程又造成岩块或煤块互相碰撞，出现二次破碎而增加产尘量。多数运输系统布置在进风巷中，造成进风风流遭到污染，并进一步影响整个井下作业地区的粉尘浓度。国内部分矿井运输过程中产生的粉尘情况见表 1-11。加拿大某矿整个运输环节产尘量统计见表 1-12。

表 1-11　国内部分矿井运输过程中产生的粉尘情况

矿　名	作业地点	粉尘浓度/(mg/m^3)	备注
庞庄煤矿	综采工作面平巷转载点	10～15	
中梁山煤矿	工作面平巷刮板输送机转载点	160～450	下行
兴隆庄煤矿	工作面带式输送机巷	110	
	集中运输巷	20	输送机开动
	集中运输巷	5	输送机未开动
	东西运输大巷	2.5～25	
长沟峪煤矿	运输巷	7	重车运行时
门头沟煤矿	主要运输大巷	1.2～1.6	
岭西煤矿	主要运输大巷	3～4	
	主井翻笼	1.7～16.8	

表 1-12　加拿大某矿整个运输环节产尘量统计

地点	工序	风量/(m^3/s)	吨位/t	采样时间/min	试验次数/次	坠落距离/m	可吸入粉尘生成量/(mg/t)			
							总计	可燃粉尘	矿物的	石英的
1	装矿车	7～73	140～240	30～114	2	3	35	15	70	8
2	卸入格子筛	70	800	300	1	1～3	270	—	54	27
3a	放矿溜井	40	2 000	320	1	300	700	低		400
3b		1	200	120	1	30	105	7	70	16
3c	自上至下（平均 182 m）	40	600	200	3	300	270	90	180	18
		25	1 600	140	7	300	250	80	160	16
4a	井下破碎	3	2 400	325	2	3	600	20	800	400
4b		3	800	200	1		200		250	130
4c		2.5	200	120	1	3	100		60	15

表 1-12(续)

地点	工序	风量/($m^3 \cdot s^{-1}$)	吨位/t	采样时间/min	试验次数/次	坠落距离/m	可吸入粉尘生成量/(mg/t)			
							总计	可燃粉尘	矿物的	石英的
4d		3	750	390	1	3	150		90	22
5	大块岩石	3	20	390	1	3	110		35	10
6	装箕斗	3	514	210	1	6	115	15	30	16

1.4.3 影响煤矿井下粉尘产生的因素

影响煤矿井下粉尘产生的因素很多,包括采掘机械化装备、采矿地质条件、矿井通风状况、煤矿井下粉尘的理化性质等。

(1) 采掘机械化装备

传统观点认为,粉尘的产生随采掘机械化装备的提高而增加,这是因为从炮采、普采、高档普采、综合机械化采煤、综合机械化放顶煤开采到大采高综合机械化采煤整个过程对装备的要求越来越高,产量的增高导致产尘量的急剧增加。

(2) 采矿地质条件

煤层的地质构造、断层褶曲发育情况都会影响粉尘的产生。一般情况下,煤层和岩层未遭到强烈破坏的区域,开采时煤矿井下粉尘产生量较小;开采断层、褶曲等地质构造区域产尘量较正常地段大;开采厚煤层比开采薄煤层产尘量大;开采急倾斜煤层较开采缓倾斜煤层产尘量大;脆性大易碎、结构疏松、水分低、强度低的煤(岩)产尘量较结构致密、水分大、强度高的硬煤大;变质程度高(高阶煤)的煤体往往比变质程度低(低阶煤)的产尘量大。

采矿地质条件的影响多是天然的,是人类无法改变的。生产实践过程中只能依据具体的采矿地质条件选用不同的防尘设备、防尘材料,以达到防尘、降尘、捕尘的目的。

(3) 矿井通风状况

目前来说,通风除尘仍然是一种最重要的除尘方式。煤尘的悬浮能力与粒径、形态、密度、空气流动方向和速度有关,在矿内空气中,小于 10 μm 的煤尘易于悬浮,而大于 10 μm 的煤尘则易于沉降。合理的风速可以有效地排除工作空间的细小煤尘,但又不会将较大颗粒的煤尘吹扬起来。山西省煤矿大多数已由浅部转入深部开采,通风系统复杂,漏风严重,有效风量低,甚至有的只通风无喷雾降尘,致使作业区粉尘浓度增大。

(4) 煤矿井下粉尘的理化性质

煤矿井下粉尘主要危害就是粉尘爆炸,引起呼吸性疾病和污染环境,其主要指标就是煤矿井下粉尘的理化性质。游离二氧化硅含量、粒径、分散度、浓度、润湿性、比表面积、电性、黏附性以及爆炸性都是煤矿井下粉尘自身的理化性质。国外有些学者提出尘肺病的发病取决于粉尘的浓度及分散度,粉尘浓度越高,颗粒越细,发病概率就会越大;煤体的坚固性系数 f 值较小,强度较小,产尘则较大;掘进工使用高速风钻钻岩,与采煤工使用煤电钻产生的粉尘相比浓度高、颗粒小,必然造成掘进工的发病概率高于采煤工。

复习思考题

1. 何为矿尘？它的危害有哪些？
2. 表示矿尘颗粒大小的指标有哪些？它们对衡量矿尘的危害性有何影响？
3. 矿尘的润湿性和荷电性对防尘、降尘有何作用？
4. 粉尘的吸附能力与粉尘颗粒的表面积有何关系？
5. 煤层注水的实质是什么？
6. 详细解释煤岩巷掘进工作面和采煤工作面粉尘的主要来源。
7. 煤矿井下粉尘的分类标准是什么？矿尘的影响因素是什么？

第2章 粉尘测定

学习目标

1. 掌握粉尘密度计算方法与测定技术；
2. 掌握粉尘浓度测定技术；
3. 掌握粉尘粒度和粒度分布测定技术；
4. 掌握粉尘中游离二氧化硅含量计算方法与测定技术；
5. 掌握煤尘爆炸性鉴定方法。

导　言

在一些工业工作环境中，空气中的浮尘浓度已经超过了人体呼吸系统的处理能力，由粉尘所引起的呼吸问题是最早的工业职业病之一。粉尘测定的目的在于评价粉尘作业的劳动卫生条件。因此，本章主要介绍粉尘密度测定、粉尘浓度测定、粉尘粒度和粒度分布测定、粉尘中游离二氧化硅含量测定、煤尘爆炸性鉴定等测定技术，为判定防尘措施的卫生效果奠定基础。

2.1 粉尘密度测定

实际测量和应用中，常把矿山粉尘的真密度和假密度视为一致，这是因为测量矿山粉尘体积时很难把内闭孔的体积测量出来，而且在机械破碎过程中产生的矿山粉尘一般没有内闭孔。只有在化学过程中形成的某些矿山粉尘有内闭孔，这种矿山粉尘的真密度值比假密度值大。通常，采用液相置换法测定矿山粉尘的真密度。

液相置换法测试系统如图 2-1 所示。液相置换法是选取某种浸润性好、不溶解矿山粉

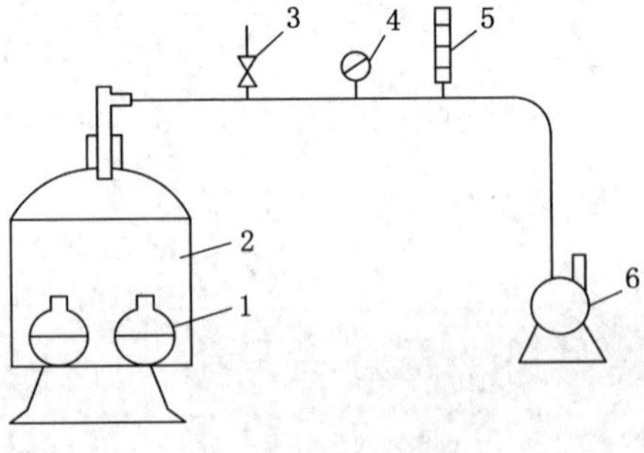

1—比重瓶；2—真空干燥器；3—三通阀；4—真空表；5—温度计；6—抽气泵。

图 2-1 液相置换法

尘、不与所测粉尘起化学变化也不使粉尘体积膨胀或收缩的液体注入矿山粉尘，将粉尘粒子间及外表孔隙的空气排除，以求得粉尘颗粒的材料体积，然后根据测量的矿山粉尘质量计算矿山粉尘的真密度。

首先称量洗净烘干后的比重瓶的质量 m_0，装入矿山粉尘(约至瓶体积的 1/3)并称量瓶加尘质量 m_s，将浸液注入装有矿山粉尘的比重瓶内(约至瓶体积的 2/3 处)。然后置于密闭容器中抽真空，直到瓶内基本无气泡逸出时停止抽气。保持 30 min，使瓶中气体充分排出。取出比重瓶并注满浸液，称其质量 m_{s1}(瓶＋尘＋液)。倒空比重瓶并洗净，重新注满浸液称其质量 m_1(瓶＋液)。按下式计算粉尘真密度 ρ_p：

$$\rho_p = \frac{m_s - m_0}{(m_s - m_0) + (m_1 - m_{s1})} \times \rho_1 \qquad (2\text{-}1)$$

式中　ρ_1——浸液在测定温度下的密度。

测定时需取平行样品，二者的误差应小于 1%，否则重新测定。矿山粉尘真密度取平行样的平均值。温度的变化是误差的主要原因，为此通常将比重瓶置于恒温槽充分恒温后再读取温度。

图 2-2　通用松装密度测定仪/假比重法测定仪

另外，通用松装密度测定仪/假比重法测定仪(漏斗法，仪器如图 2-2 所示)可以测定粉尘的堆积密度。利用该仪器测定粉尘堆积密度的方法称为自然堆积法。该仪器的原理是：粉尘从漏斗口在一定高度自由下落充满量筒时，测定松装状态时量筒内单位体积粉尘的质量，此时的质量即为粉尘堆积密度。

2.2　粉尘浓度测定

为了评价工作场所粉尘对工人健康的危害状况、研究改善防尘技术措施、评价除尘器性能、检验排放粉尘浓度和排放量是否符合国家标准以及保护机电设备、防止粉尘爆炸等，均需对粉尘浓度进行测定。

2.2.1　粉尘浓度表示方法

粉尘浓度表示方法有两种：一种以单位体积空气中粉尘的颗粒数(颗/cm^3)表示，即计数表示法；另一种以单位体积空气中粉尘的质量(mg/cm^3)表示，即计重表示法。

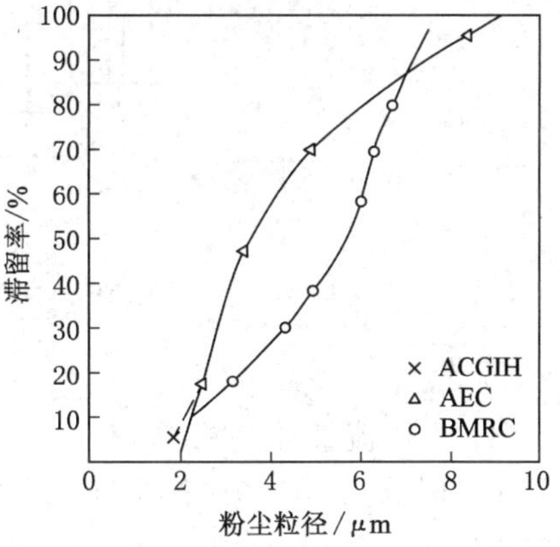

图 2-3　呼吸性粉尘采样标准曲线

采样标准曲线如图 2-3 所示。20 世纪 50 年代初，英国医学界通过流行病学对尘肺病的研究认识到尘肺病的缘由，它不仅与吸入的粉尘质量、暴露时间、粉尘成分有关，而且在很大程度上与尘粒的大小有关。此后，英国医学研究协会在 1952 年提出呼吸性粉尘的定义，即进入肺泡的粉尘，同时给出 BMRC 采样标准曲线，后来美国卫生家协会给出 ACGIH 采样标准曲线，这一定义和两种呼吸性粉尘采样标准曲线于 1959 年在南非召开的国际尘肺会议上得到认可，同时确定了以计重法表示粉尘浓度。

2.2.2 滤膜测尘法

目前中国规定的粉尘浓度测定方法是滤膜测尘法。此法具有采样简便、操作快速及准确性较高的优点，在矿井下高湿环境或有水雾存在的情况下采样时，样品称量前应做干燥处理；在有油雾的空气环境中采样时，可用石油醚除油，再分别计算粉尘浓度和油雾浓度。

2.2.2.1 原理

抽取一定体积的含尘空气，将粉尘阻留在已知质量的滤膜上，由采样后滤膜的增量求出单位体积空气中粉尘的质量（mg/m^3）。

2.2.2.2 器材

（1）采样器。采用经过国家煤矿防尘通风安全产品质量监督检验中心检验合格的，并经国务院所属部委一级单位鉴定的粉尘采样器。在需要防爆的作业场所采样时，用防爆型粉尘采样器，并附带有采样支架。

（2）滤膜。滤膜测尘法是以滤膜为滤料的测尘方法。测尘用滤膜一般有合成纤维与硝化纤维两类。我国测尘用的是合成纤维滤膜，该滤膜由一种直径 1.25～1.5 μm 的以高分子化合物过氯乙烯制成的超细纤维构成，网状薄膜孔隙很小，表面成细绒状，不易破裂，具有静电性、憎水性、耐酸碱和质量轻等特点，滤膜质量稳定性好，在低于 55 ℃的气温下不受温度变化影响。当粉尘浓度低于 50 mg/m^3 时，用直径为 40 mm 的滤膜；高于 50 mg/m^3 时，用直径为 75 mm 的滤膜。当过氯乙烯纤维滤膜不适用时，改用玻璃纤维滤膜。

（3）采样头、滤膜夹及样品盒。采样头一般采用武安Ⅱ型采样头（图 2-4），可用塑料或铝合金制成，滤膜夹由固定盖、锥形环和螺丝底座组成。滤膜夹及样品盒用塑料制成。

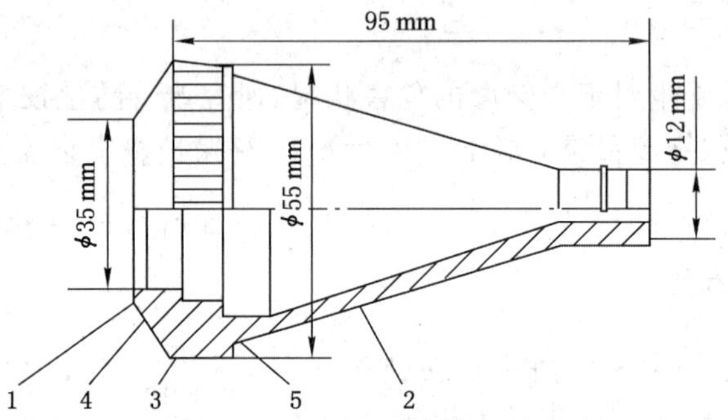

1—顶盖；2—漏斗；3—固定盖；4—锥形环；5—螺丝底座。

图 2-4　滤膜采样头

（4）气体流量计。常用 15～40 L/min 的转子流量计，也可用涡轮式气体流量计，需要加大流量时，也可用 40～80 L/min 的上述流量计，其精度为±2.5%。流量计至少每半年用钟罩式气体计量器、皂膜流量计或精度为±1%的转子流量计校正一次。若流量计管壁和转子有明显污染时应及时清洗校正。

（5）天平。用感量为0.000 1 g或0.000 01 g的分析天平，按计量部门规定每年检定一次。

（6）秒表或相当于秒表的计时器。

（7）干燥器内盛变色硅胶。

2.2.2.3　测定步骤

（1）采样前的准备。

① 用镊子取下滤膜两面的夹衬纸，将滤膜置于天平上称量至恒重（相邻两次的质量差不超过0.1 mg）。编号（可按滤膜夹号）、记录质量。

② 滤膜的固定滤膜夹应先用酒精棉球擦净：

a. 旋开滤膜夹的固定盖，用镊子夹取已称量的滤膜毛面向上平铺在锥形环上，再将固定盖套上并拧紧；

b. 检查固定的滤膜有无褶皱或裂隙，若有时应重新固定；

c. 将装好的滤膜放入带有编号的样品盒内备用。

③ 直径75 mm滤膜（漏斗形）的固定：

a. 旋开滤膜夹的固定盖；

b. 用镊子将滤膜对折两次成90°角的扇形，然后张开成漏斗状，置于固定盖内，使滤膜紧贴固定盖的内锥面；

c. 用锥形环压紧滤膜的周边，将螺丝底座拧入固定盖内，如滤膜边缘超出固定盖的内锥面脱出时，则应重装；

d. 用圆头玻璃棒将滤膜漏斗的锥顶推向下压紧，形成滤膜漏斗；

e. 检查安装的滤膜有无漏隙，若有应重装。

（2）将装好的滤膜夹放入带有编号的样品盒内备用。

（3）现场采样。采样前应对生产场所的作业情况进行调查，对工艺流程、生产设备、操作方法、粉尘发生源及其扩散规律和主要防尘措施等进行了解。

① 根据采样点选定的原则选好采样点。

② 采样开始的时间。在连续性产尘的作业点，应在作业开始30 min后粉尘浓度稳定时采样。阵发性产尘作业点，应在工人工作时采样。

③ 采样的常用流量为15～40 L/min。一般以20 L/min或25 L/min的流量采样，粉尘浓度较低时，可适当加大流量，但不得超过80 L/min。在整个采样过程中，流量应稳定。

④ 采样的持续时间根据采样点的粉尘浓度估计值及滤膜上所需粉尘增量的最低值确定，一般不得小于10 min（当粉尘浓度高于10 mg/m³时，采气量不得小于0.2 m³；低于2 mg/m³时，采气量为0.5～1 m³），采样的持续时间一般按式（2-2）估算：

$$t \geqslant \frac{\Delta m \times 1\,000}{c q_{\mathrm{v}}} \tag{2-2}$$

式中　t——采样持续时间，min；

Δm——要求的粉尘增量，其质量应大于或等于1 mg；

c——作业场所的估计粉尘浓度，mg/m³；

q_{v}——采样时的流量，L/min。

⑤ 采样：

a. 架设采样器，将已准备好的滤膜夹从样品盒中取出，放入采样头内，拧紧顶盖，安装在采样器上，再将采样器固定在采样支架上。采样器距地面 1.5 m 左右，采样时滤膜的受尘面应迎向含尘气流。当迎向含尘气流无法避免飞溅的泥浆、砂粒对样品的污染时，受尘面可以侧向。

b. 检查采样器、流量计和采样接头的连接部分的气密性。

c. 开动采样器并校准流量值；按设定的流量采样，同时计时器计时，在采样过程中要保持流量稳定。

d. 根据现场情况，按照采气量的要求确定采样时间。采样终止，关闭“电源开关”，记录采样的流量和时间、采集在滤膜上的粉尘增量。直径为 40 mm 滤膜上的粉尘增量不应少于 1 mg，但不得多于 10 mg，直径为 75 mm 的滤膜应做成锥形漏斗进行采样，其粉尘增量不受此限。

e. 采样结束后，轻轻地拿下采样头，再由采样头内取出滤膜夹，将受尘面向上，小心放入样品盒中，带回实验室进行称量分析。

f. 采样记录：采样时应对采样日期、采样地点、样品编号、采样流量及时间、生产工艺、作业环境、尘源的特点、防尘措施的使用情况以及个体防护措施等进行详细记录。

(4) 采样后样品的处理。

① 用镊子小心地将滤膜取下，一般情况下不需要干燥处理，可直接放在规定的天平上称量至“恒重”，记录质量，取其较小值进行计算。

② 如果采样时现场的相对湿度在 90%以上或有水雾存在时，应将滤膜放在干燥器内干燥 2 h 后称量，记录测定结果，称量后再放入干燥器中干燥 30 min，再次称量。当相邻两次的质量差不超过 0.1 mg 时，取其最小值。

③ 当采样地点空气中有油雾存在时，应将滤膜进行除油处理，分别计算出粉尘及油雾的浓度。

2.2.2.4 粉尘浓度计算

粉尘浓度按式(2-3)计算：

$$c=\frac{m_2-m_1}{q_v t}\times 1\ 000 \tag{2-3}$$

式中 c——粉尘浓度，mg/m^3；

m_1——采样前滤膜的质量，mg；

m_2——采样后滤膜的质量，mg；

t——采样时间，min；

q_v——采样流量，L/min。

在进行的现场调查中，一般需要进行平行样品的采样。两个平行样品间的浓度偏差小于 20%时为有效结果，并取其平均值作为该采样点的粉尘浓度。

平行样品间的浓度偏差按式(2-4)计算：

$$\text{平行样品间的浓度偏差}=\frac{a-b}{\frac{(a+b)}{2}}\times 100\% \tag{2-4}$$

式中 a、b——平行样品各自的粉尘浓度。

2.2.2.5 滤膜测尘的除油方法

在矿山测尘中，由于凿岩机喷洒出大量机油，滤膜采样后称量所得的结果偏大，需要将滤膜除油后才能得到粉尘的真实增重。常用的滤膜除油方法有以下两种。

(1) 石油醚除油法

① 原理：将采集有粉尘和机油的滤膜经石油醚处理去除机油，干燥后称量，测出粉尘和机油的质量，再换算出粉尘和机油的浓度。

② 试剂和器材：石油醚(沸点 30～60 ℃)、250 mL 索氏提脂器、水浴锅、45 mm^2 塑料网若干块、曲别针、长镊子、滤纸、干燥器、天平。

③ 操作方法：

a. 向索氏提脂器中加入 150～200 mL 石油醚；

b. 将称量后的含有机油的粉尘滤膜样品向内折叠一次，用塑料网包夹，再用曲别针固定；

c. 将夹好的样品 20 个为一批放入装有石油醚的提脂器中；

d. 将提脂器放在水浴锅上，调节水温，控制在 60 ℃左右，使石油醚蒸发循环；

e. 经石油醚循环 2～3 次处理后，用长镊子将样品取出，放在滤纸上；

f. 取下塑料网，待滤膜稍干后，放在干燥器中 30 min 后进行称量。

④ 粉尘和油雾浓度的计算。

$$粉尘和油雾的总浓度=\frac{采样后薄膜质量(mg)-采样前薄膜质量(mg)}{样本流量(L/min)\times样本时间(min)}\times100\% \quad (2\text{-}5)$$

$$粉尘浓度=\frac{除油后薄膜质量(mg)-采样前薄膜质量(mg)}{样本流量(L/min)\times样本时间(min)}\times100\% \quad (2\text{-}6)$$

$$机油浓度=粉尘和油雾的总浓度-粉尘浓度$$

(2) 汽油除油法

① 原理：将采集有粉尘和机油的滤膜经汽油处理去除机油，称量至恒重，换算出粉尘的浓度。

② 试剂和器材：120 号溶剂汽油、定性滤纸称量瓶(ϕ50 mm×30 mm)、天平、弯头止血钳、镀铬镊子、玻璃板(150 mm×150 mm)、秒表。

③ 操作方法：

a. 将 120 号溶剂汽油用定性滤纸过滤；

b. 取三个干净的称量瓶编号，倒入适量的汽油；

c. 用镊子和止血钳将采有粉尘和机油的滤膜对折三次，再用止血钳将折好的滤膜边缘夹紧，分别在 1 号和 2 号装有汽油的称量瓶中各摇动 2 min；

d. 将除油的滤膜放在玻璃板上，用镊子打开滤膜，让汽油自行挥发，30 min 后在天平上称量；

e. 再将第一次除油的滤膜按上述方法，在 3 号称量瓶中进行第二次除油、挥发、称重，直到达到恒重为止，即可计算出粉尘浓度。

2.2.2.6 注意事项

(1) 为了提高采气量的精度，在采样前应先用试滤膜对所需采样流量进行调节，待调好后再换上已称量的滤膜采样。

(2) 在现场采样前检查采样系统是否漏气。可采用简易方法，即用手掌堵住装有滤膜的采样头进气口(注意勿使滤膜破裂或受到污染)，在抽气条件下流量计的转子即刻回到静置状态，否则表示有漏气现象。

(3) 采样前后的滤膜如被污染或粉尘掉落时，应作废并重新安设滤膜和采样。

(4) 采样前后滤膜的称量所使用的天平、砝码均应相同。

(5) 滤膜在采样前后的称量间隔时间应尽量缩短，以免因环境条件的变化影响测定结果的准确。

(6) 因滤膜具有较强的静电性，在采样前后称量滤膜时，应使用滤膜静电消除器，先进行除静电再称量。

2.2.3 压电晶体差频法

石英晶体粉尘测定仪以石英谐振器为测尘传感器，其工作原理示意图如图 2-5 所示。

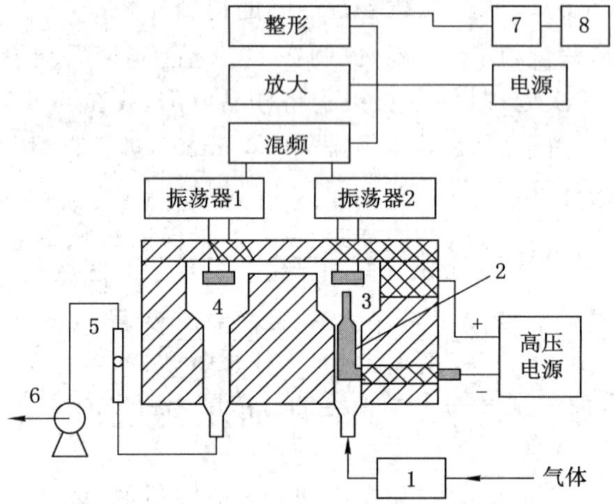

1—粒子切割器；2—放电针；3—测量石英谐振器；4—参比石英谐振器；5—流量计；6—抽气泵；7—浓度计算器；8—显示器。

图 2-5　石英晶体粉尘测定仪工作原理示意图

空气样品经粒子切割器剔除粒径大的颗粒物，粒径范围小的颗粒物进入测量气室。测量气室内有高压放电针、石英谐振器及电极构成的静电采样器，气样中的粉尘因高压电晕放电作用而带上负电荷，在带正电荷的石英谐振器表面放电并沉积，除尘后的气样流经参比室内的石英谐振器排出。因参比石英谐振器没有集尘作用，当没有气样进入仪器时，两振荡器固有振荡频率相同($f_1=f_2$)，$\Delta f=f_1-f_2=0$。无信号输出到电子处理系统，数显屏幕上显示零。当有气样进入仪器时，则测量石英谐振器因集尘而质量增加，使其振荡频率(f_1)降低，两振荡器频率之差(Δf)经信号处理系统转换成粉尘浓度并在数显屏幕上显示。测量石英谐振器集尘越多，振荡频率(f_1)降低也越多，二者具有线性关系，即：

$$\Delta f = K \cdot \Delta M \tag{2-7}$$

式中　K——由石英体特性和温度等因素决定的常数；

ΔM——测量石英体质量增量，即采集的粉尘质量，mg。

如空气中粉尘浓度为 c(mg/m³)，采样流量为 Q(m³/min)，采样时间为 t(min)，则：

$$\Delta M = c \cdot Q \cdot t \tag{2-8}$$

代入式(2-7)得：

$$c = (1/K) \cdot \Delta f / (Q \cdot t) \tag{2-9}$$

因实际测量时 Q、t 值均已固定，故可改写为：

$$c = A \cdot \Delta f \tag{2-10}$$

可见，通过测量采样后两石英谐振器频率之差(Δf)，即可得知粉尘浓度。

为保证测量准确度，应定期清洗石英谐振器。图 2-6 所示为 MODEL3511 压电天平式数字粉尘计，该仪器对 0.005 μg 的超微少量浮游粒子物质也有很高的感度，即使在低浓度环境下测试，仅用 120 s 的采样时间就能得出正确的测试值。它是一种测试精度高，并且便于短时间测试的粉尘质量浓度计，真正实现了用称重法进行浮游粉尘质量浓度的实时测试。

图 2-6　MODEL3511 压电天平式数字粉尘计

2.2.4　光电法

光电法是将光线通过含尘气流使光强变化的一种方法。检测原理包括白炽灯透射、红外光透射、光散射、激光散射等。本节以光散射法为例介绍光电法。光散射法测尘仪是基于粉尘颗粒对光的散射原理设计而成的。其原理如图 2-7 所示，在抽气动力作用下，将空气样品连续收入暗室，平行光束穿过暗室，照射到空气样品中的细小粉尘颗粒时，发生光散射现象，产生散射光。颗粒物的形状、颜色、粒度及其分布等性质一定时，散射光强度与颗粒物的质量浓度成正比。

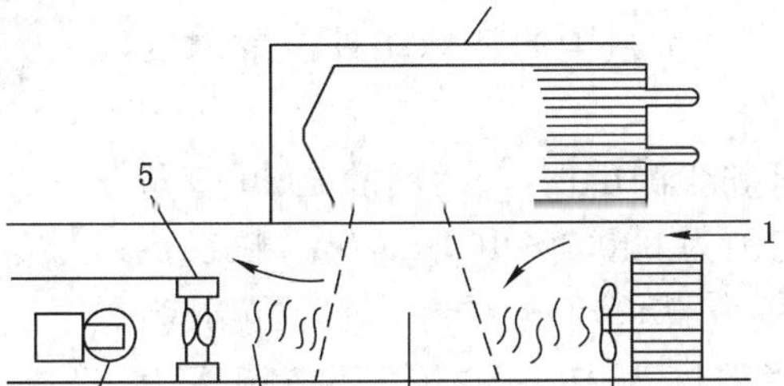

1—被测空气；2—风扇；3—散射光发生区；4—光源；5—暗箱；6—光束；7—光电倍增管。

图 2-7　光散射法测尘仪

散射光经光电传感器转换成微电流，微电流被放大后再转换成电脉冲数，利用电脉冲数与粉尘浓度呈正比的关系便能测定空气中粉尘的浓度。

$$c = K(R - B) \tag{2-11}$$

式中　c——空气中 PM_{10} 的质量浓度，mg/m³；

R——仪器测定颗粒物的测定值(电脉冲数)，R = 累计读数/t，即 R 是仪器平均每分钟产生的电脉冲数，t 为设定的采样时间，min；

B——仪器基底值(仪器检查记录值)，又称暗计数，即无粉尘的空气通过时仪器的测定值，相当于由暗电流产生的电脉冲数；

K——颗粒物质量浓度与电脉冲数之间的转换系数。

当被测颗粒物质量浓度相同，而粒径、颜色不同时，颗粒物对光的散射程度也不相同，仪器测定的结果也就不同。因此，在某一特定的采样环境中采样时，必须先用滤膜测尘法与光散射法所用的仪器相结合，测定计算出 K 值。这相当于用滤膜测尘法对仪器进行校正。光散射法仪器出厂时给出的 K 值是仪器出厂前厂方用标准粒子校正后的 K 值，该值只表明同一型号的仪器 K 值相同，不是实际测定样品时可用的 K 值。

实际工作中 K 值的测定方法是在采样点将滤膜测尘法、光散射法测定所用相同采样器的采样口放在采样点的相同高度和同一方向，同时采样 10 min 以上，根据式(2-12)，用两种仪器所得结果或读数计算 K 值。

$$K = \frac{c}{R - B} \tag{2-12}$$

例如，用滤膜测尘法测得某现场颗粒物质量浓度 $c=1.5$ mg/cm^3，用 P-5 型光散射法仪器同时采样测定，仪器读数为 1 260(电脉冲数)，已知采样时间为 10 min，$B=3$(电脉冲数)，则：

$$R=\frac{1\ 260}{10}=126(\text{电脉冲数})$$

$$K=\frac{1.5}{126-3}=0.012$$

有时，可能由于颗粒物诸多性质不同，在同一环境中反复测定的转换系数 K 值也有差异，这主要是由于粉尘颗粒的性质随机发生变化，因此，应将多次测定的 K 值求取平均值作为该特定环境中的 K 值。只要环境条件不变，该 K 值就可用于以后的测定计算。产生粉尘的环境条件及物料变化时，要重新测定 K 值。

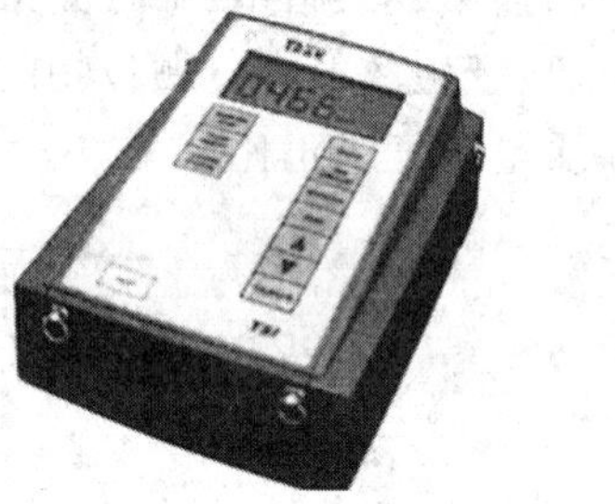

图 2-8　美国 TSI 粉尘测定仪

图 2-8 所示为美国 TSI 粉尘测定仪，其运用的是 90°直角光散射的测量原理，测量范围为 0.001～100 mg/m^3，粒径范围为 0.1～10 μm，分辨率为 0.001 mg/m^3，流量范围为 1.3～2.4 L/min，所需环境温度为 10～50 ℃，环境湿度为 0～95％rh(无冷凝水)。

2.2.5　β 射线吸收法

该测量方法基于的原理是：让 β 射线通过特定物质后，其强度将衰减，衰减程度与所穿过的物质厚度有关，而与物质的物理、化学性质无关。β 射线测尘仪的工作原理如图 2-9 所示。

它是通过测定清洁滤带(未采尘)和采尘滤带(已采尘)对 β 射线吸收程度的差异来测定采尘量的。因采集含尘空气的体积是已知的，故可得知空气中含尘浓度。

设两束相同强度的 β 射线分别穿过清洁滤带和采尘滤带后的强度为 N_0(计数)和 N(计数)，则二者关系为：

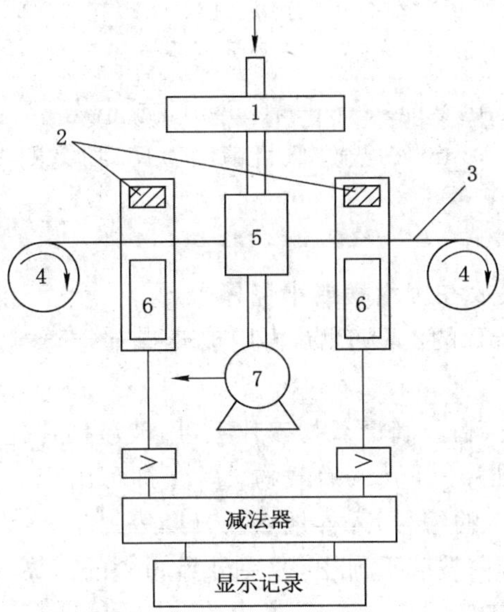

1—大粒子切割器；2—射线源；3—玻璃纤维滤带；4—滚筒；5—集尘器；6—检测器(技术管)；7—抽气泵。

图 2-9　β射线测尘仪工作原理

$$N = N_0^{-K \cdot \Delta M} \text{ 或 } \ln\left(\frac{N_0}{N}\right) = K \cdot \Delta M \tag{2-13}$$

式中　K——质量吸收系数，cm^2/mg；

ΔM——滤带单位面积上粉尘的质量，mg/cm^2。

上式经变换可写成如下形式：

$$\Delta M = (1/K)\ln\left(\frac{N_0}{N}\right) \tag{2-14}$$

设滤带采尘部分的面积为 S，采气体积为 V，则空气中含尘浓度 c 为：

$$c = \frac{\Delta M \cdot S}{V} = \left(\frac{S}{V \cdot K}\right)\ln\left(\frac{N_0}{N}\right) \tag{2-15}$$

式(2-15)说明当仪器工作条件选定后，气样含尘浓度只取决于β射线穿过清洁滤带和采尘滤带后的两次计数的比值。由公式可以看出，其工作原理与双光束分光光度计有相似之处。β射线源可用^{14}C、^{60}Co等。检测器采样计数管对放射性脉冲进行计数，反映β射线的强度。

2.3　粉尘粒度和粒度分布测定

生产性粉尘对人体健康的危害，既取决于粉尘化学组成、浓度等因素，也与粉尘粒子的大小有密切的关系。因此，对作业场所生产性粉尘做卫生学评价时，粉尘分散度的测定是一项必不可少的主要内容。粉尘分散度是指各粒径区间的粉尘数量和质量分布的百分数。我国一般采用数量分布百分数。粉尘分散度的测定方法有计数法和计重法。

2.3.1　滤膜溶解涂片法

2.3.1.1　原理

将采样后的滤膜溶解于有机溶剂中，形成粉尘粒子的混悬液，制成标本，在显微镜下用目镜测微尺进行测定。

2.3.1.2　试剂和器材

乙酸丁酯(乙酸乙酯)(化学纯)、瓷坩埚(25 mL)或小烧杯、玻璃棒、玻璃滴管或吸管、载物玻片(75 mm×25 mm×1 mm)、显微镜、目镜测微尺、物镜测微尺、计数器。

2.3.1.3　测定步骤

(1) 粉尘标本的制备

① 将采集粉尘的滤膜放在瓷坩埚或小烧杯中。

② 用吸管加入1～2 mL的乙酸丁酯,再用玻璃棒充分搅拌,使滤膜溶解,制成均匀的粉尘混悬液。

③ 用吸管吸取混悬液,滴一滴于载物玻片上,用玻璃推片先将液滴向左右移动数次,然后与载物玻片成45°向前推片。1 min后载物玻片上即可出现一层粉尘薄膜。

④ 贴上标签,写明标本的编号、采样地点及日期等。

⑤ 制好的标本可保存在玻璃平皿中,避免外界粉尘的污染。

(2) 目镜测微尺的标定

粉尘粒子的大小是用放在显微镜目镜内的目镜测微尺来测量的。当显微镜光学系统放大倍率改变时,被测物体在视野中的大小也随之改变,但目镜测微尺在视野中的大小却不变,因此在测量时对目镜测微尺需事先用物镜测微尺进行标定。

物镜测微尺是一标准尺度,其长度1 mm分成100个等分刻度,每一分度值为0.01 mm,即10 μm(图2-10)。

① 先在低倍镜下找到物镜测微尺的刻度线,并将其刻度线移到视野中央。

② 转换成高倍镜(450～600倍),调节细螺旋使视野中的物镜测微尺刻度清晰,使物镜测微尺任一刻度与目镜测微尺的任一刻度相重合,然后再向同一方向找出两尺再次重合的刻度线。

③ 分别数出重合部分的目镜测微尺和物镜测微尺的刻度数,然后计算出目镜测微尺的一个刻度在该放大倍数下所代表的长度,如目镜测微尺的45个刻度相当于物镜测微尺的10个刻度,已知物镜测微尺的一个刻度为10 pm,则目镜测微尺一个刻度相当于(10/45)×10=2.2 μm(图2-11)。

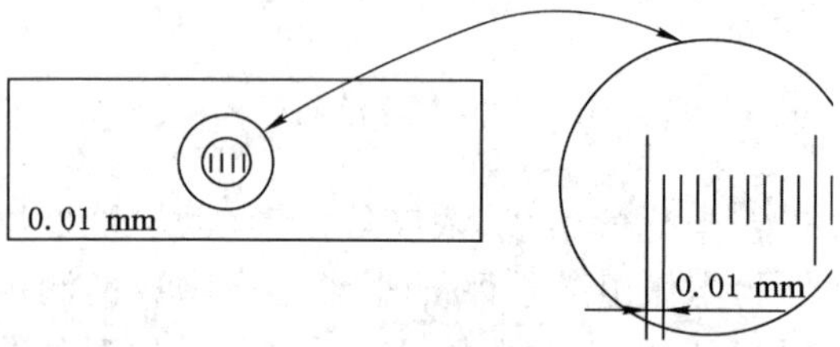

图2-10　物镜测微尺

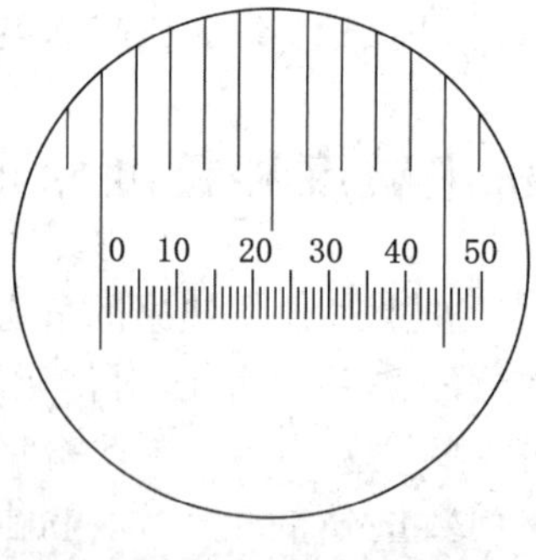

图2-11　目镜测微尺的标定

(3) 分散度的测定

① 取下物镜测微尺,将粉尘标本放在载物台上,先用低倍镜找到粉尘粒子,然后再用高

倍镜观察。

② 用已标定好的目镜测微尺，无选择地依次测量粉尘粒子的大小，应随时调节微调螺旋使尘粒物象清晰，并尽量在视野的中心计测，遇长径测长径，遇短径测短径，每个样品至少测量200个尘粒，按粒径大小填报记录表，并算出其百分数(图2-12)。

(4) 注意事项

① 所用玻璃器皿等，应保持清洁，避免粉尘污染。

② 若粉尘颗粒过多影响测定时，可加适量乙醇丁酯稀释，重新制备标本进行测定。

③ 每批滤膜在使用之前应做对照实验，测其被污染情况。若滤膜本身仅含有少量粉尘，对测定结果影响不大。

④ 对可溶于有机溶剂中的粉尘和纤维状粉尘，本法不适用。可采用自然沉降法。

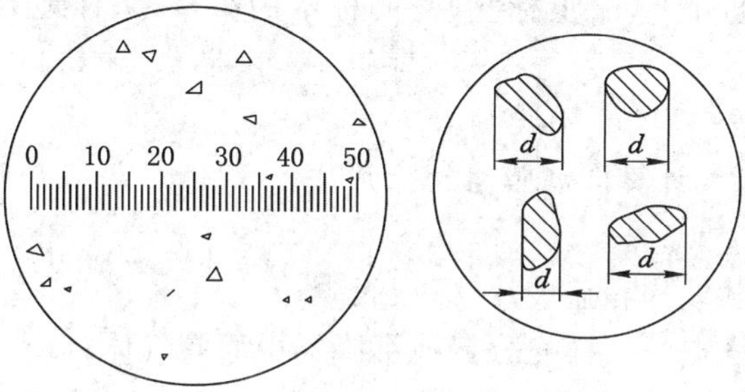

图2-12 粉尘分散度的测定

2.3.2 自然沉降法

2.3.2.1 原理

自然沉降法又称格林氏沉降法或沉降法，它的原理是：将现场含尘空气采集到格林氏沉降器(图2-13)的金属圆筒中，使尘粒自然沉降在盖玻片上，在显微镜下测定，按粒径分组计算其尘粒数的百分数。

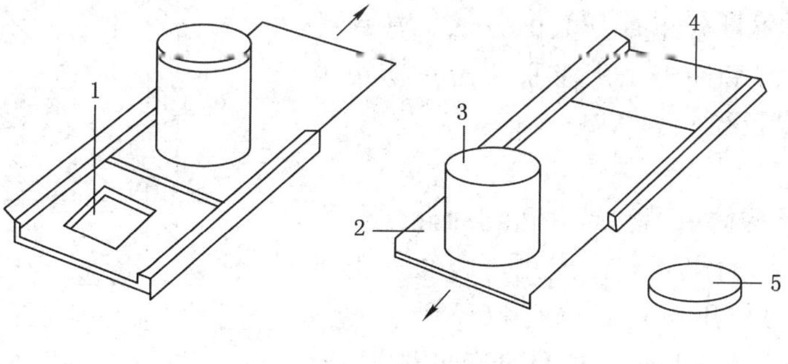

1—凹槽；2—滑板；3—圆筒；4—底座；5—圆筒盖。

图2-13 格林氏沉降器的结构

2.3.2.2 器材

格林氏沉降器、盖玻片(18 mm×18 mm)、载物玻片(75 mm×25 mm×1 mm)、胶水、镊子、显微镜、目镜测微尺、物镜测微尺、计数器。

2.3.2.3 测定步骤

(1) 采样前准备

将盖玻片用铅酸洗液浸泡，用水冲洗后，再用95％乙醇擦洗干净晾干，然后放在沉降器的凹槽内，推动滑板至与底座平齐，盖上圆筒盖以备采样。

(2) 现场采样品

在工人经常工作地点的呼吸带采样。将滑板向凹槽方向推动，直至圆筒位于底座之外，取下圆筒盖，上下晃动数次，使含尘空气进入圆筒内，推动滑板至与底座平齐，盖上圆筒盖，将沉降器放在没有振动的室内，水平静置 3 h，使尘粒自然沉降在盖玻片上。

(3) 标本的制备

将沉降器滑板推出底座外，用少许胶水涂在盖玻片的四角，并用载物玻片压在凹槽上，使盖玻片粘贴在载物玻片上，贴上标签，写明标本的编号、采样地点及日期，保存在标本盒中，以备显微镜下测量。

(4) 分散度的测定

粉尘分散度的测量及计算同滤膜溶解涂片法。

(5) 注意事项

① 采样前应洗净载玻片和盖玻片，保证无尘；

② 采样时要用采样点的气样充分置换沉降器中原有气体；

③ 采样后在尘样的送检、存放过程中要避免振动和污染，特别是静放采样时必须保证不受振动，温度变化小，以利尘粒的自然沉降；

④ 应在空气清洁场地安放和取出盖玻片，以免污染；

⑤ 测定时必须选择标定时的光学条件，测定 200 个以上尘粒，若测定尘粒数太少，则代表性差，粉尘分散度结果误差大。

2.3.3 级联冲击计重法

粉尘分散度计重法是以某种手段把粉尘按一定的粒径范围分级，然后用天平称其各部分粉尘的质量，测出各级尘粒质量分布百分数的方法。常用的计数法有离心、沉降和冲击法。级联冲击法使用级联冲击器测定粉尘粒径。

2.3.3.1 原理

级联冲击器结构简单、紧凑，并可同时测定粉尘浓度和粒径分布，因而得到广泛应用。级联冲击器根据粉尘的惯性力作用对粉尘进行粒径质量的测定，可同时测定粉尘浓度和粒径质量分布的数据，如图 2-14 所示。

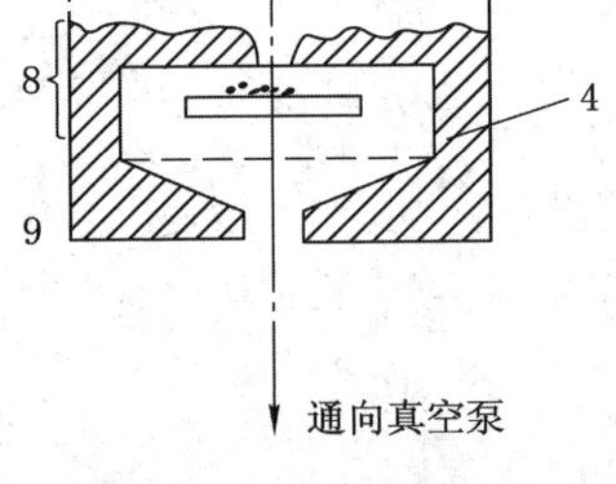

1—喷嘴；2—冲击板；3—外壳；
4—滤网；5—粒子；6—第一段；
7—第二段；8—第 n 段；9—终过滤段。

图 2-14 级联冲击器工作原理图

含尘气流从圆形或条缝形喷嘴高速喷出，形成射流，直接冲向设于前方的冲击板上。冲量较大的尘粒偏离气流撞击在冲击板上，由于黏性力、静电力和范德瓦耳斯力的作用而黏附，沉积于冲击板上，而冲量较小的粉尘则随气流进入下一级。若把几个喷嘴依次串联，并逐渐减小喷嘴直径，气流速度将会逐级升高，从气流中分离出来的粉尘粒子也逐渐减小。

级联冲击器的惯性冲击性能用惯性碰撞参数 Ψ 或斯托克斯数 S_{tk} 来表征。斯托克斯数的物理意义是：尘粒穿过静止介质所通过的最大距离与特征长度的比值。

$$S_{tk} = \frac{\rho_d vcd_p^2}{18\mu}/(\frac{D}{2}) \tag{2-16}$$

式中 ρ_d——粒子密度，kg/m^3；

v——气流喷出喷嘴流速，m/s；

c——滑动修正系数；

d_p——粒子粒径，m；

μ——气体的黏滞系数，Pa·s；

D——喷嘴直径或宽度，m。

惯性碰撞系数 Ψ 为斯托克斯数 S_{tk} 的两倍，$\Psi=2S_{tk}$，它们的物理意义相同。

当雷诺数 Re 在 500～3 000 范围内，收集效率 η 是惯性碰撞系数 Ψ 的单值函数。把收集效率 Ψ 等于 50% 的粉尘粒子的粒径称作有效分割粒径 d_{50}，它所对应的惯性系数为 Ψ_{50}，斯托克斯数为 S_{tk50}。当 Re 数在 100～3 000 变化时，$\sqrt{\Psi_{50}}$ 基本为一定值，对于冲击器的各级有效分割粒径 d_{50}，可用下式计算：

$$d_{50i} = (\frac{18\,\Psi_{50i}\mu D_i}{c_i\rho_p v_i}) \tag{2-17}$$

其中每一级的气流出口流速为：

$$v_i = \frac{4q_v}{\pi D_i^2 n_i} \tag{2-18}$$

式中 q_v——气体总流量，m^3/s；

n_i——第 i 级的喷嘴个数；

D_i——第 i 级的喷嘴直径或宽度，m。

考虑每级压差的影响，各级的有效分割粒径 d_{50i} 应采用下式计算：

$$d_{50i} = \left(\frac{14.1\,\Psi_{50i}\mu D_i^3 n_i P_i}{c_i\rho_p P_s q_v}\right)^{\frac{1}{2}} \tag{2-19}$$

式中 P_i——第 i 级喷嘴的绝对压力，Pa；

P_s——烟道或管道内气体绝对压力，Pa。

对于条缝形喷嘴级联冲击器：

$$d_{50i} = \left(\frac{18\,\Psi_{50i}\mu b_i^2 l_i P_i}{c_i\rho_p P_s q_v}\right)^{\frac{1}{2}} \tag{2-20}$$

式中 b_i——第 i 级喷嘴宽度，m；

l_i——条缝喷嘴总长度，m。

对于小粒子尚需作滑动修正，滑动修正系数 c_i 是粉尘粒径 d_{50i} 的函数：

$$c_i = 1 + \frac{2\lambda_i}{d_{50i}}\left[1.23 + 0.41\exp(-0.44)\frac{d_{50i}}{\lambda_i}\right] \tag{2-21}$$

式中 λ_i——气体分子的平均自由程，m。

如能查出对应粒径的滑动修正系数值，可直接代入式(2-20)或式(2-21)中求出有效分

割粒径 d_{50}，如果查不到对应粒径的滑动修正系数，可先令 $c_i=1$，按式(2-19)或式(2-20)求出 d_{50} 并代入式(2-21)中解出 c_i 值，再代入式(2-19)或式(2-20)中计算 d_{50} 值，重复上述过程迭代计算，直到 d_{50} 为一常数为止。

冲击器每一级喷嘴的压力 P_i 用下式计算：

$$P_i = P_s - F_i \Delta P \tag{2-22}$$

式中 ΔP——冲击器的总压降阻力，Pa；

F_i——第 i 级的压降百分数。

级联冲击器的总压降：

$$\Delta P = k q_v^2 \rho_g M \tag{2-23}$$

式中 k——冲击器的经验系数；

M——气体平均摩尔质量，kg/mol；

ρ_g——气体平均密度，kg/m³。

2.3.3.2 仪器结构

级联冲击器是由数个单级冲击器组成的，常用的是4～10级，每一级冲击器主要由喷嘴、捕集板和衬垫组成。

(1) 喷嘴：有圆形和条缝形两种。每级冲击器可以是单孔喷嘴，也可以是多孔喷嘴。每级喷嘴的大小由该级的有效切割粒径及喷嘴出口气流流速确定。

(2) 捕集板：常用的是平板，可用于圆形或条缝形喷嘴的级联冲击器；锥形捕集板用于圆形喷嘴冲击器，锥体的底部可收集被冲击下来或反弹下来的大颗粒粉尘；直角形捕集板用于条缝形喷嘴冲击器。

(3) 衬垫：作用是防止冲击到冲击板上的粉尘将已捕集的粉尘冲刷下来或反弹回气流引起二次扬尘。使用衬垫还可以方便捕尘和称量，保证称量的精度。常用的衬垫材料有氯乙烯纤维滤膜、玻璃纤维滤膜和涂油的金属箔等。

2.3.3.3 级联冲击器的种类

级联冲击器的种类较多，以喷嘴形状、个数及捕集板的形式可以分为以下几种。

(1) 单孔圆喷嘴级联冲击器。图2-15所示为单孔圆喷嘴级联冲击器(HA3冲击器)的结构图。这类冲击器是由几级圆形喷嘴的冲击段组成的。捕集板是平板形式。如国产YCJ-Ⅰ型飘尘粒度浓度测定仪和YCJ-Ⅱ型冲击式粉尘粒度浓度测定仪也是单孔圆喷嘴级联冲击器。

(2) 多孔圆喷嘴冲击器。图2-16所示为多孔圆喷嘴冲击器(Andersen Ⅲ型冲击器)的结构图。此类多孔冲

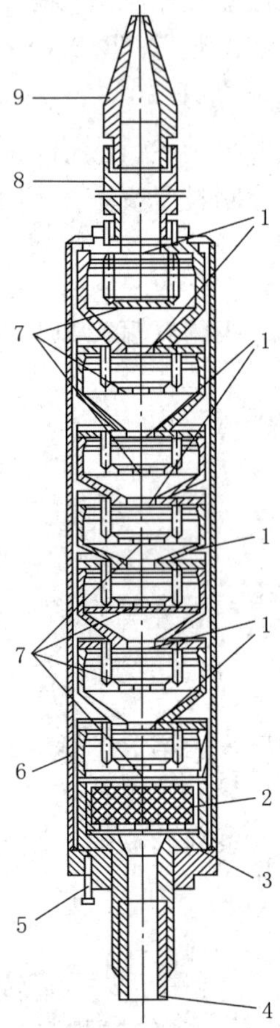

1—喷嘴；2—过滤器；3—顶盖；
4—接管；5—螺栓；6—外壳；
7—冲击板；8—进气口；9—采样嘴。

图2-15 HA3冲击器结构图

击器体积上结构紧凑，能适用于高温，国内外已广泛应用于烟道粉尘粒径分布的测定。如WY-Ⅰ型烟道冲击式粉尘分级仪及YLF-Ⅰ型冲击式粉尘粒径分析仪等。

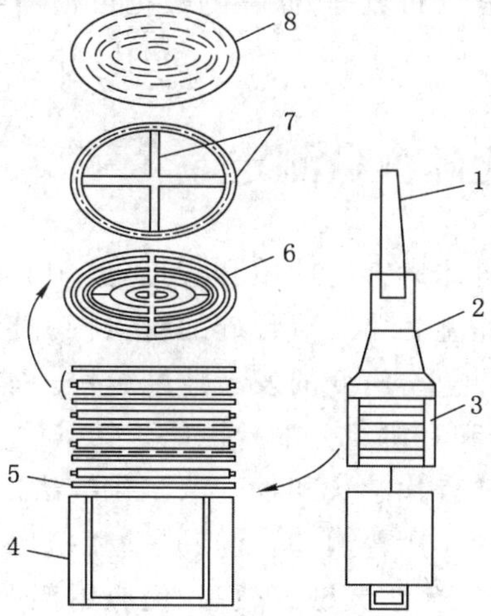

1—连接管；2—入口；3—芯段；4—板夹；5—后置过滤器；6—玻璃纤维集气卡；7—分隔环；8—分级喷嘴(共9级)。

图2-16　Andersen Ⅲ型冲击器结构图

(3) 狭缝形喷嘴冲击器。狭缝形喷嘴冲出的气流中所含的尘粒，由旋转圆鼓形冲击板收集。级联冲击器能够不破坏粉尘在分散介质中的原始状态而直接测定其原始状态下的粒径分布。其结构简单、紧凑，维护使用方便，体积小且收集性能稳定，并且具有自动分级的特点，但是也存在着“反弹”壁损失等缺点，导致二次粉尘飞扬和粉尘损失的误差。

2.3.4　粉尘分散度测定仪

图2-17所示为MD-Ⅰ型粉尘分散度测定仪，它采用斯托克斯原理和比尔定律测定粉尘粒度分布(分散度)。该仪器的主要技术指标有：① 粉尘粒度分布测定范围为0～150 μm(测定粉尘累积质量筛上分布，粉尘粒度分级为150 μm、100 μm、80 μm、60 μm、50 μm、40 μm、30 μm、20 μm、10 μm、8 μm、7 μm、6 μm、4.4 μm、3 μm、2 μm、1 μm)；② $d<40$ μm时，粉尘粒度分布重复测定误差小于10%；③ 粉尘粒度测量误差[以GBW(E)120004a微粒标准物质为试验粉尘]，$d_{50}=10$～13 μm；④ 工作电源为220 V；⑤ 外形尺寸是430 mm×285 mm×300 mm；⑥ 质量是15 kg。

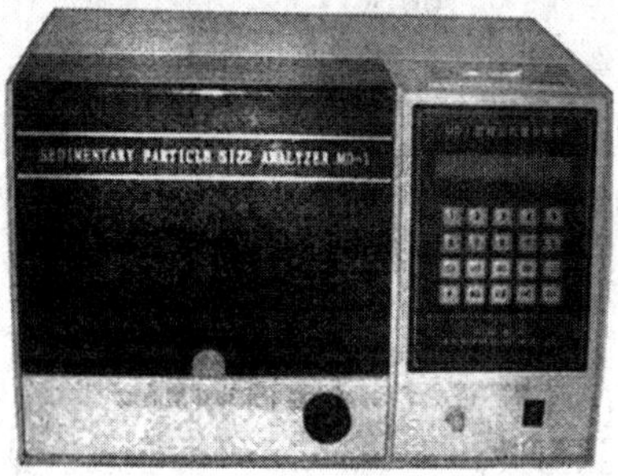

图2-17　MD-Ⅰ型粉尘分散度测定仪

此仪器检测方法与常规方法相比，省去天平称重和显微镜计数等繁杂工作。仪器读数直观，测定结果自动储存，也可由用户根据需要选择，把结果通过显示屏或打印机输出，具有断电保护功能，可储存40次粒度分布数据，储存的数据可根据用户意图进行消除，是粉尘实验室使用的理想仪器。

2.4 粉尘中游离二氧化硅含量测定

粉尘的化学成分决定其对机体危害的性质和程度，其中游离状态的二氧化硅含量影响尤为严重。长期大量吸入含结晶型游离二氧化硅的粉尘将引起硅肺病。粉尘中游离二氧化硅的含量越高，引起病变的程度越重，病变的发展速度越快。本节仅介绍粉尘中的游离二氧化硅检测，粉尘中其他无机组分和有机组分的检测略。

测定粉尘中的游离二氧化硅有化学法和物理法。化学法采用焦磷酸重量法和碱熔钼蓝比色法。其中焦磷酸重量法国内应用普遍，其优点是适用范围广、可靠性较好，缺点是操作程序繁琐、花费时间。碱熔钼蓝比色法灵敏度较高，但应用范围有一定局限性。物理法有X射线衍射法和红外分光光度法。物理法不改变被分析样品的化学状态，需要的样品量很少，分析资料可以保存在图谱上，常用于定性鉴别化合物的种类，用于定量测定则有一定的局限性。

2.4.1 焦磷酸重量法

2.4.1.1 *原理*

硅酸盐溶于加热的焦磷酸而石英几乎不溶，以质量法测定粉尘中游离二氧化硅的含量。

2.4.1.2 *器材与试剂*

器材：

(1) 硬质锥形烧瓶(50 mL)。

(2) 量筒(25 mL)。

(3) 烧杯(250～400 mL)。

(4) 玻璃漏斗(60°)。

(5) 温度计(0～360 ℃)。

(6) 玻璃棒(长300 mm，直径5 mm)。

(7) 可调式电炉(0～1 100 W)。

(8) 高温电炉(附温度控制0～1 100 ℃)。

(9) 瓷坩埚或铂坩埚(带盖)。

(10) 坩埚钳或尖坩埚钳。

(11) 干燥器(内盛有变色硅胶)。

(12) 抽滤瓶(1 000 mL)。

(13) 玛瑙乳钵。

(14) 慢速定量滤纸(7～9 cm)。

(15) 粉尘筛(200目)。

试剂：

(1) 焦磷酸试剂,将85%磷酸试剂加热,沸腾至250 ℃不冒泡为止,放冷后,置塑料试剂瓶中。

(2) 氢氟酸。

(3) 结晶硝酸铵。

(4) 0.1 mol/L 盐酸。

注:以上均为二级化学纯试剂。

2.4.1.3 采样

采集工人经常工作地点呼吸带附近的悬浮粉尘。按滤膜直径为75 mm的采样方法以最大流量采集0.2 g左右的粉尘,或用其他合适的采样方法进行采样;当受采样条件限制时,可在其呼吸带高度采集沉降尘。

2.4.1.4 分析步骤

(1) 将采集的粉尘样品放在(105±3) ℃烘干箱中烘干2 h,稍冷,储于干燥器中备用。如粉尘粒子较大,可先过200目粉尘筛,取筛下粉尘用玛瑙研钵研细至手捻有滑感为止。

(2) 准确称取0.1~0.2 g粉尘样品于50 mL的锥形烧瓶中。

(3) 若样品中含有煤、碳素及其他有机物的粉尘时,应放在瓷坩埚中,在800~900 ℃下灼烧30 min以上,使碳及有机物完全灰化,冷却后将残渣用焦磷酸洗后倒入锥形烧瓶中;若含有硫化矿物(如黄铁矿、黄铜矿、辉钼矿等),应加数毫克结晶硝酸铵于锥形烧瓶中。

(4) 用量筒取15 mL的焦磷酸,倒入锥形烧瓶中,摇动搅拌使样品全部湿润。搅拌时取一支玻璃棒与温度计用胶圈固定在一起,玻璃棒的底部稍长温度计2 mm左右。

(5) 将锥形烧瓶置于可调电炉上,迅速加热245~250 ℃,保持15 min,并且用带有温度计的玻璃棒不断搅拌。

(6) 取下锥形烧瓶,在室温下冷却到100~150 ℃,再将锥形烧瓶放入冷水中冷却到40~50 ℃。在冷却过程中,用加热(50~80 ℃)的蒸馏水稀释到40~45 mL。稀释时一边加水,一边用力搅拌混匀,使黏稠的酸与水完全混合。

(7) 将锥形烧瓶内容物小心移入250 mL或400 mL的烧杯中,再用蒸馏水冲洗温度计、玻璃棒及锥形烧瓶,把洗液一并倒入250 mL或400 mL的烧杯中,并加蒸馏水稀释到150~200 mL,用玻璃棒搅匀。

(8) 将烧杯放在电炉上煮沸内容物,同时将60 ℃玻璃漏斗放置1 000 mL抽滤瓶上,并在漏斗中放置无灰滤纸过滤(滤液中有尘粒时,须加纸浆)。滤液勿倒太满,一般约在滤纸的2/3处。为增加过滤速度可用胶管与玻璃抽气管相接,利用水流产生负压加速过滤。

(9) 过滤后,用0.1 mol/L热盐酸(10 mL左右)洗涤烧杯,将洗液移入漏斗中,并将滤纸上的沉渣冲洗3~5次,再用热蒸馏水洗至无酸性反应为止(可用pH试纸检验)。如用铂坩埚时,要洗至无磷酸根反应后再洗三次,以免损坏铂坩埚。

(10) 将带有沉渣的滤纸折叠数次,放于恒重的瓷坩埚中,在80 ℃的烘干箱中烘干,再放在高温电炉中炭化,炭化时要加盖并稍留一小缝隙。在炭化过程中滤纸在燃烧时应打开高温电炉门,放出烟雾后,继续加温,在800~900 ℃下灼烧30 min,待炉内温度下降到300 ℃左右时,取下瓷坩埚在室温下稍冷后,再放入干燥器冷却1 h,称至恒重并记录质量。

2.4.1.5 计算

$$\omega(\mathrm{SiO_2})_\mathrm{F} = \frac{m_2 - m_1}{G} \times 100\% \tag{2-24}$$

式中　$\omega(SiO_2)_F$——游离二氧化硅的含量,%;

m_1——坩埚质量,g;

m_2——坩埚加沉渣质量,g;

G——粉尘样品质量,g。

2.4.1.6　粉尘中含有难溶物质的处理

当粉尘样品中含有难以被焦磷酸溶解的物质时(如碳化硅、绿柱石、电气石、黄玉等),则需要用氢氟酸在铂坩埚中处理。其目的是将混于残渣中未被溶解的微量硅酸盐及其他有色金属氢化物的含量减掉,当用氢氟酸处理时,可使残渣中的游离二氧化硅(石英)变成四氟化硅挥发掉(即氢氟酸处理过程中的减重为游离二氧化硅的量)。其操作如下。

(1) 向带有残渣的铂坩埚内(经灼烧至恒重后)加入数滴 1∶1 硫酸,使之全部湿润残渣。

(2) 加 5～10 mL 40%的化学纯氢氟酸(在通风柜内),稍加热使残渣中游离二氧化硅溶解。继续加热蒸发至不冒白烟为止(防止沸腾),再于 900 ℃的温度下灼烧,干燥至恒重。

(3) 计算。

$$\omega(SiO_2)_F = \frac{m_2 - m_3}{G} \times 100\% \tag{2-25}$$

式中　m_3——经氢氟酸处理后坩埚加沉渣质量,g;

其他符号的含义同式(2-24)。

2.4.1.7　磷酸根(PO_4^{3-})检验方法

(1) 原理。

磷酸和钼酸铵在 pH=3.1 时,用抗坏血酸还原变成蓝色。

(2) 试剂。

① 乙酸盐缓冲液(pH=3.1),取 0.025 mol/L 乙酸钠溶液、0.1 mol/L 乙酸溶液等体积混合;

② 1%抗坏血酸溶液(保存于冰箱);

③ 钼酸铵溶液:取 2.5 g 钼酸铵溶于 100 mL 的 0.05 mol/L 硫酸中(临时配制)。

(3) 检验方法。

① 测定时分别将 1%抗坏血酸溶液和钼酸铵溶液用乙酸盐缓冲液各稀释 10 倍。

② 取 1 mL 滤液加上述溶液各 4.5 mL 混匀,放置 20 min,如有磷酸根离子则显蓝色。

2.4.1.8　注意事项

(1) 粉尘样品中如含有硫化矿物(如黄铁矿、黄铜矿、辉钼矿等)时,需在加焦磷酸溶解时,加少许结晶硝酸铵。在 120～170 ℃左右,硝酸铵分解对硫化物起氧化作用,同时冒出二氧化氮(NO_2)气体,在此温度保持 3～5 min,使硫化矿物完全溶解。如所加硝酸铵量不够,可待温度冷至 100 ℃左右再补加硝酸铵继续加热,硝酸铵也可使有机物被氧化除去。

(2) 粉尘样品中如含有碳酸盐时,在加热时因碳酸盐遇酸分解产生泡沫,要注意控制温度,缓慢加热,勿使作用太剧烈,以免样品损失。

(3) 若样品为碳素粉尘,如煤、石墨、活性炭等,称量后需先在瓷坩埚中炭化,并在 900 ℃灼烧 30 min,使有机物及碳完全灼烧掉,冷却后将残渣用焦磷酸洗入锥形瓶中,如焦磷酸太黏可加温到 40～50 ℃再用。

(4) 焦磷酸溶解硅酸盐时，温度不得超过 250 ℃，否则易形成胶状沉淀，影响测定。

(5) 焦磷酸与水混合时应缓慢并充分搅拌，否则易形成胶状沉淀，使过滤困难。

(6) 过滤时需用致密的无灰滤纸，如无致密的无灰滤纸或在滤液中见有白色的粉尘漏过时，可用较疏松的无灰滤纸做成纸浆倾在漏斗中放好的滤纸上。纸浆的制法是取一张无灰滤纸加 10 mL 1∶1 盐酸，煮 5 min 并捣烂，加水稀释到 200 mL，搅拌悬浮液，可平均分配到漏斗上使用。

2.4.2 碱熔钼蓝比色法

用等量碳酸氢钠与氯化钠混合制成混合熔剂。在坩埚中将粉尘与混合熔剂混匀，加热至 270～300 ℃时，碳酸氢钠发生热分解反应，转变成碳酸钠：

$$2NaHCO_3 \longrightarrow Na_2CO_3 + H_2O + CO_2\uparrow \tag{2-26}$$

加热至 800～900 ℃时，碳酸钠与粉尘中的硅酸盐不作用，选择性地与粉尘中的游离二氧化硅反应，生成水溶性硅酸钠：

$$Na_2CO_3 + SiO_2 \longrightarrow Na_2SiO_3 + CO_2\uparrow \tag{2-27}$$

硅酸钠溶解于水中，而非碱金属的硅酸盐不溶于水，经过滤将不溶物分离掉。在酸性条件下，硅酸钠与钼酸铵作用形成黄色硅钼酸铵配合物。

$$\begin{aligned} Na_2SiO_3 + (NH_4)_2MoO_4 + H_2SO_4 \longrightarrow & [(NH_4)_2SiO_3 \cdot 8MoO_3] + \\ & (NH_4)_2SO_4 + H_2O + Na_2SO_4 \end{aligned} \tag{2-28}$$

$$\begin{aligned} [(NH_4)_2SiO_3 \cdot 8MoO_3] + H_2SO_4 \longrightarrow & [Mo_2O_5 \cdot 2MoO_3]_2 \cdot H_2SiO_3 + \\ & (NH_4)_2SO_4 + H_2O \end{aligned} \tag{2-29}$$

再用抗坏血酸(Vc)将其还原成硅钼蓝后用标准曲线法比色定量。自然界中的硅酸盐为非碱金属硅酸盐，不溶于水或弱碱溶液。

分析测定中的注意事项：

(1) 混合熔剂中的氯化钠起到助熔剂的作用，800～900 ℃时为熔剂，它不参与反应。在高温下碳酸氢钠转变成碳酸钠，碳酸钠在氯化钠存在时，可以选择性熔融游离二氧化硅。实验证明，碳酸氢钠与等量的氯化钠混合使用，熔融效果最好。氯化钠过多，碳酸氢钠浓度下降，粉尘中的 SiO_2 熔融不完全；氯化钠太少时，硅酸盐也参与反应，测定结果偏高。

(2) 熔融时间必须严格控制，当熔融物表面光亮如镜时，再保持加热 2 min，以利于游离二氧化硅充分反应；若时间过长，碳酸钠也可与粉尘中硅酸盐作用，使测定结果偏高。这是获得准确结果的关键测定步骤。

(3) 熔融物冷却后，必须用 5%碳酸钠溶液浸泡，溶解其中的硅酸钠。若用酸性溶液处理熔块，硅酸钠将水解形成胶体，不仅使过滤困难，而且测定结果偏低。

(4) 过滤后，先用 H_2SO_4 溶液中和滤液中过剩的碳酸钠，并使硅酸钠生成硅酸，以利形成硅钼酸铵配合物。

(5) 在测定条件下，可溶性硅酸盐、磷酸盐和砷酸盐均可与钼酸铵反应生成有色配合物而干扰测定，可用空白实验方法扣除干扰。实验时取部分粉尘按上述方法熔融处理后测定获得一个结果；另取部分粉尘不进行熔融处理进行测定获得另一个测定结果。从前一个结果中扣除后一结果，达到排除干扰的目的。

另外，镍坩埚对测定结果也有一定影响。因此，每次测定应做空白试验。Fe^{3+}、Fe^{2+}、

Co^{2+}、Ni^{2+}、Cr^{3+}等有色离子会干扰测定，实验中在加入酸性钼酸铵后，加入适量酒石酸作为掩蔽剂，与它们形成无色配合物即可排除它们的影响。

2.4.3 X射线衍射法

X射线在通过晶体时产生衍射现象。用照相法或X射线探测器可记录产生的衍射花纹。由于每种晶体化合物都有其特异的衍射图样，因此只要将被测试样的衍射图样与已知的各种试样的衍射图谱相对照，就可定性地鉴定出晶体化合物的种类；而根据衍射图样的强度就可定量测定试样中晶体化合物的含量。

测定游离二氧化硅含量时用粉末法制样。将200目的均匀粉末置于玻璃毛细管中，装入粉末照相机内测定。

粉末照相机呈圆筒形，如图2-18(a)所示。由X射线管发射的X射线束，透过滤光片后成为近乎单色的辐射束，通过细管准直，照射到样品上，其中一部分X辐射被晶体中的原子散射。粉末中所有与入射线的夹角为θ(该角决定于晶体的种类)的面放射的光束，在空间可连接成一个以入射线方向为轴、夹角为4θ的圆锥面。其他一定角度的散射可由其他方位的晶体产生，未被散射的辐射，通过出射细管射出照相机。散射线投射在衬有底片的相机内壁上，从而得出一对对的对称弧线组成的图样，如图2-18 (b)所示。

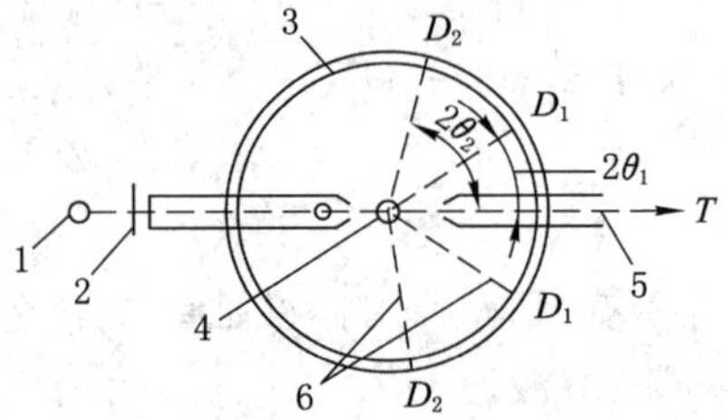

(a)

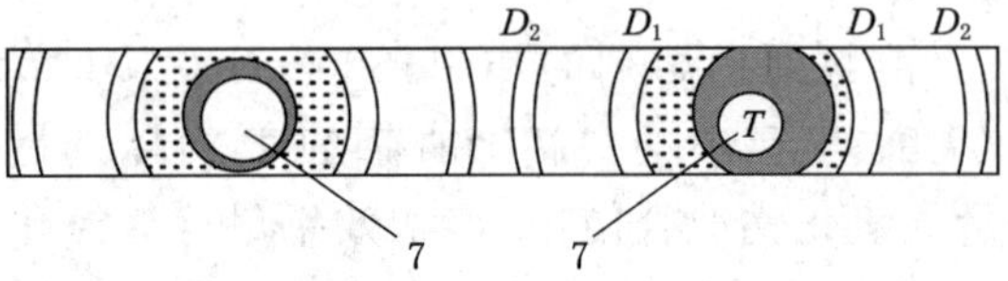

(b)

D_1，D_2，T—底片在照相机中的位置；1—X射线管；
2—滤光片；3—照相软片；4—样品；5—投射光束；6—衍射光束；7—照相软片上供入射和出射管用小孔。

图2-18 照相法示意图

衍射图样的定性鉴定主要凭经验，可以根据纯晶体化合物的标准衍射图谱对照鉴别。对于定量测定，在试样组成简单的情况下，只需在同一条件下将未知试样与含量已知的样品中特定的衍射线的强度作比较即可定量；对组成复杂的样品，则需要根据积分强度的概念，用解方程式的方法计算。

2.4.4 红外分光光度法

红外分光光度法可用于样品的化学组成的分析和分子结构的研究。样品可以是无机物也可以是有机物，可以是气态、液态、固态或者溶液。

2.4.4.1 红外光谱分析的基本原理

光谱学是研究物质与电磁辐射相互作用的一门学科，按频率大小的次序，将电磁波排成一个谱，此谱称为电磁波谱。不同频率(波长)的电磁波，所引起的作用也不同，因此出现了各种不同的波谱法。其中红外吸收波谱，仅是电磁波谱中的一种。按红外波长的不同，可分为三个区域，即近红外区，其波长在 0.77～2.5 μm；中红外区，其波长在 2.5～25 μm；远红外区，其波长在 25～1 000 μm。红外光谱分析主要是应用中红外光谱区域。物质的分子是由原子或原子团(基团或官能团)组成的。在一个含有多原子的分子内，其原子的振动转动能级具有该分子的特征性频率。如果具有相同振动频率的红外线通过分子时，将会激发该分子的振动转动能级由基态跃迁到激发态，从而引起特征性红外吸收谱带。利用基团振动频率与分子结构具有一定相互关系，可确定该分子的性质，此即红外光谱的定性分析；特征性红外吸收谱带强度与该化合物的质量，一定范围内呈正相关，符合比尔·朗伯特定律，此即红外光谱的定量分析。

(1) 红外分光光度计的结构及原理。红外分光光度计的设备已日趋完善，自动化水平也越来越高。现以日立 270-30 型及 TJ270-30 型红外分光光度计的基本原理和基本结构作一简单介绍。该类型红外分光光度计是基于计算机直接比例记录的基本原理而进行工作的(图 2-19)。由光源发出的光(碳化硅棒)被分为对称的两束，一束通过样品，称为样品光(S)，另一束作为基准用，称为参比光(R)。这两束光通过样品室进入光度计后，被一个以每秒十周旋转着的扇形镜所调制，形成交变光信号，然后合为一路，并交替地通过入射狭缝而进入单色器中。在单色器中，离轴抛物镜将来自入射狭缝的光束转变为平行光投射在光栅上，经光栅色散并通过出射狭缝之后，被滤光片滤出高级次光谱，再经椭球镜而聚焦在探测器的接收面上。探测器将上述的交变光信号转换为相应的电信号，经过放大器进行电压放大后，馈入 A/D 转换单元，将放大电信号转换为相应的数字量，然后进入数据处理系统的计算单元中去。

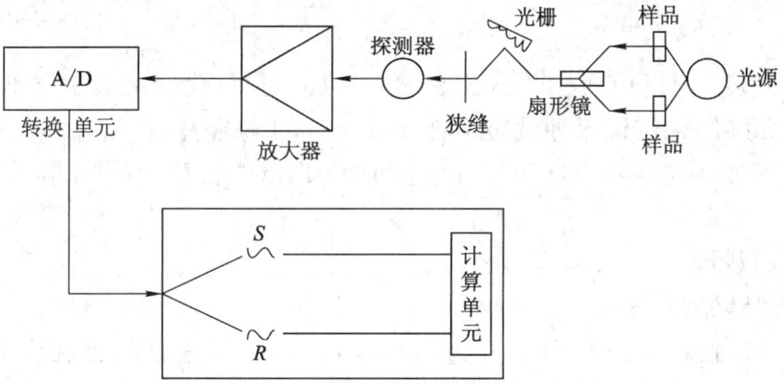

图 2-19 红外分光光度计的基本结构示意图

在计算机单元中，运用同步分离原理，将被测的 R 和 S 的值、$(R-S)$ 和倍频分量 $(R+S)$ 分离开来，再通过解联立方程求出 R 和 S 的值，最后再求出 R/S 的比值。这个比值表示被测样品在某一固定波数位置的透过率值。这个透过率值可以通过仪器的终端显示器显示出来，也可运用终端绘图打印装置记录下来。当仪器从高波数至低波数进行扫描时，就可连续地显示或记录被测样品的红外吸收光谱。

(2) 通过介绍红外分光光度计的工作原理,就可以了解该仪器的基本结构,大体上分为三大系统:光学系统、机械系统和数据处理系统。

① 光学系统包括光源室、样品室、光度计、单色器。

光源室:由平面镜和球面镜以及光源组成,光源长 18 mm,直径 306 mm,其灯丝是由一种耐高温的合金丝烧制而成的。光源点燃时,温度可达 1 150 ℃。

光度计:主要是参比光束和样品光束在空间上合为一路,而在时间上互相交替地进入单色器中。

单色器:采用李特洛型光栅-滤光片单色器,由入射狭缝、平面镜、抛物反射镜、光栅、射出狭缝组成。一块闪耀光栅覆盖整个波段,光栅刻线为 66.6 条/mm,其闪耀波长分别为 3 mm。

② 机械系统包括波数驱动系统、狭缝宽度控制机构、滤光片切换机构、4 000 cm^{-1} 位置检出机构。

③ 数据处理系统由专门编制的红外分光光度计操作系统程序及其高分辨率彩色显示器、打印仪等组成,具备自动控制和数据处理功能。

2.4.4.2 红外分光光度法在游离二氧化硅测定中的运用

(1) 原理

生产性粉尘中常见的是 α-石英。α-石英在红外光谱中于 12.5 μm(800 cm^{-1})、12.8 μm(780 cm^{-1})及 14.4 μm(695 cm^{-1})处出现特异性的吸收谱带,在一定范围内其吸光度值与 α-石英质量呈线性关系,符合比尔·朗伯特定律。

(2) 器材与试剂

① 器材。红外分光光度计、压片机及锭片模具、感量为 10^{-5} g 或 10^{-6} g 的分析天平、箱式电阻炉或低温灰化炉、干燥箱及干燥器、玛瑙研钵、200 目(0.074 μm)粉尘筛、瓷坩埚、坩埚钳、无磁性镊子。

② 试剂。

标准石英:纯度 99%以上,粒度小于 5 μm,在 10%氢氧化钠溶液中浸泡 4 h,以除去石英表面的非晶形物质,用蒸馏水冲洗至中性(pH=7),干燥备用。

溴化钾:优级纯或光谱纯。过 200 目粉尘筛后,用湿式法研磨,于 150 ℃烘干后储存于干燥器中备用。

无水乙醇:分析纯。

(3) 粉尘样品采集及处理

① 样品采集。按粉尘浓度测定方法的规定进行采样,称量阻留在滤膜上的粉尘,并记录。

② 样品处理。将采尘后的滤膜受尘面向内对折三次,放置在洁净的瓷坩埚内,置于低温灰化炉或电阻炉内逐渐加温至(700±50) ℃。持续 30 min 后断电,温度降至 100 ℃以下时,打开炉门小心取出,放置干燥器中待用。

取溴化钾 250 mg 和灰化后的粉尘样品一起放入玛瑙研钵中研磨。充分研磨混合后,连同压片模具一起放入干燥箱内(110 ℃±5 ℃)10 min。取出后迅速将样品用小毛刷扫至压片模具中,压力达 25~30 MPa,持续 3 min,制备出测定样品锭片。

取空白滤膜一张，放入瓷坩埚与测定样品同时灰化，与 250 mg 溴化钾一起，放入玛瑙研钵中研磨混匀，按上述方法进行压片处理，制备出参比样品锭片。

③ 样品测定。打开稳压电源，待电压稳定在 220 V 后，打开红外分光光度计主机开关并预热 1 h。依各种类型红外仪技术性能确定测试条件，以 x 横坐标记录 900～600 cm^{-1}的光谱图形，并在 900 cm^{-1}处校正 0 和 100%。以 y 纵坐标表示吸光度值。

分别将测定样品锭片与参比样品锭片置于样品室光路中进行扫描，以不同角度扫描 3 次，记录 800 cm^{-1}处的吸光度值。根据三次结果的平均吸光度值，查石英标准曲线，计算出样品中游离二氧化硅质量。

(4) 石英标准曲线样品制备

精确称取不同质量(0.01～1.00 mg)标准 α-石英尘，分别加入 250 mg 溴化钾，并置于玛瑙研钵中，充分研磨混匀，按上述样品制备方法做出透明锭片。

制备石英标准曲线样品的分析条件应与被测样品的分析条件完全一致。将不同质量的标准石英锭片，置于样品室光路中进行波数扫描，根据红外光谱 900～600 cm^{-1}区域内游离二氧化硅具有三个特征吸收带的特点，即以 800 cm^{-1}、780 cm^{-1}、694 cm^{-1}三处吸光度值为纵坐标，石英质量为横坐标，绘制出三条不同波数的石英标准曲线。

绘制标准曲线时，每条曲线有 6 个以上质量点，每个质量点应不少于 3 个平行样品，并求出标准曲线回归方程。在无干扰的情况下，一般选用 800 cm^{-1}标准曲线进行定量分析。

(5) 粉尘中游离二氧化硅含量计算

根据实测的粉尘样品的吸光度值，查石英标准曲线，求出样品中游离二氧化硅质量，按下列公式计算出粉尘中游离二氧化硅含量。

$$\omega(SiO_2)=\frac{M}{G}\times 100\% \tag{2-30}$$

式中 $\omega(SiO_2)$——粉尘中游离二氧化硅含量，%；

M——粉尘样品测出的游离二氧化硅质量，mg；

G——粉尘样品质量，mg。

(6) 注意事项

本法的石英最低检出量为 10 mg，平均回收率为 96.0%～99.0%，精确度达 0.64%～1.41%。

粉尘粒度大小对测定结果有一定影响，粉尘样品、石英标准样品粒度小于 5 μm 的占 95%以上，方可进行测定分析。

粉尘样品灰化温度对定量结果有一定影响，样品灰化时应从室温开始升温至 600 ℃，若粉尘样品中存有大量高岭土成分时，在高于 600 ℃灰化时产生分解，于 800 cm^{-1}附近产生波峰干扰，如灰化温度小于 600 ℃时，可消除干扰。

粉尘样品质量多少可影响吸收峰值大小，所以锭片直径为 13 mm 时，岩尘样品质量在 1～2 mg，煤尘样品质量在 4～6 mg；微量锭片直径 2 mm 时，粉尘样品不可低于 0.5 mg(十万分之一克天平)增量。

为减少测量时产生随机性误差，实验室温度控制在 18～26 ℃之间，相对湿度应小于 50%。标准曲线应每半年进行修正或重新制作新的标准曲线。

2.4.4.3　游离 SiO_2 分析的质量控制

利用红外光谱吸收带强度与测定样品浓度之间相关来进行定量分析，主要是根据被测样品光谱中欲测物质吸收强度来确定其浓度情况，所以提高红外光谱分析的质量控制水平，是保证测定结果准确的关键。

(1) 仪器设备及试剂的质量控制

① 对于各种类型的红外分光光度计，应严格掌握仪器性能和技术指标，并在仪器性能允许范围内使用。在使用期间，每半年检测 100%线平滑度、波数精度、仪器能量检测及重复性检验。若性能不符合要求，应立即检修调至正常。

仪器测定参数设定应根据被测物质而定，波数范围及记录方式必须大于特征吸收峰值 100 cm^{-1}以上，选择的狭缝宽度，应为吸收特征峰 1/2 处半带为最佳或选用 2～3 cm 为宜。背景消除应以吸光度方式，光标为 0.00 设定特征峰低波数，并根据谱带确定基线法测定红外吸收强度。基线法是一种确定背景提取分析信号的认识方法，以定量吸收峰来测量被测物质的强度。用基线法表示，可消除吸收峰背景，以求得准确测量结果。基线法最常用的有以下四种：平基线法、切线基线法、定点基线法、水平定点基线法。

② 其他仪器及试剂条件。天平的使用必须在计量检定周期之内，机械天平零点校正及称量，应连续称量三次，取平均值。电子分析天平使用时应启动自动校正功能。压片模具、玛瑙研钵使用前应擦拭洁净，并先用少量溴化钾进行研磨、压片后，方可进行样品处理。

制备标准曲线用溴化钾应以光谱纯为分析试剂。日常分析用优级纯溴化钾即可。

(2) 测定方法的质量控制

粉尘粒度对测定结果有直接影响，粉尘粒径越小，红外光谱带的吸光度值越高，当粉尘粒径大于 5 μm 时，在 800 cm^{-1} 处的吸收强度逐渐减弱，当粉尘粒度在 12～20 μm 且占 50%以上时，可使测定结果误差在 30%以上。

称取样品质量准确是保证分析结果准确性的必要条件，因此称量准确度应控制在 1%以内，其计算公式为：

$$称量准确度=\frac{天平感量}{试验质量}\times 100\% \tag{2-31}$$

样品与溴化钾混合要求必须均匀，反之将影响特征峰吸收度，用转动光路 45°测定样品分别进行 4 次扫描，以观察特征峰变化，吸收强度误差小于 ±0.003，波数偏移小于 ±2 cm^{-1}。

判断标准曲线和校正标准是保证测定结果准确的重要步骤，所以技术要求高，判断标准曲线必须在同一天内完成测定。同时，在不同质量点上选做内标法或增量法，以提高标准曲线可信性，并计算直线回归方程。由于红外仪器的杂散辐射以及样品的反射、折射等，所以工作曲线一般不通过原点，应经统计学处理后，求出的方程应校正至通过原点。石英含量越低(小于 80 μg)对谱带强度影响也越大。在制备低含量的标准曲线时，应多增加质量点数，求平均值后绘制曲线。同一批测定样品，其灰化时间、研磨程度、制片压力及压片时间等应保持一致，一次测定样品数超过 25 个时，应灰化两个参比空白滤膜分别进行制片，确保参比光路锭片在测定中保持透明度一致，使测定结果准确。

(3) 干扰物质的影响

谱带的选择及定位对分析物质的准确性十分关键。但在物质测定范围内会有干扰物质影响物质特征峰的吸收或重叠。有些矿物性粉尘可在 α-石英吸收谱带(800 cm^{-1}、780 cm^{-1})附近出现吸收带,因而干扰测定准确性。Taylor 发现,在 800 cm^{-1} 的石英吸收谱带上,出现干扰的矿山粉尘有阳起石、铁石棉、直闪石、青石棉、透闪石、白云母和叶蜡石等,但这些影响是较弱的,只有在这些混合物达到足够含量时才显示出来。Soda 介绍了石英族中石英的主要吸收谱带为 800 cm^{-1}、780 cm^{-1} 和 694 cm^{-1},方石英为 798 cm^{-1} 利 620 cm,玻璃状二氧化硅为 801 cm,结晶型二氧化硅为 791 cm^{-1}。在测定过程中,如 800 cm^{-1} 受干扰时,可用 694 cm^{-1} 峰值进行定量分析。定量分析见表 2-1。

表 2-1 定量分析表

矿物性粉尘	波数/cm^{-1}
石英	1 165,1 140,1 085,798,779,694,512,460,397,370
方石英	1 195,1 150,1 095,798,623,490,385,297,274
鳞石英	1 220,1 160,1 100,1 080,789,695,567,473,275
阳起石	1 103,1 053,994,956,992,756,682,505,465,355
铁石棉	1 126,1 080,1 000,975,890,772,698,632,525,490,478,423
青石棉	3 635,3 620,1 138,1 098,1 040,986,968,890,772,685,636,534
透闪石	1 100,1 050,992,952,918,753,682,593,508,465,450,420,400
铝直闪石	1 086,1 015,982,759,780,700,535,498,463,400
高岭土	3 694,3 650,3 620,1 114,1 100,1 032,1 010,936,912,790,752,693
蛭石	537,468,430,342,274
刚玉	1 070,995,955,810,755,685,510,450
赤铁矿	1 085,965,640,505,450,380,270
磁铁矿	625,545,465,370,335
白云母	705,570
叶蜡石	3 640,1 065,1 020,920,822,795,538,472,410,340
滑石	477,457,415,355,325
叶蛇纹石	3 637,1 040,1 018,588,534,498,463,450,440,428,391,383,343
蛇纹石	3 678,1 067,980,625,563,440,398,297

高岭土的干扰是该物质在 800 cm^{-1} 附近,有一定强度的吸收并与石英谱带有部分重叠,而形成馒头峰,使谱带加宽和吸收强度增强,可通过样品灰化(小于 600 ℃,1 h)方法或用标准物校正法消除干扰。

标准曲线需每半年标定一次,同时对测定方法的精密度和准确度进行内标法检验,一般标准加样回收率在 98%以上,其石英含量控制在 12%~20%范围,标准偏差在 0.1~1,相对偏差小于 2%,平行测定重复性小于 2%。

质量控制对红外光谱分析是确保测定准确性的重要环节,应在实际工作中不断总结经验,提高分析水平。

2.5 煤尘爆炸性鉴定

《煤矿安全规程》规定:新矿井的地质精查报告中,必须有所有煤层的煤尘爆炸性鉴定材料。生产矿井每延深一个新水平,由矿务局组织一次煤尘爆炸性试验工作。

煤尘爆炸性的鉴定方法有两种:一种是在大型煤尘爆炸试验巷道中进行的,这种方法比较准确可靠,但工作繁重复杂,所以一般作为标准鉴定用;另一种是在实验室内使用大管状煤尘爆炸性鉴定仪进行的,方法简便,目前多采用这种方法。

大管状煤尘爆炸性鉴定仪主要由燃烧管、铂丝加热器、试料管、导管、电磁气筒、排尘箱、小风机等组成,如图 2-20 所示。其具体结构为:燃烧管 1 为硬质玻璃管(内径 75～80 mm,长 1 400 mm),一端经弯管与排尘箱 8 连接,在另一端距入口 400 mm 处有径向对开的两个小孔,小孔内装有铂丝加热器 2,铂丝加热器为中空细瓷管(长 110 mm,内径 1.5 mm,外径 3.6 mm),铂丝 11 缠在直径 0.3 mm 的管外;两端由燃烧管的小孔引出,接在变压器 T 上;铂铑热电偶 10 的两端接上铜导线构成冷接点置于冷瓶 3 中,然后连到高温计 4 以测量火源温度;铜制试料管 5(长 100 mm、内径 9.5 mm)通过导管 6 与电磁气筒 7 连接,排尘管内装有滤尘板,并和小风机 9 连接。

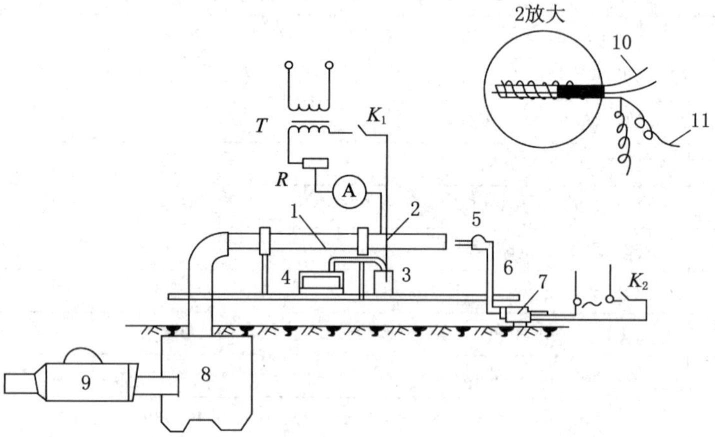

1—燃烧管;2—铂丝加热器;3—冷瓶;4—高温计;5—试料管;6—导管;7—电磁气筒;
8—排尘箱;9—小风机;10—铂铑热电偶;11—铂丝。

图 2-20 煤尘爆炸性鉴定仪示意图

试验的程序是:将粉碎后全部通过 75 μm 筛孔的煤样在 105～110 ℃温度时烘干 2 h,称量 1±0.1 g 尘样放在试料管中;接通加热器电源,调节可变电阻 R 将加热器的温度升至(1 100±1) ℃,按压电磁气筒开关 K_2,煤尘试样呈雾状喷入燃烧管,同时观察大管内的煤尘燃烧状态,最后开动小风机排除烟尘。

煤尘通过燃烧管内的加热器时,可能出现下列现象:① 只出现稀少的火星或根本没有火星;② 火焰向加热器两侧以连续或不连续的形式在尘雾中缓慢地蔓延;③ 火焰极快地蔓延,甚至冲出燃烧管外,有时还会听到爆炸声。

对于产生火焰的试样,还要做添加岩粉试验:按估计的岩粉百分比用量配置总重为 5 g

的岩粉和试样的混合粉尘，放在一个直径为 ϕ50 mm 的称量瓶内，加盖后用力摇动，混合均匀。然后称取5份各为1 g的混合粉尘，分别放在直径为30 mm的称量瓶内，逐个按上述试验步骤进行试验。在5次试验中，如有一次出现火焰(小火舌)，则应重新配置混合粉尘，即在原岩粉百分比用量的基础上再增加百分之五，继续试验，直至混合粉尘不再出现火焰为止；如果第一次配置的混合粉尘在5次试验中均未产生火焰，则应配置降低岩粉用量百分之五的混合粉尘，继续试验，直至产生火焰为止。

鉴定试验结果的评定：在5次鉴定试样试验中，只要有1次出现火焰，则该鉴定试样为“有煤尘爆炸性”。在10次鉴定试样试验中均未出现火焰，则该鉴定试样为“无煤尘爆炸性”。凡是在加热器周围出现单边长度大于3 mm的火焰(一小片火舌)均属于火焰；而仅出现火星，则不属于火焰。以加热器为起点向管口方向所观测到的火焰长度作为本次试验的火焰长度；如果这一方向未出现火焰，而仅在相反方向出现火焰时，应以此方向确定为本次试验的火焰长度；选取5次试验中火焰最长的1次的火焰长度作为该鉴定试样的火焰长度。在添加岩粉试验中，混合粉尘刚刚不出现火焰时，该混合粉尘中的岩粉用量百分比即为抑制煤尘爆炸所需的最低岩粉用量。

新建矿井或者生产矿井每延深一个新水平，应当进行1次煤尘爆炸性鉴定工作，鉴定结果必须报省级煤炭行业管理部门和煤矿安全监察机构。煤矿企业应当根据鉴定结果采取相应的安全措施。矿井中只要有一个煤层的煤尘有爆炸危险，该矿井就应定为有煤尘爆炸危险的矿井。据20世纪70年代末的统计，我国有88%的煤矿属于开采有煤尘爆炸危险煤层的矿井。

复习思考题

1. 如何测定粉尘的真密度？
2. 什么情况下需要进行粉尘浓度的测定？测定粉尘浓度的方法有哪些？
3. 什么情况下需要进行粉尘粒度和粒度分布测定？测定方法有哪些？
4. 为什么要测定粉尘中游离二氧化硅含量？
5. 测定粉尘中游离二氧化硅含量的方法有哪些？
6. 在进行煤尘爆炸性鉴定试验时，如何确定该试样为“有煤尘爆炸性”与“无煤尘爆炸性”？

第3章 煤尘爆炸及其预防

学习目标

1. 掌握煤尘爆炸的形成条件和主要特征;
2. 掌握影响煤尘爆炸的主要因素;
3. 掌握预防煤尘爆炸的技术措施和组织措施;
4. 掌握隔爆棚的设计、使用、管理方法。

导　言

煤尘爆炸是造成煤矿大量伤亡的重要灾害之一。煤尘爆炸与瓦斯爆炸有相同处也有其特殊性,尤其是煤尘爆炸的连续性是造成人员伤亡和财产损失的重要因素。因此,本章主要介绍了煤尘燃烧与爆炸的条件、特征和影响因素。进而介绍了煤尘爆炸的预防措施。最后针对煤尘爆炸的抑制和隔绝技术进行了详细介绍。

3.1 煤尘燃烧与爆炸

煤尘是一种特殊的可燃性粉尘,我国大多数煤矿的煤尘具有爆炸性,其中90%以上的国有煤矿的煤尘具有爆炸性。我国历史上最严重的一次煤尘爆炸发生在1942年日本侵略者统治下的本溪湖煤矿,事故导致死亡1 549人,伤246人。中华人民共和国成立以来发生的一起最严重的煤尘爆炸事故是1960年5月9日发生在大同矿务局老白洞煤矿,死亡684人。近年发生的最大的煤尘爆炸事故是2005年11月27日龙煤矿业集团有限责任公司七台河分公司东风煤矿发生的一起特别重大煤尘爆炸事故,死亡171人,伤48人,直接经济损失4 293.1万元。瓦斯、煤尘事故依然是当前煤矿安全生产的最大威胁。因此,掌握煤尘爆炸的条件及规律,采取行之有效的防范措施,对预防煤尘爆炸、减少爆炸所引起的损失、保障煤炭工业持续稳定发展,都具有十分重要的意义。

3.1.1 煤尘燃烧与爆炸的原因和过程

3.1.1.1 煤尘的燃烧

煤是可燃物质,煤块被粉碎成细微颗粒后,同样具有可燃性。但是,煤尘比煤块更易于氧化产热并发生燃烧,这是因为微细的煤尘颗粒,其表面积增大,与空气的接触面也增大,氧化作用加快,同时,增加了受热面积,加速了氧化过程。如将煤块丢进很旺的火炉内,不易立即燃烧,但将煤粉撒进去,火焰立即冲出。实质上,煤尘的燃烧是一种常见的剧烈氧化反应,并伴随着光和热。

按井下煤尘(包括积尘)发生燃烧的起始过程,煤尘的燃烧形式可分为堆积自燃、加热自燃和明火引燃三种形式。

(1) 堆积自燃

井下采空区中未采尽的煤、停采线的内侧遗落的浮煤或堆积的煤尘,虽没有外来热源,但由于存在少量漏风,浮煤或煤尘同氧发生反应,这种氧化潜热的积累导致温度升高。当温度达到煤的燃点时,浮煤或煤尘就会自然发火。一般情况下,挥发分高、炭化程度低的煤越容易自然发火。

(2) 加热自燃

外来的热源将煤尘加热,使其温度达到自燃温度,从而发生燃烧。如矿石和钢铁铸件的冲击摩擦、火药爆破残焰物、电气设备超负荷运转等都可能使其周围的煤尘因高温受热而发生燃烧。

(3) 明火引燃

它是由明火如烟头、电火花、放糊炮、井下电焊的火焰等提供使煤尘燃烧的初始热量,使煤尘局部达到自燃温度而燃烧。它是矿井煤尘燃烧最常见的引火形式。

3.1.1.2　煤尘的爆炸

浮游于空气中的高密度煤尘,主要是烟煤煤尘,受热后能够迅速释放出大量的可燃气体。例如 1 kg 挥发分为 20%～30%的焦煤,受热后能放出 290～350 L 可燃气体。而这种可燃气体质量小、燃点低,一旦与空气混合,遇到高温容易燃烧。燃烧时所产生的热量,又传给已悬浮的其他煤尘,其他煤尘受热燃烧后又产生热量,这样依次又迅速地传播给附近的煤尘,促使氧化反应的速度越来越快,温度愈来愈高,范围越来越大,随即导致气体急剧膨胀运动并在火焰前方形成冲击波,且伴有响声。当冲击波强度达到 300 m/s 时,便由燃烧转化为爆炸。燃烧转化为爆炸的充分必要条件是:化学反应产生的热量必须超过热传导和热辐射等所造成的热损失,否则燃烧既不能持续发展,也不会转为爆炸。

3.1.2　煤尘爆炸的必要条件

煤尘爆炸必须同时具备下述几个条件:煤尘本身具有爆炸性;煤尘必须浮游在空气中,并达到一定浓度;要有足以点燃煤尘的热源;空气中保持一定浓度的氧含量。

3.1.2.1　煤尘具有爆炸性

煤尘具有爆炸性是产生煤尘爆炸的基本条件。在矿井,煤尘分为爆炸性煤尘和无爆炸性煤尘。煤尘有无爆炸性须经过爆炸性鉴定才能确定。煤尘爆炸性的鉴定方法有以下两种:

(1) 实验室大管状煤尘爆炸性鉴定法

目前,我国多用此法进行煤尘爆炸性试验和鉴定。试验方法见章节 2.5。

(2) 大型煤尘爆炸试验模拟巷道鉴定法

该方法是在近似于矿井条件的试验巷道内进行的。优点是:比较接近实际情况、鉴定结果比较准确;缺点是:工作比较繁重、复杂,消耗的人力、物力大,时间较长。

我国煤炭科学研究总院重庆分院已于 1981 年建成模拟巷道,全长 896 m、主试验段 710 m、横断面积 7.2 m^2,锚喷和砌碹支护。该模拟试验巷道仅作为标准鉴定用。

3.1.2.2　浮游煤尘的浓度

井下空气中呈悬浮状态的煤尘只有在一定的浓度范围内才能发生爆炸，这个范围我们通常称为煤尘的爆炸界限。单位体积空气中能够发生爆炸的最低煤尘含量，称为煤尘爆炸的下限浓度；单位体积空气中能够发生爆炸的最高煤尘含量，称为煤尘爆炸的上限浓度。煤尘爆炸就是在下限浓度到上限浓度的范围内发生的，而浓度较低或浓度较高时，煤尘都不会发生爆炸。

据我国试验表明，在模拟矿井条件下，一般褐煤的爆炸下限浓度为 45～55 g/m^3、烟煤为 110～335 g/m^3，煤尘爆炸上限浓度一般为 1 500～2 000 g/m^3，爆炸力最强的煤尘浓度为 300～400 g/m^3。

必须指出的是：在煤矿井下各个生产环节中，在正常情况下，矿尘的浓度不会达到爆炸界限，但是当沉积煤尘较多时，因受到冲击波作用或气流的吹扬，就有可能达到爆炸浓度。可见，沉积煤尘是引起爆炸的重大隐患。

3.1.2.3　引爆热源

煤尘爆炸的引燃温度变化范围较大，它因煤尘性质、试验条件的不同而变化。我国煤尘爆炸的引燃温度在 610～1 050 ℃之间，一般为 700～800 ℃，有时需要达到 1 050 ℃才能引爆。

在煤矿井下能引燃煤尘的高温热源有：

(1) 瓦斯燃烧与爆炸事故火源、煤体自燃等井下火灾或明火；

(2) 不正确爆炸时出现的火焰；

(3) 电气设备产生的电火花；

(4) 架线电机车及电缆破坏时产生的电弧；

(5) 斜井提升时跑车产生的摩擦火花；

(6) 电焊的明火；

(7) 矿灯故障产生的火花。

根据 20 世纪 80 年代的统计，由于爆破和机电火花引起的煤尘爆炸事故分别占总数的 45％和 35％。而枣庄矿务局对煤尘爆炸事故的统计，也证明了爆破和机电火花是引起煤尘爆炸的主要原因，如表 3-1 所示。

表 3-1　枣庄矿务局对煤尘爆炸事故的统计

矿井名称	爆炸地点	爆炸时间	死亡人数/人	直接原因
山家林	采面	1960 年	2	爆破
山家林	采面	1970 年	2	爆破
甘林	上山掘进	1989 年	0	爆破
远大东煤井	采面	1994 年	9	电火花
柴里	331 采面	1979 年	39	使用矿灯爆破
柴里	2346 采面	1999 年	17	放糊炮

3.1.2.4　充足的氧含量

足够的氧含量是煤尘燃烧与爆炸的先决条件。实验证明，氧气浓度低于 12％～16％

时，煤尘的燃烧速度就会大大下降，甚至会自动熄灭，不会引起爆炸。但为了保证井下作业人员的作业环境，《煤矿安全规程》规定：采掘工作面的进风流中，氧气浓度不得低于 20%。所以，在采掘工作面和其他有人作业的地方，不能用控制氧含量的方法来防止煤尘燃烧与爆炸。

3.1.3　煤尘爆炸的主要特征及效应

煤尘爆炸具有同瓦斯爆炸相类似的特点。

(1) 产生高温高压

煤尘爆炸时释放出大量的热量，可使爆源附近的气体温度升高，达到 2 300～2 500 ℃。正是这种高温会导致煤尘连续爆炸。煤尘爆炸使爆源周围气体浓度骤然上升，从而使气体压力突然增大。实验巷道煤尘爆炸压力测定结果见表 3-2。

表 3-2　煤尘爆炸压力

距爆源点距离/m	爆炸压力/kPa	
	有障碍物	无障碍物
91.5	157.9	31.4
120.9	571.9	45.1
137.2	1 048.7	109.9

在矿井发生的煤尘爆炸事故中，表现出离爆源越远破坏越严重的特点。在沉积煤尘较严重的井下巷道中，爆炸压力将随着距爆源的距离的延长呈跳跃式地增大。在爆炸扩展过程中，如果遇到障碍物或巷道断面突然变化以及拐弯时，则爆炸压力将增加得更大。

(2) 爆炸的冲击波

爆炸冲击波分为正向冲击波和反向冲击波。

① 正向冲击波

煤尘爆炸时产生的高温高压，促使爆源周围的气体及爆炸火焰以极快的速度向外扩散冲击，形成强大的冲击波，造成人员的伤亡、机械设备及巷道的破坏等。这种破坏力极强的扩散冲击称为正向冲击波，其冲击波速度最大可达 2 340 m/s。

② 反向冲击波

因煤尘爆炸在爆源附近的火焰和气体高速向外冲击，加上爆炸时产生的部分水蒸气凝结，所以瞬时间就会在爆源附近形成气体稀薄的低压区或负压区，导致被挤压的爆炸烈焰和高温气体高速度返回爆源，从而形成反向冲击波。虽然反向冲击波比正向冲击波能量较弱，速度减缓，但其燃烧力强，生成的有毒气体浓度较高(一氧化碳浓度可达 6%)，而且它是沿着已经遭到破坏区域的反冲击，因此其破坏性更大。

(3) 生成有毒有害气体

煤尘爆炸会产生大量的有毒有害气体。如果反应充分，主要是产生有害的二氧化碳(CO_2)气体，当反应不充分时，就会产生相当多的剧毒一氧化碳(CO)气体。据测定，生成的一氧化碳浓度高达 2%～3%，有时甚至达 6%～8%。根据对爆炸后气体的分析，计算出 C/H比，就可以确定爆炸物质是气体还是煤尘。瓦斯爆炸时的 C/H 比值为 2.3～2.8，煤尘爆炸为3～16。而《煤矿安全规程》规定：在井下空气中的CO最高允许浓度为0.002 4%。所以，煤尘爆炸时，大量人员伤亡多半是一氧化碳中毒造成的。因此，入井人员应携带自救器。

（4）产生皮渣和黏块

对于结焦煤尘（气煤、肥煤及焦煤的煤尘），在煤尘爆炸时，只有一部分煤尘完全烧成灰烬，其余的仅仅表面烧焦，形成一种独特的、烧焦的皮渣或黏块，黏附在支护棚架、煤壁岩帮或顶板等上面。如图3-1所示，皮渣是烧焦到某种程度的煤尘的聚合体，其形状呈椭圆形，黏块的断面形式呈三角形，其厚度有时达几厘米。

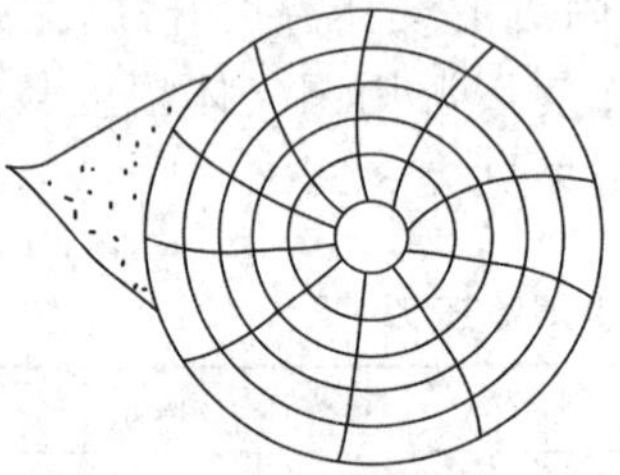

（a）煤尘的黏块

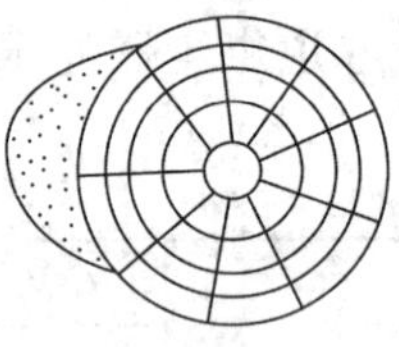

（b）烧焦的煤尘的皮渣

图3-1 煤尘的黏块和皮渣形式

根据煤尘爆炸产生的皮渣和黏块在支柱上的位置，可以直观判断煤尘爆炸的强度。判断结果见表3-3。

表3-3 煤尘爆炸强度的直观判断

爆炸强度类别	传播速度	皮渣和黏块在支柱上的位置
弱爆炸	较慢	支柱两侧、迎风侧较密
中等强度爆炸	较大	主要在支柱的迎风侧
强爆炸	极大	支柱的背风侧，迎风侧有火烧痕迹

皮渣和黏块是煤尘爆炸或瓦斯煤尘爆炸区别于瓦斯爆炸的主要特征。

对于不结焦煤尘，在煤尘爆炸时，它的挥发分含量必将减少，利用这一特点也可以判断煤尘是否参与了爆炸。

（5）煤尘爆炸具有传播效应

煤尘爆炸过程大致可分为三个阶段。第一阶段：煤尘爆炸刚刚形成，此时，爆炸冲击波速度要明显高于爆炸火焰速度，从时间上看，冲击波速度要快1 s左右，在距离上体现为火焰滞后于冲击风流约100 m。此阶段的动压可达0～10 kPa，静压为0～100 kPa。这样的结果是超前的冲击波促使沉积煤尘扬起弥漫于整个巷道空间而达到爆炸浓度，当火焰到来时就会引起煤尘的二次爆炸。第二阶段：由于爆炸连续进行，其爆炸强度也不断增加，此时，爆炸的动、静压可分别达到10～250 kPa与100～500 kPa，火焰滞后时间减小到200 ms左右，滞后距离大致为80 m。在此阶段传播效应仍维持着，爆炸强度也越来越大。当巷道内有充足的沉积煤尘时，爆炸强度迅速增加，达到第三阶段，即烈爆阶段。在此阶段中，火焰传播速度已十分接近冲击波速度（时间上只差1 ms，距离仅差1 m左右），动、静压也分别达到250

kPa 与 500 kPa 以上。

在煤尘爆炸的传播过程中，巷道中相对固定点的气体运动方向不是固定不变的。由于压力波的后稀疏作用，以及压力波遇到不同物质密度的交界面时的反射作用，巷道中的气体运动方向会发生多次逆转，即会出现所谓的反向冲击现象。

(6) 煤尘爆炸的感应期较长

从煤尘受热分解产生足够数量的可燃气体到形成爆炸所需的时间，称为煤尘爆炸的感应期，一般为 40～250 ms。它主要取决于煤尘的挥发分，挥发分越大，感应期越短。

3.1.4　影响煤尘爆炸的主要因素

煤尘爆炸受到诸多因素的影响，有些因素能提高其爆炸危险性，而有些因素则能抑制和减弱其爆炸危险性。认识并掌握这些影响因素，对于预防和避免煤尘爆炸事故的发生，有着很重要的作用。

(1) 煤尘的可燃挥发分

煤尘的可燃挥发分是煤尘爆炸性的重要影响因素。一般情况下，挥发分越高，煤尘越易发生爆炸，爆炸的强度也越高。煤尘中的挥发分主要取决于煤的变质程度，变质程度越低，挥发分越高，变质程度越高，挥发分就越低。我国各种牌号的煤质挥发分含量依次增高的顺序为无烟煤、贫煤、焦煤、肥煤、气煤、长焰煤和褐煤，具体参见表 3-4。

表 3-4　不同煤质的挥发分

类别	无烟煤	贫煤	瘦煤	焦煤	肥煤	气煤	弱黏结煤	不黏结煤	长焰煤	褐煤
挥发分含量/%	0～10	10～20	14～20	14～30	>26	>30	>37	>37	>37	>40

另外，还常用可燃挥发分指数(V_{daf}又称为煤尘爆炸指数)，作为判断煤尘爆炸强弱的一个指标。其计算如下：

$$V_{daf} = \frac{V_{ad}}{100 - A_{ad} - M_{ad}} \times 100\% \tag{3-1}$$

式中　V_{daf}——可燃挥发分指数，%；

V_{ad}——工业分析煤样的挥发分，%；

A_{ad}——工业分析煤样的灰分，%；

M_{ad}——工业分析煤样的水分，%。

可燃挥发分指数越高，煤尘的爆炸性越强，煤尘的爆炸下限也越低，其变化规律如表3-5所列。

表 3-5　可燃挥发分指数与爆炸性的关系

可燃挥发分指数/%	<10	10～15	15～28	>28
爆炸性	一般不爆	较弱	较强	强烈

应该注意，此方法仅仅用来判断煤尘爆炸的强弱，不能以此作为判断煤尘是否爆炸的根据。这是因为煤的成分很复杂，影响煤尘爆炸的因素也很多，同一类煤的挥发分成分和含量

也不一样。有的煤尘可燃挥发分指数虽高于10%，却无爆炸危险。例如，四川松藻二井煤尘可燃挥发分指数为12.92%，但该井煤尘经实验确定为无爆炸危险的煤尘。有的煤尘可燃挥发分指数虽低于10%，却具有爆炸危险。例如，萍乡矿务局青山煤矿煤尘可燃挥发分指数为9.05%，但该矿煤尘经实验确定为有爆炸危险的煤尘。

(2) 煤尘的水分

煤尘中的水分对尘粒起着黏结作用，使颗粒变大，从而降低了煤尘的飞扬能力。同时，水分起着吸热降温的作用，降低了煤尘的燃烧和爆炸性，因此，煤尘的水分只是在煤尘起爆时有抑制作用。煤尘爆炸一旦发生，煤尘本身的水分所起的抑制和减弱煤尘爆炸的作用就显得微不足道了。根据实验，即使含水分25%的煤尘，其湿润程度已呈稠泥状，但它仍能参与强烈的爆炸。

(3) 煤尘的灰分

煤尘中的灰分是不可燃物质。灰分能吸收热量起到降温阻燃的作用，并能阻止煤尘飞扬，使其迅速沉降以及对煤尘爆炸的传播起到隔爆作用。煤尘中的灰分对煤尘爆炸性的影响见表3-6。

表3-6 灰分对煤尘爆炸性的影响

煤尘的灰分/%	<20	30～40	60～70
煤尘爆炸性	影响不大	显著减弱	失去爆炸性

(4) 煤尘的粒度

一般情况下，煤尘分散度越高，粒径越小，接触空气的表面积越大，煤尘对空气分子的吸收性就越强，就容易受热和氧化，也加快了煤尘释放可燃气体的速度。所以说，煤尘粒度越小，爆炸性越强。实验表明：粒径小于100 μm的煤尘都能参与爆炸，粒径小于75 μm的煤尘是爆炸的主体。但是，粒径小于30 μm的煤尘，其爆炸性增强的趋势较平缓，当粒径小于10 μm时，煤尘爆炸性趋于减弱。这是由于过细的煤尘极易在空气中迅速被氧化成灰烬。

(5) 煤尘的浓度

煤尘的浓度是决定煤尘由燃烧能否转为爆炸以及爆炸性强弱的重要条件。其规律如下：超过30～45 g/m^3(煤尘爆炸的下限浓度)，则随着煤尘浓度增加，爆炸强度也增大；而当浓度达300～400 g/m^3(煤尘爆炸威力最强的浓度)后，则随着煤尘浓度增加，爆炸强度将减弱；当煤尘浓度超过1 500～2 000 g/m^3(爆炸的上限浓度)时，就不会发生爆炸。而据实验测定空气中煤尘含量为300～400 g/m^{3}时，爆炸威力最强。

(6) 井下空气中的瓦斯含量

井下空气中瓦斯的存在会降低煤尘爆炸的下限浓度，瓦斯浓度越高，煤尘爆炸的下限浓度就越低。瓦斯浓度与煤尘爆炸下限的关系见表3-7。

表3-7 瓦斯浓度与煤尘爆炸下限的关系

空气中的瓦斯浓度/%	0.5	1.0	1.5	2.0	2.5	3.0
煤尘爆炸下限浓度/(g/m^3)	35	28	22	16	10	6

辽宁省煤矿研究所曾对不同挥发分的煤尘试样分别在不同瓦斯浓度下进行爆炸实验，其结果如图 3-2 所示。图中表明：曲线 1、2、3、4 指的是挥发分较高的煤尘，在没有瓦斯存在的条件下，也能够单独爆炸。而曲线 5、6、7、8 指的是中等挥发分含量的煤尘，单独不易爆炸，只有在瓦斯浓度达到一定数值时才能爆炸。由此可以看出，尽管煤尘的挥发分不同，但瓦斯的存在都可使煤尘爆炸下限降低。

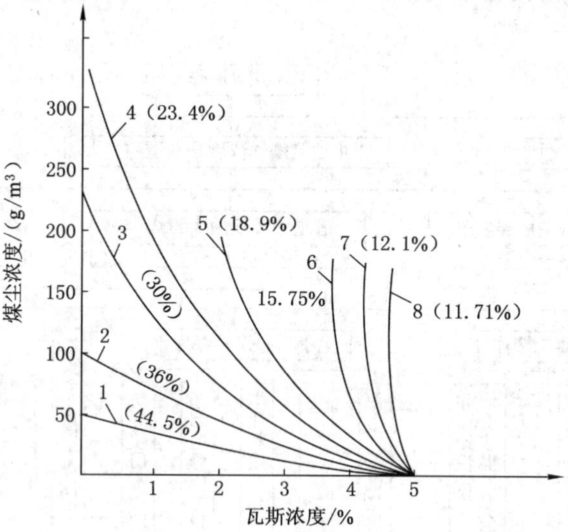

图 3-2　瓦斯浓度对煤尘爆炸性的影响(图中括号内数值为挥发分含量)

(7) 引爆热源和爆炸环境

对于任何一种爆炸性煤尘，能够发生爆炸，环境温度必须达到或超过最低点燃温度。

引爆热源的温度越高，能量越大，就越容易引燃煤尘，且初始爆炸强度也越大；反之，温度越低，能量越小，则引燃煤尘的可能性也就越小，即使能引起爆炸，其威力也不大。

煤尘爆炸的空间状况对煤尘爆炸的强烈程度也有很大的影响。例如，爆炸空间的形状和容积的大小，空间的长短和断面积大小及其变化情况，空间内有无障碍物，通道中间有无拐弯等，都对爆炸的发展有一定的影响。

3.2　煤尘爆炸的预防

矿井煤尘不仅可以引起严重的矿井爆炸事故，同时也是尘肺病的罪魁祸首之一，严重威胁着井下工作人员的生命健康，因此各国都非常重视矿井煤尘的防治工作。在煤尘防治技术方面，我国早在 20 世纪五六十年代就开展了煤层注水防尘、湿式打眼防尘的试验研究工作，在七八十年代以后以注水为主的综合防尘技术在全国范围得到了广泛的应用，在 90 年代开展了综合防尘的达标工作，使得煤矿的矿尘防治工作取得了显著的成绩，煤矿爆炸事故也相应大幅度减少。

当然在取得成绩的同时，更应正视我们依旧存在的问题。由于我国煤矿矿尘灾害的治理工作基础较差，欠债多，加之煤矿开采与安全卫生防护发展不平衡，直至现在我国对煤矿粉尘危害的治理仍未发生根本性好转,即使一些条件较好的矿井,其采掘工作面的粉尘浓度仍远未达到国家卫生标准,煤尘爆炸事故仍时有发生,与世界发达国家相比,存在着明显的差距。

根据前述煤尘爆炸的条件,结合井下作业地点的生产条件,可以具体地分析出作业地点发生煤尘爆炸的条件,做出相应的事故树(采掘工作面煤尘爆炸事故影响因素如图 3-3 所示),以此指导防止煤尘爆炸工作。

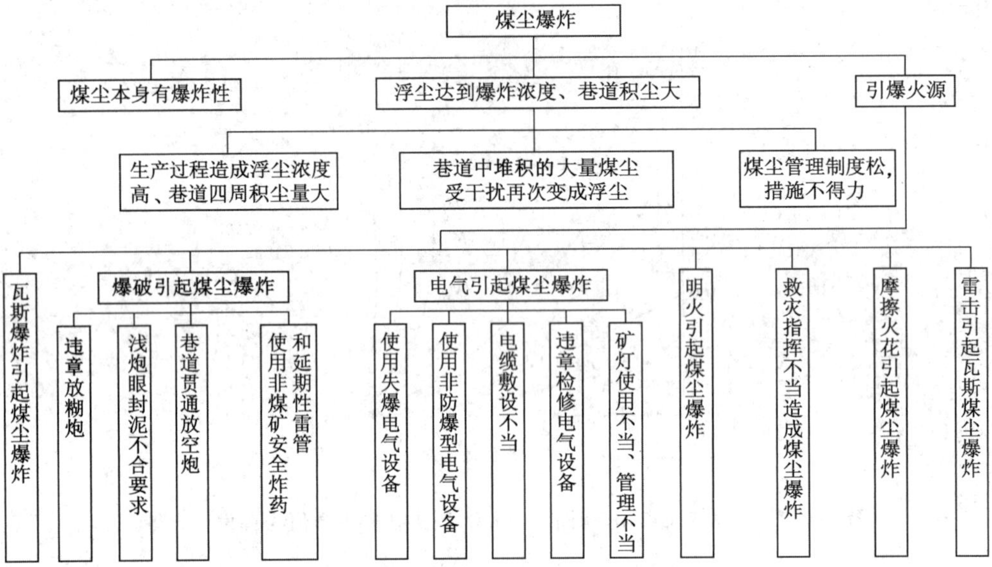

图 3-3　采掘工作面煤尘爆炸事故影响因素

3.2.1　预防煤尘爆炸技术措施

预防煤尘爆炸的技术措施,概括起来主要有三个方面:防止浮游煤尘飞扬;防止沉积煤尘重新飞扬并参与爆炸;防止产生引爆火源。

应将设法减少生产过程中煤尘的生成量、降低浮尘和落尘量,作为防止煤尘爆炸的根本性措施。通常所讲的防止煤尘爆炸措施,主要是针对沉积煤尘参与爆炸而采取的防爆措施。

《煤矿安全规程》第一百八十六条规定:必须及时清除巷道中的浮煤,清扫或冲洗沉积煤尘,定期撒布岩粉;应定期对主要大巷刷浆。

3.2.1.1　防止浮游煤尘飞扬

发生煤尘爆炸必须存在高浓度煤尘云。消除可爆性煤尘云的飞扬状态就消除了煤尘爆炸的一个重要产生条件。因而采取湿式作业、喷雾洒水、煤层注水预湿煤体等降尘措施,就是要控制煤尘飞扬,预防煤尘爆炸事故的发生。此外,合理的巷道风速有利于浮游粉尘沉降到巷道底板,不同颗粒直径的粉尘都存在一个最优排尘风速。

(1) 喷雾洒水。喷雾洒水是将压力水通过特制的喷嘴喷出,使水流雾化成细小的水滴散布在空气中,与漂浮的尘粒碰撞,使其湿润下沉,防止飞扬。喷雾洒水简单方便,应用广泛,在采掘工作面、井下煤仓、溜煤眼、翻笼处、输送机头、装车站等井下凡能产生煤尘的地点，均应设置喷雾洒水装置。机采工作面的采煤机配有专门洒水装置。在巷道周壁可间隔安装 3～5 个喷雾器，使整个断面都布满水雾，从而使经过该断面的风流被除尘净化。在煤尘浓度较大的采掘工作面，一般可设置 2～4 道，除尘率接近 100%。

（2）煤层注水。煤层注水是在尚未采动的煤体中，利用钻孔注入压力水，使水渗入煤体的层理、节理等微小孔隙中，将煤体预先湿润，从而减少或消除在开采、运输过程中煤尘的生成和飞扬。煤层注水是一项最积极、有效的限制尘源措施（煤层注水操作如图 3-4 所示）。煤层注水分为短孔注水[见图 3-4(a)]、中深孔注水[见图 3-4(b)]、长孔注水[见图 3-4(c)]，长孔注水根据实际情况可采用伪倾斜打钻孔注水方式。

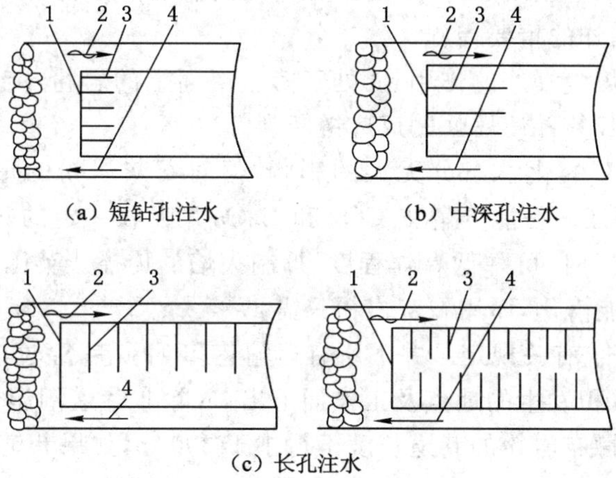

1—工作面；2—污风；3—钻孔；4—新风。

图 3-4　煤层注水降尘示意图

（3）水炮泥。利用装满清水的塑料袋填于火药前后代替固定炮泥使用，当炸药爆炸时，塑料袋中的水在高温、高压下变成水蒸气和微细水滴悬浮于空气中，起到捕捉粉尘、减少有害气体的作用，从而达到减少粉尘的目的。其降尘率可达到 80%，可减少炮烟 70%。

（4）通风除尘。给工作面空间供给足够的风量，用清洁的风流不断稀释和排出空气中的煤尘，以保证作业环境的清洁。加强通风管理，严格控制采、掘工作面的风速，可有效防止煤尘的飞扬。通风除尘的效果随风速的增加而增大，一般掘进工作面的最优风速为 0.4～0.7 m/s，机械化工作面为 1.5～2.5 m/s。对于产尘量较大的掘进工作面，可以结合长抽短压或长压短抽的通风方式，使用捕尘器净化流出工作面的风流，这对采掘工作面是非常有效的防尘措施。

（5）高效化学降尘剂降尘。通过对水、粉尘的表面性质等进行研究，研制出多种高效化学降尘剂，高效化学降尘剂通过比例混合泵或其他手段均匀地混合于防尘水中，使喷雾洒水等措施的降尘效果得以提高。

3.2.1.2　防止沉积煤尘重新飞扬并参与爆炸

（1）清扫和冲洗

① 对输送机巷道、运煤转载点附近、翻罐笼附近及装车站附近等地点的沉积煤尘定期进行清扫，并将堆积的煤尘和浮煤清除出去。一般情况下，正常通风时，应从入风侧由外往

里清扫，并尽量采用湿式清扫法。

② 对沉积强度较大的巷道可采取水冲洗的方法，冲洗时可选择软管或水车冲洗，应保证每平方米巷道冲洗水量不小于 2 L，井下所有管路每 100 m 必须预留接洒水管的三通，并采取措施确保防尘管路中的水压、水量等符合防尘要求。冲洗巷道的周期由煤尘的沉积强度及煤尘爆炸的下限决定。所谓煤尘沉积强度是指每天每立方米巷道空间中煤尘沉积的质量。在距尘源 30 m 的范围内，沉积强度大的地点，应每班或每日冲洗 1 次；距尘源较远，或沉积强度小的巷道，可几天或一周冲洗 1 次；运输大巷可半个月或 1 个月冲洗 1 次。

（2）撒布岩粉

在开采有煤尘爆炸危险的矿井中，定期在巷道内撒布惰性岩粉，增加沉积煤尘的不燃成分，这也是防止煤尘爆炸的重要措施。

撒布岩粉对防止煤尘爆炸的作用是：处于落尘层面上的岩粉，能阻止煤尘飞扬；随同煤尘一起飞扬的岩粉能吸热并使爆炸的反应链断裂。

爆炸火焰对泥岩粉的化学组分无大的影响，但对石灰岩粉的影响较大。当爆炸产生 800 ℃以上高温时，石灰岩粉能分解出 CO_2 和 CaO，并吸收一定的热量，可降低火焰温度。此外生成的 CO_2 达 4%时，可降低爆炸程度，抑制火焰的传播。英国的试验证实，1 kg 煤尘需 2.08 kg 泥岩粉才能惰化，而用石灰岩粉只需 1.35 kg。

① 撒布岩粉应符合有关规定。井下所有运输巷和回风巷、穿过具有煤尘爆炸危险煤层的石门、经常有煤尘沉积发生的地点及工作面下出口（除非巷道潮湿煤尘水分大于 12%）都必须定期撒布岩粉。撒布岩粉的巷道长度不得小于 300 m，如果巷道长度小于 300 m 时，全部巷道都应撒布。撒布岩粉可采用手工撒布法和压气喷撒法。操作人员应站在风流的上方，巷道的所有表面包括顶、帮、底以及背板后暴露处都应用岩粉覆盖。巷道内煤尘和岩粉的混合粉尘中，不燃物质组分不得低于 80%；如果巷道风流中含有 0.5%以上的瓦斯，则不燃物质的组分不得低于 90%。

② 岩粉撒布周期，按下式计算：

$$T = \frac{W}{P} \tag{3-2}$$

式中 T——岩粉撒布周期，d；

W——煤尘爆炸下限浓度，g/m^3；

P——煤尘的沉积强度，$g/(m^3 \cdot d)$。

③ 岩粉（包括岩粉棚的岩粉）的质量，应符合下列要求：

a. 可燃物的含有率不超过 5%；

b. 游离二氧化硅含有率不超过 10%；

c. 不含有任何有害或有毒的混合物（如磷、砷等）；

d. 岩粉的粒度必须全部通过 50 目筛（小于 0.3 mm），其中 70%以上通过 200 目筛（小于 0.075 mm）。一般采用石灰石（$CaCO_3$）岩粉。

撒布岩粉用量一般以岩粉和煤尘的混合物中不燃物质的含量而定，对于瓦斯煤层不得低于 80%，非瓦斯煤层不得低于 70%。国外实验表明，不同类型巷道的岩粉撒布量并不是一个定值，而应以沉积煤尘的挥发分为标准确定岩粉的撒布量（表 3-8）。

表 3-8　沉积煤尘挥发分与岩粉的撒布量关系

挥发分/%	20	25	30	35
岩粉的撒布量/%	>50	>60	>68	>72

④ 撒布岩粉的巷道，应遵守《煤矿井下粉尘综合防治技术规范》(AQ 1020—2006)有关规定，定期进行取样检查。

(3) 巷道刷浆

运输大巷刷石灰浆一般每年应组织1次。巷道刷浆有利于巷道附着煤尘时及时发现和处理，同时，利用浆液的黏结作用使沉积煤尘黏结，失去飞扬能力。刷浆所用石灰浆为生石灰和水按1∶15(体积比)配制，将石灰倒入水中搅拌后，把粒径大于0.8 mm的石灰渣滤除，倒入盛浆密封容器或喷浆车，利用气压或泵压进行喷洒刷白，喷浆应保证浆膜均匀，用浆量可按0.6～0.8 L/m^2 计算。

国外广泛应用黏结法作为防止煤尘爆炸的补充措施。能用于刷浆的材料除了石灰水外，也可用吸水物质 NaCl、$CaCl_2$、$MgCl_2$ 等制成粉状或加湿润剂做成糊状，撒在或喷洒在沉积煤尘的巷道中。如原联邦德国在20世纪70年代开始用浓度为32%的 $CaCl_2$ 溶液黏结巷道积尘，取得良好效果。由于 $CaCl_2$ 具有潮解性和吸湿性，当 $CaCl_2$ 用量达到228 g/m^2 时，使用160 d后，其黏结性依然良好。也有在 $CaCl_2$ 溶液中加入非离子性湿润剂，或在 NaCl 溶液中加入27%的 $CaCl_2$，均匀喷洒在巷道壁面上，也能使巷道保持长期潮湿。

3.2.1.3　防止产生引爆火源

(1) 消除井下明火

明火作业是井下安全生产的最大隐患。要消除井下一切引爆火源，首先就要严格执行《煤矿安全规程》关于消除明火的规定，井口要建立入井检查制度，禁止携带烟草及点火工具下井；井口房和主要通风机房附近20 m内禁止用烟火和炉火取暖；井下禁止使用电炉和大灯泡取暖，井下和井口房内不准从事电焊、气焊和喷灯焊接等工作；在井下发现煤层自燃时应立即采取措施加以扑灭。

(2) 消除瓦斯引燃

近年来，由于防尘供水系统的健全，生产中产生的煤尘得到较好的湿润，单纯的煤尘爆炸事故已不多见。但由瓦斯燃烧或爆炸造成的煤尘爆炸事故还时有发生，因此预防并及时处理瓦斯超限积聚，防止瓦斯燃烧或爆炸引起煤尘爆炸，也是防止产生煤尘引爆火源的一个重要方面。消灭瓦斯超限和积聚，主要是要保证矿井及各工作场所风量充足，实行分区通风、合理配风，禁止不合理的串联通风、采空区通风和扩散通风，对于已积聚瓦斯的巷道要及时按规定予以排放。要加强通风管理，提高通风设施的质量，减少漏风。在瓦斯管理上，要完善监测手段、监测设施的装备自动化，禁止微风或无风作业，巷道中不得有积聚瓦斯的空洞和独头盲巷，掘进巷道不得出现循环风流。贯通巷道或贯穿采空区时，都必须严格检查瓦斯，不得有超限积聚现象。总之，防止瓦斯事故要严格执行应急管理部一直要求的"先抽后采、监测监控、以风定产"方针。

(3) 消除爆破火焰

爆破喷出火焰或残燃物飞散，是引起煤尘爆炸的一个重要原因，因此要加强对火药和爆破的管理。爆破必须使用煤矿安全炸药，并按规定充填炮泥和装药，严禁放明炮和放糊炮。

(4) 消除电气失爆

井下使用的所有电气设备都必须按规定采用隔爆型设备，电气防爆设备要及时检查维修，严禁失爆，切实把好电气设备的入井关、安装使用关、维护检修关，保证电气设备的防爆性能和综合保护的灵敏可靠，严禁带电作业，杜绝“鸡爪子”“羊尾巴”等不合格的电缆接头。井下供电应严格按《煤矿安全规程》有关规定执行。

(5) 消除其他火源

斜巷运输应有防止跑车的保险装置，以防发生跑车事故时摩擦起火；对高瓦斯区域和高瓦斯工作面还应有防止金属支柱或轨道碰撞产生火花的技术措施；必须采用阻燃运输胶带，防止胶带长期摩擦造成发热着火；对井下所用油脂品要落实专人管理；采取措施消除采空区及井下其他地点产生 35 ℃以上的高温和煤炭自然发火。

3.2.2 预防煤尘爆炸组织措施

(1) 矿井的各级领导都必须坚持“安全第一、预防为主、综合治理”的安全生产方针。切实把这一方针贯穿到生产的全过程中去，摆正安全与生产的关系，坚决杜绝在条件不成熟、措施不落实、安全监察不到位的情况下，盲目赶产量、抢任务而组织生产。

(2) 加强爆破管理，严禁打浅眼、放糊炮、放明炮以及封泥不足，不用水炮泥等不符合有关规定的爆破作业，爆破作业必须执行“一炮三检制”和“三人连锁放炮”制度。爆破工还要加强火药管理，禁止火药的乱拿乱放。

(3) 各矿井必须长期坚持“一通三防”齐抓共管责任制，做到量化细化，通风安监部门要对责任制度执行情况定期进行考核，做到有奖有罚，以真正发挥“齐抓共管”安全保障网络的作用。

(4) 各矿井必须将煤矿安全质量标准化工作当作一项重要的基础工作来抓。一个综合防尘达标的矿井可以从根本上防止煤尘爆炸事故的发生。

(5) 采取多种培训形式，切实加强对特殊工种的工人和通防专业管理干部、专业技术人员的培训和教育，使他们不仅懂得瓦斯、煤尘爆炸的危害，而且还要掌握发生瓦斯、煤尘爆炸的原因及其规律。同时要求各矿把职工的冒险蛮干行为以及造成的危害收集汇编作为教训加以解剖分析，使职工得到借鉴和警戒，从而防止类似事故的发生。

(6) 建立奖罚制度。对防尘、爆破工作做得好的集体和个人要进行奖励，对那些不遵守防尘制度违章爆破者要给以必要的处分和经济制裁，以利于此项工作的开展，保证矿井的安全生产。

徐州矿务集团某矿在某年的 12 月 8 日发生一起煤尘爆炸事故，为吸取教训，防止煤尘爆炸事故的发生，该集团决定，除做好正常的防尘工作外，将每月的 8 日定为“防尘日”，并出台相应的奖惩制度。要求各矿由矿长带头，矿井各单位在“防尘日”对矿井进行一次全面的防尘工作。该制度坚持 20 多年来，徐州矿务集团杜绝了煤尘爆炸事故的发生。

3.3　煤尘爆炸的抑制与隔绝

3.3.1　概述

上述介绍了抑制煤尘产生的措施，是从根源上预防煤尘事故的发生。但由于煤矿井下生产条件十分复杂，上述方法仍然不能完全避免煤尘爆炸事故的发生。如发生瓦斯爆炸后，冲击波引起空气中煤尘含量增加，进而出现瓦斯煤尘爆炸事故。事故一旦发生，必须采取必要的措施，把爆炸事故控制在其发生的初始阶段或局部区域，降低灾害损失的程度和范围，减少人员伤亡和财产损失。避免煤尘爆炸事故扩大的主要方法是抑制和隔绝。

我国《煤矿安全规程》第一百八十六条规定：开采有煤尘爆炸危险煤层的矿井，必须有预防和隔绝煤尘爆炸的措施。矿井的两翼、相邻的采区、相邻的煤层、相邻的采煤工作面间，煤层掘进道同与其相连的巷道间，煤仓同与其相连通的巷道间，采用独立通风并有煤尘爆炸危险的其他地点同与其相连通的巷道间，必须用水棚或岩粉棚隔开。

所谓隔绝煤尘爆炸措施是指在煤尘爆炸的传播路线上放置盛有消焰剂（岩粉或水）的容器，或是安置水幕。在冲击波的作用下，容器中的消焰剂或水幕能在整个巷道断面上均匀地洒散开，扑灭爆炸火焰，隔绝爆炸。这种盛有消焰剂的容器称为隔爆棚。

煤矿隔爆棚发挥隔爆作用的前提条件有两个：一是前驱爆炸波能作用并掀翻隔爆棚，形成悬浮状态的岩粉或水雾带；二是爆炸火焰滞后前驱爆炸波到达隔爆棚的时间大于隔爆棚的动作时间过程，同时又小于隔爆棚的动作时间与水雾或岩粉的持续时间之和。

隔爆棚的隔爆条件可表达为

$$P \geqslant P_0 \tag{3-3}$$

$$t_d < (T_p - T_f) < t_d + t_s \tag{3-4}$$

式中　P——前驱爆炸波压力；

P_0——隔爆棚动作所需压力；

t_d——隔爆棚动作所需的时间；

t_s——水雾或岩粉的持续时间；

T_p——前驱爆炸波到达隔爆棚的时刻；

T_f——爆炸火焰到达隔爆棚的时刻。

爆炸火焰、前驱爆炸波、隔爆棚关系如图 3-5 所示。

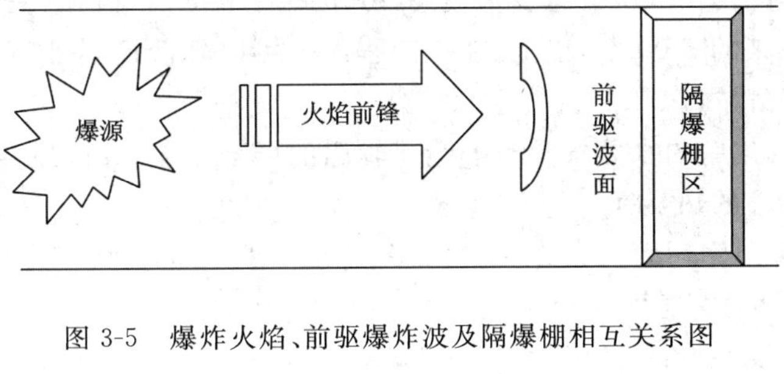

图 3-5　爆炸火焰、前驱爆炸波及隔爆棚相互关系图

3.3.2 隔爆棚

3.3.2.1 按动作方式划分

根据消焰剂洒散源的不同，把隔爆棚分为被动式隔爆棚和自动式隔爆棚。所谓被动式隔爆棚是指消焰剂的洒散由爆炸本身引起的，即隔爆棚在爆炸冲击波的作用下，将消焰剂撒布于整个巷道断面上，以扑灭随之而来的爆炸火焰，其作用机理建立在爆炸冲击波超前于爆炸火焰的基础上。但是，冲击波速度与火焰速度常受不同的爆炸强度及不同的爆炸过程的影响，因此，被动式隔爆棚常由于冲击波超前距离的大小不同而失去隔爆作用。为此，研制了自动式隔爆棚。自动式隔爆棚主要由探测系统(传感器)和飞散系统(雷管)两部分组成，两者安置位置相距一定距离(50 m 左右)。这种隔爆棚可设在距爆源点较近的位置，它可以在爆炸火焰到来的瞬间将隔爆的消焰剂撒布于巷道空间，将火焰熄灭在萌芽状态。

3.3.2.2 按使用地点划分

按使用地点，隔爆棚分为主要隔爆棚(重型棚)及辅助隔爆棚(轻型棚)，分别设置在以下地点。

① 主要隔爆棚，应设置在下列地点：

a. 矿井两翼与井筒相连通的主要运输大巷和回风大巷；

b. 相邻采区之间的集中运输巷和回风巷；

c. 相邻煤层之间的运输石门和回风石门。

② 辅助隔爆棚，应设置在下列地点：

a. 采煤工作面进、回风巷道；

b. 采区内的煤和半煤岩掘进巷道；

c. 采用独立通风并有煤尘爆炸危险的其他巷道。

3.3.2.3 按消焰剂种类划分

根据消焰剂种类不同，可把隔爆棚分为水棚和岩粉棚(包括隔爆水袋与隔爆水槽)。

(1) 水棚

在煤尘爆炸的传播路线上用水取代岩粉作为扑灭剂安设的隔爆装置称为隔爆水棚，主要有隔爆水槽、隔爆水袋和隔爆水幕等，如图 3-6 所示。

水作为隔爆介质主要有以下优势：

① 水是良好的灭火抑爆剂，它的热容量大，能对火焰产生热载荷，起冷却降温作用，特别是水在高温条件下蒸发形成的水蒸气的比潜热高，能大量吸收爆炸产物的热量。

② 高温汽化的水蒸气，从液态变为气态，分子间间距要扩大到原来的 10 倍左右。其体积应该要扩大到原来的 1 000 倍以上，在一定程度上可以降低抑制带内氧气浓度，降低煤尘爆炸传播需要的氧气浓度。

③ 水经高温汽化后的水蒸气具有隔绝热辐射的屏蔽效应，其产生的“热壑”可以阻止促进煤尘爆炸火焰传播的热交换。

④ 煤尘被水雾湿润后因重力作用而沉降，降低了抑制带内的煤尘云浓度，降低了煤尘爆炸传播需要的可燃物浓度。

水棚使用和安设要求：

① 水棚包括水槽与水袋，水槽与水袋必须符合检验标准的要求，水袋宜作为辅助隔

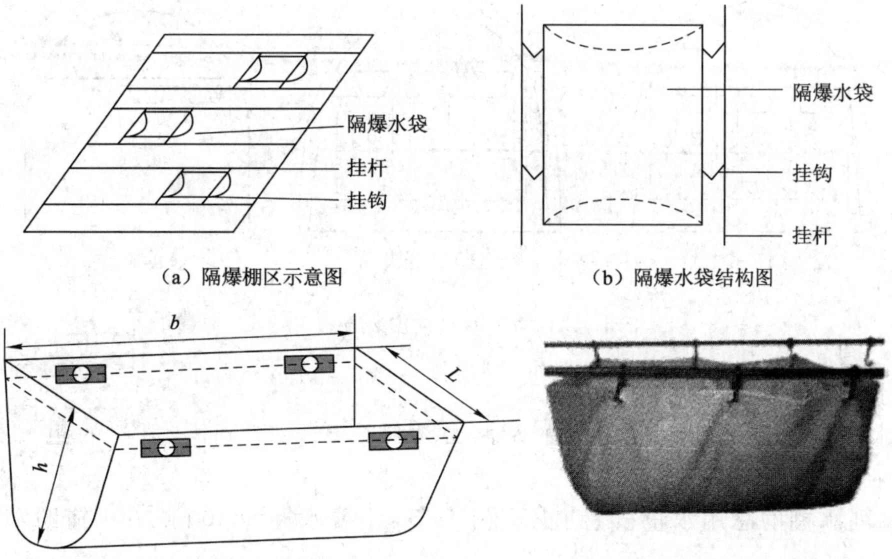

（a）隔爆棚区示意图　（b）隔爆水袋结构图

（c）隔爆水槽结构图　（d）隔爆水袋实物图

图 3-6　矿井用隔爆水棚区布置及水槽(水袋)

爆水棚。

② 硬质水槽棚的安装方式,既可采用吊挂式或上托式,也可采用混合式,如图 3-7 所示。

a. 水槽的布置必须符合以下规定:

$$\text{断面 } S \leqslant 10\ \text{m}^2 \quad \frac{nB}{L} \times 100\% \geqslant 35\%$$

$$\text{断面 } S \leqslant 12\ \text{m}^2 \quad \frac{nB}{L} \times 100\% \geqslant 60\%$$

$$\text{断面 } S > 12\ \text{m}^2 \quad \frac{nB}{L} \times 100\% \geqslant 65\% \tag{3-5}$$

式中　L——巷道断面宽度,m;

B——水槽的宽度,m;

n——排棚上的水槽个数。

b. 水槽之间的间隙与水槽同支架或巷壁之间的间隙之和不得大于 1.5 m;特殊情况下不得超过 1.8 m;两个水槽之间的间隙不得大于 1.2 m。

c. 水槽边与巷壁、支架、顶板、构筑物之间的距离不得小于 0.1 m;水槽底部至顶梁(顶板)的距离不得大于 1.6 m,如果大于 1.6 m,则必须在该水槽的上方增设一个水槽。

d. 水棚底部距顶梁(无支架时为顶板)、两帮的空隙不得小于 0.1 m;水棚距巷道轨面不应小于 1.8 m;水棚应保持同一高度,需要挑顶时,水棚区内的巷道断面应与其前后各 20 m 长的巷道断面一致。

e. 水棚排间距离为 1.2～3.0 m,主要水棚的棚区长度不小于 30 m,辅助棚的棚区长度不小于 20 m。

f. 第一排水棚与工作面的距离必须保持 60～200 m。

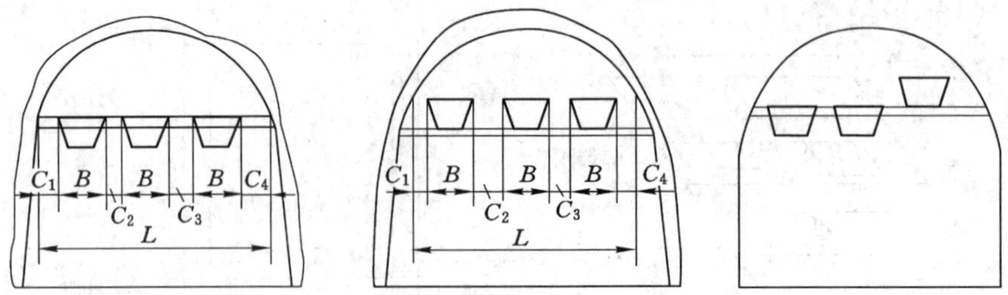

(a) 吊挂式　　(b) 上托式　　(c) 混合式

图 3-7　水槽的安装方式

g. 水棚应设置在直线段巷道内。

h. 水棚与巷道交叉口、转弯处的距离必须保持 50～75 m，与风门的距离必须大于 25 m。

i. 一列水棚的总用水量按巷道断面积计算：主要水棚为 400 L/m²；辅助水棚为 200 L/m²。

③ 水袋棚的管理：

a. 要经常保持水袋完好和规定的水量。

b. 每半月检查一次。

但水槽棚也存在缺点：

① 水棚中的水分易蒸发、缺失，尤其是在风量大、气温高的采区，因此需要经常检查、充水、换水，加大了工作量。

② 水棚蓄水中容易混入矿尘，造成灭火水雾因水量不足而不能有效隔断爆炸火焰的传播。

为了克服现有水槽、水袋的缺点，研究人员开发研制了密封式隔爆水袋，如 MGS 型密封式隔爆水袋，它能很好地克服现有水袋、水槽的缺陷，较好地发挥隔爆水袋的隔爆作用，如图 3-8 所示。

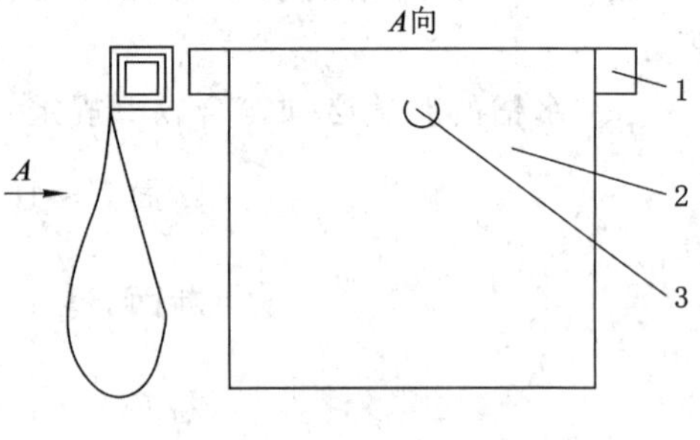

1—方钢；2—密封式隔爆水袋；3—进水口。

图 3-8　密封式隔爆水袋示意图

根据被动式隔爆措施的作用原理，“密封式隔爆水袋要形成水雾”必须依靠爆炸压力的作用撕裂水袋，因此水袋布料不能采用强度大的吊挂式材料，而应选用易撕裂的塑料薄膜。

但密封式隔爆水袋的水是靠水袋自身强度吊挂的，要选用有一定强度、弹性小的塑料薄膜，即采用聚氯乙烯塑料薄膜。隔爆水槽（水袋）除应具有阻燃、抗静电、不渗漏、质量轻、防震、不怕摔、抗碰撞以及运输、安装、维护方便等特性外，一般来说还应具备以下性能标准。

① 破碎最小爆炸压力：水槽破碎所需爆炸压力（以静压表示）不得大于 16 kPa；水袋动作所需爆炸压力（以静压表示）不得大于 12 kPa。

② 最佳水雾形成时间：不得大于 150 ms。

③ 最佳水雾持续时间：对水槽不得小于 250 ms，对水袋不得小于 160 ms。

④ 最佳水雾分散长度：不得小于 5 m。

⑤ 最佳水雾分散宽度：不得小于 3.5 m。

⑥ 最佳水雾分散高度：不得小于 3 m。

⑦ 隔爆性能应符合下列要求：从爆源算起，爆炸火焰不得超过 140 m。

（2）岩粉棚

① 岩粉棚分为重型岩粉棚及轻型岩粉棚，重型岩粉棚作为主要岩粉棚，轻型岩粉棚作为辅助岩粉棚。

② 一列岩粉棚的岩粉总用量按巷道断面积计算：主要岩粉棚为 400 kg/m^2，辅助岩粉棚为 200 kg/m^2。

③ 岩粉棚及岩粉棚架的结构及其参数如图 3-9 所示。

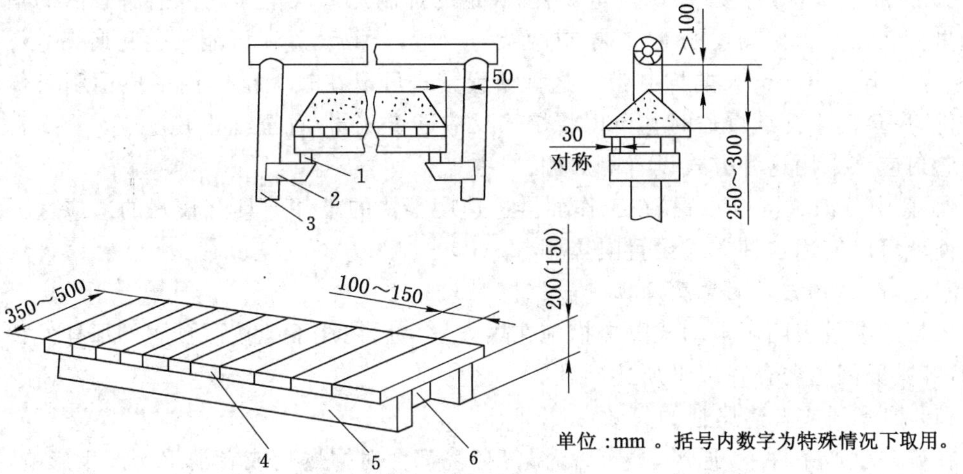

1—垫木；2—支撑木；3—支柱；4—岩粉板；5—台木；6 —筋板。

图 3-9　岩粉棚结构示意图

a. 岩粉棚的宽度为 100～150 mm；长度：重型棚，350～500 mm，轻型棚，≤350 mm。

b. 堆积岩粉的板与两侧的支柱（或两帮）之间的间隙不得小于 50 mm。

c. 岩粉板面距顶梁（或顶板）之间的距离为 250～300 mm，使堆积岩粉的顶部与顶梁（或顶板）之间的间隙不小于 100 mm。

d. 岩粉棚的排间距离，重型棚为 1.2～3.0 m，轻型棚为 1.0～2.0 m。

e. 岩粉棚与工作面之间的距离，必须保持在 60～300 m 之间。

f. 岩粉棚不得用铁钉或铁丝固定。

g. 岩粉棚上的岩粉每月至少进行一次检查，如果岩粉受潮湿、变硬，则应立即更换；如果岩粉量减少，则应立即补充；如果在岩粉表面沉积有煤尘，则应加以清除。

岩粉质量对于有效阻隔煤尘爆炸的传播具有十分关键的作用，但在实际使用中经常会因为井下湿度大带来岩粉潮湿、结块等现象，煤炭科学研究总院重庆分院进行了防潮岩粉棚的研究。岩粉的防潮分为内防潮和外防潮。内防潮是指在岩粉中添加化学试剂起防潮作用。研究表明，内防潮能有效防潮，但岩粉制作复杂且成本高，不便推广使用。而外防潮就是在岩粉槽结构上采取措施，比如利用泡沫塑料防潮性能好的特点，将岩粉装入泡沫塑料制作的槽子中加盖密封，岩粉不与外界空气接触，从而起到防潮作用。

但需要指出的是，由于采煤作业机械化程度的不断提高，采煤作业强度不断增大，所需风量增大，风速增加，考虑工作环境和人身健康，隔爆岩粉棚已逐渐被淘汰。

3.3.2.4 按布置方式划分

根据隔爆棚的布置方式不同，隔爆棚还可分为集中式和分散式两种。

① 集中式布置：将按《煤矿安全规程》确定的抑制瓦斯煤尘爆炸传播所必需的消焰抑爆剂（岩粉或水）总量分装在若干架棚子上并将它们组成一组。将这组隔爆棚集中设置在距有爆炸危险地点一定距离的一段巷道内。这种设置方式可以在巷道中形成一段有很强灭火能力的消焰抑制区，起到隔断火焰传播的屏蔽作用。这种布置方式适用于爆源相对确定并较于集中的区域。

② 分散式布置：将按《煤矿安全规程》确定的抑制瓦斯煤尘爆炸传播所必需的消焰抑爆剂总量分装在数十架隔爆棚上，一架或两架为一组，分散设置在可能发生瓦斯煤尘爆炸的区域，形成不小于 200 m 长的抑制带。这种布置方式可以在较大范围内形成不利于传播爆炸的条件，一旦发生瓦斯爆炸时它可以将爆炸反应逐步减弱，直至终止其反应。在爆源难以确定的巷道应该采用这种方式设置隔爆棚。

③ 集中分散式混合布置：在工作面推进速度很快的条件下具有较好的适应性。如综掘工作面就可以使用这种方式设置隔爆棚。

3.3.2.5 隔爆棚失效的主要原因

大量的事故表明了被动式隔爆措施在爆炸发生后往往不能按照预想的那样发挥应有的作用，究其原因主要存在以下所述问题。

(1) 抑爆剂或者消焰剂的失效

在矿井生产条件下，通风、喷雾、高温等环境都会对抑爆剂或者消焰剂产生影响，甚至会导致失效。如岩粉棚中的岩粉长期存放情况下容易受潮、结块，尤其是在大量应用喷雾降尘的工作面，因为风流湿度大，非常容易造成岩粉的失效。

水棚中蓄存的水分在高温情况下容易因为蒸发、滴漏等造成蓄水缺失，因此需要经常性检查，并及时冲水、换水，这增加了预防工作的工作量和劳动强度，尤其是在风量大、气温高的采区，水中易混入矿尘，造成灭火水雾因水量不足而不能有效隔断爆炸火焰的传播。

(2) 被动隔爆设施动作不可靠

巷道中设置的水袋棚，为保证其动作的灵敏可靠，按设计规定应采用易脱钩吊挂的方式，但实际应用中的水袋棚却多用铁丝拴吊于棚梁上，使得这一被动形式的隔爆设施在动作时雾化愈加不充分，大大降低隔爆效果。

另外，如果阻隔爆装置的动作压力过低，即灵敏度过高，则火焰前面较远处前驱压力波的较低冲击压力会使阻隔爆装置开始动作，在火焰到达前就释放出了抑制剂，这样在火焰到达阻隔爆装置位置时，由于抑制剂已被提前释放出来，且因重力作用大部分已沉落到巷道的底板上，只剩下悬浮在空间中浓度较低的抑制剂，阻隔爆装置起不到应起的作用。

如果阻隔爆装置的动作压力高于前驱压力波的压力，或阻隔爆装置的动作延迟时间超过了火焰到达装置所需的时间，其释放的抑制剂就会降落在火焰区后部，甚至落在火焰区之后，则未受到抑制剂影响的火焰前部就会继续向前传播，阻隔爆装置也起不到阻隔爆的作用。因此，尽量缩短未保护段长度，把瓦斯爆炸控制在初期，这也是新型隔爆棚研究的重要目的之一。

3.3.3　自动隔爆装置

一般来说，被动式隔爆设施在距爆源 60～200 m 之间的区域内才能有效地发挥作用，超出这一范围就不能有效地隔绝爆炸的传播。另外，被动式隔爆设施对火焰速度小于 100 m/s 的弱爆炸和火焰速度过高的强爆炸的响应时间与爆炸传播速度很难实现可靠的联动。尽管煤炭科学研究总院重庆分院研制的隔爆容器可实现火焰速度大于 37 m/s 的弱爆炸传播的抑制，且棚区安设位置距爆源距离缩短到了 40 m(特殊可缩短到 30 m)，突破了现有被动式水棚距爆源不能小于 60 m 的界限，但其在低矮、狭窄和拐弯的巷道中使用非常不方便。

因此，自 20 世纪 60 年代以来，自动隔爆技术得到研发并推广以弥补被动隔爆措施的缺陷。根据《煤矿用自动隔爆装置通用技术条件》(MT 694—1997)，自动隔爆装置是指依靠对爆炸信息的超前探测，强制性地把消焰剂抛撒到火焰阵面上，将火焰扑灭，阻止爆炸传播的装置。

3.3.3.1　自动隔爆技术的基本原理

自动隔爆技术通过传感器等敏感元件及时探测因爆炸而产生的物理参量变化(如压力升高、火焰出现、温度骤增等)，并通过控制单元(控制器)快速触发抑爆剂喷洒装置(执行机构)动作，以高压引射或爆炸抛洒等方式喷洒抑爆剂，扑灭火焰和衰减爆炸冲击波，完成隔爆和抑爆。自动隔爆装置工作原理图如图 3-10 所示。

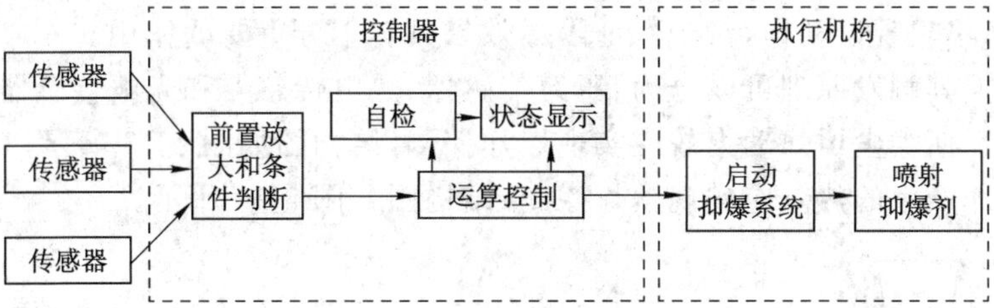

图 3-10　自动隔爆装置工作原理图

在矿山生产中，一般选择在巷道上游一定距离处设置传感器，随时探测爆炸产生的信号，一旦接收到爆炸信号后即可远距离传输给隔爆装置，隔爆装置根据动作原理实施隔爆行为，如图 3-11 所示。

图 3-12 所示是利用火焰传感器判别瓦斯煤尘爆炸的自动隔爆装置布置示意图。当爆源 1 发生爆炸时，识别传感器 2 首先判断是否是爆炸产生的连续火焰，确认为爆炸后由传感器 3 测定火焰传播速度，由控制仪计算出火焰速度后得出火焰峰面到达消焰抑爆剂喷洒器 5 的时间，指令喷洒器 5 在火焰到达时喷出消焰剂扑灭火焰。

比利时研制的自动隔爆装置不是用电信号传递爆炸信息，而是用雷管导爆索、导爆线爆炸燃烧来控制和启动抑爆机构动作的。

日本九州煤炭研究中心研制的触发式岩粉喷射装置利用传感器捕捉爆炸发生时产生的紫外线触发岩粉喷射装置，提高了煤尘爆炸响应的准确度和可靠性，克服了普通岩粉棚所装载岩粉容易潮结的缺点，弥补了普通岩粉棚或者水袋棚在爆风力很弱的初始爆炸状态下，棚架不能翻倒、水袋无法脱钩、消焰剂很难造成有效扩散等缺点，确保在爆炸的初始状态以及发展成强爆炸时都能成功地阻止爆炸传播。

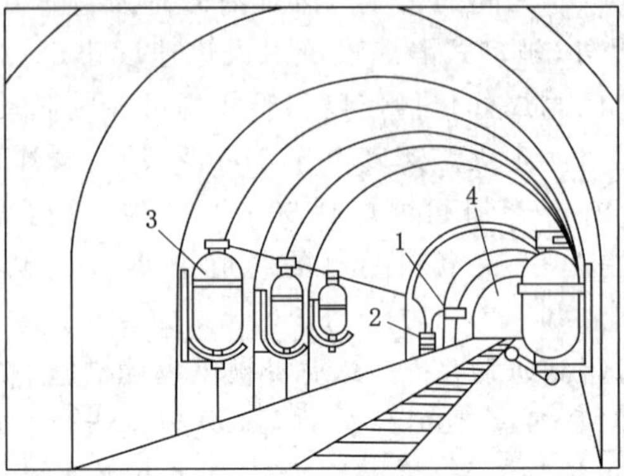

1—传感器；2—控制仪；3—喷洒机构；4—潜在爆源。

图 3-11　掘进工作面自动隔爆装置图

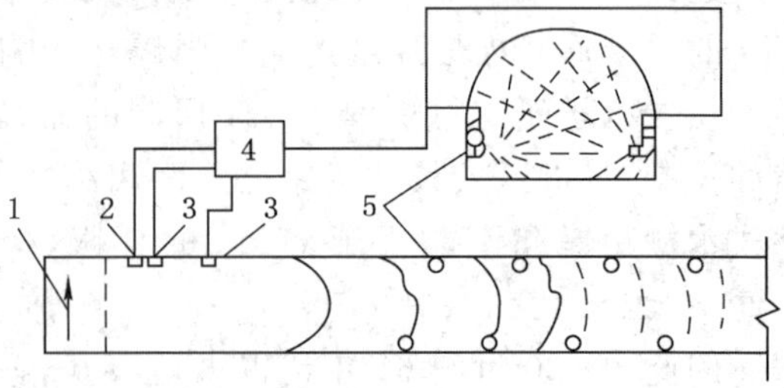

1—爆源；2、3—传感器；4—控制器；5—喷洒器。

图 3-12　矿井自动隔爆装置布置示意图

3.3.3.2　自动隔爆技术的主要装置

(1) 传感器

传感器是自动隔爆装置中十分关键的部件，通过传感器将爆炸导致环境参数的变化如温度、压力、火焰等转变为电信号，其能否排除井下可能出现的干扰，准确接收和判断煤尘爆炸的特征信号，不出现误动作，对于保证隔爆效果具有十分重要的作用。

传感器根据其触发原理可以分为：压力传感器、热电传感器和光电传感器。压力传感器主要通过接收瓦斯煤尘爆炸动力效应实现爆炸探测，结构图如图 3-13 所示。热电偶传感器则主要通过爆炸产生的热效应实现爆炸探测，结构图如图 3-14 所示。

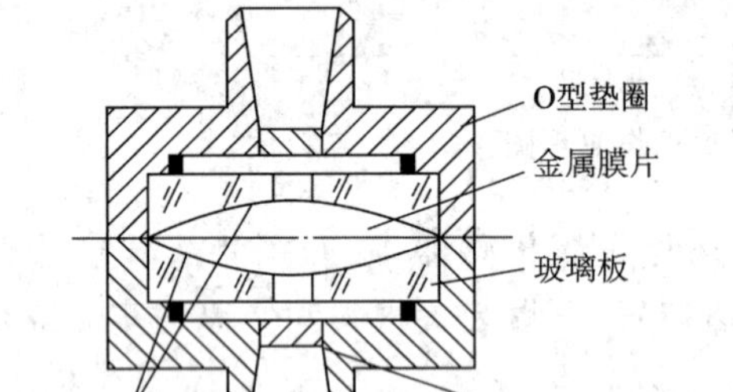

图 3-13　差动电容式压力传感器结构图

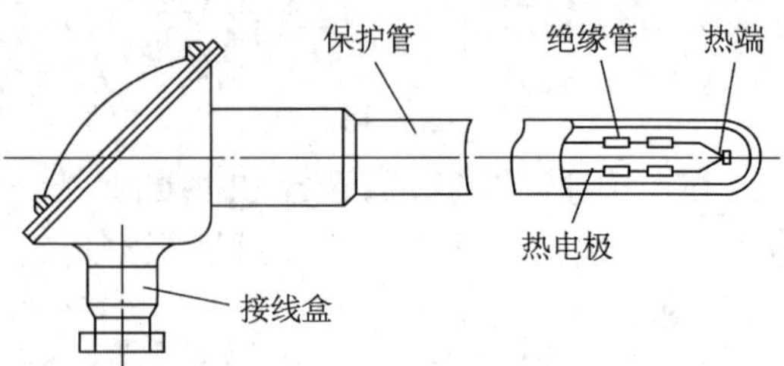

图 3-14　普通热电偶传感器结构图

(2) 控制器

它的主要作用是向喷洒抑制剂的执行机构发出动作指令。最简单的方式是将传感器接收的信号放大后，直接控制继电器发生动作指令。

控制器一般具有计算机功能，可以测定、计算火焰运行速度，判断火焰到达喷洒装置设置点的时间和发出喷洒指令，控制多台喷洒器喷粉。它是根据测得的不同爆炸火焰传播速度，按预置软件计算出火焰从传感器到达喷洒器时的时间，并且考虑了喷洒系统的机械滞后时间、抑爆剂在空间的扩散时间等因素，确定在最佳时间启动喷洒器喷粉。

(3) 喷洒器

它的作用是喷洒抑制剂(岩粉、干粉或水)，使抑制剂在巷道内扩散成粉尘云或水雾带。一般喷洒器由执行机构、喷头和抑制剂储存容器组成。喷洒器的动作应该迅速、可靠，能适应抑制煤尘爆炸的快速发展的需要。

喷洒器技术指标至少应达到下列要求：

① 喷洒滞后时间：小于 15 ms。

② 成雾时间：小于 120 ms。

③ 雾面持续时间：粉剂大于 1 000 ms；水大于 300 ms。

④ 喷洒效率：大于 90%。

3.3.3.3　常见自动隔爆装置的介绍

在煤及半煤岩掘进巷道中，可采用自动防爆装置抑爆，根据选用的自动防爆装置性能要求进行布置与安装。

(1) ZYB-S 型自动产气式抑爆装置

ZYB-S 型自动产气式抑爆装置由实时气体发生器、高压缓冲器、抑爆剂存储器、喷射头、控制盒和 ZW-1 型紫外线火焰传感器组成(ZW-1 型紫外线火焰传感器能识别爆炸及燃烧火焰光谱，对日光和矿灯照射等情况不敏感)，如图 3-15 所示。

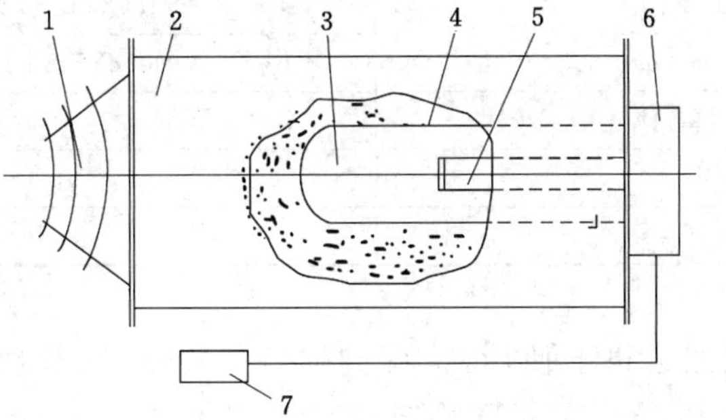

1—喷射头；2—抑爆剂存储器；3—缓冲器；4—抑爆剂；5—气体发生器；6—控制盒；7—ZW-1 型火焰传感器。

图 3-15　ZYB-S 型自动产气式抑爆装置结构示意图

当瓦斯或煤尘爆炸或着火时，火焰传感器接收到火焰信号，并传输到抑爆装置控制盒中，控制盒给出触发信号，实时气体发生器快速产生并迅速释放大量气体，高压气体经缓冲器调整后，在抑爆剂存储器中形成粉气混合物，最后经喷射头喷出形成抑爆粉雾，达到扑灭爆炸火焰阻止爆炸传播的目的。其抑爆原理如图 3-16 所示。

气体发生器采用双基推进剂等面燃烧工作方式，具有产气量大、产气速率高的特点，同时其喷射压力稳定。位于气体发生器外层的缓冲器用于调整喷射气流流态，使抑爆器能够满足特定的喷洒速率要求。喷射头设计有导流环片，使抑爆剂喷洒状态得以控制和优化。根据 ZYB-S 型自动产气式抑爆装置控制电路的状态开关，可方便地检查抑爆器的日常工作状态。

当控制盒工作电压处于欠压(低于 3.6 V)状态时，指示灯亮，可取出控制盒充电，此时

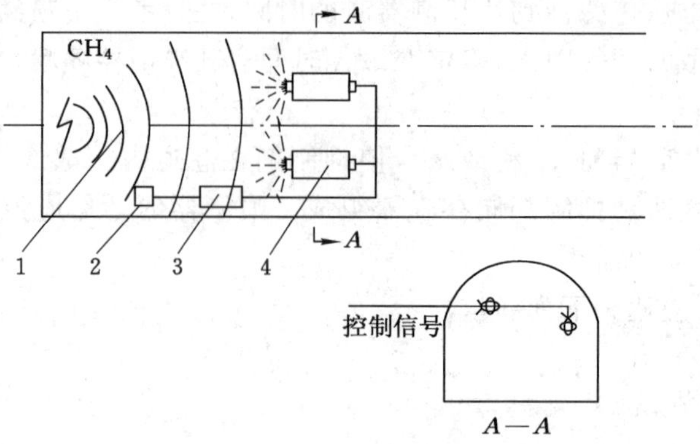

1—火焰阵面；2—火焰传感器；3—控制单元；4—喷洒器。

图 3-16　ZYB-S 型自动产气式抑爆装置的抑爆原理示意图

气体发生器输入端自动短接，确保装置在检修时不会触发动作。

该装置喷洒机构采用实时产气喷洒方式，动作灵敏可靠、抑爆剂喷洒效果良好，且稳定性高；通过自检功能可检查系统工作状态和参数设置，同时可通过通信接口将检测到的爆炸危险参量和事故信息传输到地面微机系统。其主要技术参数见表 3-9。

表 3-9　ZYB-S 型自动产气式抑爆装置主要技术参数

抑爆剂量/kg	12(ZYB-SⅠ)；8(ZYB-SⅡ)
外形尺寸/mm×mm	ϕ245×600(ZYB-SⅠ)；ϕ245×520(ZYB-SⅡ)
喷洒速度/(kg/s)	14～28
成雾时间/ms	<90
粉雾持续时间/s	>1

该装置适宜安装在掘进机上使用，采用的抑爆装置型号、数量应根据巷道断面确定：10 m^2 及其以上，安装 2 个 ZYB-SI 型喷洒器；10 m^2 以下，安装 2 个 ZYB-SⅡ 喷洒器。喷洒器安装在掘进机悬臂根部两侧。

(2) YBW-I 型无电源触发式抑爆装置

YBW-I 型无电源触发式抑爆装置由 HWD-I 火焰传感器、CQB 传感器、ST 连接器、WDY 喷洒器和 JC-I 检测器组成，其组成框图如图 3-17 所示。

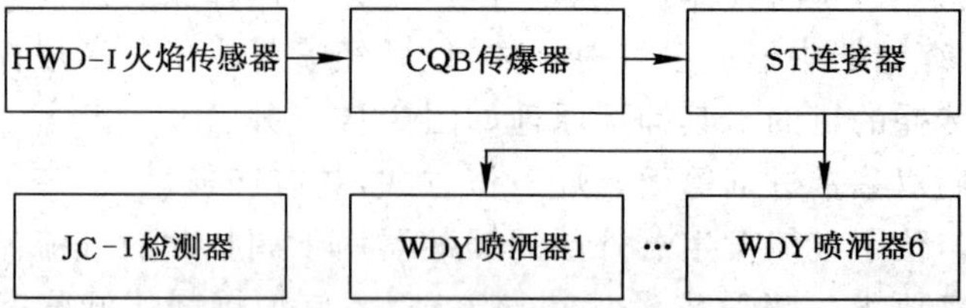

图 3-17　YBW-I 型无电源触发式抑爆装置组成框图

该装置主要结构如下：

① HWD-I 火焰传感器。HWD-I 火焰传感器的核心元件为硅光电池组，光敏面积 320 ×260 mm^2，可响应井下瓦斯煤尘爆炸火焰的辐射能量信号。其工作原理是光电池组件将火焰辐射能量转换为电能，直接触发信息传输部件。

② 信息传输部件。YBW-I 型无电源触发式抑爆装置信息传输部件包括 CQB 传爆器、ST 四通连接器和导爆管等。传感器火焰电流信号启动 CQB 传爆器（矿用安全电雷管），经导爆管、ST 四通连接器传输到安装在 WDY 喷洒器中的导爆管雷管。

③ 喷洒器。YBW-I 型无电源触发式抑爆装置以水为抑爆剂，采用爆破抛洒抑爆剂成雾方式。WDY 喷洒器为柱形结构，如图 3-18 所示。

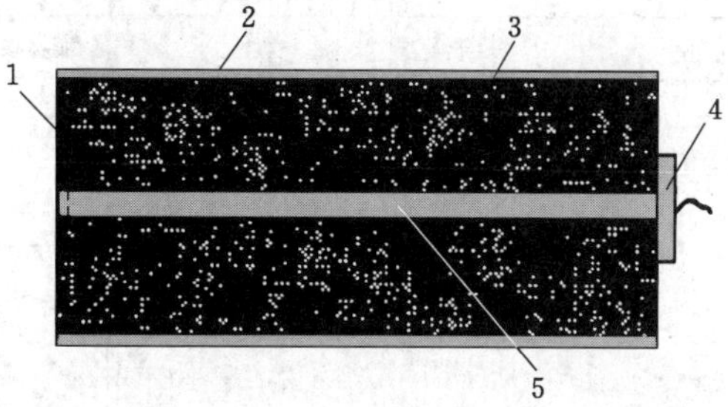

1—端盖；2—外壳；3—储水泡沫；4—接线盒；5—导爆索。

图 3-18　WDY 喷洒器结构示意图

柱形阻燃聚氨酯泡沫为储水介质，沿泡沫柱体轴线为导爆索，泡沫柱体外侧被塑料膜密封，并用钢丝网配合角钢加以固定。

采用吸水性能良好的阻燃聚氨酯泡沫，一方面可使抑爆剂径向初始分布均匀，使导爆索触发时形成水雾分布状态良好，同时具有较高的喷洒效率；另一方面，阻燃聚氨酯泡沫对导爆索火焰能起到歼灭的作用，使火焰不致外泄。根据不同的抑爆要求，可改变泡沫密度、塑料封膜、网孔大小、导爆索装药量等结构参数，以达到所要求的水雾形成过程与水雾分布状态。每个喷洒器的储水量为 100 kg。每组棚的用水量按巷道断面算为 100 kg/m^2。

当 HWD-I 火焰传感器感受到火焰信号时，可将其辐射能转化为电能，触发 CQB 传爆器，通过 ST 连接器触发相连的 WDY 喷洒器，形成水雾抑制带，扑灭爆炸火焰，控制爆炸的传播。

该装置具有以下特点：

① 在距离工作面 20～45 m 范围内可有效扑灭瓦斯煤尘爆炸火焰，阻止爆炸传播，具有抑爆距离小的特点，且采用单轨吊安装、移动方式，该装置可随工作面快速推进。

② 采用内储能抑爆剂喷洒方式，即导爆索爆破抛洒水体成雾机构，具有水雾形成时间短、雾粒分布均匀、雾体范围大、存在时间长的特点。

③ 采用火焰辐射能触发抑爆剂喷洒机构，无需外供电源；通过 JC-I 检测器可方便地检查抑爆装置线路的连接状况，现场应用维护方便，且具有较高的抗干扰性能。

④ 采用导爆管信号传输方式，动作灵敏可靠。YBW-I 型无电源触发式抑爆装置的主要技术参数见表 3-10。

（3）自动隔爆水幕

自动隔爆水幕实质上是一组杠杆结构，其动作原理如下：当爆炸波顺着巷道袭来时，冲击受力板，使控制杠杆上端朝球型阀方向转动，迫使下端托板与开启杠杆脱钩，同时，开启杠杆在自身重力作用下向下摆动至垂直位置，开启球型阀。于是供水管的压力水通过球型阀、出水管而注进水幕，由各喷头喷出形成水幕，浸湿煤尘并降温，从而起到隔爆作用。自动隔爆喷雾动作原理图如图 3-19 所示。

表 3-10　YBW-I 型无电源触发式抑爆装置主要技术参数

水雾抛洒滞后时间/ms	＜10
成雾状态/(m^2/150 ms)	10
水雾存在时间/ms	＞500
有效抑爆范围/m	距爆源 20～45

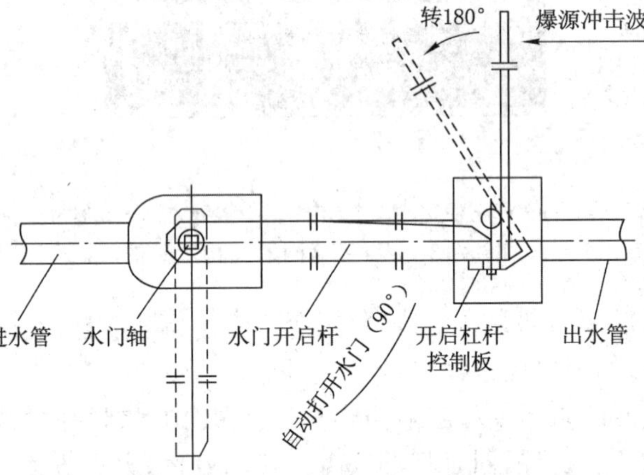

图 3-19　自动隔爆喷雾动作原理图

自动隔爆装置使用了先进的传感设备、计算机程序控制系统，抑爆性能比被动式隔爆装置好，虽然不可能完全避免自动式隔爆装置失效或发生误判断，但相比来说，自动式抑爆装置更加稳定可靠，它是井下隔爆抑爆技术的发展趋势。

复习思考题

1. 煤尘爆炸的必要条件有哪些？
2. 简述煤尘爆炸的特征。
3. 影响煤尘爆炸的因素有哪些？
4. 预防煤尘爆炸的技术措施有哪些？
5. 某巷道为主要运输大巷，断面面积为 18 m^2，试问该巷道如设置被动式隔爆棚应设置什么类型的隔爆棚，如何设计？
6. 煤尘爆炸指数是否可以衡量煤尘爆炸特性？
7. 自动隔爆装置的原理是什么？有哪些类型？
8. 预防煤尘爆炸的组织管理措施有哪些？

第 4 章　综合防尘技术

学习目标

1. 掌握综合防尘的基本方法；
2. 掌握矿井粉尘沉降规律及最优排尘风速；
3. 掌握湿式作业、净化水幕及个体防护的原理、使用方法。

导　　言

本章主要介绍煤矿井下综合防尘技术，综合防尘技术包括风、水、密、净和护 5 个方面，并以风、水为主。风是指通风除尘，水是指湿式作业，密是指密闭抽尘，净是指净化风流，护是指采取个体防护措施。本章主要从原理、技术和应用三个方面对各项技术进行了阐述。

多年来粉尘防治实践证明，通常情况下，单靠某一种方法或采取某一种措施去防治粉尘，既不经济也达不到预期的效果，所以必须贯彻预防为主、综合防治的原则，采取标本兼治的综合防治措施。所谓防，就是最大限度地减少产尘量；所谓治，就是将已经产生的粉尘在尘源附近处理，最大限度地减少粉尘扩散、飞扬和进入风流中，降低工作环境粉尘浓度，使之达到国家标准。首先必须改革工艺设备和工艺操作方法，从根本上杜绝和减少有害物的产生以消除或控制尘源。在此基础上再采用合理的通风除尘措施，建立严格的检查管理制度，这样才能有效地防治粉尘。

综合防尘措施包括技术措施和组织措施两个方面。技术措施包括风、水、密、净和护 5 个方面，并以风、水为主。风是指通风除尘，水是指湿式作业，密是指密闭抽尘，净是指净化风流，护是指采取个体防护措施。组织措施包括科学管理，建立规章制度，加强宣传教育，定期进行测尘和健康检查。

4.1　通风除尘

通风除尘的作用是稀释并排出矿内空气中的粉尘。在对矿内各种尘源采取了防尘措施后，仍会有一定量的矿尘进入矿井空气中，而且多为粒径小于等于 10 μm 微细矿尘，这些矿尘能较长时间悬浮于空气中，同时由于矿尘的不断积聚，矿井内空气严重污染，严重危害人身健康。所以必须采取有效通风措施稀释并排走矿尘，不使其积聚。

通风除尘是稀释和排出作业地点悬浮矿尘，防止其过量积聚、作业地点矿尘浓度超限的有效措施。实践证明，搞好通风工作是取得井下作业良好防尘效果的重要环节。

为了充分发挥通风除尘的效果，首先需要掌握矿尘在空气中沉降、扩散和随同风流一起流动等有关矿尘运动的一般规律。

4.1.1 矿尘在静止空气中的沉降

空气中的尘粒可在其自重作用下作加速或等速沉降。在静止空气中尘粒的沉降速度，通常用斯托克斯定律计算。尘粒所受到的作用力主要有尘粒本身的重力 G(N)、尘粒受到分散介质（气体）的浮力 F_f(N)和尘粒运动时受到分散介质的阻力 F_c(N)，且

$$G = \pi d_p^3 \rho_p g/6 \tag{4-1}$$

$$F_f = \pi d_p^3 \rho_a g/6 \tag{4-2}$$

$$F_c = c\pi d_p^2 v_p^2/4\rho_a \tag{4-3}$$

式中 d_p——尘粒直径，m；

ρ_p——尘粒密度，kg/m³；

ρ_a——空气密度，kg/m³；

v_p——尘粒的沉降速度，m/s；

c——阻力系数，当雷诺数 $Re \leqslant 1$ 时，$c=24/Re$。

$$Re = v_p \rho_a d_p/\mu$$

式中 μ——空气的绝对黏度，kg/(s·m)。

尘粒在静止空气中的运动是上述三种力综合作用的结果。重力 G 和浮力 F_f 的作用方向相反，若以重力 G 方向为正，则两者的合力 F（向量和）是使尘粒沉降并克服阻力 F_c 的作用力，即

$$F = G - F_f = \pi d_p^3 (\rho_p - \rho_a) g/6 \tag{4-4}$$

F 为一定值。在这种情况下，尘粒由静止状态（$v_p=0$）开始沉降，由于沉降速度很小，阻力 F_c 也很小，显然 $F_c<F$；与此同时，沉降过程中尘粒的沉降速度不断增加，尘粒呈加速运动。随着沉降速度的增加，阻力也随之增大，当达到 $F_c=F$ 时，即重力和浮力与阻力平衡时，尘粒的沉降速度将达到最大值也是恒定值，尘粒以此速度作等速沉降，此时的速度称为尘粒的沉降速度（v_p），或称斯托克斯速度（v_{st}）。

上述公式经推导，得出：

$$v_p = (\rho_p - \rho_a) g d_p^2/18\mu \tag{4-5}$$

根据这一公式，可计算出矿尘在静止空气中的沉降速度和给定高度下尘粒的沉降时间。

由式(4-5)可知，尘粒的沉降速度与粒径的平方成正比，所以较大的尘粒能较快地沉降，而对人体危害较大的细微尘粒，则能长时间地悬浮于空气中。式(4-5)还可用于测量矿尘的质量分散度。

4.1.2 矿尘在井巷中的沉降分布

流动的空气除了平均风速以外，还存在着脉动风速。脉动风速一方面促进尘粒扩散下沉，另一方面又能阻止尘粒的重力沉降。所以风流中的尘粒沉降比静止空气中的尘粒沉降复杂，现在多用经验公式计算。

尘粒在流动空气中的沉降速度仍然与粒径的平方成正比。沉积粉尘（以煤尘为例）在井

巷内的分布，经观察得知：悬浮于空气中的粉尘一部分随风流带出矿井，而大部分却沉积在井巷里，回风巷内沉积量最多；从尘源开始，粒径大的先沉积下来，粒径小的则随风漂流沉积在较远的地方；就巷道断面来看，沉积在巷道顶板和两帮的粉尘粒径小的较多，而底板上的粉尘粒径大的较多，它们的质量分布是底板上最多，两帮次之，顶板最少。

4.1.3　矿尘的扩散

在生产条件下，矿井粉尘在产生和扩散过程中所受的作用力主要有重力、机械力和风压力。细微粉尘靠重力作用获得的沉降速度是很小的，一般不考虑重力作用。

尘粒在机械力的作用下可获得较高的初速度，依惯性作用而向某一方向运动，但速度的衰减非常快。矿尘靠机械力给予的动能也是不能飞扬扩散多少距离的。

在矿井里，矿尘的扩散主要受控于风流。矿内风流速度一般在0.15 m/s以上，远大于重力和机械力所能给予矿尘的速度，能完全控制矿尘的扩散和运动。从这点出发，控制矿尘的扩散和运动主要是控制含尘空气的流动。

使矿尘扩散和扬起矿尘的气流，大体可分为一次尘化气流和二次气流。所谓一次尘化气流即在产尘过程中同时产生的气流，如车辆运行、煤岩垮落、割煤机滚筒旋转诱导的气流和爆炸冲击波等。一次尘化气流是使矿尘飞扬扩散于作业空间的主要动力，但作用范围是有限的。二次气流是指外部进入产尘空间的气流，主要指井下风流。其他如凿岩机的排气、风筒漏风等也属于此类。二次气流可使飞扬于空气中的矿尘向更大范围扩散和蔓延。

4.1.4　矿尘在井巷风流中的运动

(1) 矿尘在风流中的悬浮与运动

矿尘特别是微细矿尘，在空气中的沉降与扩散运动是很小的，比风流速度要小很多，所以，矿尘主要受风流的控制而运动。

在垂直巷道中，含尘气流上升运动时，只要风速大于矿尘沉降速度，矿尘即随风流运动。

在水平巷道中，风流运动方向与矿尘沉降方向相垂直，风速对矿尘的悬浮没有直接作用。但在井巷中，风流一般都是紊流，具有横向脉动速度，与沉降速度方向相反。所以，只要风流是紊流并且横向脉动速度均方根值等于或大于矿尘沉降速度，矿尘即能悬浮于风流中并随之运动。矿尘随风流运动，因脉动速度的变化、粒子形状不规则、粒子间的摩擦和碰撞等原因，作不规则运动。据一些资料介绍，紊流脉动速度约为风流平均速度的3%～10%。

(2) 最低排尘风速

5 μm以下矿尘对人体的危害性最大，能使这种微细矿尘保持悬浮状态并随风流运动的最低风速称为最低排尘风速。对于矿井，在水平井巷中，矿尘的重力和气流对矿尘的阻力作用方向互相垂直。此时使矿尘在风流中处于悬浮状态的主要动力是紊流脉动速度。如果尘粒受横向脉动速度场的作用力与矿尘重力相平衡，则尘粒处于悬浮状态。使矿尘粒子处于悬浮状态的条件是：紊流风流横向脉动速度的均方根值等于或大于尘粒的沉降速度。根据有关实验资料，最低排尘风速 v_s 可用下面的经验公式计算：

$$v_s = \frac{3.17 v_f}{\sqrt{a}} \tag{4-6}$$

式中　a——井巷的摩擦阻力系数；

v_f——矿尘粒子在静止空气中均匀沉降的速度，m/s。

(3) 最优排尘风速

当排尘风速由最低风速逐渐增大时，粒径稍大的矿尘也能悬浮，同时增强了对矿尘的稀释作用。在产尘量一定的条件下，矿尘浓度随风速的增高而降低。当风速增加到一定数值时，工作面的矿尘浓度降到最低值。矿尘浓度最低值所对应风速称为最优排尘风速。

国内外对最优排尘风速进行了大量的实验研究，结果表明，在干燥的井巷中，无论是否有外加扰动，都存在一最优排尘风速，如有外加扰动时，最优排尘风速较低，如图 4-1 所示。

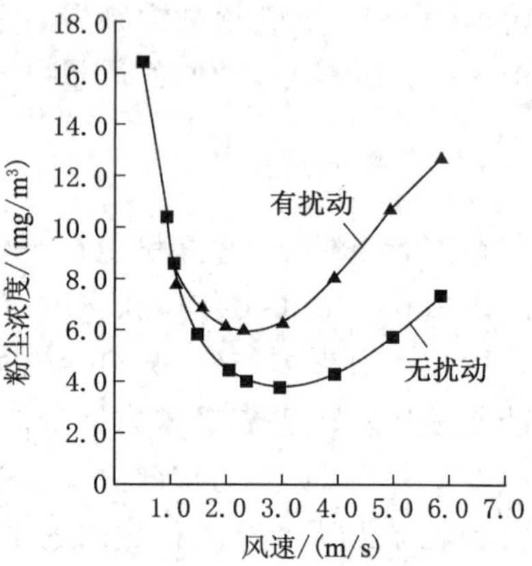

图 4-1　干燥井巷中最优排尘风速

(4) 扬尘风速

当风速超过最优排尘风速后，再继续增高风速，原来沉降的矿尘将被重新吹起，矿尘浓度再度增高。大于最优排尘风速时，矿尘浓度再次增高的风速称为扬尘风速。矿尘飞扬的条件是风流作用在矿尘粒子上的扬力大于或等于矿尘粒子所受重力。扬尘风速可用下面经验公式计算：

$$v_b = (4.5 \sim 7.5)\sqrt{\rho_d g d} \tag{4-7}$$

式中　v_b——扬尘风速，m/s；

ρ_d——矿尘粒子的密度，kg/m^3；

d——矿尘粒子的直径，μm。

扬尘风速除与矿尘粒径与密度有关外，还与矿尘湿润程度、巷道潮湿状况、矿尘附着状况、有无扰动等因素有关。据试验，在干燥巷道中，在不受扰动情况下，赤铁矿尘的扬尘风速为 3～4 m/s，煤尘扬尘风速为 1.5～2.0 m/s。在潮湿巷道中，扬尘风速可达 6 m/s 以上。矿尘二次吹扬，成为次生矿尘，能造成严重污染，除控制风速外，及时清除积尘和增加矿尘湿润程度是常用的防尘方法。

通风排尘的关键是最佳排尘风速问题。如果风速偏低，矿尘不能被风流有效地冲淡排出，并且随着矿尘的不断产生，造成作业空间矿尘浓度的非定量叠加，导致矿尘浓度持续上升。风速过高，又会吹扬巷道、液压支架及老空区里的积尘，同样会造成矿尘浓度升高。一般说来，掘进工作面的最优风速为 0.4～0.7 m/s，机械化采煤工作面的风速宜为 1.5～2.5 m/s。

4.2　湿式作业

湿式作业是利用水或其他液体，使之与尘粒相接触而捕集矿尘的方法，它是矿井综合防尘的主要技术措施之一，具有所需设备简单、使用方便、费用较低和除尘效果较好等优点。其缺点是增加了工作场所的湿度，恶化了工作环境，能影响煤矿产品的质量。除缺水和严寒地区外，该法在一般煤矿应用较为广泛。我国煤矿较成熟的经验是采取以湿式凿岩为主，配合喷雾洒水、水炮泥以及煤层注水等防尘技术措施。

本节首先对喷嘴及其喷雾降尘理论进行了系统介绍，然后分别从炮掘工作面湿式打眼、爆破喷雾、多工序多区域自动喷雾，综掘工作面内外喷雾降尘装置、机载液压除尘风机，水炮泥、多功能全自动爆破喷雾，综采工作面采空区灌水防尘、采煤机内外喷雾、随机自动联锁喷雾、液压支架高效降尘装置，转载喷雾及净化水幕等方面对煤矿湿式防尘技术工艺进行全面论述。

4.2.1　喷嘴及其喷雾降尘理论

喷嘴是进行湿式除尘的主要装置，在了解湿式除尘技术工艺之前很有必要对喷雾雾化降尘的基础知识进行讲解。因此首先对喷嘴类型、雾流形状、喷嘴雾化效果等有关喷嘴的基础知识进行介绍，然后对喷雾降尘机理进行系统的阐述。

4.2.1.1　雾化喷嘴的类型及雾流形状

(1) 喷嘴类型

喷嘴是重要的除尘装置，其种类较多，不同类型喷嘴的结构、加工难易和雾化性能相差较大。目前普遍应用于煤矿防尘领域的喷嘴主要有以下几种类型。

① 压力式雾化喷嘴

该类型喷嘴通过小孔将液体喷出，实现压力势能向动能的转换，从而获得相对于周围气体的较高的流动速度，通过气液之间强烈的剪切作用来实现液体的雾化。这种类型的喷嘴按照有无螺旋芯分为直射式喷嘴、离心式喷嘴。

如图 4-2(a)所示，液体从切向入口进入喷嘴的旋转室中，在旋转室获得旋转运动。根据旋转动量矩守恒定律，旋转速度与旋转涡半径成反比。因此，越靠近轴心，旋转速度越大，其静压力亦越小，结果在喷嘴中央形成一股等于大气压的空气旋流，而液体则形成绕空气心旋转的环形薄膜，液体静压能在喷嘴处转变为向前运动的薄膜的动能，从喷嘴喷出。液膜伸长变薄，最后分裂成小雾滴。

压力式雾化喷嘴通过结构设计和改变操作参数，可以获得两种不同的雾滴分布，如图 4-2(b)所示。一种喷雾呈中空圆锥形，特点是喷雾圆锥体内无雾滴，中间形成空心，雾滴沿锥体表面均匀分布；另一种喷雾呈完全圆锥形，特点是在雾化的圆锥体内全部充满雾滴，而且中心部分液滴分布较多。

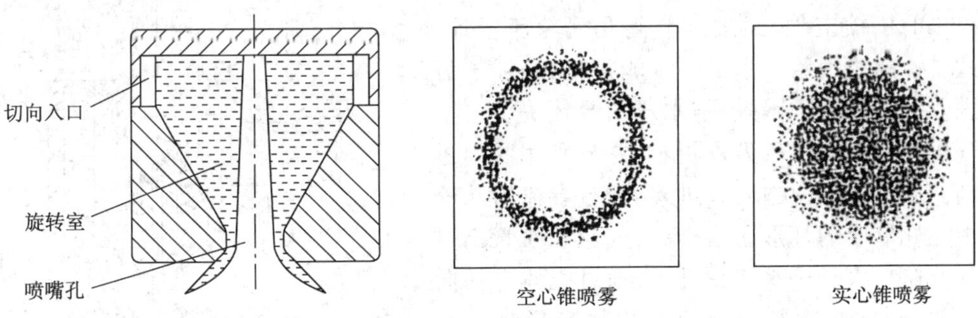

(a) 工作原理　　(b) 雾化形式

图 4-2　压力式雾化喷嘴示意图

② 旋转式雾化喷嘴

液体通过高速旋转的圆盘、圆杯或具有径向孔的甩液盘甩出，形成液膜，在表面张力的作用下实现液体的雾化。旋转式喷嘴即属于这种类型，这种喷嘴又叫作机械式喷嘴。

将液体供向高速旋转件中心，液体从旋转件周边或孔中甩出，它就是借助离心力和气动力而雾化液体的旋转式雾化喷嘴。其雾化过程如图 4-3 所示。

液体流量很小时，当离心力大于液体表面张力，转盘边缘抛出的是少量大液滴，此时直接分裂成液滴，如图 4-3(a)所示。当流量和转速增大，液体被拉成数量较多的丝状射流，液状流极不稳定，离开盘缘一定距离处会分离成小液滴。这就是丝状割裂成液滴，如图 4-3(b)所示。当转速和流量再增大，液丝连成薄膜，随着液膜向外扩展成更薄的液膜，并以高速喷出，与周围空气发生摩擦而分离雾化，由薄膜状分裂成液滴，如图 4-3(c)所示。由以上过程可以看出，旋转雾化包含了离心雾化和速度雾化的交互作用。旋转式雾化喷嘴需要外力作用，且较为复杂，各方面要求比较高，目前并未在国内外煤矿得到广泛的使用。

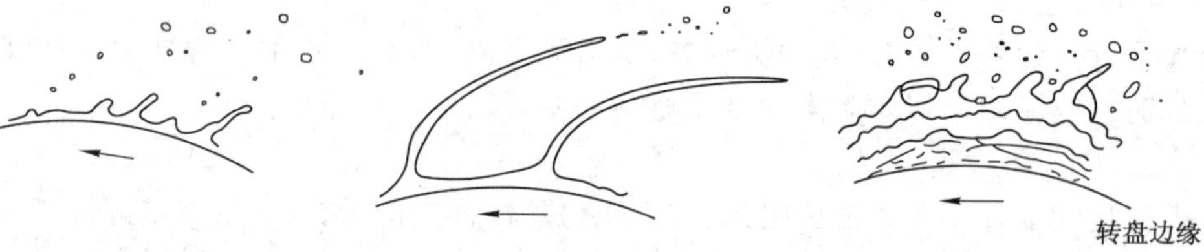

(a) 直接分裂成液滴　　(b) 丝状割裂成液滴　　(c) 薄膜状分裂成液滴

图 4-3　旋转雾化过程示意图

③ 气动雾化喷嘴

气动喷嘴包括空气辅助雾化喷嘴和压气雾化喷嘴，两者的共同工作原理是借助于流动气体的动能将液柱或液膜吹散，破碎成液滴。它们的主要差别是所需空气的来源和速度不同。

④ 超声波雾化喷嘴

采用压电陶瓷或簧片哨产生的超声波或机械超声，利用超声的空化现象实现液体的雾化。

传统离心式超声雾化喷嘴结构如图 4-4 所示，它由水路通道、气路通道和共振器三部分组成。从压气机来的压缩空气，经过调节阀和涡轮流量计，进入试验件的进气管。水从储水箱流出，经浮子流量计进入试验件的进水接头，水压由泵体提供。水压和气压分别由各自压力表指示，并分别用阀门进行控制。压缩空气由进气管进入，经过导流器从喷管和中心杆形成的环形通道排出，气流在喷管出口处达到音速。水从进水接头进入，通过壳体上切向孔进入，从壳体和喷管外表面形成的环形喷口流出。共振器由中心杆、共振腔组成，通过结构参数选择，使其固有频率和激波振动频率耦合，产生一定频率和压力脉动幅值的超声波。由于高速气流和超声波的作用，锥形水膜离开出口后立即被雾化

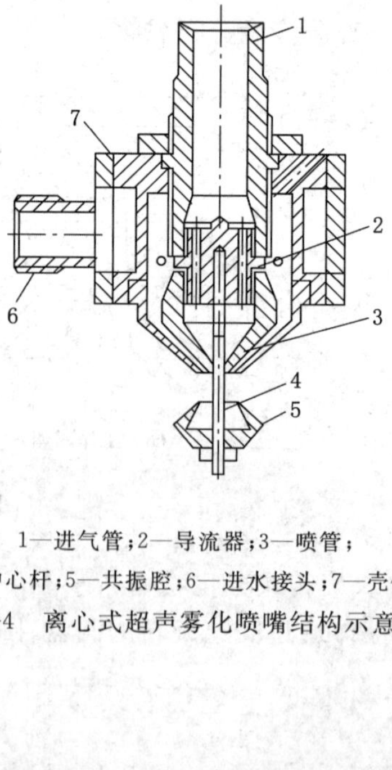

1—进气管；2—导流器；3—喷管；4—中心杆；5—共振腔；6—进水接头；7—壳体。

图 4-4　离心式超声雾化喷嘴结构示意图

成大小不同的水珠，水珠随气流向下游运动。但是超声波或哨声雾化喷嘴结构较为复杂，各方面要求比较高，目前只在井口空气净化及井下皮带大巷喷雾降尘时有所应用。

⑤ 静电雾化喷嘴

静电雾化时，液滴处于电场中，带有电荷，电荷之间的斥力使得液膜表面积扩大，而液体的表面张力又趋向于使表面积缩小，当电荷间斥力大于液体表面张力时，液膜破碎成小液滴。静电雾化喷嘴的雾化效果非常好，但喷射流量特别小。

(2) 喷嘴雾流形状

煤矿喷雾防尘用喷嘴按其喷出的雾流形状分为以下4种类型：① 雾流呈锥面实心的锥形喷嘴；② 雾流呈锥面空心的伞形喷嘴；③ 雾流呈平面扇形的扇形喷嘴；④ 雾流呈束状的束形喷嘴。

各种类型的喷嘴结构如图4-5所示。煤矿喷雾防尘系统各工序所需喷嘴的雾流形状是不同的，在对喷嘴类型及型号进行选择时，应以各工序喷雾方式及喷雾参数为依据。

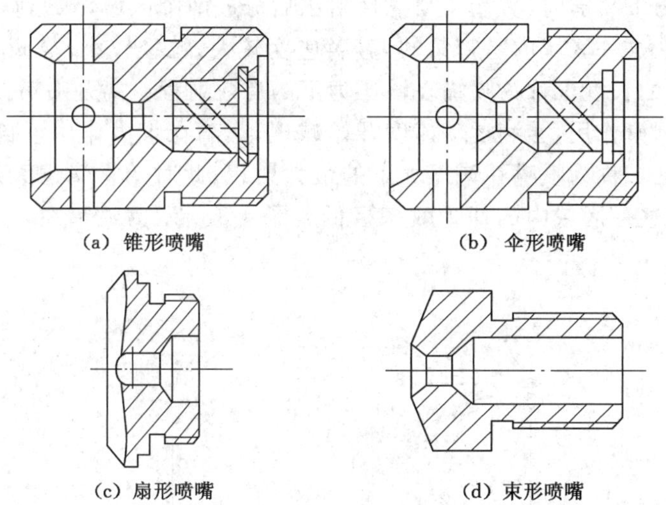

(a) 锥形喷嘴　(b) 伞形喷嘴　(c) 扇形喷嘴　(d) 束形喷嘴

图4-5　各种类型喷嘴的结构示意图

4.2.1.2　喷嘴雾化效果主要指标

喷嘴雾化指标主要包括雾化角、射程、流量、雾滴粒度及其分布等，如图4-6所示。

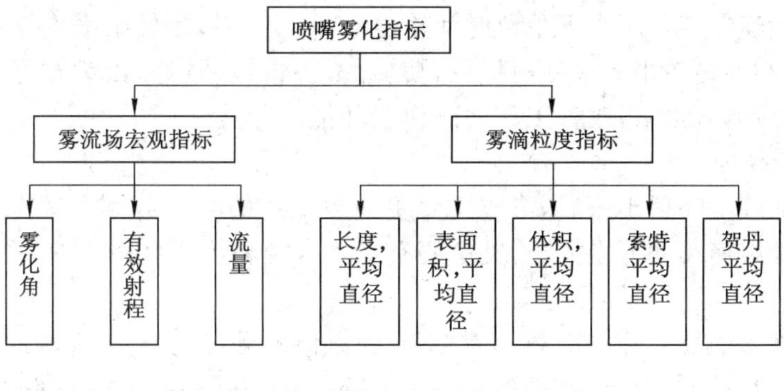

图4-6　喷嘴雾化指标示意图

(1) 雾化角

雾化角反映了喷嘴雾化场的空间尺寸大小，可用以下两种方法来表示：出口雾化角和条件雾化角，如图 4-7 所示。

① 出口雾化角是指在喷嘴出口处，作水雾边界的切线，两切线的夹角，用 α 表示。出口雾化角的数值和理论计算值比较接近，比较常用。

② 条件雾化角是在离喷嘴一定距离处，作一条垂直于水雾中心线的垂线，或以喷嘴出口中心为圆心作圆弧，它们与水雾边界得到两个交点，该两点和喷口中心相连的连线的夹角。在距离 x(mm)处测得的条件雾化角用 α_x 表示，在半径为 x(mm)处测得的条件雾化角用 α_{R-x} 表示。

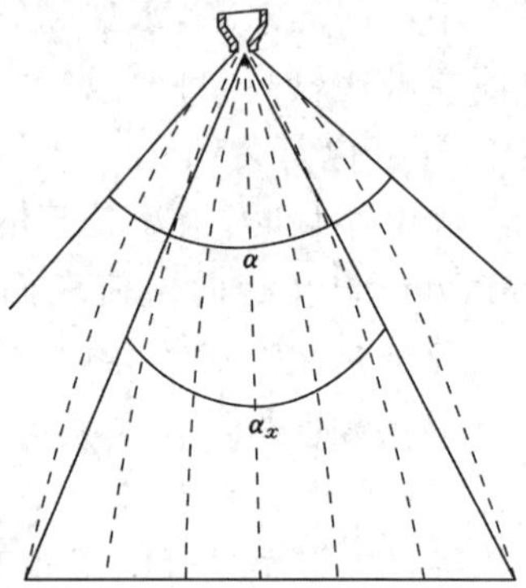

图 4-7　雾化角的定义

(2) 射程

喷嘴在一定压力下喷雾时，雾滴从喷嘴口射出后分成两个区域，靠近喷嘴处为圆锥形的有效作用区。水流在这一区域内是密集的，雾滴速度较大，粒径较小，雾滴在这一区域内能有效捕尘，这段区域的长度也称为喷嘴在该压力下的有效射程。离开喷嘴口一段距离后，由于空气阻力等多种因素作用，雾滴运动速度开始减慢，雾滴在重力作用下自由下落，这一区域叫衰减区。这一区域称为喷嘴在该压力下的最大射程，此时的雾滴已无足够的动能与尘粒碰撞凝结，所以在这一区域内的捕尘效率极低。图 4-8 所示为喷嘴在一定压力下射流喷雾状态示意图。

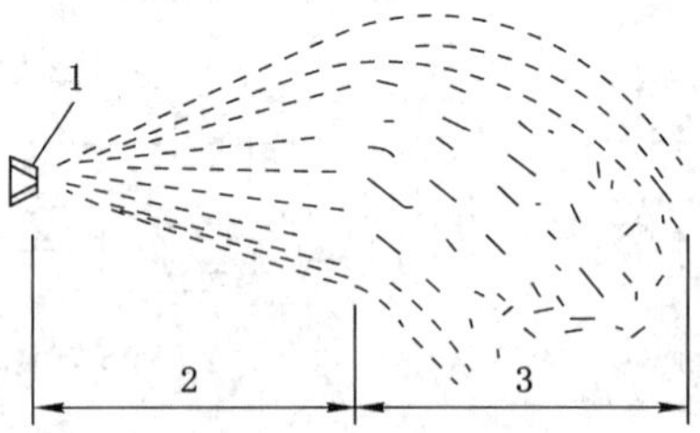

1—喷嘴；2—有效区(有效射程)；3—衰减区(最大射程)。

图 4-8　喷嘴在一定压力下射流喷雾状态

(3) 流量

流量是指喷嘴在某一压力下单位时间输出水量的大小，是反映喷嘴性能的一项重要指标。一般来说，在满足防尘要求的前提下，喷嘴的流量越小越好，因为这样可以减少工作面的积水，降低煤炭的含水量，改善工作面的作业环境。

(4) 雾滴直径

液态工质从喷嘴喷射出来后，形成尺寸差别数十倍的雾滴群体。世界各国学者先后研究和提出了多种雾滴尺寸评定方法，其主要有平均直径和特征直径两大类。

① 平均直径

由于喷雾液滴的尺寸分布函数较为复杂，为方便起见，许多关于喷雾的研究都仅采用液滴的平均直径。喷雾液滴平均直径的概念是由 Mugele 和 Evans 提出的，并给出了一个通式。其定义是：设想一个液滴尺寸完全均匀一致的喷雾场以代替实际不均匀的喷雾场，这个假想的均匀喷雾场的液滴直径称为平均直径。喷雾液滴平均直径的表示方法很多，较为常用的平均直径有长度平均直径 D_{10}、表面积平均直径 D_{20}、体积平均直径（又称为质量平均直径）D_{30}、索特平均直径 D_{32} 及贺丹平均直径 D_{43} 等，目前使用较多的是索特平均直径 D_{32} 及贺丹平均直径 D_{43}，其公式分别为式(4-8)和式(4-9)。

索特平均直径：

$$D_{32} = \frac{\int_{D_{\min}}^{D_{\max}} D^3 \mathrm{d}N}{\int_{D_{\min}}^{D_{\max}} D^2 \mathrm{d}N} \tag{4-8}$$

式中　N——直径 D 的液滴数目，通常取 $D_{\min}=0$。

贺丹平均直径：

$$D_{43} = \frac{\int_{D_{\min}}^{D_{\max}} D^4 \mathrm{d}N}{\int_{D_{\min}}^{D_{\max}} D^3 \mathrm{d}N} \tag{4-9}$$

为了表达其他平均直径，Mugele 和 Evans 提出了一个通式：

$$D_{pq} = \frac{\int_{D_{\min}}^{D_{\max}} D^p \mathrm{d}N}{\int_{D_{\min}}^{D_{\max}} D^q \mathrm{d}N} \tag{4-10}$$

式中，p 和 q 根据研究的需要可以为任何值，$(p+q)$ 称为平均直径的阶数。

同一喷雾场中不同的平均直径是有差别的，在各项平均直径指标中，D_{32} 最能真实地反映液态工质雾化效果，目前在实际工程中运用最多。

② 特征直径

在喷雾液滴尺寸分布更深入的研究中，有时不仅仅列出液滴的平均直径，也不单单给出分布函数，而是在分布曲线中再找出几个特征点进行分析。这些特征直径对于某些情况下液滴尺寸分布的探讨很有价值。在液滴尺寸分布曲线中，它们代表某一直径以下的所有液滴的体积占全部液滴总体积的百分比，并将此比值以符号下标的形式标出，以示区别。特征直径的下标数值均小于 1，这是区分特征直径参数符号与平均直径参数符号的标志。显然，特征直径下标与平均直径下标的含义是不同的。常用的液滴特征直径及其含义见表 4-1，其中最常用的特征直径是质量中值直径 $D_{0.5}$。

表 4-1　特征直径及其含义

符号	名　称	含　　义
$D_{0.1}$	—	小于该直径的所有液滴体积占全部液滴总体积的 10%
D_{p}	峰值直径	对应于液滴尺寸分布曲线的峰值，即占有体积最大的液滴直径
$D_{0.5}$	质量中值直径	小于该直径的所有液滴体积占全部液滴总体积的 50%，该直径左右侧体积分布曲线下的面积相等
$D_{0.632}$	Rosin-Rammler 直径	小于该直径的所有液滴体积占全部液滴总体积的 63.2%，用于 Rosin-Rammler 分布
$D_{0.9}$	—	小于该直径的所有液滴体积占全部液滴总体积的 90%
$D_{0.999}$	最大直径	小于该直径的所有液滴

应该注意的是，并不是每一个平均直径或特征直径都对评价某个特定的喷雾情况适用，换句话说，对于某个给定的喷雾系统，并不是任何一个平均直径或特征直径都能完全表达其雾化质量的好坏。有时质量中值直径 $D_{0.5}$ 减小，但索特平均直径 D_{32} 却变化不大。对于一个喷雾降尘系统来说，虽然特征直径可以描述一个液滴尺寸的分布情况，但只有索特平均直径才能真正反映雾化的质量，峰值直径 D_p 和 $D_{0.9}$ 等都不能作为评价指标，使用它们有时会得出错误的结论。因此，在研究液态工质的喷雾时，简单分析常常采用索特平均直径 D_{32}，深入分析则常常采用液滴尺寸分布函数以及图解方式，有时还辅以特征直径。

③ 雾滴尺寸的发散

"发散"一词用以描述液滴尺寸的范围。它表示液滴从最小直径到最大直径的范围，不可与"分布"混淆。液滴尺寸的发散可以用均匀度、相对尺寸范围和发散度等指标来评价。目前，在大多数工程应用中用相对尺寸范围 Δ_s 来描述雾化液滴尺寸的发散程度，本书也是利用 Δ_s 描述雾滴的发散程度。Δ_s 的表达式为

$$\Delta_s = \frac{D_{0.9} - D_{0.1}}{D_{0.5}} \tag{4-11}$$

式(4-11)提供了液滴直径相对于质量中值直径 $D_{0.5}$ 的范围。

(5) 雾化粒径分布

喷嘴喷雾形成的雾场由大小不等的雾滴群颗粒组成，为了描述和评定雾滴群的雾化质量以及表示其雾化特性，需要一个液滴尺寸分布表达式来衡量颗粒直径大小或者不同直径颗粒的数量或质量。而现在普遍应用的液滴尺寸分布表达式大多是经验公式，至今还没有从理论上得到能够详细描述液体颗粒分布的表达式。

描述雾滴尺寸分布最为简单的是用直方图，横坐标为雾滴直径，纵坐标是在直径 $(d_i - \frac{\Delta d_i}{2}) < d_i < (d_i + \frac{\Delta d_i}{2})$ 范围内的雾滴相对数量，或相对质量(体积)。如果 Δd 取值很小，直方图则可变为反映雾滴尺寸分布特性的频谱分布曲线或累计分布曲线。频谱分布曲线是微分曲线，它是在单位尺寸(Δd)的范围内，表示雾滴的数量、相对质量、相对体积、相对面积变化的曲线；曲线具有一个最大值，曲线下面的面积为 1。显然，最大与最小雾滴直径越接近，颗粒越均匀。而累计分布则是频谱分布曲线的积分图，它是表示小于给定尺寸雾滴的相对数量、相对面积、相对质量、相对容积。以上各种图形表示法中纵坐标可以根据需要选定一种相对量，图 4-9 所示是上述几种表示法的典型曲线。

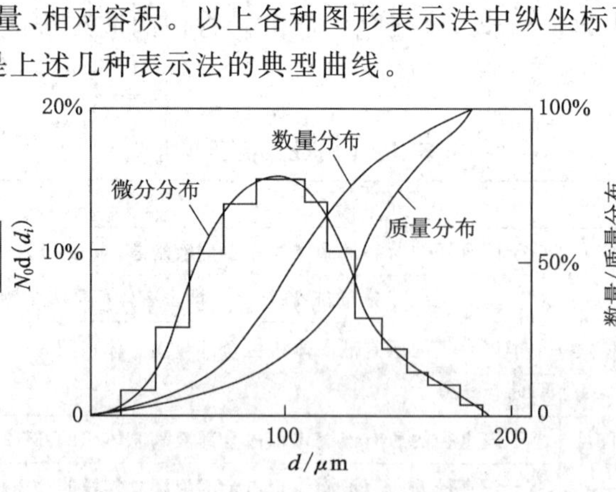

图 4-9　液滴尺寸分布曲线

4.2.1.3　水雾捕尘机理

喷雾降尘是惯性碰撞、拦截、静电、布朗扩散和重力等多种机理综合作用的结果，雾滴捕集粉尘的机理如图 4-10 所示。

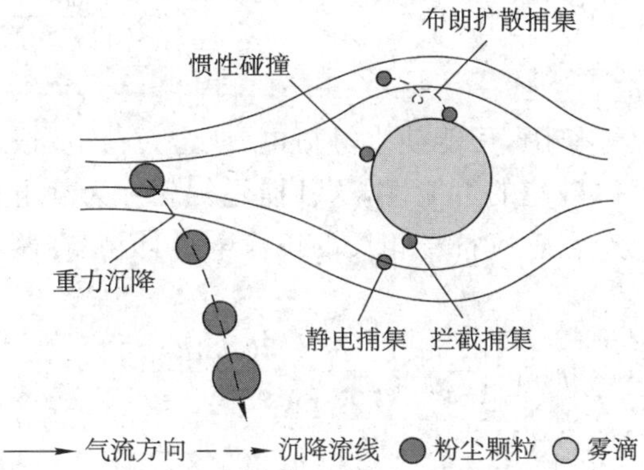

图 4-10　雾滴捕集粉尘的机理

(1) 惯性碰撞捕集

较大的尘粒在运动过程中遇到液滴时，其自身的惯性作用使得它们不能沿气体流线绕过液滴，仍保持其原来方向运动而碰撞到液滴，从而被液滴捕集，其捕集效率取决于气体速度、尘粒的运动轨迹和液滴对尘粒的附着能力。孤立液滴的捕集效率是斯托克斯数 K_p 和雷诺数 Re 的函数，对于势流和 $K_p > 0.2$ 的流动，Wong 和 Johnstone 提出捕集效率为

$$\eta_p = \left(\frac{K_p}{K_p + 0.7}\right)^2$$

$$K_p = \frac{Cd_p^2 \rho_p v_0}{9\mu D} \tag{4-12}$$

式中　η_p——孤立液滴惯性碰撞捕集效率；

K_p——无因次惯性参数，称斯托克斯数；

C——Cunningham 修正系数；

d_p——尘粒直径，m；

v_0——尘粒与液滴的相对速度，m/s；

D——液滴定性尺寸，m，对于球形液滴为其直径；

μ——气体动力黏度，Pa · s，标准状态下空气动力黏度为 1.8×10^{-5} Pa · s。

(2) 拦截捕集

当风流携带尘粒向水雾运动并在离雾粒不远时就要开始绕流运动。风流中质量较大、颗粒较粗的尘粒因惯性的作用会脱离流线而保持向雾滴方向运动。如不考虑尘粒的质量，则尘粒将和风流同步，因尘粒有体积，尘粒质心所在流线与水雾粒的距离小于尘粒半径($d_p/2$)时，尘粒便会与雾滴接触从而被拦截下来，附着于水雾上，这就是拦截捕集作用。分析拦截作用机理时，假定尘粒只有一定尺寸而无质量，表征拦截作用的是无量纲截留参数 K_R：

$$K_R = \frac{d_p}{D} \tag{4-13}$$

尘粒很小时，拦截捕集效率增高，势流中球形液滴捕集效率可用下式计算：

$$n_R = (1+K_R)^2 - \frac{1}{1+K_R} \tag{4-14}$$

对于黏性流有：

$$\eta_R = (1+K_R)^2 - \frac{3}{2}(1+K_R) + \frac{1}{2(1+K_R)} \tag{4-15}$$

(3) 静电捕集

由于外加电场或感应等作用，可能使水雾荷电，或尘粒荷电，或两者荷极性相反的电荷，这些都将增加尘粒与捕尘体碰撞的可能性，这种捕尘机理称为静电捕集。粉尘不荷电时，由于水雾带电使粉尘颗粒上产生感应符号相反的镜像电荷，因此在两者之间产生吸引力，捕集效率为

$$\eta_E = \left[\frac{15\pi}{8}\left(\frac{\varepsilon_p - 1}{\varepsilon_p + 2}\right)\frac{2Cd_p^2 dQ_w^2}{3\pi d_c v_0 \varepsilon_0}\right]^{0.4} \tag{4-16}$$

式中 ε_p——粉尘介电常数，C/(V·m)；

ε_0——空气介电常数，C/(V·m)；

d_c——粉尘的粒径范围，m；

Q_w——单位面积水雾粒上的电荷量，C/m^2；

C——Cunningham 修正系数。

(4) 布朗扩散捕集

微细尘粒随气流运动时，由于布朗扩散作用而沉积在液滴上。它随流速的降低、粉尘直径的减小而增强。对于小于 1 μm 的尘粒，这些颗粒在随气流运动时就不再沿气体流线绕流捕集，此时就需要考虑布朗扩散作用。由于布朗扩散作用所起的捕集时间非常短暂，所以布朗扩散作用捕尘发生在流线附近且紧贴于粉尘颗粒附近处，其捕集效率取决于捕集体的贝克来数 Pe 和雷诺数 Re。

贝克来数是捕集过程中扩散沉降相对重要性的量度，其定义为

$$Pe = \frac{v_0 d_e}{D} \tag{4-17}$$

Crawford 导出布朗扩散捕集效率计算公式为

$$\eta_D = 4.18 Re^{\frac{1}{6}} Pe^{\frac{2}{-3}} \tag{4-18}$$

(5) 重力捕集

含尘气流在运动时，粒径和密度大的尘粒可能因重力作用自然沉降下来被液滴捕集。重力作用取决于尘粒的大小、密度和气体流速。只有尘粒较大、密度大、空气流速小时重力作用才比较明显，其捕集效率通常用无因次沉降参数 K_G 表示：

$$\eta_G = K_G = \frac{Cd_p^2 g}{18\mu_g \mu_0} \tag{4-19}$$

式中 μ_g——气体流速，m/s；

μ_0——气体运动黏度，m^2/s。

(6) 涡流凝结

由于高压喷雾造成的涡旋气流，粉尘运动的波动速度和幅度增加，与液滴的碰撞次数也增加，形成涡流凝结，这种作用也大大提高了喷雾降尘的捕尘效率。

(7) 总捕集效率

在实际除尘过程中，经常是几种机理的联合作用，这时的捕集效率要高于某一种单独机理的捕集效率。然而，总捕集效率并不简单地等于各种机理捕集效率的叠加，因为一种粒径的尘粒可以因不同机理而被捕集，但只能计算一次。在前面所叙述的 6 种降尘机理中，由于重力捕集和涡流凝结所起的降尘作用较小，在进行单颗水雾粒对粉尘的捕集效率计算时，往往忽略不计。假如前面所述的各种机理是相互独立的，则各种机理的单颗水雾粒的总捕集效率 η_i 可以用下式计算：

$$\eta_i = 1 - (1 - \eta_P)(1 - \eta_R)(1 - \eta_D)(1 - \eta_E) \tag{4-20}$$

水雾是由大量不同直径的单颗水雾粒所组成的集合体，其降尘效率是单颗水雾粒捕集效率叠加的结果，表示如下：

$$\eta = \left[1 - \prod_{i=2}^{n}(1 - \eta_i)\right] \times 100\% \tag{4-21}$$

式中　η_i——单颗水雾粒捕尘效率，%；

n——水雾粒数量；

η——水雾捕尘效率，%。

从上述分析可以看出，水雾粒径是影响捕尘效率的重要因素。水雾粒径越小，捕尘效率越高。但是实际喷雾降尘时，当水雾粒径太小时，雾粒的蒸发与破裂过程进行过快，使小液滴数目增多，造成效率降低。例如，在相对湿度为 90% 的条件下，10 μm 的水滴的蒸发时间约为 4 s，50 μm 的水滴的蒸发时间为 20 s，水滴越小，蒸发时间就越短。因此，过小的水滴即便能捕捉到粉尘，在其沉降过程中也会由于水滴本身的蒸发而丧失降尘作用。考虑液滴的存活时间及降尘效率，建议喷雾降尘时，喷雾雾化粒径最好在 15～150 μm 之间。

4.2.2　掘进工作面湿式除尘

目前煤矿井下掘进工作面主要包括炮掘和综掘两大类，针对两类掘进工作面的不同粉尘来源，应分别采取针对性的除尘措施。

4.2.2.1　炮掘工作面湿式除尘

炮掘工作面湿式除尘技术主要包括湿式打眼除尘技术、爆破作业除尘技术、多工序多区域自动喷雾系统。

(1) 湿式打眼除尘技术

爆破钻孔作业施工时的粉尘污染主要是由于压气排渣和迎头处的风流将打钻过程中产生的岩尘颗粒吹起并扩散到巷道中而产生的。湿式打眼是一种比较简单有效的防尘措施。其工作原理是将具有一定压力的水送到炮眼眼底，将其打眼产生的粉尘用水湿润后控制在炮眼眼底，变成粉浆流出眼口，防止粉尘飞扬，达到防尘目的。炮掘工作面必须采用湿式打眼，按照向风钻给水的方式，分为中心式和旁侧式。

① 中心式湿式打眼

如图 4-11 所示，在风钻中心安一根水针，水针前端插入钎杆尾部中心孔内，后端与风钻机柄进水接头相连。打眼时，水由胶皮水管供给，沿水针进入钎杆，由钻头出水孔到达眼底。

② 旁侧式湿式打眼

如图 4-12 所示，将水由胶皮水管接入水套。水送入水套中胶皮圈外缘的两道水槽沟内，经过直径为 4 mm 的水孔进入胶圈内圆形盛水环，再由钎杆的钎尾侧面斜孔进入钎杆空心，经钻头达眼底。

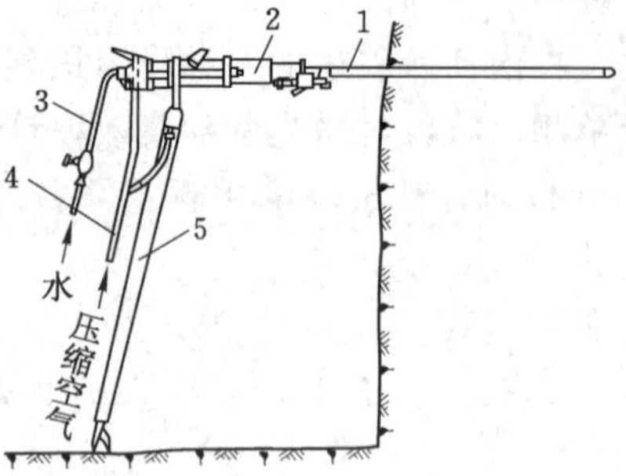

1—钎杆；2—风钻；3—胶皮水管；
4—胶皮风管；5—钻架。

图 4-11　中心式湿式打眼工艺

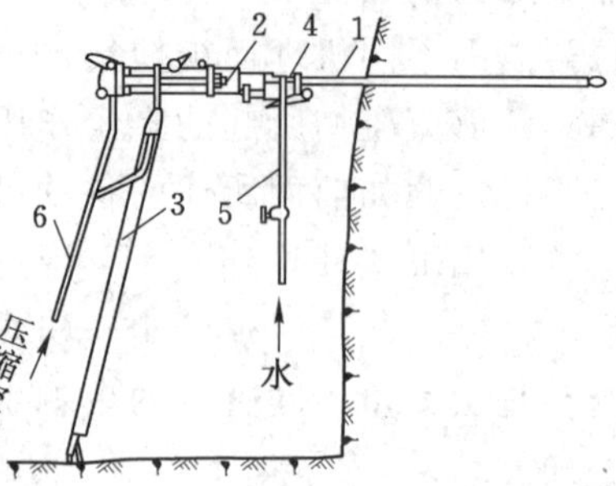

1—钎杆；2—风钻；3—钻架；
4—水套；5—胶皮水管；6—胶皮风管。

图 4-12　旁侧式湿式打眼工艺

为了提高湿式凿岩的捕尘效果，应注意以下几个问题：

a. 水量。要有足够的水量，使之充满孔底，同时，要使钻头出水尽量靠近钎刃部分。这样，粉末生成后就能立即被水包围并湿润，同时可以防止粉尘与空气接触，避免在其表面形成吸附气膜而影响湿润效果。钻孔中冲水程度越好，粉尘向外排出过程中与水接触的时间越长，湿润效果就越好。各种凿岩机在出厂时，都提出了供水要求，应按规定供水。

b. 气动凿岩机应避免压气或空气混入凿岩水中。压气或空气混入凿岩用水进入孔底，一方面可能在粉尘表面形成吸附气膜；另一方面，在水中形成气泡，微细粉尘附于气泡而逸出孔外，从而严重影响除尘效果。压气或空气混入的主要原因是：中心供水凿岩机水针磨损、过短、断裂或者各活动部件间隙增大。为此必须提高水针质量，加强设备的维修，以减少和消除这种现象的发生。再者，凿岩时，一定要先给水，后供风，避免干打眼，并且给水开关不要开得过小。

c. 水压。水压直接影响供水量的大小。从防尘效果看，水压越高越好，尤其是上向凿岩，水压高能保证对孔底的冲洗作用。但是，由于水压过高时，会产生钎尾返水，返水冲洗机腔内的润滑油，阻止活塞运动，降低凿岩效果，因此对中心供水凿岩机要求水压比风压低 50～100 kPa。水压过低，供水量又会不足，易使压气进入水中，影响除尘效果。一般要求水压不低于 300 kPa。

d. 使用降水剂。为提高对疏水性粉尘和微细粉尘的湿润效果，可在水中加入降尘剂。试验表明，凿岩用水中加入润滑剂比用清水可降低粉尘浓度 50%左右。

e. 防止泥浆飞溅和二次雾化。从钻孔中流出的泥浆可能被压气雾化而形成二次矿尘，这在凿岩产尘中占有很大比例，特别是上向凿岩，要采取泥浆防护罩，控制凿岩机排气方向等防治措施。

f. 尽量减少微细粉尘产生量。保持钎头尖锐、足够风压(大于 500 kPa)、水量充足等都可能减少微细粉尘量的产生。

目前多采用改进钻眼技术来降低粉尘浓度：

a. 在岩石打眼时，采用高风压和小直径钻头。风压高一次钻进深度就大，对打一定深度的孔来说，钎头冲击和回转次数减少，因而钻凿单位长度炮眼的时间短，产生粉尘量就少，小直径钻头与钻眼壁接触凿磨的面积也小，因此，钻凿单位长度炮眼产生的粉尘量相对减少。

b. 改变钻头结构，用 V 形钎头或塔形钎头可降低微细粉尘的产尘量。

c. 先开水后开风，先停风后停水。

d. 采用新型侧式供水器。该注水器采用了压缩式、微型化设计，且采用滚动轴承进行减摩，从而使性能更加优良。解决了侧式供水器磨损严重，容易老化和漏水等问题，同时将侧式供水器与钻机结合部改为紧密结合，使钻机的扭力完全传递到钻杆上，供水器性能及寿命大幅度提高。新型湿式钻孔侧式供水器如图 4-13 所示。

图 4-13　新型湿式钻孔侧式供水器

(2) 爆破作业除尘技术

在工作面爆破后，粉尘迅速充满整个抛掷带，抛掷带与巷道其他区间产生浓度差，在浓度梯度下，粉尘做自由扩散运动，短时间产生大量的粉尘并伴有炮烟，瞬时矿尘浓度非常高。炮掘工作面爆破后瞬时矿尘浓度可达 500～2 000 mg/m^3，分散度较高，且爆破产生的粉尘会随爆破气浪的膨胀运动迅速向外扩散弥漫，污染影响范围可达几百米，而且大量微细粉尘能够长期悬浮于巷道空气中，直接危害工人的健康。

① 爆破前的防尘技术

在工作面装药完成后，爆破前应对距工作面 30 m 范围内巷道周边用水冲刷，以免爆破时将已沉降的粉尘再次扬起。

② 爆破自动喷雾降尘系统

针对目前炮掘工作面爆破时降尘措施效果欠佳、自动化程度低等问题，采用电池组一体化爆破自动喷雾装置，用于实现掘进爆破生产时的自动喷雾降尘功能。电池组一体化爆破自动喷雾装置由电池组一体化主机、远程水幕、电动球阀构成。电池组一体化爆破自动喷雾装置示意图如图 4-14 所示。其原理为，工作面爆破时，主控箱内的声波振动传感器接收到信号，主机处理信号令电动球阀打开，形成水幕，实现防尘灭尘。

(3) 炮掘工作面多工序多区域自动喷雾系统

此系统主要包括转载点自动喷雾装置、耙装机联动自动喷雾装置和自动喷雾网式捕尘装置等三部分。

① 转载点自动喷雾装置

输送带运输物料转载时会产生大量粉尘，粉尘的存在不但危及煤矿安全生产，还会影响作业人员的身体健康。输送机转载点自动喷雾降尘装置能有效地针对带式输送机转载点的粉尘，实现防尘灭尘作用。

转载点自动喷雾装置由主机、电动球阀、运输机工作状态红外探测传感器组成，如图 4-15所示。其原理为，运输机运输物料时，传感器接收到物料运动信号，主机处理信号令电动球阀打开，形成水幕，实现防尘灭尘。

② 耙装机联动自动喷雾装置

耙装机在进行巷道矸石装运时会产生大量粉尘，影响作业人员的身体健康。耙装机联通闭锁自动喷雾降尘装置能够有效地降低耙装机装载过程中的粉尘浓度。该装置由电源闭

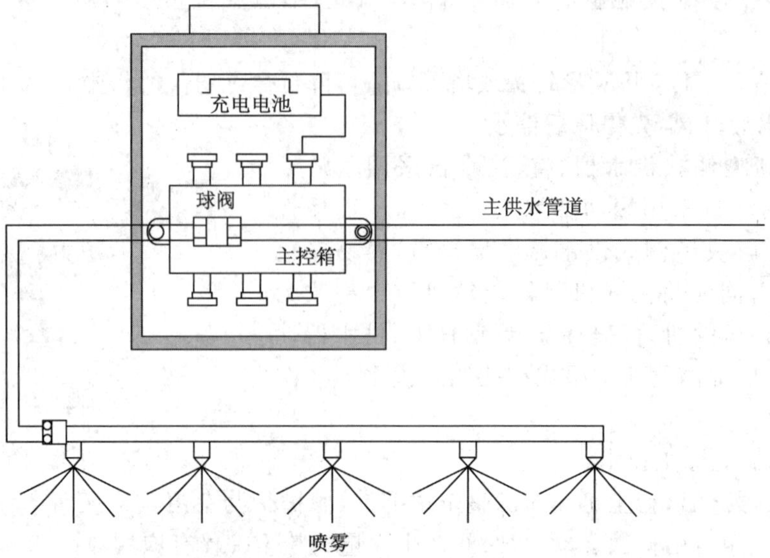

图 4-14　电池组一体化爆破自动喷雾装置示意图

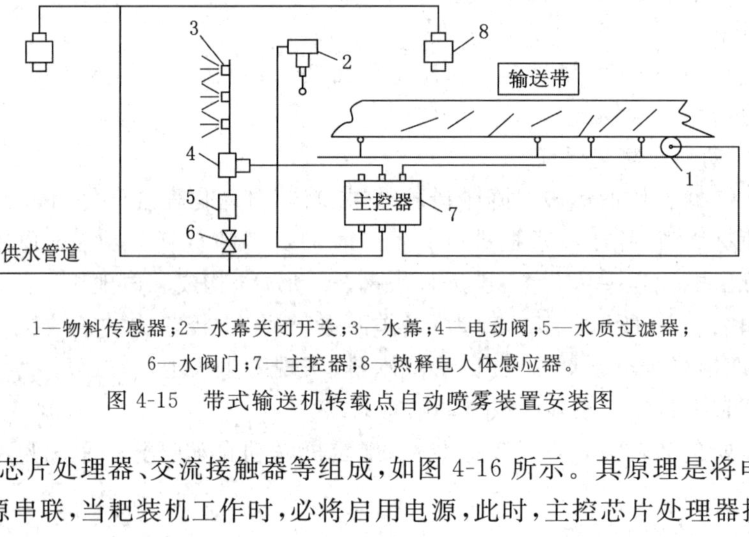

1—物料传感器；2—水幕关闭开关；3—水幕；4—电动阀；5—水质过滤器；
6—水阀门；7—主控器；8—热释电人体感应器。

图 4-15　带式输送机转载点自动喷雾装置安装图

锁传感器、主控芯片处理器、交流接触器等组成，如图 4-16 所示。其原理是将电源闭锁传感器与耙装机电源串联，当耙装机工作时，必将启用电源，此时，主控芯片处理器接到电源信号并处理信号令交流接触器打开，形成水幕，实现防尘灭尘。耙装机停止工作，电源闭锁传感器断开，信号消失，交流接触器自动关闭，喷雾停止。

③ 自动喷雾网式捕尘装置

自动喷雾网式捕尘装置能够有效地改善煤矿作业环境，防止粉尘危害，保障作业人员身体健康。该装置可用于岩巷炮掘回风巷道中，用以实现对回风流的净化除尘作用。该装置由主机、电动球阀、状态传感器等组成，装置如图 4-17、图 4-18 所示。装置主机通过传感器反馈信号，控制电动球阀，利用供水管路的压力将降尘用水完全雾化，水雾覆盖面大，配合全断面网式捕尘装置可覆盖整个巷道，形成水膜，捕集空气中游离的粉尘，起到显著的降尘效果。主机内部设有两套定时控制器：一套为人体感应停喷定时器，实现人来时停止喷雾、人

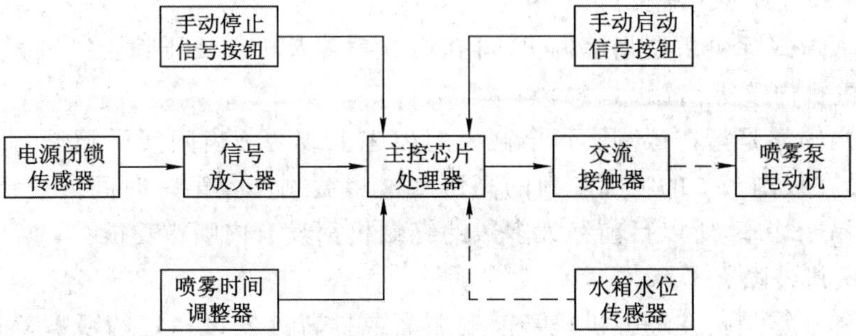

图 4-16　耙装机联动自动喷雾装置安装图

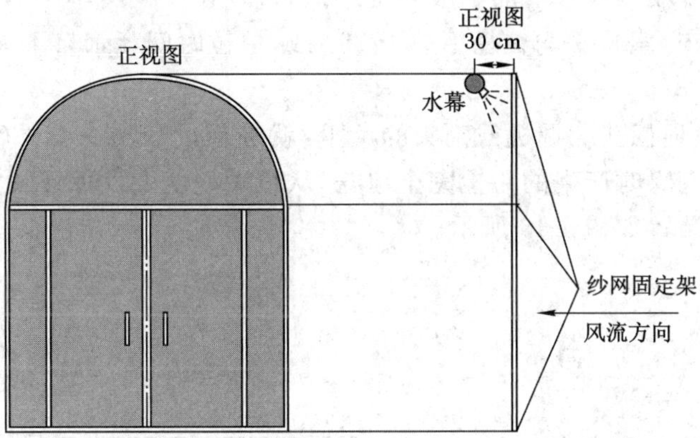

图 4-17　自动喷雾网式捕尘装置示意图

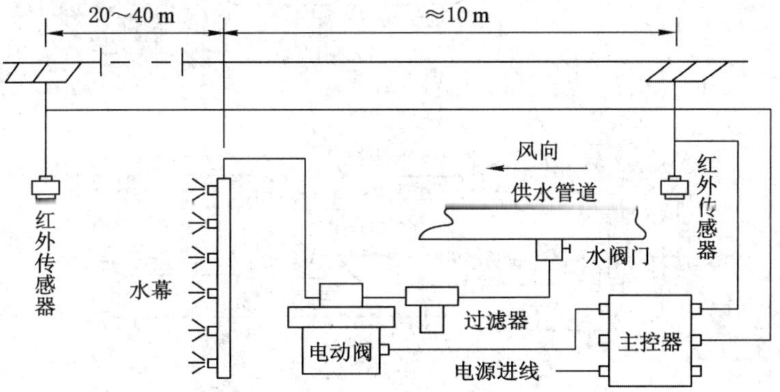

图 4-18　自动喷雾网式捕尘装置安装图

去时恢复喷雾的功能；另一套为微机时间控制器，实现分时段、按周期自动喷雾的功能。其原理：① 当有人通过时，传感器接收信号，主机处理信号，令电动球阀关闭，喷雾停止，人离去时喷雾恢复。② 根据巷道内粉尘的含量由用户确定喷雾时间的长短和喷雾周期，实现分时段按周期喷雾降尘。

4.2.2.2　综掘工作面湿式除尘

综掘工作面湿式除尘主要指综掘机机内、机外喷雾及机载液压除尘风机。

(1) 综掘机机内喷雾

综掘机机内喷雾是指在截割头每个截齿的齿座上或两截齿间安设喷嘴，在截割头切割煤体时，由安设在截割头上的喷嘴喷射的高压水雾将截割产尘第一时间内进行消除。但由于内喷雾喷嘴易于堵塞，所以目前绝大多数的综掘机都没有内喷雾功能。

(2) 综掘机机外喷雾

综掘机机外喷雾是指在综掘机机身前端侧面或摇臂处安设一定的喷嘴，而且喷嘴喷射的雾流能覆盖截割头，这样可在防止截割产尘向外扩散的同时将粉尘捕集。

① 喷嘴

作为综掘机机外喷雾用喷嘴的一般要求：可通过颗粒粒径不小于 2 mm，水压为 3 MPa 时，雾化角不小于 85°，索特平均粒径不大于 75 μm，单位时间耗水量不大于 8 L/min。

② 喷嘴布置方式

要想及时、有效地捕获综掘机截割头的产尘，就必须设计出一套外喷雾降尘装置，使喷嘴所成雾流能将截割煤时产生的粉尘完全覆盖，从最大程度上发挥外喷雾降尘系统的作用。综掘机外喷雾降尘装置如图 4-19 所示。

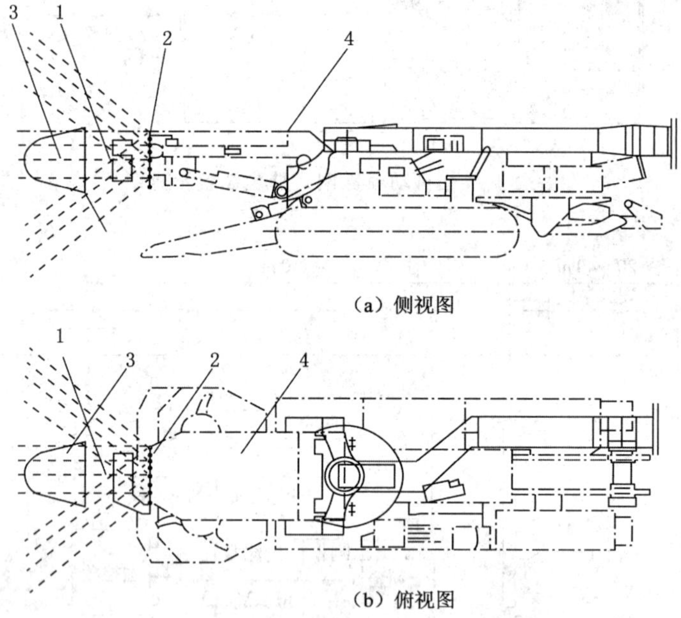

1—悬臂；2—喷嘴水环；3—截割头；4—旋转台。

图 4-19　综掘机外喷雾降尘装置示意图

沿综掘机前部的悬臂周围均匀布置 10 个喷嘴，两喷嘴与水环中心连线的夹角为 30°，保证在截割头割煤时喷嘴形成的喷雾场能有效包围截割头产尘源，做到第一时间降尘，提高降尘效率。

为了提高雾化效果，增加单位体积的雾滴密度，可采用机载喷雾加压装置。BP25/8J 型综掘机机载喷雾泵额定输出压力为 8 MPa，额定输出流量为 50 L/min。BP25/8J 型机载喷雾泵示意图如图 4-20 所示。

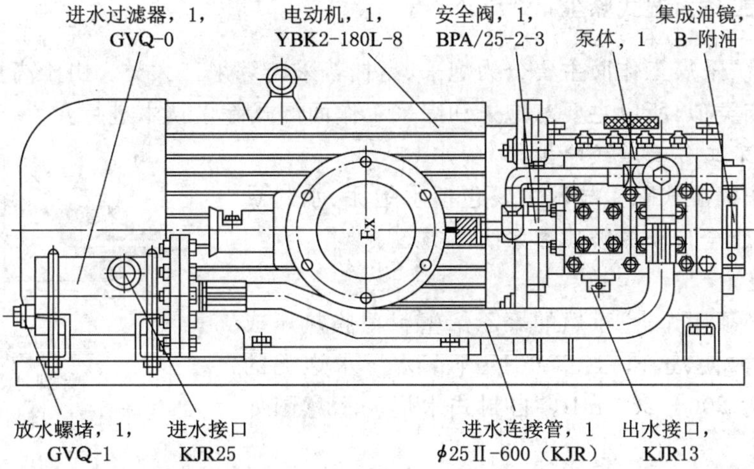

图 4-20　BP25/8J 型机载喷雾泵示意图

(3) 机载液压除尘风机

机载液压除尘风机是一种由掘进机液压系统高压油直接驱动、直流湿式旋风除尘器组成的掘进机机载含尘风流净化装置。该除尘器主要由进风集流器、喷雾器、液压风机、除尘脱水装置及出风导向筒等组成。液压湿式旋风除尘器的轮采用抗静电、阻燃、高强度塑料风机叶轮，风机由液压马达驱动，运行过程中不会产生摩擦火花，且使用寿命长，通过调节供给液压马达的油量，可实现对风机的无级调速，获得不同的处理风量，以适应不同的作业需求。液压湿式旋风除尘器除了具有控制掘进机作业所产生的粉尘并实现就地净化的功能外，它对风流的强力抽吸作用还能增强掘进机切割头附近风流的流动速度，防止瓦斯在切割头附近积聚，提高掘进机作业安全性。综掘机机载液压除尘风机原理示意图如图 4-21 所示。液压湿式旋风除尘器用掘进机液压系统的高压油作动力，具有体积小、净化粉尘效率高、功耗低、耗水量少、基本无须维护等特点，是专为掘进机除尘配套所研制的。该液压湿式旋风除

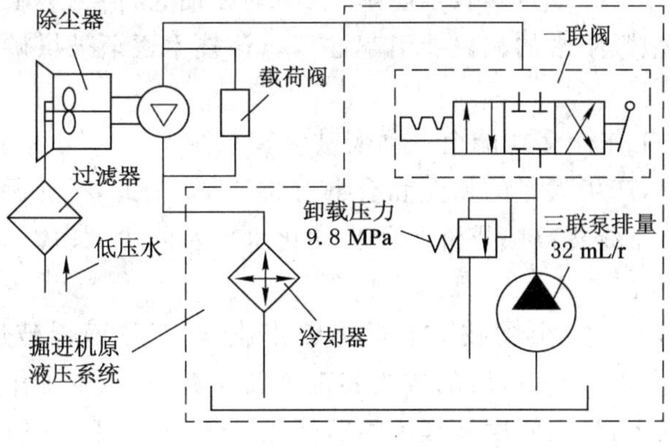

图 4-21　综掘机机载液压除尘风机原理示意图

尘器安装在掘进机上，其吸风口直接抽吸掘进机割煤所产生的含尘风流，从而可以很方便地随掘进机一起移动，并由掘进机司机直接操作控制。

4.2.3 采煤工作面湿式除尘

目前，煤矿采煤工作面主要分为炮采、高档普采与综采三大类。由于高档普采与综采工作面产尘特点类似，所以主要对炮采和综采工作面湿式除尘技术进行介绍。

4.2.3.1 炮采工作面湿式除尘

炮采工作面湿式除尘技术主要包括水炮泥、水封爆破落煤、多功能全自动爆破喷雾系统三类。

(1) 水炮泥

水炮泥必须用无毒、不燃的聚乙烯塑料薄膜热压成型，必须注水方便、迅速，封口严密、不漏水。水炮泥的充水容量应为 200～250 mL。自封式水炮泥示意图如图 4-22 所示。

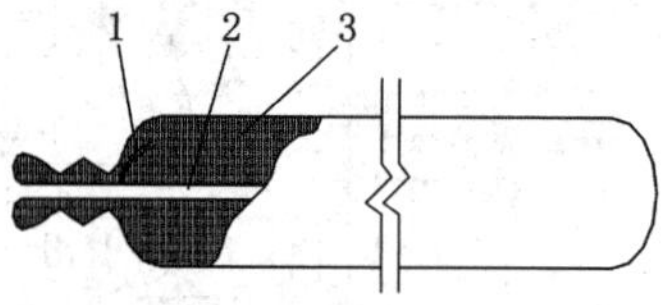

1—逆止阀注水后位置；
2—逆止阀注水前位置；3—水。

图 4-22 自封式水炮泥

使用水炮泥前，应向袋内盛满高出作业地点气压 2～50 kPa 的压力水。在炮眼中的装填位置如图 4-23 所示。充填长度一般为装药长度的一半，眼外部用黏土炮泥填塞捣实，使水炮泥处于 100 kPa 正压状态。

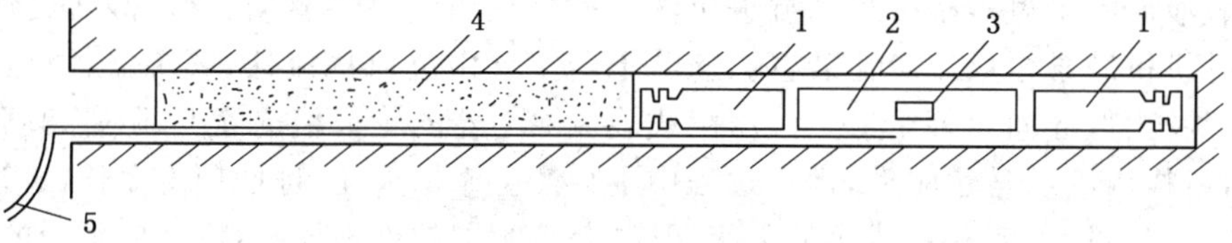

1—水炮泥；2—炸药；3—雷管；4—黏土炮泥；5—引爆导线。

图 4-23 水炮泥装填示意图

(2) 水封爆破

水封爆破落煤是指在炮眼底部装入炸药后，用木塞、黄泥（或用封孔器）封严孔口，然后向孔内注水，再进行爆破。水封爆破虽能降尘、消烟和消火，但当炮眼的水流失过多时，也会造成放空炮，所以对炮眼中水的流失要引起注意。该技术逐渐被煤矿所淘汰，在此不做详细介绍。

(3) 薄煤层炮采工作面多功能全自动爆破喷雾系统

爆破采煤过程中，产生大量的粉尘和有毒有害气体，为此，可采用薄煤层炮采工作面多功能全自动爆破喷雾系统提高喷雾降尘的自动化水平及降尘效率。

① 系统概述

利用采煤工作面只有一个爆破工进行爆破作业，全工作面爆破过程中各分段（人为控制）存在时间差的特点，采用分区段的方式实现爆破喷雾，在减少工作面喷雾用水、不恶化工作面作业环境的情况下，最大限度地提高喷雾降尘效果，减少粉尘飞扬。满足上述条件的薄煤层炮采工作面多功能全自动爆破喷雾系统为一组合装置，包括可控供水管路加压装置、公共供水管路、截止阀门、主机、出水管路（按次序连接到采煤工作面高压远程喷头）、冲击波传感器等。薄煤层炮采工作面爆破声控自动喷雾系统使用 PLC 进行顺序控制，采用 PLC＋LCD 集中监控，顺控逻辑设计符合工艺系统的控制要求；并且还实现了各设备间的逻辑联锁顺序控制、工艺需要的遥控控制和手动控制、设备运行工况参数的在线实时采集与显示以及工作面爆破前后自动洒水冲刷煤壁和爆破自动喷雾功能。

② 系统组成

薄煤层炮采工作面多功能全自动爆破喷雾系统主机结构示意图如图 4-24 所示。主机装置前、后视图分别如图 4-25、图 4-26 所示。

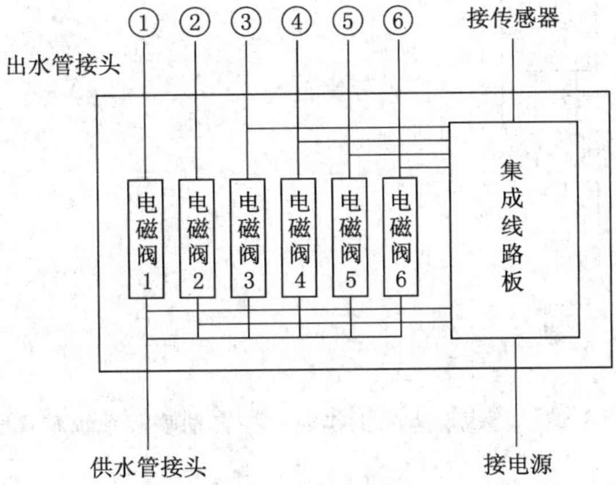

图 4-24　薄煤层炮采工作面多功能全自动爆破喷雾系统主机结构示意图

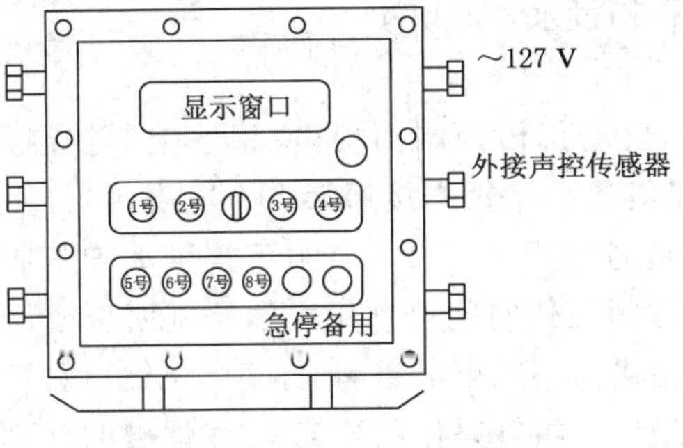

图 4-25　主机装置前视图

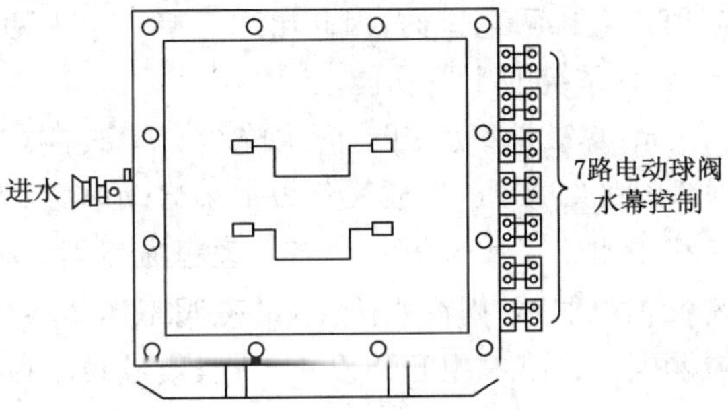

图 4-26　主机装置后视图

以长约 120 m 炮采工作面为例，高压远程喷雾喷嘴射程为 20 m，且通过提高供水压力射程还有可能增加，则整个工作面需安设 6 个高压远程喷雾喷嘴，以保证能够覆盖整个工作面，每个高压远程喷嘴控制喷雾距离为 20 m，控制爆破次数为 5 次。

薄煤层炮采对拉工作面声控自动喷雾系统通过对过程量及现场的各种数据进行实时连续测量采集，经 PLC＋LCD 综合处理后，一方面将数据传送给所控设备，实现设备的自动启停、闭锁和故障报警；另一方面将数据输送至液晶显示屏，对喷雾系统设备的运行工况及汉字提示、声光报警等进行形象化实时对位显示。薄煤层炮采工作面声控自动喷雾系统布置图，如图 4-27 所示。

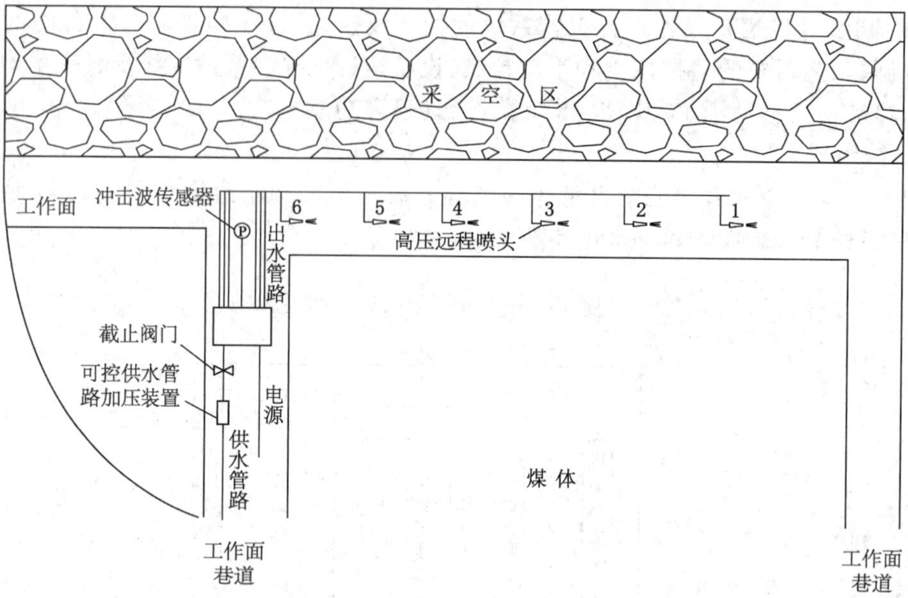

图 4-27 薄煤层炮采工作面声控自动喷雾系统布置图

由于采煤工作面面长并不统一，工作面设置个数各有不同以及煤层注水、湿式打眼等其他防尘措施的实施，薄煤层炮采对拉工作面多功能全自动喷雾可适当增加 2 路出水管，以提高装置的适用性。为了减少利用空间，出水管路设计成一管多芯高压管路。而该系统主要应用于对拉两工作面，因此出水管接头实现两工作面供水自动切换。

③ 系统的主要功能

a. 爆破前(后)自动洒水降尘。爆破前(后)，启动机体控制面板(或用遥控器控制)上“自动洒水”按钮，集成线路板依次启动电磁阀，即集成线路板先接通第一个电磁阀，打开第一组出水管路实现第一个高压远程喷嘴供水，喷嘴对射程范围 20 m(由可控供水管路加压装置调整射程)内洒水降尘，电磁阀工作 20 s(电磁阀工作时间可利用机体控制面板或遥控器调整)后，第一组管路停止工作；集成线路板自动接通第二个电磁阀，打开第二组出水管路实现第二个高压远程喷嘴供水。依此类推，直至最后一组管路作用结束，完成爆破前(后)自动洒水降尘工作。

b. 爆破自动喷雾降尘。爆破时，首先通过控制面板调节每个高压远程喷嘴所控制的爆破喷雾次数(如每个高压远程喷雾喷嘴控制距离为 20 m，每次爆破距离约 4 m，则控制爆破次数为 5 次，定义 5 次爆破为一组，可利用机体控制面板或遥控器调整)，然后启动机体控制面板(或用遥控器控制)上“爆破喷雾”按钮，工作面爆破喷雾开始。第一次爆破，爆破冲击波作用于相应传感器，传感器接收到信号并反馈到集成线路板，集成线路板接收信号后接通第一个电磁阀，打开第一组出水管路实现第一个高压远程喷嘴供水，喷嘴对射程范围 20 m(由可控供水管路加压装置调整射程)内喷雾降尘，电磁阀工作 20 s(电磁阀工作时间可调)后停止工作；第二次爆破，爆破冲击波作用于冲击波传感器，传感器接收到信号并反馈到集成线路板，集成线路板接收信号后仍接通第一个电磁阀，打开第一组出水管路实现第一个高压远程喷嘴供水，喷嘴对射程范围 20 m（由可控供水管路加压装置调整射程）内喷雾降尘，电磁阀工作 20 s（电磁阀工作时间可调）后停止工作。依此类推，直至完成第一组的 5 次爆破自动喷雾。第六次爆破，爆破冲击波作用于冲击波传感器，传感器接收到信号并反馈到集成线路板，集成线路板接收信号后接通第二个电磁阀，打开第二组出水管路实现第二个高压远程喷嘴供水，喷嘴对射程范围 20 m 内喷雾降尘。依此类推，直至完成第二组的 5 次爆破自动喷雾。整个工作面爆破结束，自动关闭声控自动喷雾系统，完成整个工作面爆破自动喷雾工作。

4.2.3.2　综采工作面湿式除尘

(1) 采煤机内喷雾

采煤机采用内喷雾的优点是雾化水直射截齿切割点，能把煤尘尽量消灭在产生和初起阶段，内喷雾降尘率约比外喷雾高 30%。另外，内喷雾还可降低截齿温度，预防摩擦火花，延长截齿的使用寿命。

① 内喷雾喷嘴位置

采煤机内喷雾喷嘴的合理位置主要以取得较高的雾化质量和较大的扩散面为前提，同时还应具有防砸和自动清理外堵的能力。喷雾射流的目标：截齿破煤范围，割落并移动的煤，已悬浮起来的粉尘。

为实现上述目标，内喷雾的喷嘴在采煤机滚筒上的布置方式，如图 4-28 所示。图中 6 种安装位置，虽然都能获得较好的扩散和雾化效果，但因第六种布置方式喷嘴突出于叶片，易于损坏。第二、三种布置方式喷嘴安装于叶片侧面的导管上和叶片间的轮毂上，虽碰损可能性小，但易堵塞。从井下实际使用效果看，以第五种布置方式（喷嘴安装在截齿上）效果最好。试验表明，当喷嘴直接安装在截齿上时可捕集各种粒度粉尘的 90%，使呼吸性粉尘降低 88%，当喷嘴离开截齿 5 cm 时，捕集全尘和呼吸性粉尘的效果下降到 85% 和 31%。

图 4-28(a)所示为喷嘴装在螺旋叶片上，1 齿 1 嘴或 2～3 齿 1 嘴，对着齿尖喷射；或一个喷嘴对着齿尖喷射，另一个喷嘴对着齿背喷射；或径向喷射。

图 4-28(b)所示为喷嘴装在叶片侧面的导管上，在两齿中间径向喷射，或略偏一个角度。

图 4-28(c)所示为喷嘴装在滚筒两排叶片间的轮毂上喷射。

图 4-28(d)所示为喷嘴装在齿座上，对着齿尖喷射。

图 4-28(e)所示为在截齿上钻孔，向齿尖前后喷射，或将喷嘴安设在齿座端面上。

图 4-28(f)所示为喷嘴安装在螺旋叶片的背面。

② 射流形状

内喷雾喷嘴滚筒采煤机上安装的标准喷嘴按其喷出射流形状分为锥形、伞形、扇形和束形喷嘴。锥形和伞形喷嘴的射流水雾呈锥面空心体，扇形和束形喷嘴射流分别呈平面扇形或束状体。目前我国煤矿采煤机内喷雾所成雾流以伞形或束形为主。

(2) 采煤机外喷雾

① 外喷雾喷嘴的布置方式及喷雾方向

a. 喷嘴安装在截割部固定箱上，位于煤壁一侧、靠采空区一侧的端面上部及箱体顶部。

b. 喷嘴安装在摇臂上，位于摇臂的顶面上，靠煤壁的侧面上部及靠采空区一侧的端面上部。

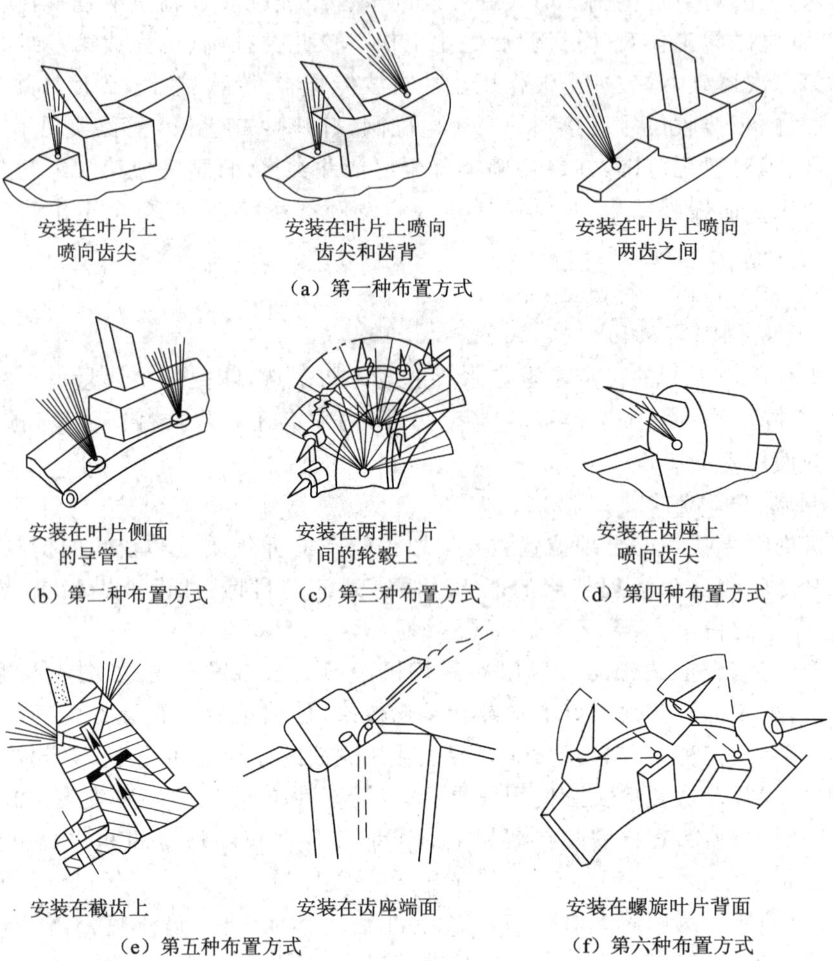

图 4-28 内喷雾喷嘴在采煤机滚筒上的布置方式

c. 喷嘴安装在挡煤板上。采煤机外喷雾喷射方向要对准截割区及扬尘点，如图 4-29 所示。如有条件，还应兼顾有利于将煤尘移向煤壁。

② 采煤机外喷雾系统技术参数

a. 喷雾压力：外喷雾压力不得小于 8 MPa。

b. 喷雾流量：每只滚筒外喷雾耗水量取 35～50 L/min 较为合适。

c. 喷嘴材质：可采用陶瓷或金属喷嘴。

d. 喷嘴直径：2.0 mm 左右。

e. 喷嘴类型：采用扇形、伞形、锥形高压喷嘴。

f. 单个喷嘴喷雾流量：12.0 L/min 左右。

g. 喷头数量：应不少于 6 个。

h. 喷嘴间距：300 mm 左右。

f. 雾流扩散角：不小于 100°。

(3) 喷雾加压泵及清水箱

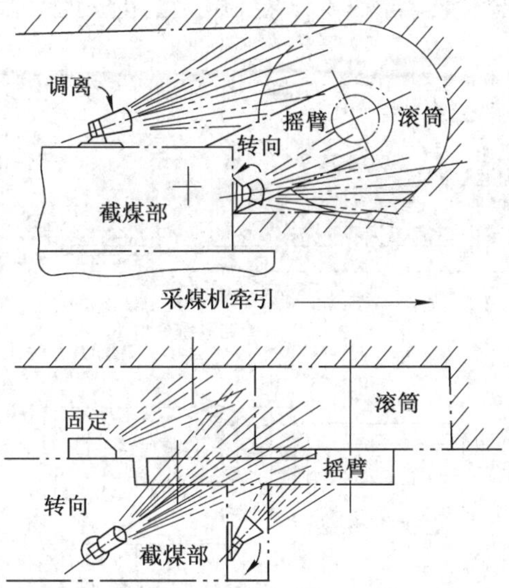

图 4-29　采煤机外喷雾喷射方向布置图

为保证采煤机内、外喷雾和工作面支架喷雾获得足够高的水压从而达到最佳的雾化降尘效果，就必须在工作面轨道巷的电站机组中设置喷雾加压泵和清水箱。

喷雾加压泵基本要求：公称压力不小于 16 MPa；公称流量不小于 315 L/min；蓄能器充气压力不小于 11.5 MPa。

清水箱基本要求：公称压力不小于 16 MPa；公称流量不小于 360 L/min；公称容积不小于 3 000 L；过滤精度为 105 μm。

工作面的高压胶管应有安全防护措施。高压胶管的耐压强度应大于喷雾泵站额定压力的 1.5 倍。泵站应设置两台喷雾泵，一台使用，一台备用。

(4) 采煤机负压二次降尘器

① 结构技术特征

采煤机负压二次降尘器主要由高压水泵、供水自动控制水箱、负压二次除尘装置及高压管路等组成。高压水泵额定压力为 10 MPa，额定流量为 4.5 m^3/h；供水自动控制水箱有效容积为 200 L；负压二次除尘装置气雾流粉尘拦截屏障张开角度为 55°～82°，可处理含尘风量 80～100 m^3/min；并配有可换耐磨型喷嘴，其条件雾化角为 60°。

② 工作原理

采煤机负压二次降尘器系统，利用设置在工作面巷道电站后部的由高压水泵、供水自动控制水箱组成的高压泵站，将静压水(低压)转化为高压水并通过沿巷道至工作面敷设的高压管路输送到布置在采煤机两端头上的负压二次除尘装置；负压二次除尘装置将供给的高压水转化成控制采煤机滚筒割煤产尘源向外扩散的气雾流屏障和局部含尘风流净化除尘系统。高压气雾流屏障阻止和减少粉尘向外扩散并且进行净化；而局部含尘风流净化除尘系统是指采煤机两端头的除尘装置喷出高压水的同时产生负压将煤尘吸到装置附近就地净化，从而实现了对采煤机滚筒割煤产尘的负压二次降尘的目的。

③ 设备安装与使用

a. 供水系统。由高压水泵、自动供水控制水箱组成的采煤机负压二次降尘器，如图4-30所示。

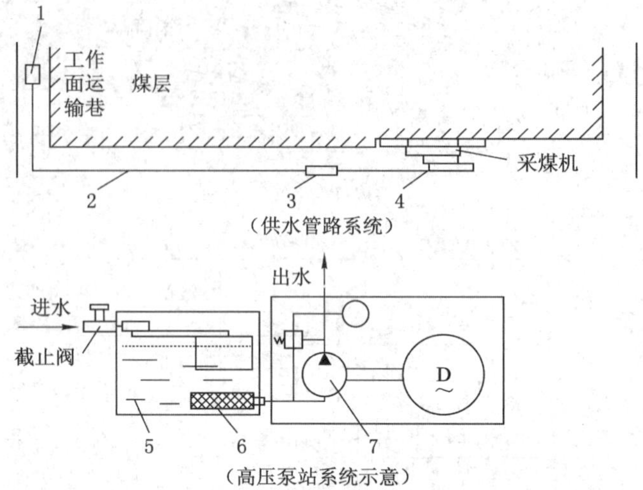

1—高压泵站；2、4—高压供水管；3—变节头；5—自动供水控制水箱；6—水箱内置过滤器；7—高压水泵。

图 4-30　采煤机负压二次降尘器高压供水系统

b. 负压二次除尘装置与采煤机的连接。负压二次除尘装置直接安装在采煤机的两端头，用 M24 螺栓固定在采煤机两端头的连接板上，如图 4-31 所示。

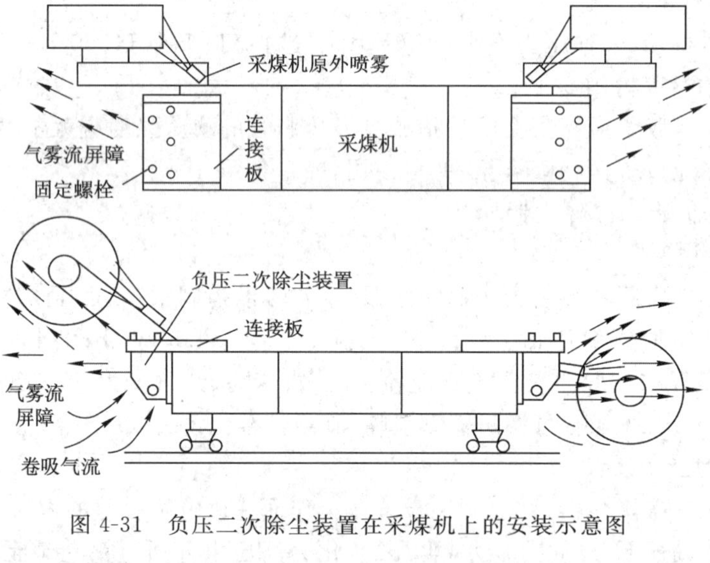

图 4-31　负压二次除尘装置在采煤机上的安装示意图

(5) 采煤机随机自动联锁喷雾

综采(放)工作面整个喷雾系统采用无线射频网络控制和液动控制技术，实现随机自动喷雾、移驾自动喷雾、放煤自动喷雾和前后部刮板输送机、带式输送机、转载机、破碎机等输煤设备有煤运行时的自动喷雾，从而实现综采(放)工作面全过程、全断面的喷雾除尘。

采煤随机自动联锁喷雾系统应由无线射频网络、电动阀、液动喷雾阀、高效荷电组合喷头等设备(施)组成。整套系统示意图如图 4-32 所示。

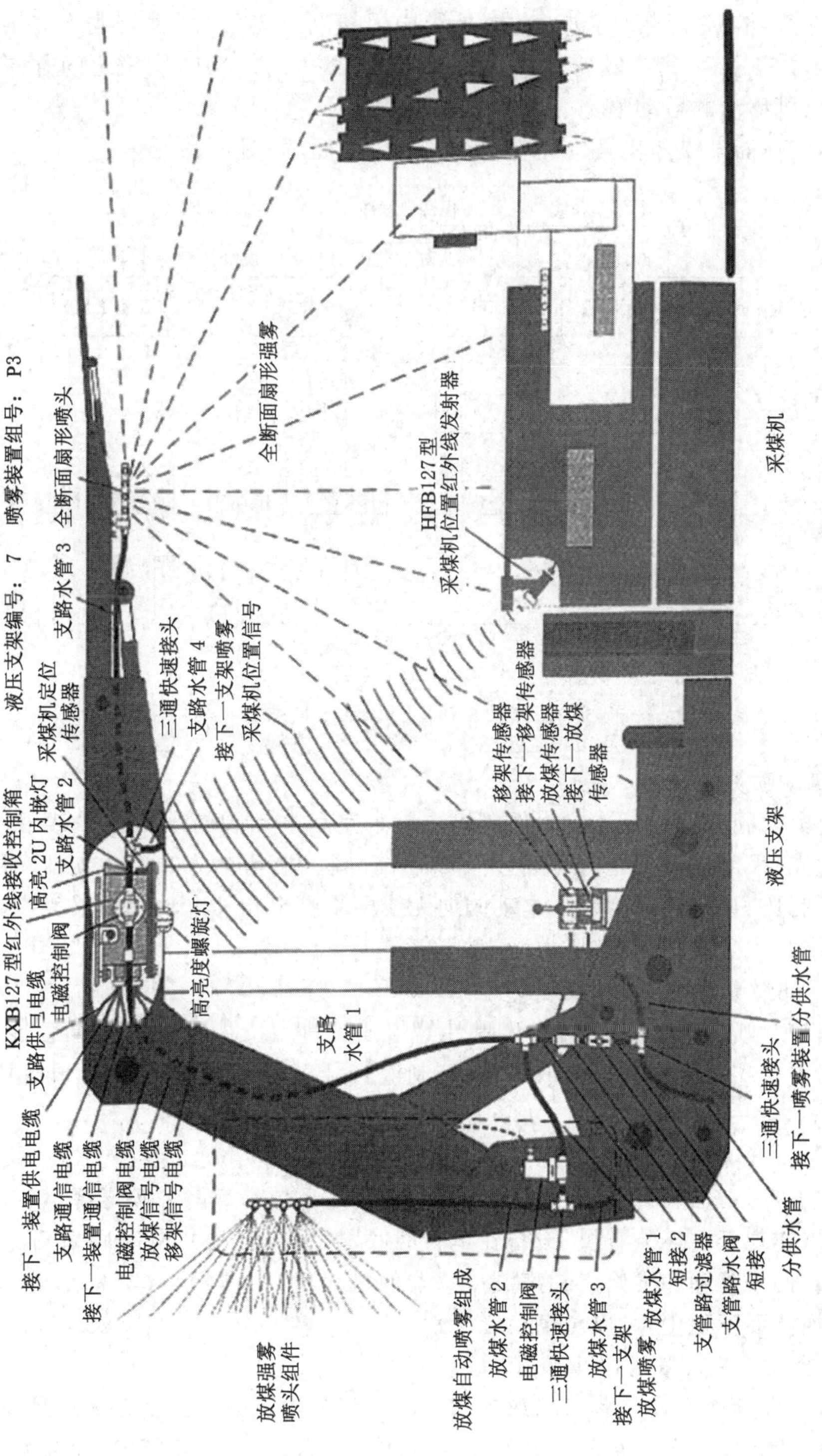

图 4-32　采煤机随机自动联锁喷雾系统

① 随机自动喷雾系统

本系统由无线射频网络、电动阀、喷头组、连接附件等组成。根据综采(放)工作面的实际情况,确定每组支架安装电动阀的数量。在采煤机往返割煤时,安装在采煤机采空区侧机身上的位置传感器依据采煤机行进的位置持续向无线网发出信号,对应液压支架的喷雾信号接收装置接收信号后,发出喷雾动作和停止指令,相关的电动阀按设定的方向打开和关闭,实现随采煤机移动的自动喷雾。

综采(放)工作面采煤随机自动喷雾系统布局示意图,如图 4-33 所示。

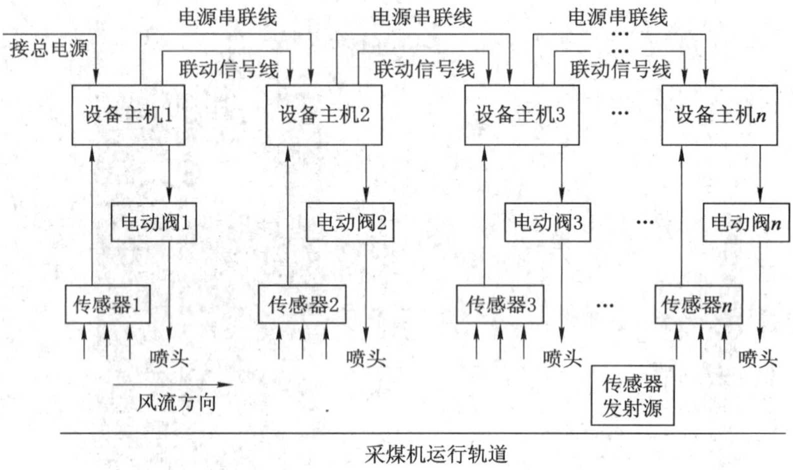

图 4-33 综采(放)工作面采煤随机自动喷雾系统布局示意图

② 移架自动喷雾系统

本系统由电动阀、喷头组、连接附件等组成。水路和电动阀与煤机喷雾共用,发生冲突时移架指令优先;采用本架操作、回风侧下邻架、下下邻架喷雾的方式。当支柱降柱时,电动阀检测立柱下腔压力传感器的状态,电动阀向无线网络发出相关电动阀的移架喷雾指令,喷雾开始;移架结束,支架达到设定压力后,喷雾停止。

③ 放煤自动喷雾系统

本系统由液动喷雾阀、喷头组、连接附件等组成。每组支架安装一组高性能液动喷雾阀,本架放煤、下邻支架喷雾。操作放煤阀,控制液打开下邻架液动喷雾阀,开始喷雾,放煤结束时停止。

④ 转载点、破碎机自动喷雾系统

利用超声波煤量传感器控制电动阀,使其只在运输环节有煤时才喷雾降尘(系统预留开停传感器接口,实现运输环节有煤、设备在运行时喷雾,完全自动);电动阀采用与支架喷雾相同的电动阀,便于管理和维修。超声波传感器的最大优点:体积小,安装方便,不受煤尘、水雾的影响,换能面不积尘,可以长期稳定工作。

(6) 液压支架全断面喷雾降尘装置

对于综放工作面而言,割(落)煤、放煤和移架这三大尘源的产尘重合地点是高粉尘浓度的区域。为此,优化设计的喷雾降尘装置主要由四部分组成:顶梁喷雾、架间前喷雾、架间后喷雾和放煤喷雾。顶梁喷雾点安设三个喷嘴,放煤和架间前、后喷雾点各安设一个喷嘴。综放工作面液压支架喷雾降尘装置喷嘴布置方式，如图 4-34 所示。为使雾流形成沿工作面的全断面喷雾，将除 2 号喷嘴之外的其他 4 个喷嘴与水平面的夹角设定为 45°，2 号喷嘴垂直于煤层底板(煤流)方向喷雾。

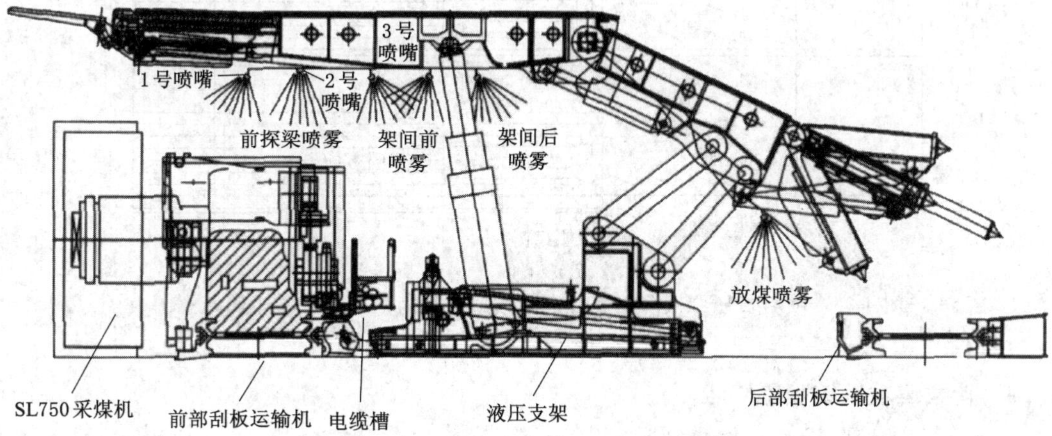

图 4-34　综放工作面液压支架喷雾降尘装置喷嘴布置示意图

顶梁喷雾除了将采煤机割(落)煤时的产尘压向煤壁，防止其向前部刮板输送机后部扩散外，还能捕获割(落)煤、移架产尘重合区域的粉尘；架间前喷雾主要是进一步捕获割(落)煤、移架产尘重合区域的粉尘；架间后喷雾主要是捕获移架和放煤产尘重合区域的粉尘；放煤喷雾则将放顶煤时的大部分产尘控制在后部刮板输送机附近。

从图 4-34 可以明显看出：顶梁喷雾与煤壁之间、架间前喷雾与支架立柱之间、架间后喷雾与前后连杆之间、放煤喷雾与后部刮板输送机之间均存在捕尘雾流，即沿整个工作面断面形成了一道隔断煤尘传播且能有效降尘的喷雾水幕。这样可大大降低工作面各种工序平行作业时所产生的粉尘总量，达到改善工作环境、确保安全生产的目的。

(7) 液压支架架间喷雾负压二次降尘装置

液压支架架间喷雾是控制移架产尘的主要措施和控制采煤机产尘的重要措施，但是现有的综放工作面液压支架喷雾除尘中，支架人行道处一直是盲区，在此区域无任何除尘手段，致使粉尘浓度居高不下，但是该区域的现场作业人员最为密集，严重影响了井下工人的身心健康和煤矿的安全高效开采。为此，在不对支架作任何改动，不影响现场生产的情况下，采用液压支架架间喷雾负压二次降尘装置，可有效降低工作面采煤及移架时的粉尘浓度。

图 4-35 所示为喷雾负压二次降尘装置沉降移架产生瞬间高浓度粉尘团示意图。移架工工作时，安装在该液压支架顶梁处的液压支架架间喷雾负压二次降尘装置开启，喷雾场处移架产生的瞬间高浓度粉尘团粉尘进入喷雾降尘装置产生的喷雾场，直接被雾滴碰撞、凝结、沉降；喷雾负压二次降尘装置的矩形吸风口迎着工作面进风吸尘，将上风侧喷雾场后部移架产生的瞬间高浓度粉尘团粉尘吸入沉降。同时，移架工所在液压支架下风侧相邻的液压支架架间喷雾负压二次降尘装置开启，喷雾、吸尘，将支架下风侧移架产生的瞬间高浓度粉尘团粉尘沉降。

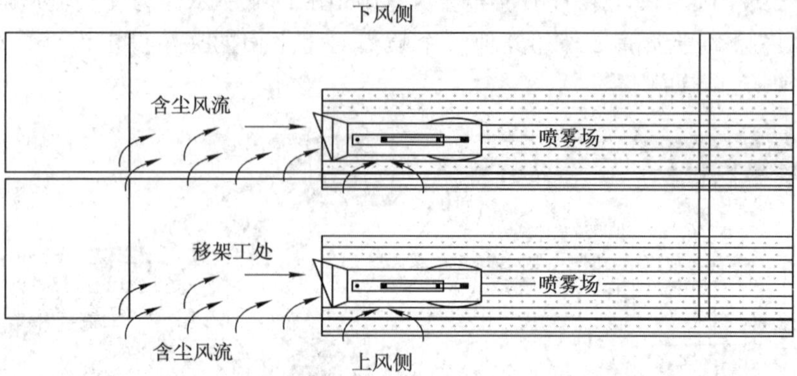

图 4-35　喷雾负压二次降尘装置沉降移架产生瞬间高浓度粉尘团示意图

4.2.4　转载运输系统喷雾降尘

4.2.4.1　采煤工作面转载喷雾

采煤工作面转载喷雾系统主要包括刮板输送机—破碎机—转载机—带式输送机等煤流系统各转载点的喷雾。

(1) 刮板输送机—破碎机—转载机—带式输送机转载喷雾系统

主要在以下 4 个具体位置安设喷嘴以形成刮板输送机—破碎机—转载机—带式输送机转载喷雾系统：破碎机进料口处；破碎机处；破碎机出料口处；破碎机与工作面巷道带式输送机的刮板转载机处。刮板输送机—破碎机—转载机—带式输送机转载喷雾系统示意图，如图 4-36 所示。

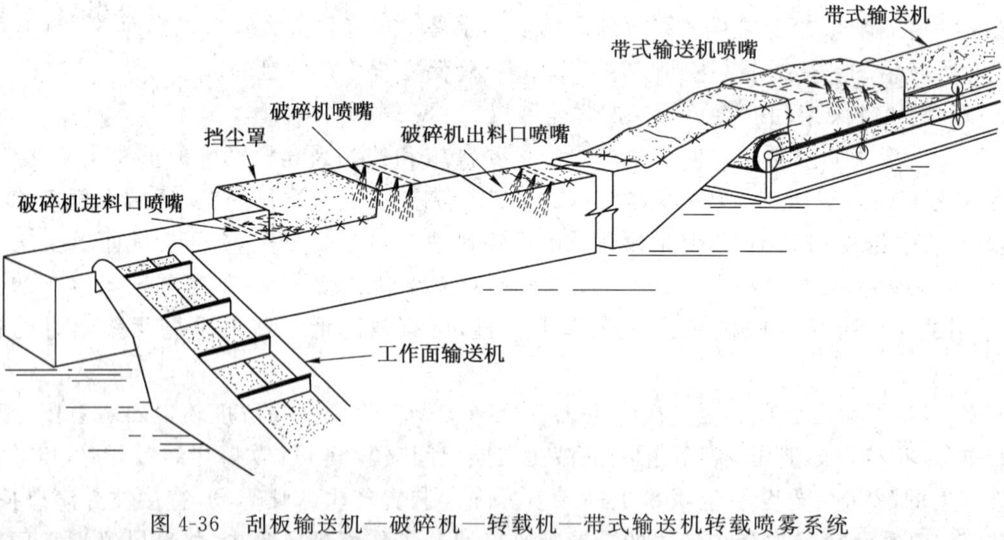

图 4-36　刮板输送机—破碎机—转载机—带式输送机转载喷雾系统

(2) 刮板输送机转载喷雾系统

刮板输送机转载喷雾系统，如图 4-37 所示。

(3) 工作面巷道带式输送机转载局部密闭防尘罩

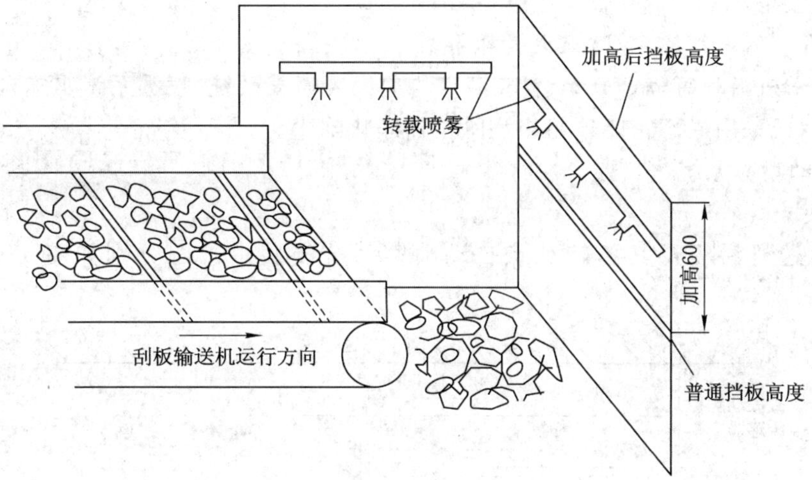

图 4-37　刮板输送机转载喷雾系统

在各装载点及卸载点处用风筒布或帆布包起，防止卸载点煤体落下时煤尘飞扬和向外扩散，从而达到捕尘和降尘的目的。

防尘罩体使用 2 mm 厚钢板，构架使用 40 mm×4 mm 角铁，固定钢板使用 8 mm 厚钢板，防尘罩整体刷漆。局部密闭防尘罩的捕尘原理和安装示意图，如图 4-38 所示。

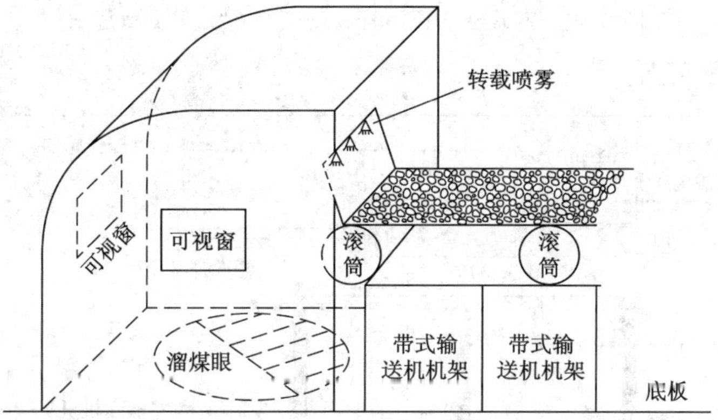

图 4-38　局部密闭防尘罩的捕尘原理和安装示意图

此外，转载点落差宜小于或等于 0.5 m，若超过 0.5 m，则必须安装溜槽或导向板。

(4) 采煤工作面转载喷雾技术参数

适用水压范围：3.0～6.0 MPa。

喷头间距：200 mm 左右。

喷头数量：各转载点不少于 3 个。

喷嘴材质及直径：陶瓷或金属喷嘴，喷嘴的直径 2.5 mm 左右。

喷嘴类型：宜选用射体为空心伞形或空心圆锥形的喷嘴。

喷雾流量：每个喷嘴的喷雾流量应控制在 3.0 L/min 左右。

雾流扩散角：不小于 90°。

4.2.4.2　带式输送机防尘/防灭火喷雾系统

带式输送机沿程每隔 200 m、各转载点均应设置喷雾系统，喷雾系统实施自动控制或人工控制喷雾，或采用局部密闭罩与小型除尘器净化除尘。

(1) 自动喷雾系统

① 安装

带式输送机沿程及其各转载点自动喷雾系统安装示意图分别如图 4-39 和图 4-40 所示。

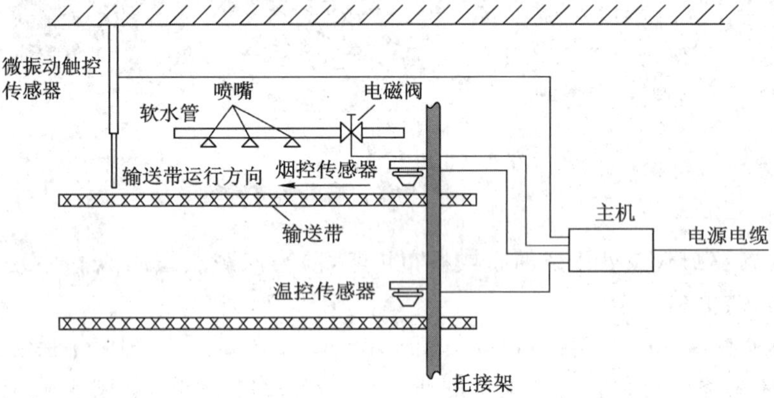

图 4-39　带式输送机沿程自动喷雾系统安装示意图

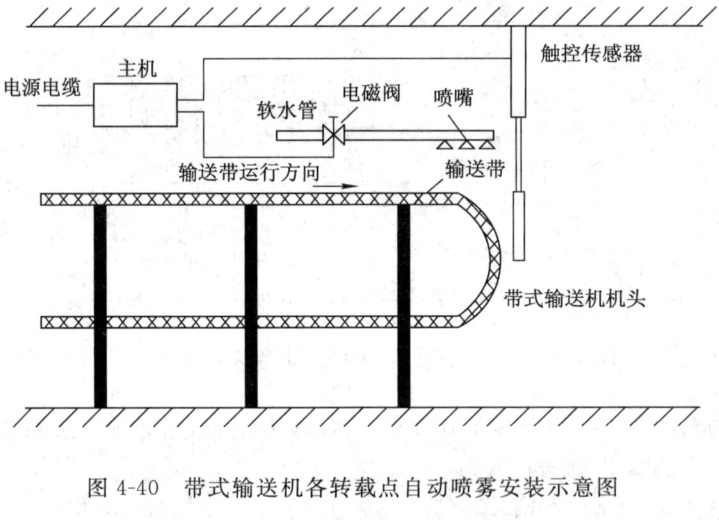

图 4-40　带式输送机各转载点自动喷雾安装示意图

带式输送机各转载点自动喷雾系统除以触控传感器为主外，还可以参照沿程喷雾方式加设温控和烟控传感器，以提高其防尘、防火的可靠性。

② 自动喷雾系统技术参数

延时范围：0～18 s。

适用水压范围：3.0～6.0 MPa。

触控触点对地电阻：小于或等于 800 kΩ。

喷雾温升范围：26～35 ℃。

烟雾传感器灵敏度：0～2 s。

适应输送带线速度：0.2～3.5 m/s。

机械触控驱动轮转速：38～670 r/min。

喷头间距：200～300 mm。

喷头数量：带式输送机沿程喷雾点不少于 5 个、各转载点不少于 3 个。

喷雾压力：不小于 3.0 MPa。

(2) 自动喷雾系统的安装、使用标准

① 安装触控传感器探头时要根据载煤输送带的实际下压程度，调整探头与输送带的垂直距离，并应用螺丝将触控探头在输送横梁上固定可靠。

② 应将温控传感器探头安装在橡胶输送带的中间，为能使热空气容易进入，探头本身留有的空气进气孔应垂直向下布置，另外，还应调整探头与下侧输送带的间距，使探头效应最敏感。

③ 烟雾传感器探头应安装在输送带的上部，因为烟雾密度较小而向上发散。

④ 带式输送机巷内各转载点(包括装载点和卸载点)触控传感器安装时，要使其与各带式输送机段机头和机尾保持合适的距离，以达到最佳自动喷雾效果。

⑤ 带式沿程的水幕应在其下方带式输送机机架上安装防水罩，防水罩长度 6 m，高度以通过一般大块煤为宜。

⑥ 带式输送机的转载落差均不得超出 0.5 m，如果超过 0.5 m，则应安装合适的溜槽或导向板转输。

⑦ 应设专人负责管理喷雾除尘设施。

(3) 带式输送机机械触控喷雾系统

带式输送机机械触控喷雾系统的安装示意图如图 4-41 所示。

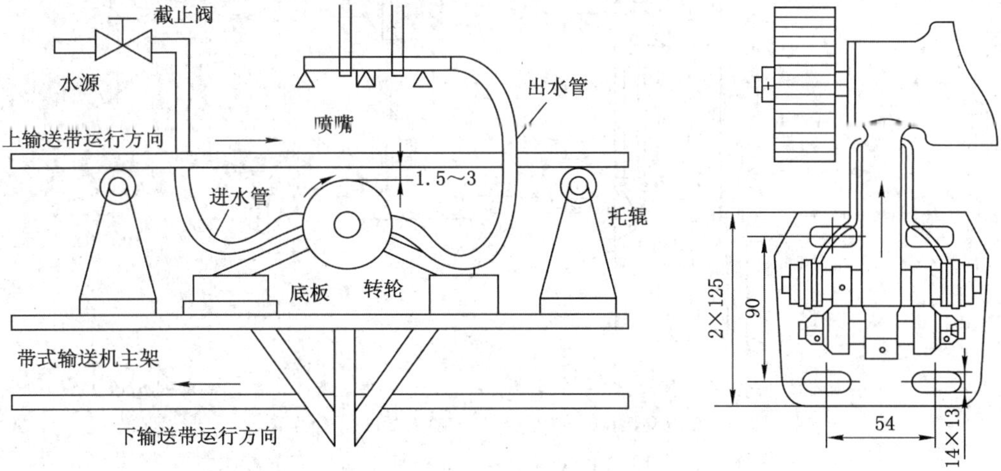

图 4-41　带式输送机机械触控喷雾系统安装示意图

注：最大安装高度为 150 mm，最小安装高度为 100 mm，最小最大高差为 50 mm

带式输送机机械触控喷雾系统技术参数：喷雾压力不小于 3.0 MPa；喷头间距 300 mm 左右；喷头数量不少于 3 个；喷嘴材质为陶瓷或金属喷嘴；喷嘴直径 2.5 mm 左右；喷嘴类型为空心伞形或空心圆锥形喷嘴；单个喷嘴喷雾流量为 2.0 L/min；雾流扩散角不小于 100°。

4.3 干式捕尘

干式捕尘是将压气导入钎子中心孔送到炮眼底部将岩尘吹出。这种排尘法使工作面粉尘飞扬，对工人健康十分有害，易使工人患硅肺病。

在水源缺乏的矿井、冬季容易冻冰的地区或某些岩石不适合湿式打眼的条件下，以及在一些尚无供水设施的零散工程中，干式捕尘凿岩是降尘的有效措施。根据捕尘的方式，可分为带捕尘罩的孔口捕尘器和不带捕尘罩的眼底干式捕尘器两种类型。

4.3.1 带捕尘罩或捕尘塞的孔口捕尘器

其结构示意图如图 4-42 所示，它适合于凿岩机打下向眼和水平眼时捕尘用。启动引射器后，在捕尘筒内产生较高负压。凿岩产生的粉尘在诱导气流的作用下，通过捕尘罩或捕尘塞，沿导尘管以切向方向进入旋流器。粉尘在离心力的作用下被甩向器壁发生浓缩，较粗的粉尘又在重力和轴向力的作用下，顺着器壁落入收尘袋中，一些较细的粉尘经芯管进入滤尘袋中，在过滤、阻滞、拦截、静电等综合因素的作用下，得以净化。而净化的气流通过引射器与压气混合一同排入大气。

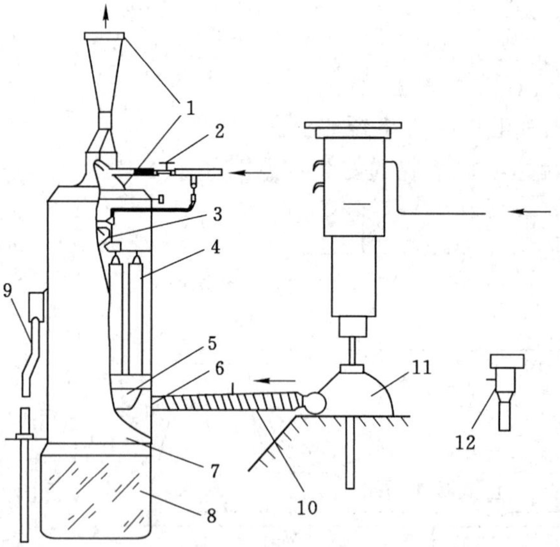

1—引射器；2—阀门；3—振动器；4—滤尘袋；5—芯管；6—进气嘴；7—捕尘筒；8—收尘袋；
9—单腿支架；10—导尘管；11—捕尘罩；12—捕尘塞。

图 4-42 带捕尘罩或捕尘塞的孔口捕尘器结构示意图

随着滤尘袋内表面粉尘层的不断增厚，捕尘器的阻力逐渐增加，诱导气量也随之逐渐减少。为了使捕尘器继续保持正常工作，可打开辊式振动器的阀门，带动滤尘袋上下往复抖动，及时清灰。

4.3.2　眼底干式捕尘器

其工作系统示意图如图 4-43 所示。该型干式捕尘器利用引射器的作用，将凿岩机打眼时眼底产生的岩尘沿钎头上的孔眼经钎杆中心孔、凿岩机体内钢管、导尘胶管进入旋风集尘器。在离心力的作用下，部分较粗的岩尘被分离出来，较细的岩尘再经织物滤袋过滤、拦截得到充分净化，排出巷道。

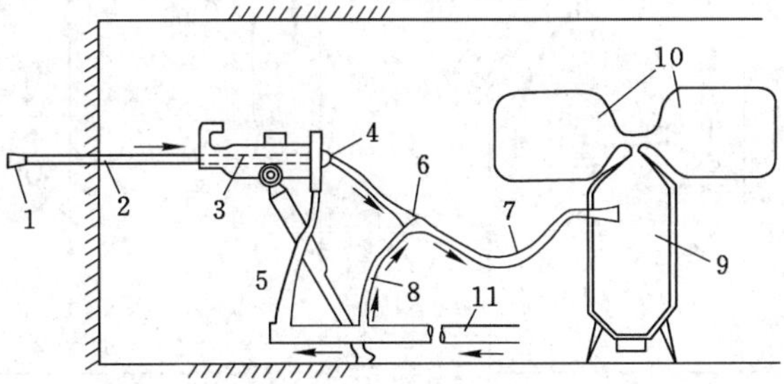

1—钎头；2—钎杆；3—凿岩机体内钢管；4—钢管接头；5—凿岩机体内工作用压气管；6—引射器；7—导尘胶管；8—引射器用压气管；9—旋风集尘器；10—织物滤袋；11—压气总管。

图 4-43　眼底干式捕尘器工作系统示意图

4.4　净化水幕

4.4.1　安装地点

水幕应覆盖全断面，以保证雾化效果。水幕尽量安装在排水点附近，电控自动水幕应在电控线路上安装紧停开关或其他类型的电控开关以便于管理。

矿井主要进风大巷和回风大巷、采区主要进风巷道和回风巷道内必须安装自动化控制净化水幕。矿井带式输送机巷各转载点、装载点和卸载点下风侧 10～20 m 的合适位置处应设置　道电控自动水幕。综采(放)工作面净化水幕的安设地点如下：

(1) 综采(放)工作面进风巷道：工作面进风巷风流汇合点以里的轨道巷内，距轨道巷入口 100 m 和 200 m 左右各安设一道净化水幕。或者第二道水幕安设在移动变电站与工作面之间。

(2) 综采(放)工作面回风巷道：在距工作面回风流出风口和转载机机头外 30 m 以内各安设一道净化水幕。炮采工作面在工作面上、下巷距巷道口 20 m 处，中巷转载机机头外 30 m 以内均应安设一道净化水幕。掘进工作面在距掘进迎头 30～50 m 和 100～150 m 的巷道内分别安设一道净化水幕。

4.4.2　安装示意图

净化水幕的形式以拱形为主，但是矿井巷道断面为矩形时，只需安设折线状水幕即可。净化水幕主要适用于行人(被动型红外线)和行车(主动型红外线)两种情形下的自动喷雾。

水幕安装示意图如图 4-44 至图 4-47 所示。其中，图 4-44 所示为巷道自动化净化水幕喷头安装示意图[其中图 4-44(a)所示为拱形净化水幕喷头安装示意图，图 4-44(b)所示为折线状净化水幕喷头安装示意图]；图 4-45 所示为行人被动型红外线喷雾示意图；图 4-46 和图 4-47 所示为行车自动化水幕喷雾示意图，包括矿井巷道内行车两种自动化水幕喷雾形式，分别是触动式和红外线形式。

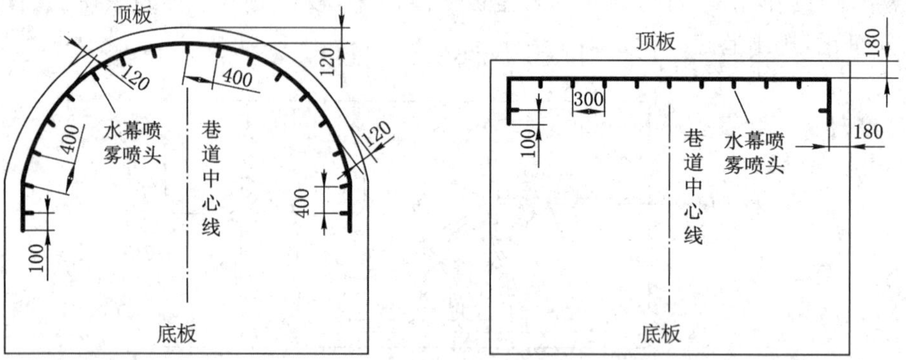

(a) 矿井巷道自动化控制拱形净化水幕喷头安装示意图

(b) 矿井巷道自动化控制折线状净化水幕喷头安装示意图

图 4-44　巷道自动化净化水幕喷头安装示意图

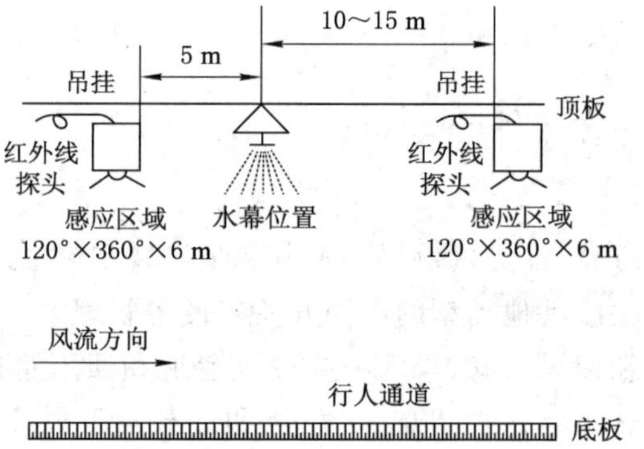

图 4-45　矿井巷道自动化控制净化水幕行人被动型红外线喷雾示意图

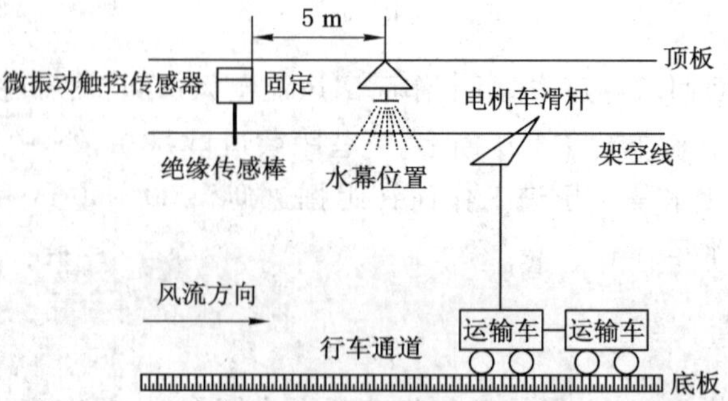

图 4-46　矿井巷道自动化控制净化水幕行车触动式喷雾示意图

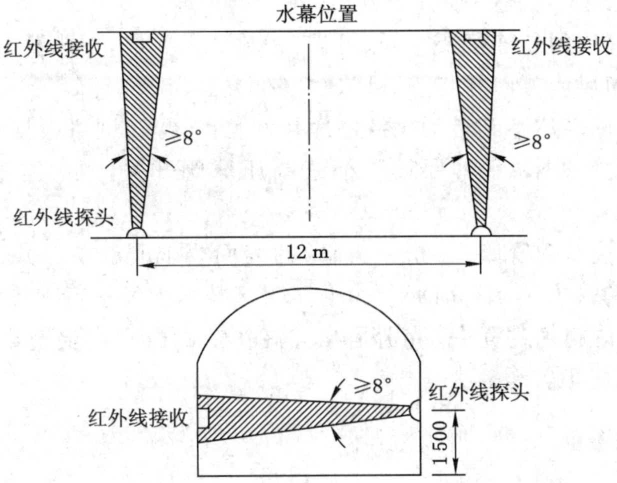

图 4-47　矿井巷道自动化控制净化水幕行车红外线喷雾示意图

4.4.3　安装标准

(1) 水幕必须安装在支护完好、壁面平整、无断裂破碎的巷道段内。

(2) 水幕形状应与巷道断面一致，喷雾范围应覆盖巷道全断面，并尽可能靠近尘源，缩小含尘空气的弥漫范围。

(3) 拱形水幕的弯曲度要平滑过渡。

(4) 在安装被动型红外线传感器时应注意满足两个探头的间距，即安设于水幕位置上风流方向的红外线探头传感器与水幕之间的距离约为 5 m，而安设于水幕位置下风流方向的红外线探头传感器与水幕之间的距离为 10～15 m。而安设行车触动式自动化控制水幕时，要保证微振动触控传感器边缘与水幕中心之间保持 5 m 左右的间距。

(5) 一般来说，被动型红外线探头应吊挂于巷道的顶板上，且其安装方位的水平垂直角度应满足：位于垂直平面内且与垂直线成 45°角向里。而主动型红外线探头应安设于风流方向巷壁的右侧，两个主动型红外线探头间距 12 m 左右，它们与底板的距离为 1.5 m 左右。与之对应的接收探头要安设于风流方向巷壁的左侧，且红外线发射探头机与接收探头的垂直和水平距离要保持一致，且红外线发射探头要以 8°左右的辐射角覆盖红外线接收探头的工作范围。

(6) 水幕中以管径至少为 20 mm 的金属管作为连接喷头的主要构件，并用同管径的金属管和高压胶管与高压直通(多通)连接水源，连接管路长度至少 7 m，管路安装要平直、美观，严禁跨巷道。水幕以及连接水源管路必须用 U 形卡固定在巷道顶板和巷帮上，水幕的两端头各固定 2 处，间隔距离为 100 mm，其余各处每隔 500 mm 固定一次。连接水源管路的固定点不得少于 5 处，均匀布置。

(7) 分别在距离水幕两端 100 mm 处安设第一个喷头，此端头两喷头之间均匀布置其他喷头，但要使其间隔小于 400 mm。拱形水幕距巷壁及顶板的间距为 120 mm，折线形水幕距巷壁及顶板的间距为 180 mm。水幕喷头要垂直安设于水幕主管上，喷头应全部朝向巷道断面的中心，且应迎向风流与垂直线成 30°左右的角度。

(8) 水幕主管与喷头间的连接要牢固、可靠，密封效果要好，不能发生渗水、漏水现象。

(9) 喷头安设迎向风流方向并与垂直线成 30°倾角。

(10) 若水幕装备标准达不到自动化控制净化水幕的要求，则可根据实际情况安装手动净化水幕，并要满足以下要求：水幕要设手柄式高压球阀开关，开关应安设在水幕上风侧 5 m处。

(11) 水幕及其连接水源管路（特指金属管）的表面要求刷红漆。井下所有净化水幕要进行挂牌管理。其他单位安装水幕时必须由通防工区技术人员进行现场指导。

(12) 在安装水幕的施工过程中，特别是在登高作业的过程中要遵章施工，严格按照安全技术措施作业，确保施工安全。

4.4.4 净化水幕技术参数

(1) 防爆类型：ExdibI(150 ℃)矿用隔爆兼本质安全型。

(2) 工作方式：连续工作。

(3) 电源：AC36～127 V(－15%～＋10%)，50 Hz±2%。

(4) 本安最大开路电压及短路电流：DC9.5 V，80 mA。

(5) 红外线控制辐射范围：≤8 m。

(6) 延时范围：10 s～1 min。

(7) 定时范围：15～60 min。

(8) 自动喷雾：3～5 min。

(9) 适用水压范围：3.0～6.0 MPa。

(10) 环境温度：0～40 ℃。

(11) 环境相对湿度：≤95%(40 ℃)。

(12) 喷头间距：拱形水幕 400 mm 左右、折线形水幕 300 mm 左右。

(13) 喷头数量：拱形水幕不少于 8 个、折线形水幕不少于 10 个。

(14) 喷嘴材质及直径：陶瓷或金属喷嘴、喷嘴的直径 1.5～2.0 mm。

(15) 喷嘴类型：宜选用射流近似平面形的扁喷嘴。

(16) 雾流扩散角：不小于 120°。

4.5 个体防护

个体防护是指通过佩戴各种防护面具，以减少吸入人体粉尘的最后一道措施。因为井下各生产环节虽然采取了一系列防尘措施，但仍会有少量微细矿尘悬浮于空气中，甚至个别地点不能达到卫生标准，因此个体防护是防止矿尘对人体伤害的最后一道关卡。

个体防护的用具主要有防尘口罩、防尘风罩、防尘帽、防尘呼吸器等，其目的是使佩戴者能呼吸净化后的清洁空气而不影响正常工作。

4.5.1 个体防尘用具

有害粉尘通过人体呼吸道进入体内，在人体肺部积累，造成人体肺部产生病变。按照国家有关规定，在有粉尘环境下工作，作业者必须佩戴个人防尘防护用具，用于保护工人身体健康。

目前个体防护的防尘用具主要包括：防尘口罩、防尘面罩、防尘帽、防尘呼吸器等，其设计和使用目的是使佩戴者既能呼吸净化后的洁净空气，又不影响正常生产活动。按照工作原理和结构，一般分为两大类：一类是过滤式呼吸保护器，它通过将空气吸入过滤装置，去除污染而使空气净化。另一类是供气式呼吸保护器（又称隔绝式），它是从一个未经过污染的外部气源，向佩戴者提供洁净空气的。绝大多数设备尚不能提供完全的保护，总有少量的污染物仍会不可避免地进入呼吸区。

呼吸道防护防尘用具分类见表4-2。呼吸道防护防尘用具部分技术标准见表4-3。

表4-2　呼吸道防护防尘用具分类

品类			主要组成部件	适用范围
过滤式	自吸式	简易式防尘呼吸器	口鼻罩带夹具或支架，大部分无呼气阀	粉尘浓度较低
		复式防尘呼吸器	面罩、呼气阀、吸气阀、过滤盒	粉尘浓度较高
	送风式	送风口罩	口鼻罩带呼气阀、导气管、过滤器、电动风机	粉尘浓度大
		送风头盔	帽盔带面罩、滤尘袋、电动风机	粉尘浓度大
隔绝式	自吸式	长管面罩	口鼻罩带呼气阀、长导气管	呼吸器内为同气压
	送风式	长管面具	帽盔带镜窗、送风管	近距离作业的工作环境
		压气呼吸器	口鼻罩带呼气阀、长导气管、空压机或气瓶	尤其适用粉尘浓度大或者有毒有害气体环境

表4-3　呼吸道防护防尘用具部分技术标准

技术标准	发布时间	替代原标准
《隔离式正压氧气呼吸器》(MT 867—2000)	2000年12月8日	无
《呼吸防护　自吸过滤式防颗粒物呼吸器》(GB 2626—2019)	2019年12月31日	《自吸过滤式防尘口罩通用技术条件》(GB/T 2626—1992)、《自吸过滤式防微粒口罩》(GB/T 6223—1997)、《过滤式防微粒口罩总透漏率的试验方法》(GB/T 6224.1—1986)、《过滤式防微粒口罩过滤效率的试验方法》(GB/T 6224.2—1986)、《过滤式防微粒口罩死腔的试验方法》(GB/T 6224.3—1986)和《过滤式防微粒口罩对空气流呼吸阻力的试验方法》(GB/T 6224.4—1986)
《呼吸防护　长管呼吸器》(GB 6220—2009)	2009年4月13日	《长管面具》(GB 6220—1986)、《长管面具性能试验方法》(GB 6221—1986)

按照防护原理，呼吸防护用品分为净化式、隔绝式两类。主要产品有防尘口罩、过滤式防毒面具、氧气呼吸器、自救器、空气呼吸器等。自吸过滤式防颗粒物呼吸器包括简易防尘口罩和复式防尘口罩。防毒面具属特种防护用品类，执行国家强制标准《呼吸防护自吸过滤式防毒面具》(GB 2890—2009)，为导管式、直接式防毒面具。

呼吸器的技术标准是检验一种呼吸器质量是否合格的重要标准，可以规范呼吸器的生产和使用，同时也为呼吸器的选用提供了重要参考依据。标准的修订、实施促进了我国呼吸防护用品的质量，保障了产品防护性能和检测方法的可靠性，促进了国内产品与国外同类产品技术要求和评价体系的接轨。英国、法国、德国、日本电动送风防尘面具标准见表4-4。

表4-4　英国、法国、德国、日本电动送风防尘面具标准

标准号	名称	结构	适用范围
BS4771—71（英国）	正压、动压除尘工作服与工作帽	电扇＋过滤器＋面具	用于带有固体微粒烟雾及不含有毒气或蒸气的地方，缺氧地方不得使用
NFS76-001—83（法国）	呼吸保护装置	电扇＋过滤器＋面具（＋通气阀）	用于烟尘、雾尘、分解物及组合物的场合，有毒、缺氧处不得使用
DIN58645—84（德国）	全呼吸保护设备	风机＋粒子过滤器＋面具（＋通气阀）	用于有烟尘、雾尘及雾气场所（不得有毒、缺氧）
JIST8157—82（日本）	带电扇防尘呼吸保护器	电扇＋过滤器＋面具（＋通气阀）	用于带有游离粒子物质的场所，不可用于氧气低于18%，含有毒气体及可能爆炸处

4.5.2　自吸过滤式防颗粒物呼吸器

自吸过滤式防颗粒物呼吸器属于自吸过滤式呼吸防护用品，是靠佩戴者通过呼吸产生动力克服呼吸器部件气流阻力的过滤式呼吸防护用品。自吸过滤式防颗粒物呼吸器是最常见的防尘用品，根据其主要部件构成分为简易式和复式两大类。

(1) 简易式防尘呼吸器

简易式防尘呼吸器没有过滤盒、吸气阀等复杂装置，有的直接用过滤材料做成，其构件十分简单，如防尘口罩。有的则依靠简单支撑件构成。该类呼吸器有夹具式和支架式等结构形式，如图4-48所示。

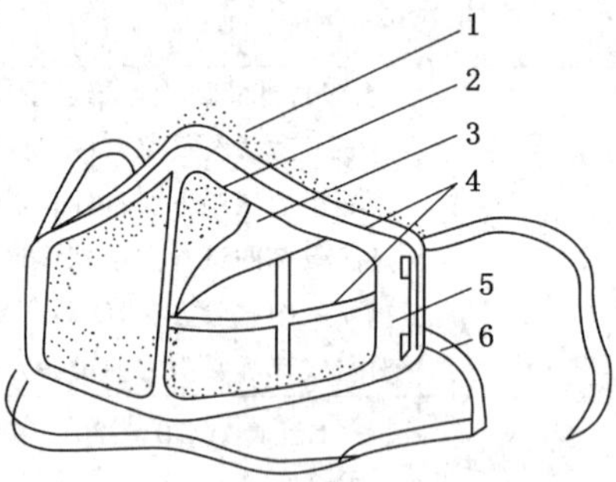

1—泡沫塑料衬圈；2—泡沫塑料片；3—滤料；4—内夹具；5—外夹具；6—系带。

图4-48　夹具式防尘呼吸器基本构成

支架式防尘口罩则是由主体和系带两部分组成，主体用滤布直接做成包套，中间用根据脸部造型制作的塑料支架支撑。为了防止侧漏，有的周边加泡沫塑料条，外包螺纹针织布作为衬垫。

简易式防尘呼吸器具有结构简单、质量轻、呼吸阻力小、携带方便等优点。但其阻尘效率一般来说要低于复式呼吸器，并且该类呼吸器不宜用于湿度较大的淋水和湿式作业场所。

(2) 复式防尘呼吸器

凡由滤尘盒和呼吸气阀两部分组成的呼吸器，统称为复式呼吸器。滤尘盒又有单滤尘盒和双滤尘盒之分。复式呼吸器如图 4-49 所示，是由主体件、过滤盒、滤料、呼吸气阀等部件组成。其阻尘率可高达 97%～99%。

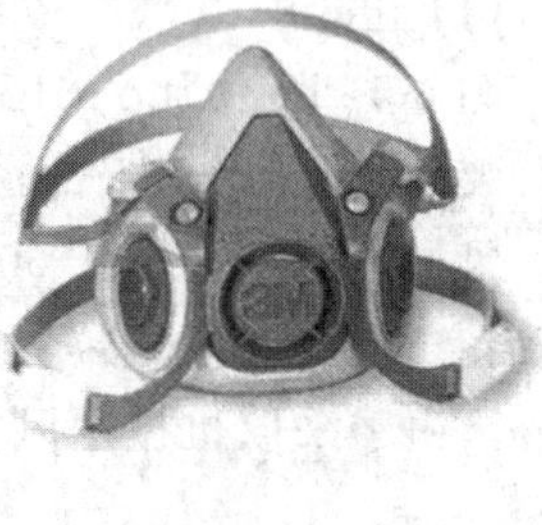

图 4-49　3M 低保养型防护半面复式呼吸器

复式防尘呼吸器滤尘盒一般由盒盖、环、滤料、盒底四部分组成，双滤尘盒的总过滤面积可达 90 cm^2，呼吸阻力较小。滤尘盒里有两层滤料，主滤料为超细纤维滤布，滤布内外覆两层纱布，前面加两张桑皮滤纸做副过滤料，以防滤布积尘后增加阻力。在副过滤料前再加滤纱做保护层。环和盒盖分别用来固定滤布、滤纸和滤纱。吸气阀门附设在滤尘盒底盘进气口上，呈软胶片状。吸气时阀门开启，使净化的空气进入口罩内。呼气时，口罩内形成正压，阀门关闭。呼气阀在主体正前方，由阀盖、阀座、阀门三部分组成。阀盖用高压聚乙烯塑料制成，阀座用低压聚乙烯制成，并设有卡口连接。阀为伞状天然橡胶片，启闭灵活，密闭性好。呼气时，阀门开启，呼出的气体排出口罩外。吸气时，口罩内形成负压，阀门关闭。排水嘴在主体前下端，由水嘴、浮球、堵头三部分组成，用低压聚乙烯材料制成，水嘴内装有一个相对密度小于水的浮球，当口罩主体内的呼气凝结成水进入水嘴后，浮球浮起，水由排水孔排出嘴外后，浮球恢复原位将排水孔堵住。系带一般为上下两条松紧带，装有塑料扣，能根据头型调节松紧。

常见的武安 4 型(单滤尘盒)防尘呼吸器结构如图 4-50 所示。

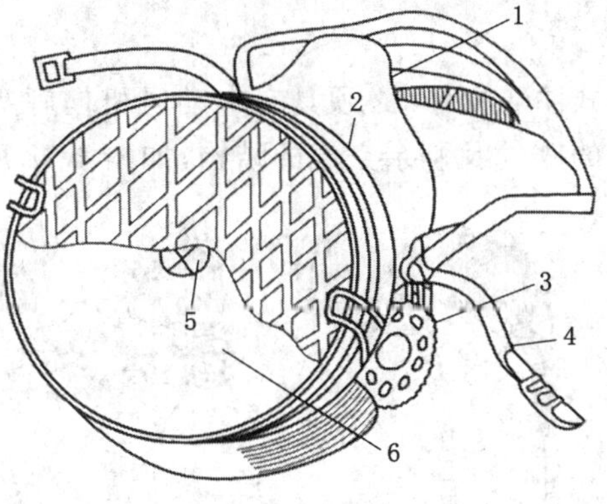

1—主体及橡胶内卷边；2—滤尘盒；3—呼气阀；4—系带；5—吸气阀；6—第二层过滤面。

图 4-50　武安 4 型防尘呼吸器结构

4.5.3　动力送风过滤式防尘呼吸器

动力送风过滤式防尘呼吸器通过动力作用如空压机、压缩气瓶装置等使呼吸器内部(或腰间)放置的微型电动风机旋转，将经过滤除尘的干净空气吸入呼吸器内，使佩戴者尽管在污染的环境中工作，仍能呼吸到干净空气，从而改善劳动者的工作条件。早在 20 世纪 60 年代，国外就有此类产品问世，如英国当时类似产品为“气流式防尘罩具”。其阻尘效率高，戴用舒适，不闷气。其形式有送风口罩、面罩和头盔。

（1）送风口罩

图 4-51 所示为 YMK-3 型送风口罩，这种口罩主体口鼻罩用无毒橡胶制成，为内卷式，左右装两个呼吸阀，下部由吸气嘴与导气管连装。导气管为蛇形管，过滤盒系塑料注塑成型。风机送风量不小于 60 L/min，它是用转速为 5 000～7 000 r/min 的微电机抽吸染尘空气，当空气经过过滤器净化后，通过蛇形管送入口鼻罩供人呼吸，呼吸器的阻尘效率超过 90%。由于采取机械送风，罩体或头盔内保持正压，故没有呼吸阻力，使用者感觉比较舒适。

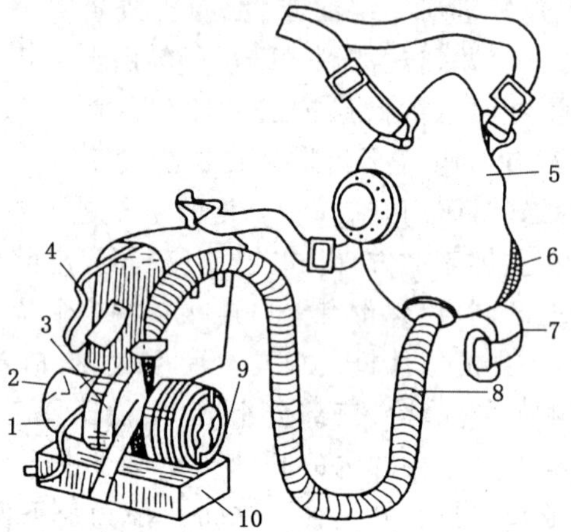

1—电动机；2—开关；3—风机；4—口罩带；5—主体；6—呼吸阀；7—系带；8—导气管；9—过滤器；10—电池。

图 4-51　YMK-3 型送风口罩

（2）送风面罩

密合型电动送风过滤式防尘面罩，必须具有电动风机向呼吸器内送入经过滤的干净空气和从排气阀排出佩戴者的呼气及剩余空气的结构，如图 4-52 所示。

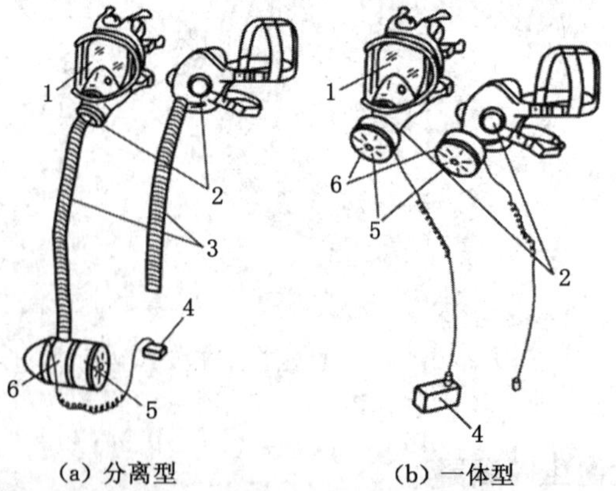

1—目镜；2—排气阀；3—导气管；4—电池；5—过滤器；6—电动风机。

图 4-52　密合型电动送风过滤式防尘面罩

除具备提供干净空气的结构外，还具有佩戴者呼气时，能从人体与头罩之间或排气阀排出而粉尘和微粒难于进入的结构，如图 4-53 所示。

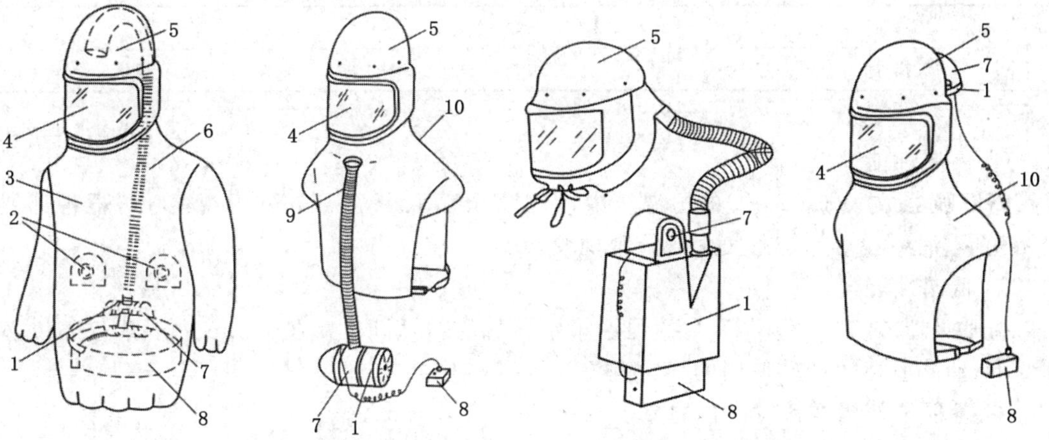

(a) 前额供气分离型　(b) 嘴部供气分离型　(c) 头后供气分离型　(d) 一体型

1—过滤器；2—排气阀；3—防护罩；4—目镜；5—帽壳；6—导气管；
7—风机；8—电池；9—送气管；10—保护罩。

图 4-53　头罩型电动送风过滤式防尘呼吸器

(3) 送风头盔

送风头盔又称为头盔式电动送风呼吸器，一般分全盔式和半盔式两种，是集呼吸系统防护、面部防护(面屏)及头部防护(安全帽)为一体的综合个体防护用具。其主要构成如图 4-54所示。

送风头盔可以通过电动送风过滤式呼吸防护系统或者送风隔离式呼吸防护系统实现对劳动者的防护，目前电动送风装置及滤棉可以完全置于头盔内，使用非常方便。

(4) 送风式防尘呼吸器通用技术条件

送风式防尘呼吸器通常具有阻尘率高、低泄漏、呼吸阻力小、不憋气、质量轻、携带方便、使用寿命长、成本及维护费用均低等特点。

① 防护率

呼吸器防护率必须符合表 4-5 要求。

② 送风量

呼吸器在额定工作时间内所通过的风量，其值必须小于额定最低送风量。

③ 连续运转性能

呼吸器接通规定电源，在常温室内[定温(20±2)℃，相对湿度(60±15)%]电动风机连续运转 24 h 后，呼

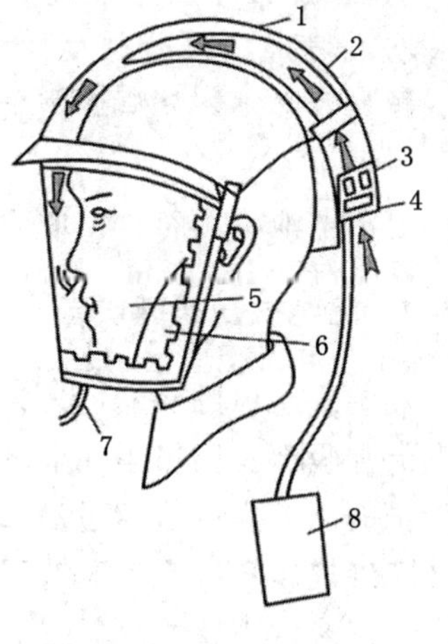

1—帽盔；2—精滤尘袋；3—电动风机；
4—粗滤层及染尘空气进入口；
5—透明面罩；6—贴面翼片；
7—呼气出口；8—电池。

图 4-54　送风头盔

吸器电动机、风叶等各部位不得有烧损或其他异常现象。

表 4-5 呼吸器防护率　　单位：%

级别	一级	二级
指 标	99.0 以上	95.0 以上

④ 高温性能

将呼吸器放入(6±2) ℃的恒温箱中，保温 6 h 后取出，在 1 min 内观察呼吸器各部位必须无变形、油漆脱落等妨碍使用的异常现象。

⑤ 低温性能

将呼吸器放入(－20±2) ℃的恒温箱中，保温 3 h 后取出，在 1 min 内观察各部位必须无变形、油漆脱落等妨碍使用的异常现象。

⑥ 各部位使用材料应符合的要求

a. 强度和弹性等必须符合用途要求。

b. 与皮肤接触部位使用的材料，不得对皮肤产生有毒、有害影响。

c. 金属部位必须具有耐腐蚀性或经过适当防腐蚀处理。

⑦ 使用要求

呼吸器戴在头上使用时，不得有异常压迫感。必须为佩戴者提供干净空气。其连接部分牢固可靠，不因泄漏而使性能下降。对于有防冲击要求的呼吸器应符合 GB 2811 和 GB/T 2812 的要求。

密合型呼吸器：当电机停止工作时，佩戴者仍能够依靠自吸经过滤的空气。

⑧ 电动风机

电动风机必须确保足够风压和风量，结构紧凑，质量轻、噪声小，电源电压在 24 V 以下。

⑨ 导气管

导气管必须不妨碍佩戴者的活动，在使用期间不应由于受多种弯曲而发生通气故障。

⑩ 电源

电源电池必须符合 GB 3929 的要求。

4.5.4 隔绝式压风呼吸器

隔绝式压风呼吸器(又名自给正压式空气呼吸器)是一种隔绝式的动力个体防护用具，将人的呼吸部位与染尘作业环境隔离，通过长导气管将作业环境外的洁净空气或者对井下风管中的压缩空气进行过滤、消毒、减压后再通过导管送入口罩内口鼻部，供使用者呼吸。

隔绝式压风呼吸器具有以下优点：

(1) 该类呼吸器为全面个人防护用具，不仅可以实现对粉尘的隔离防护，同时可免除炮烟及有害气体的侵害。当瓦斯突然增大造成缺氧时，它也可有效维持矿工的正常呼吸。

(2) 呼吸器始终保持微正压，吸气阻力小，而且气流的湿度、温度等都比较适合操作者。

(3) 防尘效率高，经过压风减压、过滤净化，并通过多级限压、安全卸压装置，使高压气流可靠地还原为新鲜空气，经导管送入呼吸口罩内，供佩戴者呼吸用，隔绝尘、毒的效率甚至可达 100%，尤其适用于气溶胶浓度高和短期内暴露不会有生命危险的场所。

(4) 供风简单，具备压风管路的岩巷或其他巷道中的风流可以作为供风源，或者直接通过携带装有清洁压缩气体的背负式气瓶通过自给正压式供风实现对劳动者的个体防护。

其缺点是呼吸器必须连接压风装置和供风管路，使用者行动不便，操作者活动范围受限，不能实现远距离作业。

4.5.4.1　自给正压式空气呼吸器

自给正压式空气呼吸器是一种呼吸保护装备，是人员呼吸系统保护等级最高的，可以适用于任何浓度、任何有毒气体的工作现场，专为进入缺氧、有毒有害气体环境中进行工作的使用者提供高效的呼吸保护，在粉尘浓度高的工作环境中尤其适用。

由于自给正压式空气呼吸器佩戴者完全不依赖环境气体，而由充装在气瓶内的高压空气经减压器减压后供人体呼吸，而呼出的气体通过呼气阀排到大气中。正常使用时，呼吸器面罩内的压力始终略高于外界环境压力，能有效防止外界有毒、有害气体侵入面罩内，保障使用者安全。产品可广泛应用于矿山、消防、石油、化工、冶金、电力等行业。

此空气呼吸器一般由气瓶总成、减压器总成、供气阀总成、面罩总成、背托总成五大部件组成，并有多种附件可供选配，如图 4-55 所示。SDP 系列正压式空气呼吸器技术参数见表 4-6。

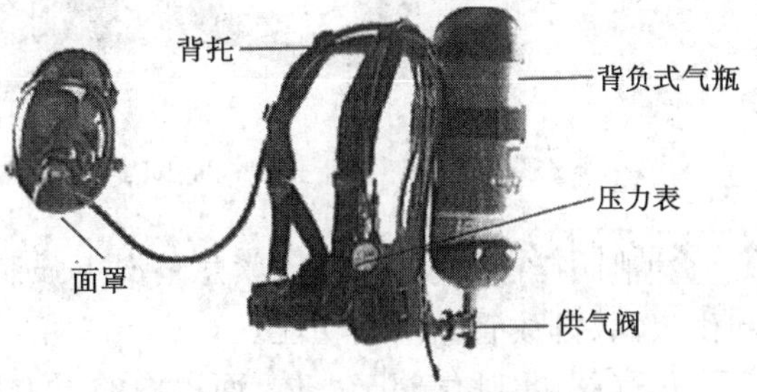

图 4-55　SDP 系列正压式空气呼吸器

表 4-6　SDP 系列正压式空气呼吸器技术参数

气瓶容积/L	气瓶工作压力/MPa	最大供气流量/(L/min)	呼吸阻力/Pa		报警压力/MPa	整机质量(最轻配置)/kg	参考使用时间/min
			呼气	吸气			
3.0	≤30	≥1 000	≤1 000	≤500	5.5±0.5	6.2	30
4.7	≤30	≥1 000	≤1 000	≤500	5.5±0.5	7.1	47
6.0	≤30	≥1 000	≤1 000	≤500	5.5±0.5	13.1	60
6.8	≤30	≥1 000	≤1 000	≤500	5.5±0.5	7.5	68
9.0	≤30	≥1 000	≤1 000	≤500	5.5±0.5	9.1	90

注：使用时间按中等劳动强度，呼吸量 30 L/min 计算。

4.5.4.2　E. RPP 系列自给正压式空气呼吸器构成及其介绍

E. RPP 系列自给正压式空气呼吸器结构，如图 4-56 所示。

头罩：醒目的黄色网状 Kevlar 材质，四点式连接，阻燃、透气、耐用、调节方便，适合头戴安全帽/消防头盔进行工作。

面窗：硬质涂层的聚碳酸酯(PC)材质制成，台柱状，视野宽而清晰，耐热、抗冲击、耐划擦。

口鼻罩：优化设计，符合亚洲人的脸形，密封性佳。

双传声器：双侧布置，传声清晰；配上美国 Scott 公司的声音放大器或对讲机转换器等，可显著增强传声效果及实现与外界联系的独特功能。

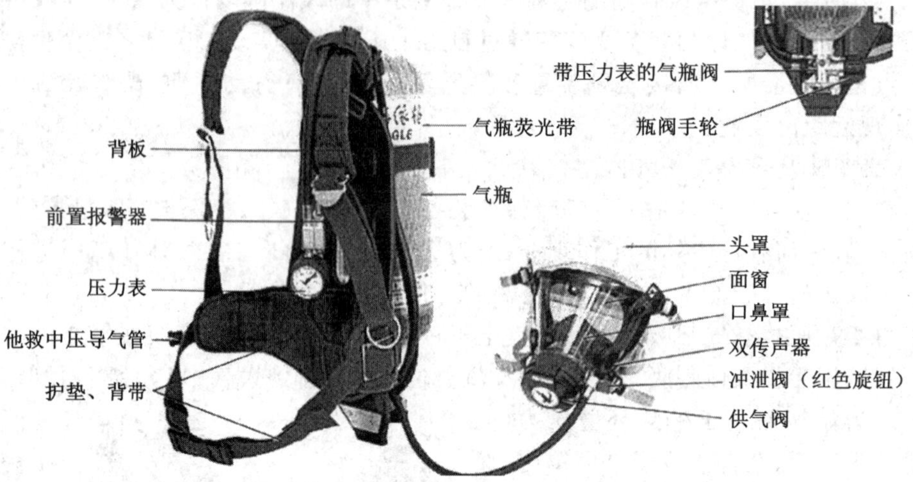

图 4-56　E.RPP 系列自给正压式空气呼吸器结构

冲泄阀(红色旋钮)：用于紧急情况下强制连续供气。此外，还可以用于冲刷以清洁面窗和供气阀、排放管路余气功能。

供气阀：集呼气阀于一体，面罩内的压力始终高于大气压力的正压设计；供气流量大、呼吸阻力小；卡口式接口，安装快捷。

带压力表的气瓶阀：带双面指针式压力表，无须开启瓶阀即可直接观察气瓶内的压力，方便、实用。输出口螺纹有 G5/8″和 M22×1.5 两种可选。

瓶阀手轮：符合欧洲标准，可防止因意外或误操作而关闭瓶阀。

背板：增强型工程塑料制成，高强度、阻燃，造型符合人体生理曲线，佩戴舒适。

前置报警器：与压力表集成为一体，前置于左胸前，易于使用者辨别是否自用装备报警。当气瓶内压力降至(5±0.5) MPa 时起鸣。

压力表：德国进口，防水、防震，在黑暗中也能清楚观察气瓶内的压力。

他救中压导气管：用于向他人供气施救。附防尘罩，确保卫生安全。

护垫、背带：腰垫、肩垫宽大柔软，阻燃包布(Kevlar)；腰带、肩带调节方便，阻燃材料(Kevlar)。

气瓶荧光带：内封于瓶体表面内，方便在黑暗中迅速确认使用者的位置，进一步增强了安全性。

气瓶：碳纤维全缠绕复合气瓶，美国 Luxfer 公司制造。质量轻、强度高、耐腐蚀、寿命长。

E.PRR 系列空气呼吸器的特点如下：

(1) 供气阀的供气流量大(≥500 L/min)、性能稳定、可大流量调节；呼气阻力小，任何工作环境下佩戴者都可以轻松自如进行呼吸。

(2) 供气阀上的红色冲泄阀具有在紧急情况下进行持续强制供气的功能，使用前清洁面窗内表面的灰尘或积雾，使用结束后排放管路余气等功能。

(3) 供气阀与面罩的连接用卡口式，连接可靠、拆装简捷。

(4) 台柱状面窗采用聚碳酸酯注塑而成，表面有硬质涂层，透光性佳、视野大、耐磨性好。

(5) Kevlar 头罩组件与面窗采用四点连接，强度大、透气性强、调节方便，佩戴消防头盔或安全帽时受力均匀，避免了橡胶头戴式面罩总成的缺陷。

(6) 面罩内的口鼻罩根据亚洲人的脸形特征进行设计，结构紧凑、密封效果好、残余二氧化碳少。

(7) 面罩两侧设有传声器，使佩戴者可与他人进行清晰的语言交流；传声器上可选装 Scott 公司的各种通信器材，如声音放大器、对讲机转换器(E-ZRadiocomII)等。

(8) 面罩总成与供气阀的特有结构使之具有去雾除霜功能，寒冷地区使用时亦可始终保持清晰的视野。

复习思考题

1. 矿井最优排尘风速和最低排尘风速是多少？如何确定？
2. 矿井综合防尘措施包括哪些？
3. 喷嘴雾化效果主要指标有哪些？
4. 影响湿式凿岩的因素有哪些？
5. 采煤工作面湿式除尘包括哪些方面？
6. 干式捕尘的适用地点有哪些？
7. 为什么要设置净化水幕？有何作用？

第 5 章　煤层注水防尘

学习目标

1. 掌握煤的孔隙及裂隙特征及孔隙率的测定方法；
2. 掌握煤层注水的影响因素及选择方法；
3. 掌握煤层长钻孔、短钻孔等注水工艺；

导　　言

本章介绍了煤层注水防尘技术，主要包括煤的孔隙及孔隙率的测定方法，煤层注水难易程度的分类，煤层注水的几何、物理、注水效果参数，长钻孔注水、短钻孔注水、深钻孔注水，动压注水、静压注水的煤层注水方法及其工艺。以兖矿集团各矿为例详细介绍了多种技术结合的注水方法、工艺和注水效果。本章还介绍了掘进工作面与薄煤层工作面的快速注水方法及现场应用，介绍了采空区及巷道灌水方法、采空区灌水的适用条件、采空区灌水效果。

5.1　煤的孔隙及其渗流特征

5.1.1　煤的孔隙及裂隙

当水在煤层内的裂隙、孔隙内均匀存在时，才能使煤层均匀湿润，注水才能取得最好的效果。因此，首先对煤层的裂隙、孔隙应有一个基本了解才能更好地研究煤层注水时水在煤体中渗流的规律。煤体内有无数的裂隙、孔隙，按其成因、存在状态和分布情况大体可分为以下 5 种。

(1) 层理

煤层的层理面是在成煤过程中形成的各种煤岩成分的分界面。层理虽然没有直接使煤体(或使煤体和围岩间)断裂开来，却使煤体沿层理方向产生了一个弱面，注水时，水容易从这个弱面压入通过，因此在研究煤层注水时，把它纳入裂隙加以讨论。

层理由于形成环境不同，其形态各异，大致分成三类，即水平层理、波状层理和斜层理。水平层理的形状为直线状，互相平行，并且平行层面；波状层理呈对称或不对称，规则或不规则的波状曲线，其总的方向平行于层面；斜层理由一个或一个以上的斜层系所组成，其特征是层系中的细层均以一定的角度与层系界面相交。层理有连续性与非连续性之分。当煤层属于均匀致密的块状构造时(如某些暗淡型煤或腐泥煤)，层理不明显。当煤层注水时，层理面常可成为一个连续通道，使水到达整个煤层的待湿润范围。

(2) 内生裂隙

煤体的内生裂隙是煤层在成煤和变质过程中，受上覆岩层压力和温度的作用，使煤炭中凝胶化物质的分子结构压紧并重新排列，体积收缩产生内张力而形成的裂隙。它的形成与地质构造运动和采动影响等外界动力无关，因此称之为内生裂隙。在各种煤岩成分中，以镜煤和亮煤中的内生裂隙最为发育。它通常垂直于层理面，裂隙面平坦而光滑，往往呈两组互相垂直的裂隙组，其中裂隙密度较大的一组称为主裂隙组，另一组称为次裂隙组(图 5-1)。内生裂隙的发育程度，是用煤体某一断面上沿层理方向每 5 cm 长度内人眼观察的裂隙数目来表示的。它和煤的变质程度紧密相关，常常用以判别煤的变质程度，同时也是影响煤层注水难易的一个因素。

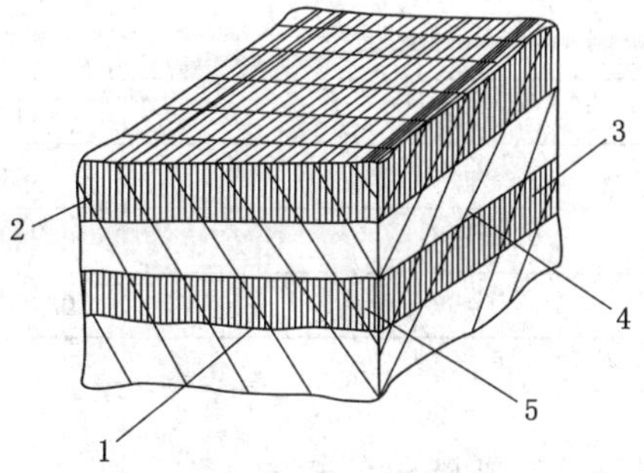

1—层理面；2—内生裂隙组；
3—次内生裂隙组；4—外生裂隙；
5—镜煤或亮煤。

图 5-1　内生与外生裂隙

(3) 外生裂隙

煤层形成后，受地质构造运动的剪切作用，按受力方向和强烈程度不同，产生了与层理面斜交的外生裂隙。它产生于各种煤岩成分或各种煤岩类型的煤体中，如图 5-1 所示。外生裂隙常与层理面斜交成不同的交角，可分为几组，常见的为 45°的斜交外生裂隙。裂隙面上由于在挤压过程中产生剪切滑动，常呈擦痕而凸凹不平。主要的外生裂隙组方向常与附近的断层方向一致。外生裂隙内常有次生矿物或破碎的煤粉(原生煤尘)充填。外生、内生裂隙和层理面相互交错，使煤体沿这些裂隙破裂时，构成一定的几何形状，这就是常称的“节理”。常见的节理有板状、立方体、平行六面体等。节理发育则有利于注水工程。

(4) 次生裂隙

煤体在采落之前，受本层或上邻近层开采的超前支承压力的作用，或受邻近分层爆破作业的影响所形成的裂隙称为次生裂隙。它是由于人的开采活动造成的煤体裂隙，因此和次生裂隙相对应，内生及外生裂隙是在煤体未受开采影响之前形成的，可统称为原生裂隙。次生裂隙内也伴生着原生煤尘。

(5) 煤体内的细微孔隙

在煤层的生成及其后的变质过程中，由于挥发物质、瓦斯和水分的不断泄出，煤体中自然形成了各类细微孔隙。这些细微孔隙大多是互相连通的，只有个别的孔隙系统处于封闭状态。煤体中孔隙的直径有的小于液体分子直径，但大于瓦斯分子直径。煤层在透水性质上可以看成是具有两类孔隙的介质。一类是裂隙系统，它具有使水通过并储存一些水的作用；另一类是被这些裂隙所分割的煤块孔隙。显然，裂隙系统起了一种渠道作用，水由它进入各种煤块孔隙。按照煤体中各类孔隙的直径大小可将孔隙分为 5 类，见表 5-1。

煤体中各类裂隙都属于可见的大微孔隙。孔径小于 10^{-9} m 的超细微孔隙，因水分子难以进入而不应包括在煤层注水的讨论范围之内(水分子直径 $d=2.6\times10^{-10}$ m)。在使用液体法测定煤的相对密度时，液体分子不能进入这些超细微孔隙，因此测得的相对密度和孔隙率只反映了那些水分子能够进入的孔隙的存在。煤体的各类型孔隙的发育程度，一般用单位长度或单位面积内所存在的裂隙条数来表示，而煤的孔隙发育程度(包括全裂隙的体积在内)则以孔隙率表示。

表 5-1 孔隙分类

类型	孔径/m	类型	孔径/m
大微孔隙	$>10^{-4}$	中微孔隙	$10^{-7}\sim10^{-8}$
微孔隙	$10^{-4}\sim10^{-6}$	细微孔隙	$10^{-8}\sim10^{-9}$
半微孔隙	$10^{-6}\sim10^{-7}$		

5.1.2 孔隙率的测定

孔隙率测定主要是用压汞法。在压汞仪中加压时,水银作为不润湿液体可克服表面阻力进入粉末床内的孔隙,所进入孔隙的大小与施加的压力关系用下式表示:

$$r = -2\sigma\cos\theta/p \tag{5-1}$$

式中 r——压强下水银所能进入的最小孔隙的半径,nm;

p——外加压强,N/cm^2;

σ——水银的表面张力,N/cm;

θ——水银与粉末的接触角。

在一定温度下,σ 和 θ 为定值,施加的压力可由压力计直接读出,故可由式(5-1)求得该压力下水银可透入的最小孔隙的半径,由该压力下水银透入孔隙的量,即可求得大于某一孔径的孔隙的总容积。

下面是兖矿集团兴隆庄煤矿煤样的孔隙率测定。

煤样选取:兴隆庄煤矿所取 5 个地点的煤样情况,见表 5-2。每个地点的煤样分上、中、下,共取 9 块,尺寸为 2 cm×1 cm×1 cm。

表 5-2 煤层煤样特征

矿井名称	采集地点	煤层编号	垂深/m	煤层结构	硬度系数(f)
兴隆庄煤矿	4301 开切眼	3	294	简单	2～3
	3304 运输巷	3	370	简单	2～3
	1303 运输巷	3	294	简单	2～3
	10301 开切眼	3	500	简单	2～3
	1307 工作面	3	861	简单	2～3

煤样选取后,用塑料袋封好,用压汞法测定煤的孔隙率。压汞法是用于孔隙分析仅次于物理吸附法的主要试验技术,更是大孔分析的首选试验方法。其基本原理基于非润湿毛细原理推出的 Washburn 方程,试验测量外压力作用下进入脱气处理后煤孔空间的进汞量,再换算为不同孔尺寸的孔体积、表面积。

表 5-3 是兴隆庄煤矿 4301 开切眼中下部 40 m 处煤样孔隙率测定数据。图 5-2 所示是 4301 开切眼中下部 40 m 处中部煤样孔径与孔隙率的关系图,表 5-4 是不同地点煤样孔隙率分布表。

表 5-3　4301 开切眼中下部 40 m 处煤样孔隙率测定数据(清华大学)

取样地点	煤样名称	孔隙率/%	孔隙率分布/%				
			<0.01 μm	0.01～0.1 μm	0.1～1.0 μm	1.0～10 μm	>10 μm
4301 开切眼中下部 40 m 处	上部	5.820 9	59.276 1	28.340 4	6.106 4	3.230 6	3.156 6
	中部	7.301 6	59.925 8	29.997 8	1.336 2	3.192 2	5.548 0
	下部	6.128 0	55.340 0	37.280 6	0.000 0	4.437 9	2.941 5
	平均	6.416 8	58.180 6	31.872 9	2.480 9	3.620 2	3.882 0

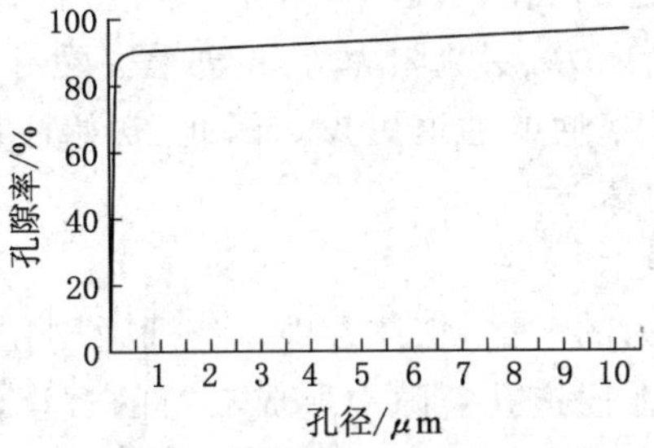

图 5-2　4301 开切眼中下部 40 m 处中部煤样孔径与孔隙率的关系

表 5-4　不同地点煤样孔隙率分布

取样地点	煤样名称	孔隙率/%	孔隙率分布/%				
			<0.01 μm	0.01～0.1 μm	0.1～1.0 μm	1.0～10 μm	>10 μm
兴隆庄煤矿	4301 开切眼	6.416 8	58.180 6	31.872 9	2.480 9	3.620 2	3.882 0
	3304 运输巷	6.306 9	67.224 2	23.334 3	2.019 8	5.099 7	2.332 0
	1303 运输巷	6.696 3	60.185 1	27.895 6	3.593 5	5.346 1	2.979 8
	10301 开切眼	5.439 7	80.625 4	9.928 4	4.439 1	3.105 6	2.901 5
	1307 工作面	5.770 0	42.977 2	30.130 9	5.082 3	3.099 1	18.710 6

煤层可注水孔隙的最小孔径可参照 0.01 μm(水分子直径 $d=2.0\times10^{-10}$ m)给出，为此可确定各矿的可注水孔隙率，见表 5-5。

表 5-5　煤层可注水孔隙率

矿井名称	采集地点	煤层编号	垂深/m	孔隙率/%	>0.01 μm 所占比例/%	可注水孔隙比例/%
兴隆庄煤矿	4301 开切眼	3	294	6.416 8	41.820 0	2.683 5
	3304 运输巷	3	370	6.306 9	23.770 0	2.067 1
	1303 运输巷	3	294	6.696 3	39.920 0	2.673 2
	10301 开切眼	3	500	5.439 7	19.370 0	1.054 0
	1307 工作面	3	861	5.770 0	57.022 8	3.290 1

由以上数据可以看出，煤的可注水孔隙比例在 1%～4%之间，注水较为困难。

5.1.3 注水渗流过程

地下流体在煤层孔隙中的流动是一种在无序介质中的缓慢流动，因此称为渗流。

注水过程中，水不断改变煤体自身的物理力学结构和性质，即水从大裂隙通道中不断压裂贯通封闭状态的孔隙进入煤体，直至渗入细微孔隙中，注水的这一扩大渗流通道提高湿润程度的过程是煤体介质所特有的一种形式，其原理十分复杂。为便于研究，将注水的渗流过程大致分为三个过程。

(1) 进水过程

压力水开始沿煤体原生连通裂隙通道（一般指孔隙大于 10^{-8} m 的裂隙）进入煤体，是一个克服煤体内部阻力（如瓦斯压力、层流阻力等）的过程。处于原始状态的煤层，原生裂隙通道只占全部裂隙的极少部分，连通的通道更少。因此，初始注水时，煤层出现明显的不进水现象，注水存在一个临界压力值。

(2) 贮水过程

进水的煤体随着注水压力的增高，煤体裂隙系统通道网在水的压力作用下，逐渐扩大丰富，压力水不断进入煤体，并在通道孔裂隙中形成滞留的过程，这是注水渗流湿润的主要过程，煤体最终达到均匀湿润所吸收的就是这部分水。可以认为，煤体大孔隙通道中的贮水即为煤体最终湿润所需要水分的主要部分。随着进水程度增大，煤层水分趋于饱和，进水程度大大减弱。据此，煤层的贮水过程包括两个阶段，即非弹性贮水阶段和弹性贮水阶段。

(3) 吸附水过程

在水沿渗流系统通道流动的同时，各类细微孔裂隙（孔隙直径小于 10^{-8} m）以较低的流速吸附渗流通道的水，形成吸附水过程，这一过程主要为毛细孔隙的作用。在细微孔隙中，注水压力在这些孔道中已耗尽，毛细作用力相应增大。

1852—1855 年，达西（H. Darcy）为了研究水在砂土中的流动规律，进行了大量的渗流试验，得出了层流条件下土中水渗流速度和水头损失之间关系的渗流规律，即达西定律。达西渗透试验装置，如图 5-3所示。试验筒中部装满砂土。砂土试样长度为 L，截面积为 A，从试验筒顶部右端注水，使水位保持稳定，砂土试样两端各装一支测压管，测得前后两支测压管水位差为 Δh，试验筒右端底部留一个排水口排水。试验结果表明：在某一时段 t 内，水从砂土中流过的渗流量 Q 与过水断面 A 和土体两端测压管中的水位差 Δh 成正比，与土体在测压管间的距离 L 成反比。那么，达西定律可表示为

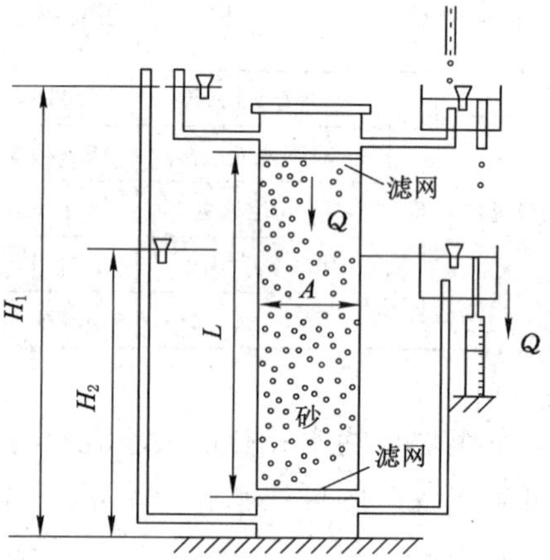

图 5-3 达西渗透试验装置

$$q = Q/t = k\Delta hA/L = kAi \tag{5-2}$$

$$v = q/A = ki \tag{5-3}$$

式中 q——单位时间渗流量，cm^3/s；

v——渗流速度，cm/s；

i——水力坡降；

k——土的渗透系数，cm/s，其物理意义表示单位水力坡降时的渗流速度。

式(5-2)、式(5-3)称为达西渗流公式，它表征水在砂土中的渗流速度与水力坡降成正比。

5.2　煤层注水方式及其选择

5.2.1　煤层注水的实质

煤层注水是采煤工作面最重要的防尘措施，它在回采前预先在煤层中打若干钻孔，通过钻孔注入压力水，使其渗入煤体内部，增加煤的水分和尘粒间的黏着力，并降低煤的强度和脆性，增加塑性，减少采煤时煤尘的生成量；同时将煤体中原生细尘黏结为较大的尘粒，使之失去飞扬能力。

煤层的湿润过程实质上是水在煤层裂隙和孔隙中的运动过程，是一个复杂的水动力学和物理化学过程的综合。水在煤层中的运动可以分为压差所造成的运动和它的自运动。压差所造成的运动是水在煤层中沿裂隙和大的孔隙按渗透规律流动。自运动与注水压力无关，它取决于水的重力和水与煤炭的化学、物理化学的作用。自重使水在裂隙与孔隙内向下运动；化学作用是水作用于煤层内的无机的和有机的组分，使之氧化或溶解的过程；物理化学作用包括毛细管凝聚、表面吸着和湿润等。压差和重力造成的水渗透流动，时间不长，范围不大，湿润效果不高，一般只能达到10%～40%。物理化学作用是煤层湿润的主导作用，可以持续很长时间，并能使煤体均匀、充分地湿润，将湿润效果提高到70%～80%。此外，煤层注水破坏了煤体内原有的煤-瓦斯体系的平衡，形成了煤-瓦斯-水三相体系，这个体系内各个介质间发生着相互作用。

水在煤层中的运动，主要是注水压力、毛细管力和重力三种力综合作用克服煤层裂隙面的阻力、孔隙通路的阻力和煤层的瓦斯压力。

注水后的煤层在回采及整个生产流程中都具有连续的防尘作用，而其他防尘措施则多为局部的。采煤工作面产量占全矿井煤炭总产量的90%，因此，煤层注水对减少煤尘的产生，防止煤尘爆炸有着极其重要的意义。

5.2.2　煤层注水的影响因素

5.2.2.1　煤的裂隙和孔隙的发育程度

对于不同成因及煤岩种类的煤层来说，其裂隙和孔隙的发育程度不同，注水效果差异也较大。煤层形成过程中，由于内部应力的变化所产生的内生裂隙，以中等变质程度的煤层最为发育，而低变质和高变质的煤中则较少，如图5-4、图5-5所示。

在地质构造和开采形成的集中应力作用下产生的外生裂隙和次生裂隙，对于脆性较大的中等变质程度的煤层(如焦煤、肥煤等)较发育，而坚硬、韧性较大的长焰煤或无烟煤则较少。

煤体的裂隙越发育则越易注水，可采用低压注水(根据煤炭科学研究总院抚顺分院建议，低压小于2 943 kPa，中压为2 943～9 810 kPa，高压大于9 810 kPa)；否则，需采用高压注水才能取得预期效果。但是当出现一些较大的裂隙(如断层、破裂面等)时，注水易散失于

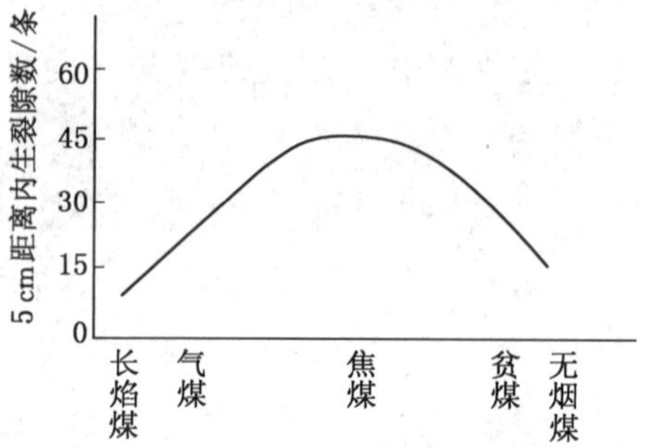

图 5-4　煤的内生裂隙与变质程度的关系

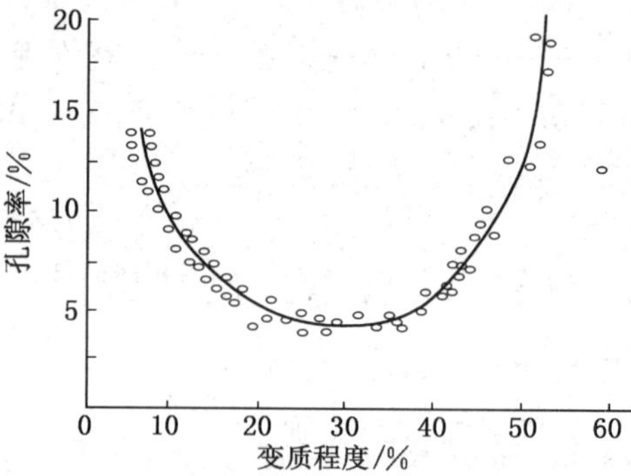

图 5-5　煤的孔隙率与变质程度的关系

远处或煤体之外，对预湿煤体不利。

煤体的孔隙发育程度一般用孔隙率表示，是指孔隙的总体积与煤的总体积的百分比。煤的孔隙率与变质程度的关系如图 5-5 所示。根据实测资料，当煤层的孔隙率小于 4%时，煤层的透水性较差、注水无效果；当孔隙率为 15%时，煤层的透水性最高，注水效果最佳；而当孔隙率达 40%时，煤层成为多孔均质体，天然水分丰富则无须注水，此多属于褐煤。

可见，煤层注水效果与煤层的裂隙和孔隙有直接关系。水注入煤体后，先沿阻力较低的大裂隙以较快的速度流动，注水压力增高可使水在裂隙中的运动速度加快。而毛细作用力随孔径变细而增加。注水实践表明，大的裂隙和孔隙中水的运动主要靠注水的压力，而细小孔隙中水的运动主要靠毛细管作用，因此，水在各级孔隙中的运动速度差异很大。煤体开始注水后，水可以较快地到达一些裂隙中，但细小的孔隙则需要较长时间。国外理论研究表明，在同样压力下，水在半大孔隙中的运动速度要比在细微孔隙中大一倍。注水现场也证实，湿润煤体的层理、节理面只需数小时到数天，而使煤体大部分细微孔隙湿润则需要十余天到数十天。对于 10^{-9} m 以下的细微孔隙，由于接近水分子的直径 2.6×10^{-10} m，不在注水湿润考虑范围之内。

5.2.2.2　上覆岩层压力及支承压力

地压的集中程度与煤层的埋藏深度有关，煤层埋藏越深则地层压力越大，而裂隙和孔隙变得越小，导致透水性能降低。因而随着矿井开采深度的增加，要取得良好的煤体湿润效果，需要提高注水压力。在长壁工作面的超前集中应力带以及其他大面积采空区附近的集中应力带，因承受的压力增高，其煤体的孔隙率与受采动影响的煤体相比，要小 60%～70%，由此减弱了煤层的透水性。

5.2.2.3　煤的坚固性

煤的坚固性系数 f 较小时，煤的透气性好，易于注水；反之，则难以注水。但对于那些有夹矸、极松软且遇水易膨胀的煤层，虽然 f 很小，却反而不易注水。如徐州矿务集团公司多个矿井的下石盒子组煤层，都含有一种俗称“膨润土”的夹矸，注水效果差。膨润土是一种以蒙脱石为主要成分的细粒黏土，含少量长石、石英、贝得石、方解石及火山碎屑物，主要化学成分是 SiO_2、Al_2O_3 及少量 Fe_2O_3、MgO、CaO、K_2O、Na_2O 和 TiO_2 等。膨润土能吸附8～15 倍于本体积的水量，吸水后体积膨胀，体积能膨胀增大几倍到十几倍。由于膨润土的膨胀性，很容易堵塞煤层内的裂隙通道，导致注水效果较差。

5.2.2.4　液体性质的影响

煤是极性小的物质，水是极性大的物质，两者之间极性差越小，越易湿润。为了降低水的表面张力，减小水的极性，提高对煤的湿润效果，可以在水中添加表面活性剂。阳泉一矿在注水时加入0.5%浓度的洗衣粉，注水速度比原来提高24%。

5.2.2.5　煤层内的瓦斯压力

煤层内的瓦斯压力是注水的附加阻力。水压克服瓦斯压力后才是注水的有效压力，所以在瓦斯压力大的煤层中注水时，往往要提高注水压力，以保证湿润效果。同时，煤层注水也是防止煤与瓦斯突出的一个很好的措施。

5.2.2.6　注水参数的影响

煤层注水参数是指注水压力、注水速度、注水量和注水时间。注水量或煤的水分增量既是煤层注水效果的标志，也是决定煤层注水降尘率高低的重要因素，如图5-6、图5-7所示。通常，注水量或煤的水分增量变化在50%～80%之间。注水量和煤的水分增量都和煤层的渗透性、注水压力、注水速度和注水时间有关。

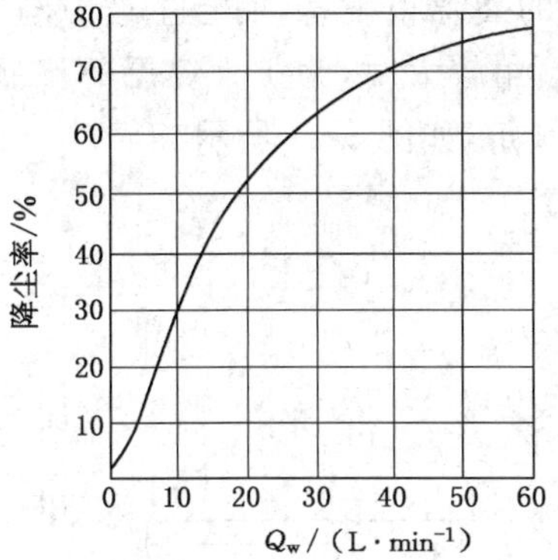

图5-6　降尘率与注水量的关系

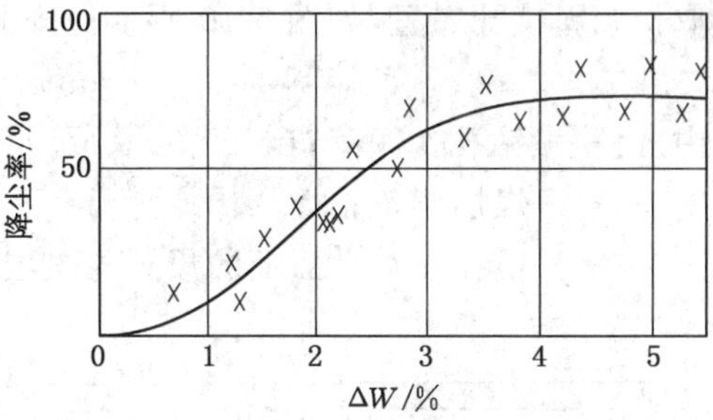

图5-7　降尘率与煤的水分增量关系

综上所述，煤层注水效果的影响因素较多，为了具体地表示煤层的渗透性和润湿性，根据压力梯度和钻孔单位面积的吸水量，提出了衡量注水难易程度的综合指标，即

$$\Phi_0 = \frac{Q}{p_0 \cdot t_0 \cdot S_0} \tag{5-4}$$

式中　Φ_0——衡量煤层注水难易程度的综合指标，cm/(MPa·s)；

p_0——初始(最大)注水压力，MPa；

t_0——在压力为p_0时连续注水时间，s；

S_0——钻孔吸水的表面积，cm^2；

Q——一个钻孔的吸水量，cm^3。

按煤层注水的难易程度分为三类煤层，各类煤层的指标如下：

第一类煤层——易注水煤层：

$$\Phi_0 = 0.04 \sim 0.08\ \text{cm/(MPa·s)}$$

$$V_{daf}(\text{可燃挥发分}) = 10\% \sim 30\%$$

第二类煤层——可注水煤层：

$$\Phi_0 = 0.03 \sim 0.06\ \text{cm/(MPa·s)}$$

$$V_{daf}(\text{可燃挥发分})=30\%$$

第三类煤层——难注水煤层：

$$\Phi_0=0.01\sim0.05\ \text{cm}/(\text{MPa}\cdot\text{s})$$

$$V_{daf}(\text{可燃挥发分})\leqslant30\%$$

5.2.3 煤层注水的方式

5.2.3.1 按照钻孔长度划分

(1) 长孔注水

钻孔注水是指在工作面的进、回风巷或只在进风巷或回风巷沿煤层打钻孔，且通过钻孔并利用水的压力将水注入煤层中，使煤体得到湿润的方式。这种注水方式主要用于长壁式采煤法，钻孔沿煤层的走向布置，沿煤层倾向打钻孔。钻孔布置在回风巷道，俯斜向下钻进，称为下向孔；钻孔布置在运输巷道，倾斜向上钻进，则称为上向孔；沿煤层走向布置的钻孔称为走向孔，这种方式主要用于倾向长壁工作面，如图 5-8 所示。在回风平巷和运输平巷均沿倾斜打下向孔，则称为双向钻孔，如图 5-9 所示。当煤的裂隙很发育，而且主裂隙与工作面推进方向超过 50°时，或者煤层透水性很强，而且煤层倾角较大时，为扩大煤层的湿润带，应采取伪倾斜钻孔布置，如图 5-10 所示。按下式计算伪倾角，如图 5-11 所示。

$$\tan\gamma=\tan\alpha\tan\beta \tag{5-5}$$

式中 γ——钻孔伪倾角；

α——煤层倾角；

β——钻孔在水平面上的投影与煤层走向线的夹角。

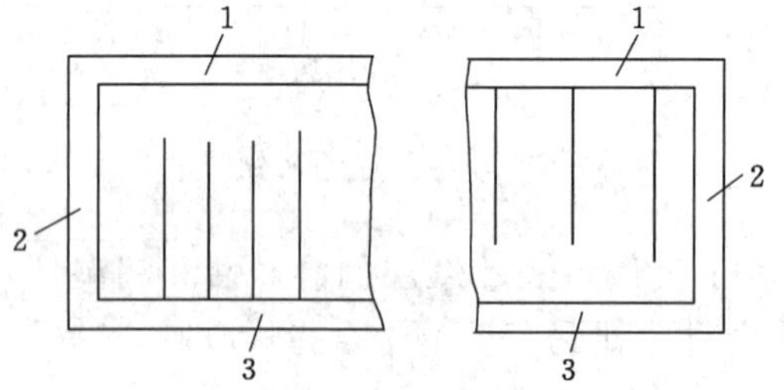

(a) 上向孔　(b) 下向孔

1—回风巷；2—开切眼；3—运输巷。

图 5-8 单向长孔注水方式示意图

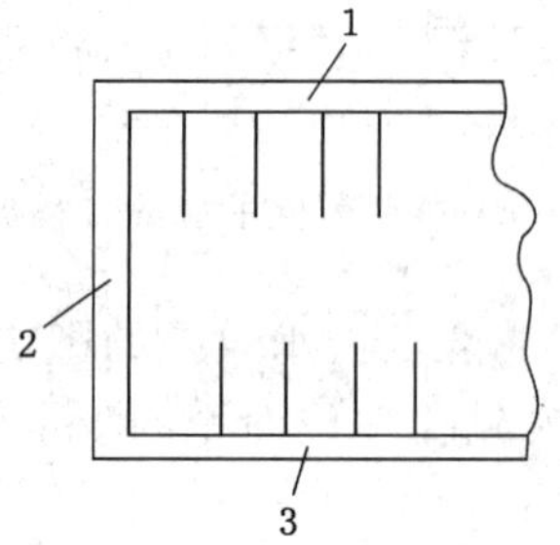

1—回风巷；2—开切眼；3—运输巷。

图 5-9 双向钻孔布置平面示意图

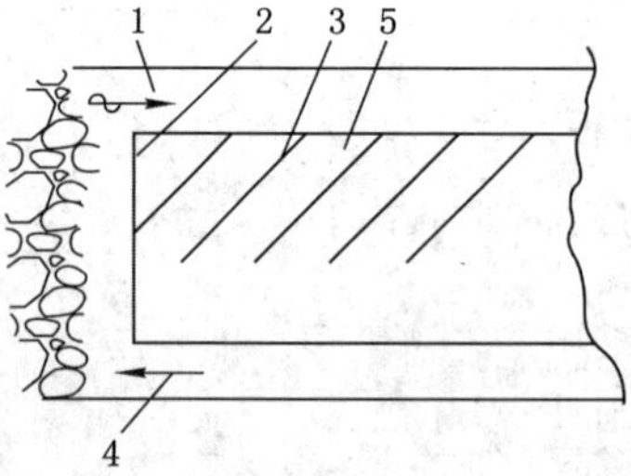

1—回风；2—工作面；3—钻孔；4—进风；5—裂隙。

图 5-10 伪倾斜钻孔布置方式

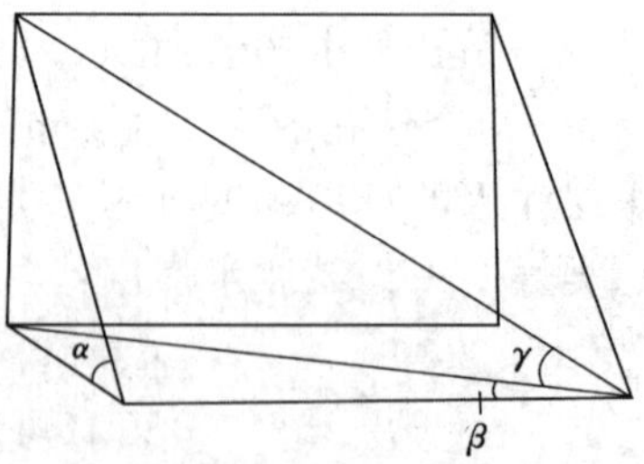

图 5-11 伪倾角与真倾角的关系

(2) 短孔注水

短孔注水是在采煤工作面垂直煤壁，与节理面斜交打钻孔注水的降尘方法，如图 5-12 所示。短孔注水的钻孔布置方式主要取决于煤层及其夹矸层厚度，若煤层厚度小于 1.8 m，可考虑布置单排眼；当煤层厚度较大并有夹矸时，可布置三花眼。

(3) 深孔注水

深孔注水方式与中深孔注水方式的钻孔布置相似，只是其钻孔长度为(2～5)L_d 进度，如图 5-13 所示。这种方式主要在西方国家应用，我国一般不采用这种方法。

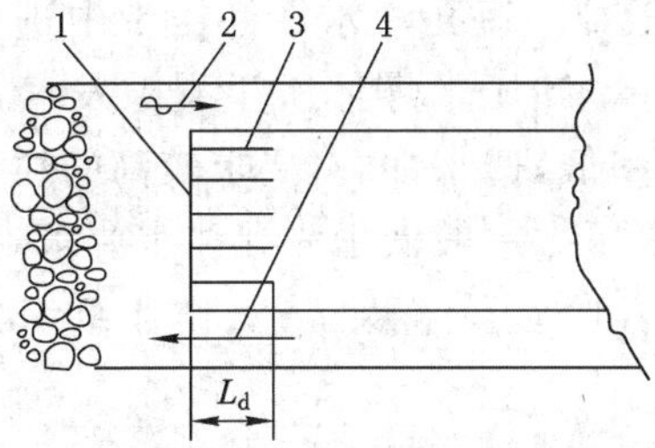

1—工作面；2—回风；3—钻孔；4—进风。

图 5-12　短孔注水示意图

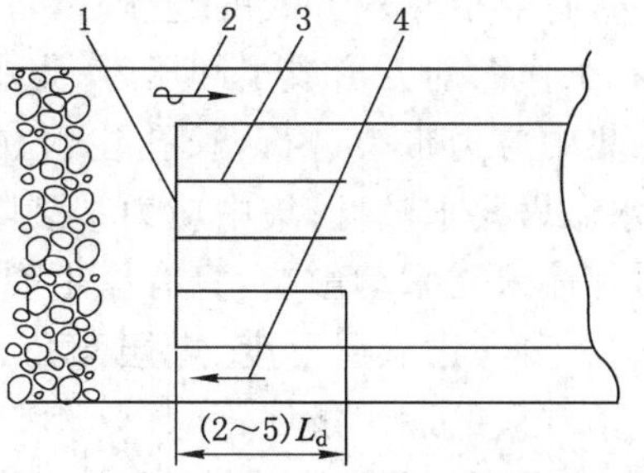

1—工作面；2—回风；3—钻孔；4—进风。

图 5-13　工作面中深孔注水示意图

5.2.3.2　按照供水方式划分

(1) 静压注水

静压注水是利用地面水源至井下用水地点的静水压力，通过矿井防尘管网直接将水引入钻孔向煤体注水的方式。

(2) 动压注水

动压注水是利用水泵向煤体注水的方式。这种注水方法又分为固定泵(泵站)注水、移动泵注水、注水器注水。

① 固定泵(泵站)注水。水泵固定在井上或井下某地点，由固定管路将压力水送到注水地点。

② 移动泵注水。水泵设在注水工程地点，随注水工作的移动而移动。

③ 注水器注水。其是使用专用的注水器直接在孔口注水的方式。注水器是一种包括水的加压、水的传送和自动封孔装置的联合机具。国外多为短孔或深孔注水而专门设计制造的。

根据上述各种注水方式的特点，在选择注水方式时一定要考虑下列因素：

① 煤体的透水性及泄水的可能性，这主要决定注水压力的大小及供水方式。

② 采煤作业和注水作业相互的干扰程度，它决定了采用短孔或长孔方式。

③ 采煤方法和井巷布置条件，决定钻孔的布置形式。

④ 煤层地质构造条件、产状要素及埋藏深度。

⑤ 水对顶、底板的影响程度。

⑥ 注水作业的人力、设备、器材等主观条件。

5.2.3.3　按照注水压力划分

注水压力的高低取决于煤层逆水性的强弱和钻孔的注水速度大小。通常，注水压力小于 2 943 kPa 为低压注水，注水压力为 2 943～9 810 kPa 属于中压注水，必要时可采用注水压力大于 9 810 kPa 的高压注水。

合理的注水方式应使注水工艺尽可能简单、使用设备人力尽可能减少、湿润效果要达到预期目的，而且还必须考虑在本矿有条件长期推广使用。我国矿井目前大多数采用低压或中压长孔注水湿润煤层，一般情况下均能取得预期效果。

5.2.4 煤层注水方式的选择原则及规定

在进行煤层注水方式的选择时，首先，要考虑岩石压力的影响。长壁工作面采场受地压作用，在工作面前方形成了卸压带、集中应力带和常压带。短孔注水在卸压带中进行，深孔注水在集中应力带中进行，长孔注水在常压带中进行。卸压带煤体次生裂隙发育，透水性强，注水压力要求较低；集中应力带裂隙不发育，孔隙率低，透水性弱，要求较高的注水压力；常压带煤体未受采动影响，只有原生裂隙和孔隙，注水压力一般低于深孔注水要求。

其次，要考虑煤层厚度、煤层倾角、有无断层、围岩性质及采煤工艺、作业组织方式等。三种注水方式的适用条件：

(1) 短孔注水。对于煤层赋存不稳定、地质构造复杂、煤层薄(小于 0.7 m)、产量较低的采煤工作面，或者顶、底板岩性易吸水膨胀而影响顶板控制的工作面，采用短孔注水较合理。这种注水方式要求水压低，工艺设备简单；它的缺点是钻孔数量多、湿润范围小、钻孔长度短、易跑水，且钻孔注水必须在准备班进行，容易与回采发生矛盾，对生产能力高的工作面不适用，加之注水效果不如另外两种，所以正规工作面已很少采用。

(2) 深孔注水。由于钻孔较长，要求煤层赋存稳定。它具有适应顶、底板吸水膨胀等特点。与短孔注水相比较，深孔注水钻孔数量少，湿润范围较大且均匀，国外采用较多；但注水压力要求高，注水工艺设备较复杂，而且采用这种方式的前提是采煤循环中要有准备班。

(3) 长孔注水。一般认为长孔注水是一种先进的注水方式，它能湿润较大区域的煤体，注水时间长，煤体湿润均匀，注水与回采互不干扰。缺点是钻孔难度较大，定向打孔困难，对地质条件变化的适应性差。这种方法被国内外广泛采用。

煤层注水是国内外煤矿广泛采用的最积极、最有效的防尘措施。《煤矿安全规程》规定，采煤工作面应采取煤层注水防尘措施，有下列情况之一的除外：

① 围岩有严重吸水膨胀性质、注水后易造成顶板垮塌或底板变形，或者地质情况复杂、顶板破坏严重，注水后影响采煤安全的煤层。

② 注水后会影响采煤安全或造成劳动条件恶化的薄煤层。

③ 原有自然水分或防灭火灌浆后水分大于 4%的煤层。

④ 孔隙率小于 4%的煤层。

⑤ 煤层很松软、破碎，打钻孔时易塌孔、难成孔的煤层。

⑥ 采用下行垮落法开采近距离煤层群或分层开采厚煤层，上层或上分层的采空区采取灌水防尘措施时的下一层或下一分层。

5.3　煤层长孔注水及其工艺

一般认为长孔注水是较先进的注水方式，本节将从长孔注水工艺参数、长孔注水装备及长孔注水效果考察等方面对长孔注水技术进行阐述。

5.3.1　长孔注水工艺参数

(1) 钻孔直径

钻孔直径的选择，应与封孔方式相适应。当采用封孔器封孔时，应按封孔器的要求确定钻孔直径，当采用封孔器封孔时，钻孔直径应为 65 mm；当采用水泥砂浆封孔时，钻孔直径一般为 76～110 mm，通常取 90 mm。封孔深度应当超过沿巷道边缘煤体的卸压带宽度，对于静压注水，一般确定为 6～10 m，封孔长度 2～4 m。

(2) 注水孔间距

钻孔间距的大小取决于煤层的透水性、煤层厚度及煤层倾角等综合因素。合理的钻孔间距等于钻孔的润湿直径。

根据我国煤炭行业标准(MT 501—1996)，长孔注水钻孔的间距应为 10～25 m。当采用扇形钻孔布置方式时，上部孔与下部孔间距应为 1～3 m。单向钻孔长度应比工作面长度短 20～40 m；双向钻孔长度应比工作面长度的 1/2 短 5～8 m；扇形钻孔长度上部孔按双向钻孔长度确定，下部孔按单向钻孔长度确定。

(3) 钻孔长度

钻孔长度取决于工作面长度、煤层的透水性及钻孔方向。单向钻孔的长度按下式计算：

$$L = L_1 - S \tag{5-6}$$

式中　L——钻孔长度，m；

L_1——工作面长度，m；

S——注水常数。

注水常数 S 按下列原则取值：透水性弱的煤层，上向孔、下向孔(从运输巷施工的钻孔为上向孔，反之为下向孔)均取 $S=20$ m；透水性强的煤层，上向孔取 $S\geqslant 20$ m，下向孔取 $S=(1/3\sim 2/3)L_1$，表 5-6 为兖矿集团煤层注水钻孔长度对照情况。

双向钻孔的长度按下式计算：

$$L = L_1/2 - (15 \sim 20) \tag{5-7}$$

表 5-6　兖矿集团注水钻孔长度对照表　　单位：m

序号	南屯煤矿	鲍店煤矿	兴隆庄煤矿	东滩煤矿	济二煤矿	济三煤矿	杨村煤矿
1	50	48	86	54.0	86	91.2	103
2	50	46.4	86	52.5	88	94	102.5
3	42	49.6	86	53.6	90	93.5	103
4	50	52	86	52.2	80	—	103
5	20	44	90	56.2	90	—	104
6	18	44.8	86	54.7	—	—	102

表 5-6(续)

序号	南屯煤矿	鲍店煤矿	兴隆庄煤矿	东滩煤矿	济二煤矿	济三煤矿	杨村煤矿
7	—	52.8	86	54.0	—	—	102
8	—	52.8	86	55.5	—	—	102
9	—	52	90	52.5	—	—	103
10	—	51.8	86	56.6	—	—	103
11	—	51.2	90	57.0	—	—	102
12	—	48	87	54.0	—	—	102

(4) 钻孔位置

采用长孔注水时，钻孔布置根据煤层层理、节理、裂隙、孔隙分布等情况，充分考虑综放厚煤层的特殊条件，采用能较好湿润顶煤的穿裂隙钻孔布置，钻孔的长度及方向根据工作面长度、钻孔布置方式、煤层厚度及裂隙和孔隙分布等条件进行确定。

① 双巷错对扇形钻孔布置

例如，兴隆庄煤矿的 4301 综放工作面长度为 175.34 m，煤层产状平缓，裂隙发育，结构较为复杂，煤的孔隙率平均为 5.63%。根据该工作面的具体情况，选择双巷错对扇形钻孔布置方式。孔口距底板高度 1.6～2 m，钻孔相对工作面为平行关系；上孔孔底必须到顶板岩石，如图 5-14 所示。

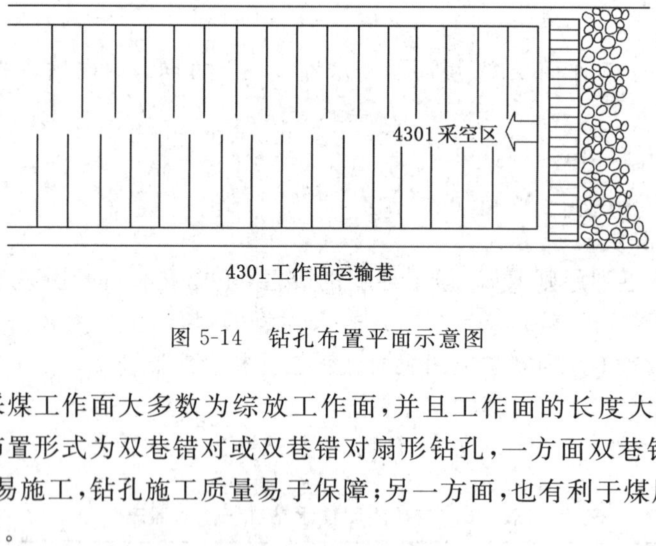

图 5-14　钻孔布置平面示意图

兖矿集团的采煤工作面大多数为综放工作面，并且工作面的长度大多在 200 m 左右，因此确定钻孔的布置形式为双巷错对或双巷错对扇形钻孔，一方面双巷钻孔布置式钻孔的长度较短，钻孔容易施工，钻孔施工质量易于保障；另一方面，也有利于煤层及顶煤的充分湿润，如图 5-15 所示。

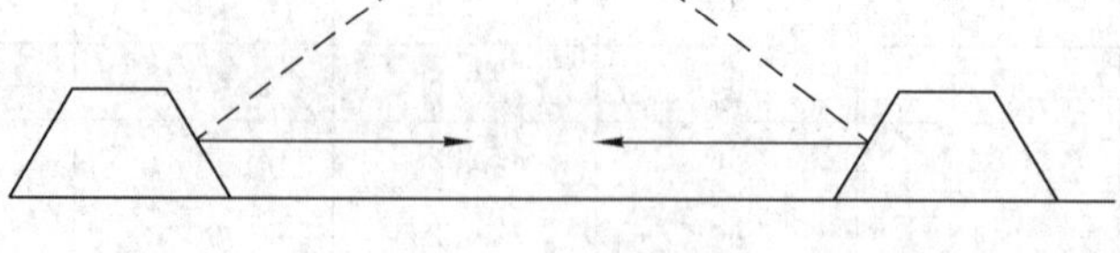

图 5-15　钻孔布置方式示意图

为全面考察钻孔布置形式对注水效果的影响，个别工作面选用单巷长钻孔的布置方式。

② 单向穿层式钻孔布置

在进行煤层注水钻孔的布置时，应最大限度确保钻孔能有效贯穿煤层的层理、节理、裂隙、夹层，有利于注水钻孔沟通煤层内部裂隙，为水向煤体内部渗透提供最多的渗透通道，因此，煤层注水钻孔可采用沿工作面倾斜方向单向穿层布置方式，如东滩煤矿和鲍店煤矿采用脉冲注水的工作面采用了这种钻孔布置方式，如图 5-16 所示。

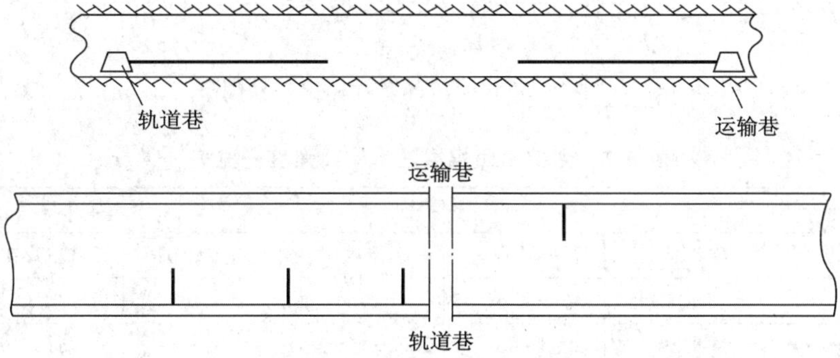

图 5-16　单向穿层式钻孔布置示意图

在注水试验阶段若采用将整个开采煤层均匀湿润的注水钻孔布置方式，将导致注水后位于顶煤放煤位置的水分分析煤样不可采，无法确定煤层注水后的水分分布范围。因此，在煤层注水试验阶段采用位于工作面采高范围内的注水钻孔布置方式，确保沿钻孔长度方向湿润的煤体水分分析煤样均可采。

（5）钻孔倾角

采用长孔注水时，钻孔的角度一般与煤层倾角一致，不能使终孔位置穿入顶、底板。在具体确定倾斜钻孔的角度时，应考虑以下要求：

① 钻杆和钻具因自重影响要沿铅垂方向下沉，从而使钻孔下弯，为此在确定钻孔倾角时，应按煤层倾角做出相应调整。

② 如若欲穿透煤层中的夹矸层，应选择合理的孔口位置，调整钻孔的倾角，尽可能不要穿顶、底板。

③ 如果在煤层中布置倾斜的上向孔时，其伪倾斜方位角可按中梁山煤矿所用方法计算：

首先在工作面钻孔处实测煤层倾角和煤层走向方位角（θ_2）等数据，然后根据注水的要求确定钻孔沿层面的伪倾角，最后按下述计算式求出钻孔的仰角和钻孔方位角，如图 5-17 所示。

表 5-7 为兖矿集团煤层注水钻孔角度一览表。

$$\sin\gamma = \sin\alpha \sin\beta$$

$$\sin\theta_1 = \tan\gamma \cdot c \cdot \tan\alpha \qquad (5\text{-}8)$$

式中　γ——钻孔仰角；

α——煤层倾角；

β——钻孔在层面上的伪倾角；

θ_1——钻孔偏角（与煤层走向的夹角）。

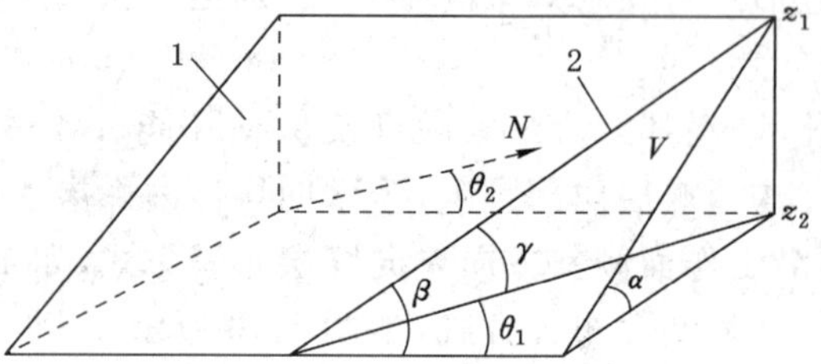

1—煤层；2—钻孔。

图 5-17　钻孔的伪倾斜方位角计算图

表 5-7　兖矿集团煤层注水钻孔角度一览表

序号	钻孔角度/(°)						
	南屯煤矿	鲍店煤矿	兴隆庄煤矿	东滩煤矿	济二煤矿	济三煤矿	杨村煤矿
1	4	8.7	−4.5	−4.0	2.0	1.3	3.5
2	3	9.1	−4.5	−4.4	1.5	1.45	3.5
3	0	8.4	−4.5	−4.3	1.5	2.0	3.5
4	0	9.3	−3.5	−4.5	1	2.15	3.5
5	3	10.3	−3.5	−4.2	1	2.37	3.5
6	3	9.3	−3.5	−4.5	—	—	3.5
7	4	9.2	−3.5	−4.6	—	—	3.5
8	4	9.4	−3.5	−4.7	—	—	3.5
9	4	9.5	−2.5	5.4	—	—	3.5
10	4	9.2	−2.5	5.6	—	—	3.5
11	4	9.4	−2.5	5.4	—	—	3.5
12	4	8.9	−2.5	5.8	—	—	3.5
13	3	—	−2.5	6.2	—	—	3.5
14	3	—	−0.5	6.3	—	—	—
15	3	—	−0.5	6.5	—	—	—
16	4	—	−0.5	6.3	—	—	—

(6) 封孔方法及封孔深度

封孔是注水技术中的一个重要环节。目前，国内外采用水泥封孔及封孔器封孔两种封孔方法。

① 水泥封孔。采用水泥封孔时，应将封孔段的钻孔直径扩大至 76～110 mm。钻孔中充填水泥的方法有水泥砂浆灌注法、人工封堵法、送泥器封堵法、压气封堵法及泥浆泵封堵法等，可按具体条件选用。

以水泥砂浆灌注法为例，如图 5-18 所示。先在注水管前端距管口 10 cm 处焊一个比扩孔直径稍小的圆盘，用棉布条扎好插入孔底处并固紧，以固定注水管和防止漏浆。注水管露出煤壁 0.5 m。如注水压力低，注水管可采用自来水管；如压力不超过 1.5 MPa，则可采用

ϕ33 mm 硬质塑料管；如压力超过自来水管和塑料管强度时，则注水管不可暴露在水泥包裹之外，必须在孔口以内不小于 0.5 m 长的水泥封孔段处用丝扣牢固连接一段无缝钢管引出钻孔，或者全部使用无缝钢管做注水管。注水管固定后，将 1∶2～1∶3 的水泥砂浆灌入钻孔，即完成封孔。若在砂浆中添加少量速凝剂，则会加速凝固。一个钻孔的水泥砂浆量，可根据注水管与扩孔壁间的环形空间大小来计算。水泥砂浆灌注法主要用于下向俯孔的封孔。水泥封孔法劳动强度较大，耗工费料，特别是注水钢管被埋入煤层内会给采煤机割煤时带来麻烦；但由于比较可靠，我国基本上采用这种方法。

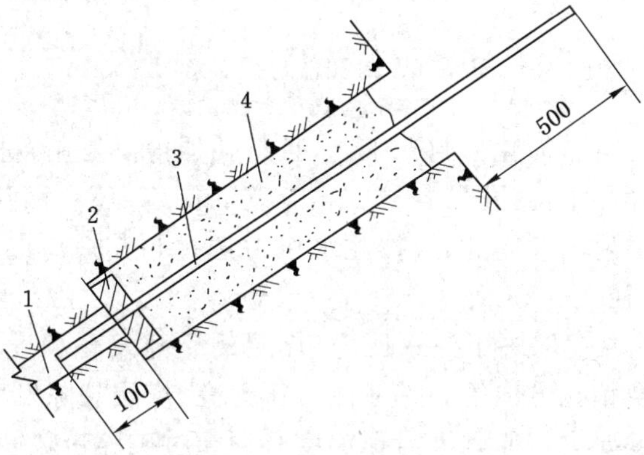

1—钻孔；2—挡盘；3—主水管；4—水泥砂浆。

图 5-18　水泥砂浆灌注法

② 水泥石膏封孔。水泥石膏封孔适用于倾斜孔封孔，因为倾斜孔由于砂浆自身重量的作用，会自动填满因砂浆收缩产生的空隙，封孔严实。而水泥砂浆和水泥石膏用于水平钻孔封孔时，往往产生月牙状的空隙，造成钻孔跑水。为解决此问题，必须在水泥砂浆或水泥石膏中加入膨胀剂等组分，改良材料的性质，实验证明，加入膨胀剂等成分，并合理地配比各组分后，取得了良好的封孔效果，如图 5-19 所示。

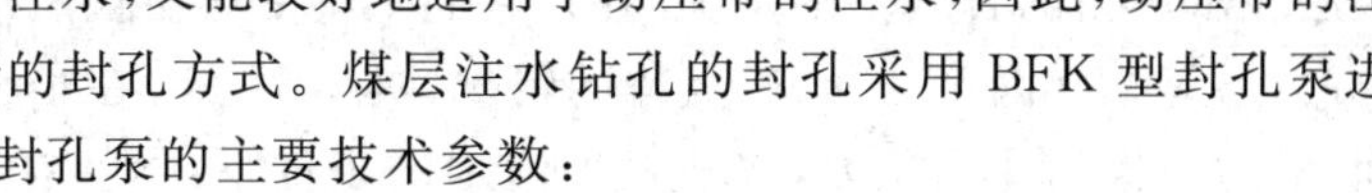

图 5-19　水泥石膏封孔示意图

水泥石膏等封孔方式，一旦封好后，强度大，有效封孔长度大，经久耐用，既能应用于长时间原始应力带注水，又能较好地适用于动压带的注水，因此，动压带的注水大都采用水泥砂浆或水泥石膏的封孔方式。煤层注水钻孔的封孔采用 BFK 型封孔泵进行压注式水泥稠浆封孔，BFK 型封孔泵的主要技术参数：

工作压力	1.2 MPa
工作流量	8～10 L/min
工作电压	380 V/660 V
电动机功率	3 kW
搅拌机净容积	30 L

外形尺寸　　　　　　　　　　　　　　　1 450 mm×400 mm×800 mm

质量　　　　　　　　　　　　　　　　　230 kg

③ 封孔器封孔。在长钻孔的封孔中，因封孔深度比较大，所以多采用封孔器封孔。使用封孔器封孔，对钻孔质量要求较高，孔径要圆，孔壁要平，弯度要小，孔壁直径以比封孔器胶筒直径大 5～10 mm 为宜。封孔器封孔示意图，如图 5-20 所示。

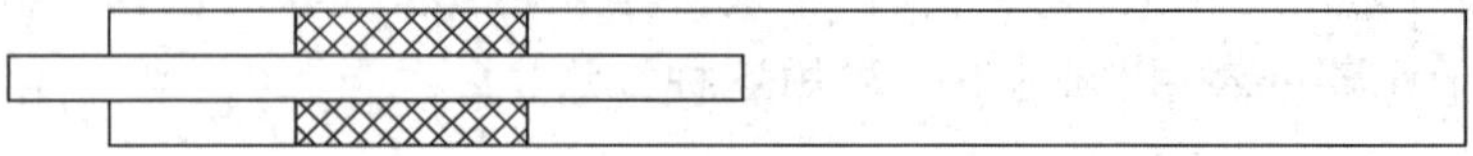

图 5-20　封孔器封孔示意图

封孔器封孔法操作方便，简化了封孔工艺，且封孔器可以复用，材料消耗少，封孔成本较低。缺点是，在较软的煤层中，封孔器容易压碎煤壁而漏水，还会因注水压力较高及摩擦力不够，使封孔器从钻孔中射出。因此，应按注水压力选择与其适应的封孔器型号，按注水流量选择合理的注水管直径。

④ 封孔深度。封孔深度取决于注水压力、煤层的裂隙发育程度、沿巷道边缘煤体的破碎带宽度、煤的透水性及钻孔方向等。一般注水压力高、煤层裂隙发育及煤层渗透水性能强的上向钻孔，其封孔深度要大。原则上封孔深度必须超过破碎带宽度，而且在煤层的湿润范围未达到预计的湿润半径之前，不得从巷道渗水，更不得跑水。一般是通过实验定出合理的封孔深度。我国煤矿的封孔深度通常是 2.5～10 m，有的大于 10 m。

(7) 注水压力

注水压力的高低取决于煤层逆水性的强弱和钻孔的注水速度大小。如果水压过小，注水速度太低，水压过高，又可能导致煤岩裂隙猛烈扩散，造成大量窜水或跑水。适宜的注水压力是通过调节注水流量使其不超过地层压力而高于煤层的瓦斯压力。国内外经验表明，低压或中压长时间注水效果好。在我国，静压注水大多同于低压，动压注水中压居多。对于初次注水的煤层，开始注水时，可对注水压力和注水速度进行测定，找到两者的关系，根据关系曲线选定合适的注水压力。

注水压力实际与流量、时间存在互相联系、互相制约的关系。因此，在确定注水压力时，必须同时考虑流量、注水时间这两个物理量。另外还要考虑煤层的透水性、煤的湿润能力、煤层泄水的可能性及压力-流量曲线。在经过计算的基础上，按照煤层自然特点通过试验因地制宜地确定合理的注水压力范围。但必须注意，注水压力的最低值一般不应使注水时间延得过长，以保证注水作业在采煤之前完成。

各矿区不同煤层注水压力的合理范围是不同的，它们不仅受煤层自然条件的影响，而且还受设备条件、采掘关系等主观因素的影响，具体的情况，具体考虑。在难透水煤层中、采掘关系紧张的工作面，应适当提高注水压力，在不发生泄水的条件下，尽快在采煤之前完成注水任务。我国一般采用中压长时间注水的方法，均取得了明显的经济效果和注水效果。大多数煤层使用中、低压注水均能满足湿润要求，不需要选取高压注水。

(8) 注水流量

在长孔注水中，根据水分增值的合理范围及钻孔承担的湿润煤体，则每孔注水量的计算式为

$$M_k = KT(W_1 - W_0) \tag{5-9}$$

式中 M_k——每个钻孔的注水量,t;

T——钻孔担负的湿润煤量,t;

W_0——煤层注水前的泵水分值,%;

W_1——根据调查资料确定的煤层水分上限值,%;

K——水量不均衡系数,取 1.5～2.0。

在倾斜长钻孔注水时,每孔担负的湿润煤量按式(5-10)计算,如图 5-21 所示。

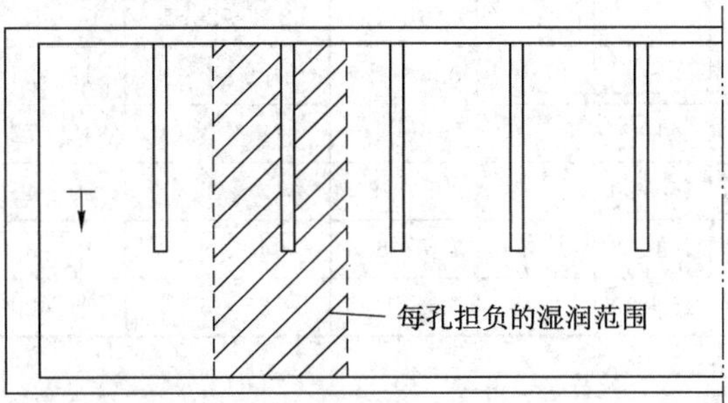

图 5-21 每孔注水量计算图

$$T = lSh\gamma \tag{5-10}$$

式中 l——工作面倾斜长度,m;

S——钻孔两侧待湿润范围(一般情况下等于钻孔间距),m;

h——煤层厚度,m;

γ——煤的密度,t/m^3。

钻孔注水量通常在实践中通过观察予以确定。许多矿井在下向孔注水时,如果机巷煤壁"出汗"、挂水珠时就停止注水。用这种观察方法确定钻孔注水量有时与计算值较接近(发生泄水时除外)。长钻孔每孔注水量一般在 30～100 m^3 之间;特厚煤层的穿层钻孔注水量可达到数百乃至 1 000 m^3 以上;在中厚煤层中,每米钻孔注水量大致在 1 m^3。从中可以看出,如果将注水流量控制在 20 L/(m·h)左右,一般可以获得较好的注水效果。

(9) 注水时间

每个钻孔的注水时间与钻孔注水量成正比,与注水速度成反比。在实际注水中,常把在预定的湿润范围内的煤壁出现均匀"出汗"(渗出水珠)的现象,作为判断煤体是否全面湿润的辅助方法。"出汗"后或在"出汗"后再过一段时间便可结束注水。通常静压注水时间长,动压注水时间短。注水压力、注水流量与注水时间这三个注水物理参数,人们发现三者之间存在着一定的联系。为了对注水参数有个总体了解,列出了我国部分煤矿长孔注水参数供参考,见表 5-8。

① 注水压力与注水流量的关系

煤体注水的流量是随着注水压力的升高而增大,压力越高,每增加单位压力所增加的流量值越大。大量的低、中、高压注水的实测资料表明,随着注水压力的升高,注水流量大致呈一个抛物线形增加。

表 5-8　部分煤矿煤层注水参数表

矿名	加压方式	钻孔长度/m	钻孔间距/m	钻孔深度/m	注水压力/MPa	每米钻孔有效流量/(L·h^{-1})	注水时间/h	吨煤注水量/(L·t^{-1})	钻孔注水量/m^3
石炭井各煤矿	静压	25～90	10～15	3～5	0.3～1.2	6～16	100～300	9～20	30～80
抚顺龙凤煤矿	静压	16～130	3～5	1～2	2～15.7	144～300	20～40	30～340	
同家梁煤矿	静压	60～90	12～15	4	0.2～1	17～40	59～286		
汾西水峪煤矿	静压	30～50	25	3～5	0.5～0.8	38	192	15～47	
沈阳采屯煤矿	动压	37～50	8	2.5	0.6～1.1	2.1～20.5	14～120	14～23	4.7～22
阳泉二矿	动压	40～66	3～7	3	0.6～1.7	14.9～35.4	12～25	24.5～426	
枣庄陶庄煤矿	动压	80	10	5～6	6～8	13.3～20	48～72	30～40	
新汶孙村煤矿	动压	36～84	15～20	6～9	5～12	12～16.6	30～45		
松藻煤矿	动压	26～42	40	9～16	4.7～6.5	43～90	16～32	20～66	
徐州韩桥煤矿	动压	15～30	15～30	4～6	6～12	25～50	15～20	20～70	10～25

在透水性较差的煤层，往往注水压力在超过一定数值后，才开始进水，并随着压力增高流量明显增大，这个压力值称为注水临界压力，该压力因煤层条件不同而异。良庄、孙村等煤矿测定，临界压力值大致在 40～60 个大气压力之间。在透水性较好的煤层注水，压力很小时，即开始进水，无明显的临界压力。在不适当地增大注水压力，甚至超过煤体的破坏强度或地层压力时（煤层埋藏很深时），煤体将会出现新的破裂面，此时流量将大幅度增加，易于溢出。

② 注水压力与注水时间的关系

钻孔开始注水后，压力逐渐升高，达到某一数值时，注水压力与钻孔内注水阻力相平衡而渐趋于稳定。由于水在煤体裂隙中运动的阻力是变化的，因而随着流程的增大，阻力也有所增加，因此随时间的延长，注水压力将在一定范围内波动，并有缓慢升高的趋势。有的煤层，开始注水时有一个较高的起始注水压力，使水张开裂隙进入煤体，然后注水压力才降至一个比较稳定的水平。在注水过程中，如果发现注水压力突然下降，随时间的延长而注水压力不再恢复，说明出现泄水，这时要查明原因，采取措施。

③ 注水流量与注水时间的关系

在等压注水的条件下，每米钻孔的注水流量随时间的延长而逐渐降低，这是因为随时间的延长，水在煤体内流动距离加长，运动阻力增大，使流量有降低的趋势。应当指出，在某些裂隙发育的透水性较强的煤层，水沿煤层倾斜向下渗流过程中，注水流量变化不是明显的。如石炭井各矿在倾角为 20°～25°的煤层，采用 5～10 个大气压力注水，注水流量随时间降低均不明显。这是因为水越向下渗流，其静水压头越大，即注水是逐渐增压情况进行的。煤层透水性强，注水压力本来就很小，因此静水压头的增加是一个很有影响的因素，导致注水流量平稳不变。在裂隙不发育的坚硬煤层中进行中、高压注水，流量随时间下降也不十分明显，呈频繁的波动，其平均值变化不大。

(10) 注水方式

① 注水区域的确定

a. 工作面超前压力分析

经矿压分析，兖州矿区综放工作面的轨道巷卸压带为 60 m 左右，应力集中带为 23～25 m。工作面超前压力分布，如图 5-22 所示。

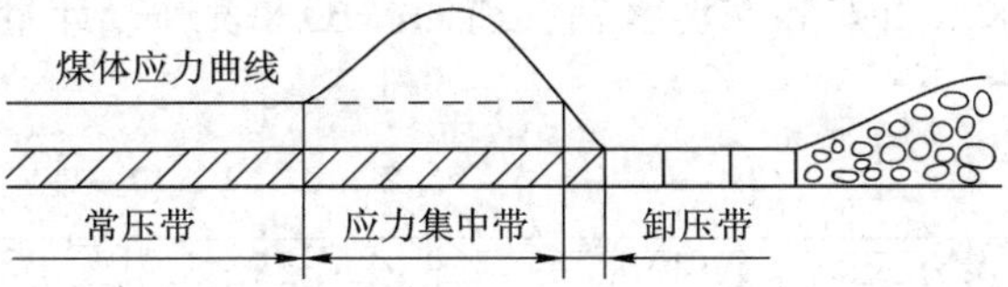

图 5-22　工作面超前压力分布图

b. 注水区域

兖矿集团主采煤层为 3 号煤层，而 3 号煤层导水性较差，要提高注水效果，必须根据矿山压力观测的动压带数据进行注水。兖州矿区综放工作面矿压及深基孔观测资料表明，矿山超前压力对沿空侧工作面巷道的影响范围为 50～60 m，对实体侧工作面巷道的影响范围为 40～50 m，而在距工作面 4～6 m 内，次生裂隙过于发育，所以选择注水超前距离为 30～40 m，终止注水超前距离为 6 m。同时，为了比较动压区、静压区注水时对煤体水分增加率和降尘率的影响，还在超前工作面 80～100 m 布置静压区注水钻孔，终止注水超前距离为 40 m。

② 注水系统

注水系统分为静压注水系统和动压注水系统。

a. 静压注水系统

利用管网将地面或上水平的水通过自然静压差导入钻孔的注水叫静压注水。静压注水采用橡胶管将每个钻孔中的注水管与供水干管连接起来，其间安装有水表和截止阀，干管上安装压力表，然后通过供水管路与地表或上水平水源相连。煤层注水系统主要由注水流量表、分流器、高压阀门、注水管及封孔器等组成，如图 5-23 所示。

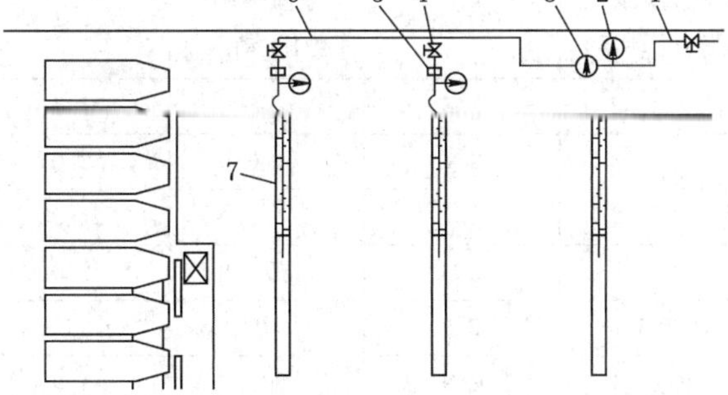

1—水管；2—压力表；3—水表；4—阀门；5—分流器；6—高压胶管；7—水泥石膏。

图 5-23　静压注水系统图

b. 动压（脉动式高压）注水系统

脉冲式高压注水系统由 2BZ-40/12 型脉冲式煤层注水泵、注水集成块、高压水表及注水管路系统组成。由于脉冲式煤层注水泵输出压力的强脉动性，其脉冲注水压力由脉冲式煤层注水泵压力显示器手动测定、间断直接显示，静压注水压力由注水集成块上安装的压力表显示。在注水集成块上分别设置有脉冲式高压水接口和静压水接口，并在注水集成块内部对应的接口设置单向止回阀，实现在关闭脉冲式高压注水的同时自动切换到静压注水。煤层各注水钻孔的注入水量由安装在注水钻孔前的高压水表进行计量。脉冲式高压注水系统的组成，如图 5-24 所示。

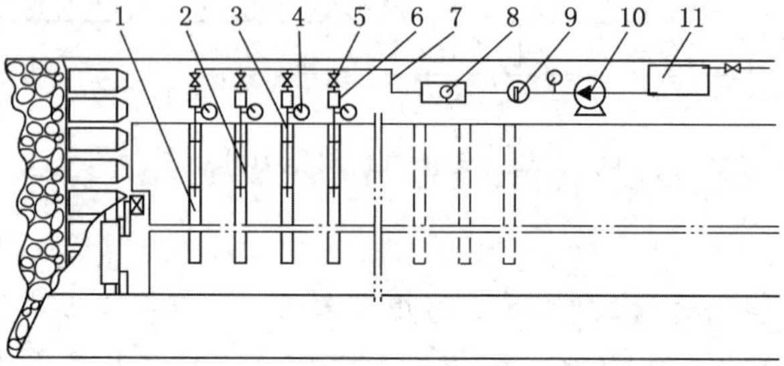

1—注水钻孔；2—注水管；3—封孔段；4—高压水表；5—注水集成块；6—脉冲式高压水管；7—静压水管；8—单向阀；9—注水表；10—注水泵；11—供水箱。

图 5-24　煤层脉冲式高压注水系统示意图

③ 注水压力。

注水压力(p_z)可根据采深等确定，也可按下式确定：

$$(1.2 \sim 1.5)p_G \leqslant p_z \leqslant 0.75p_R \tag{5-11}$$

式中　p_R——上覆岩层压力，取 $0.1\gamma H$，MPa，其中 γ 为上覆岩层密度，H 为上覆岩层厚度；

p_G——煤层中的瓦斯压力，MPa。

兖矿集团所属矿井由于开采深度较大，地面静水池的水到井下后，其压力一般都在 2.0 MPa 以上，见表 5-9。因此，大多数矿井都采用静压注水。

表 5-9　兖矿集团煤层注水压力统计一览表　　单位：MPa

孔号	南屯煤矿	鲍店煤矿（静压/动压）	兴隆庄煤矿	东滩煤矿（静压/动压）	济二煤矿	济三煤矿	杨村煤矿
1	3	2.4/6.2	2.8	2.2/6.6	2.1	2.3	2.1
2	3	2.5/6.3	2.7	2.1/6.5	2.0	2.3	2.1
3	3	2.5/6.3	2.7	2.1/7.0	1.9	2.3	2.1
4	3	2.6/6.4	2.6	2.0/6.2	2.0	2.0	2.1
5	3	2.9/6.2	2.5	2.0/6.4	2.0	2.0	2.1
6	3	2.1/7.1	2.9	1.8/6.0	1.9	2.0	2.1
7	3	2.3/6.9	2.8	2.0/7.1	2.1	2.1	2.1
8	3	2.0/6.5	2.8	2.2/6.3	2.1	2.1	2.1
9	3	2.4/6.8	2.8	2.1/6.7	2.0	2.1	2.1
10	3	2.5/7.1	2.6	2.1/6.8	1.9	1.9	2.1
11	3	2.5/7.0	2.7	2.0/7.2	2.0	1.9	2.1
12	3	2.6/7.3	2.7	2.0/6.9	2.0	1.9	2.1

表 5-9(续)

孔号	南屯煤矿	鲍店煤矿(静压/动压)	兴隆庄煤矿	东滩煤矿(静压/动压)	济二煤矿	济三煤矿	杨村煤矿
13	3	2.9/6.9	2.2	1.8/6.5	1.0	2.4	2.1
14	3	2.1/7.1	2.2	2.0/7.0	2.1	2.4	1.1
15	3	2.3/7.2	2.3	2.2/7.2	2.1	2.4	1.1

从表 5-9 可以看出，尽管各矿井深不同但井下水压差别不大，这是各矿的井下供水的管网阻力不同所造成的，兖矿集团的煤层静压注水压力一般为 2～3.5 MPa。但是注水动压可高达 6～8 MPa。

④ 动压(脉冲式)注水强度

脉冲式高压注水强度以不压裂煤层为前提，煤层被压裂的压力与上覆岩层的厚度有关，可采用下式计算：

$$(1.2 \sim 1.5)p_G \leqslant p_z \leqslant p_R = 13\ \text{MPa} \tag{5-12}$$

$$p_R = 9.8 \times 10^{-2} H\gamma_{cp}$$

式中　p_G——煤层中的瓦斯压力，MPa；

p_R——上覆岩层压力；

H——上覆岩层的平均厚度，$H=530$ m；

γ_{cp}——上覆岩层的平均密度，取 2.5 t/m。

在注水试验过程中除考察钻孔注水压力外，取脉冲式最大注水压力为脉冲式煤层注水泵的最大脉冲强度，$p_z=12$ MPa。

⑤ 动压(脉冲式)注水强度与注水流量的关系

在煤层注水试验过程中，通过改变脉冲注水强度，测定在不同脉冲注水强度条件下单位时间(0.5 h)的注水量，来测定煤层脉冲注水强度与注水流量的关系。表 5-10、表 5-11 分别为鲍店煤矿 10304 综放工作面和东滩煤矿 4312 综放工作面的脉冲注水强度与注水流量关系的测定结果。

表 5-10　鲍店煤矿 10304 综放工作面脉冲注水强度与注水流量测定结果

脉冲注水强度/MPa	2	4	6	8	10	12
注水流量/(m^3/h)	0.12	0.46	0.62	1.39	1.96	2.35

表 5-11　东滩煤矿 4312 综放工作面脉冲注水强度与注水流量测定结果

脉冲注水强度/MPa	2	3	4	5	6	7	8	10	11	12
注水流量/(m^3/h)	0.11	0.25	0.32	0.39	0.46	0.55	0.81	1.62	1.92	2.25

根据表 5-10 可得出鲍店煤矿 10304 综放工作面脉冲注水强度与注水流量的关系，如图 5-25 所示。

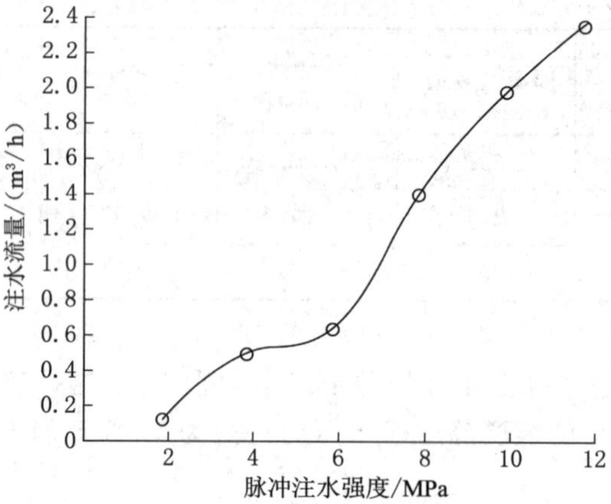

图 5-25 鲍店煤矿 10304 综放工作面脉冲注水强度与注水流量关系图

根据表 5-11 可得出东滩煤矿 4312 综放工作面脉冲注水强度与注水流量关系，如图 5-26所示。

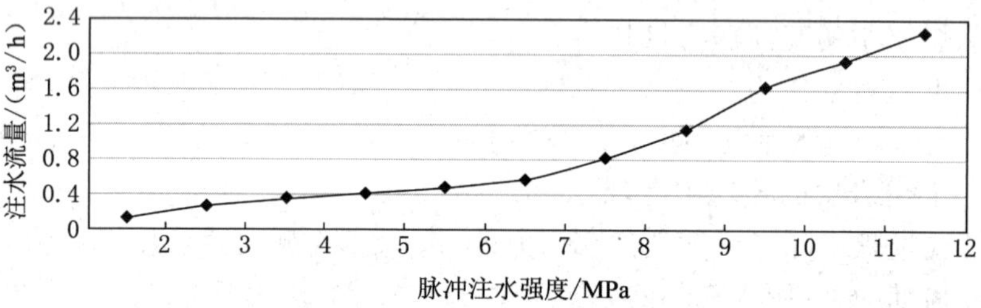

图 5-26 东滩煤矿 4312 综放工作面脉冲注水强度与注水流量关系图

从图 5-25 和图 5-26 可以看出，鲍店煤矿 10304 综放工作面煤层脉冲式注水强度在大于 0～6 MPa 时，东滩煤矿 4312 综放工作面煤层脉冲式注水强度在大于 0～7 MPa 时，就能有效沟通煤层内部原有封闭裂隙和在煤层内部形成新的裂隙网，并且随着煤层脉冲式注水强度的增加，煤层脉冲式注水流量也相应增加，当注水压力达到临界值时，注水流量会有一个突变，考虑到煤层脉冲式注水对注水时间的要求，确定脉冲式注水强度为 0～12 MPa。

⑥ 动压(脉冲式)注水流量与时间的关系。

为考察在相同脉冲注水强度条件下注水流量随时间的变化关系，注水的初始阶段，每隔 15 min 的时间测定一次注入煤层内部的水量，以此来计算不同注水时间段内的注水流量，从而确定注水流量随时间的变化关系，鲍店煤矿 10304 综放工作面的测定结果见表 5-12。

表 5-12 鲍店煤矿 10304 综放工作面不同时间段注水流量变化关系统计表

注水时间段	注水流量/(m³/h)	注水时间段	注水流量/(m³/h)
19:40—19:55	2.04	21:40—21:55	2.36
19:55—20:10	1.02	21:55—22:10	2.34
20:10—20:25	1.02	22:10—22:25	2.35

表 5-12(续)

注水时间段	注水流量/(m^3/h)	注水时间段	注水流量/(m^3/h)
20:25—20:40	1.06	22:25—22:40	2.16
20:40—20:55	1.34	22:40—22:55	1.84
20:55—21:10	1.95	22:55—23:10	1.55
21:10—21:25	2.25	23:10—23:25	1.54
21:25—21:40	2.35	25:25—23:40	1.63

根据表 5-12 测定的不同注水时间段煤层注水流量，得出鲍店煤矿 10304 综放工作面煤层在注水强度为 0～12 MPa 的脉冲注水条件下，注水流量随时间变化关系，如图 5-27 所示。

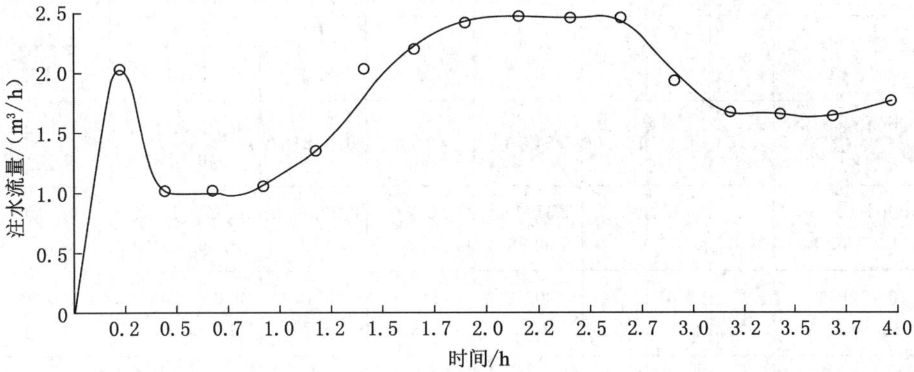

图 5-27　鲍店煤矿 10304 综放工作面不同时间段注水流量变化关系图

从表 5-12 及图 5-27 可以看出：在注水的开始阶段进入钻孔的水以较大流量迅速充满注水钻孔内的所有空间及其相互贯通的大裂隙，随后在脉冲式注水作用下，水以较小流量逐渐进入煤层内部的微细孔、裂隙，强制沟通、扩大微细孔、裂隙和封闭裂隙，直至形成新的、相互贯通的裂隙网；水再以较大流量进入已沟通的裂隙网，如此反复直至注水工作完成。

⑦ 吨煤注水量及单孔注水流量

吨煤注水量以 0.02～0.025 m^3/t 为宜，单孔注水流量 v=0.42～0.65 m^3/min。单孔注水量和注水时间可按下式计算：

$$Q=1.1LL_c h\gamma W$$

$$T=\frac{Q}{v} \tag{5-13}$$

式中　1.1——注水系数；

L——钻孔长度，m；

L_c——平均孔间距，m；

h——平均采高，m；

γ——煤的密度，t/m^3；

W——吨煤注水量，m^3/t。

对应兖矿集团七矿各注水工作面注水钻孔的吨煤注水量及单孔总注水量、注水流量，见表 5-13。

表 5-13　兖矿集团七矿各注水工作面注水钻孔的吨煤注水量及单孔总注水量、注水流量

矿井名称	注水日期	单孔注水时间/h			单孔总注水量/m³			吨煤注水量/(m³/t)(动压区/静压区)*	单孔注水流量/(m³/h)(动压区/静压区)*	注水方式
		最大	最小	平均	最大(动压区/静压区)*	最小(动压区/静压区)*	平均(动压区/静压区)*			
南屯(7322)	2004-07-19—2004-08-05	28	2	5.6	9.53/2.38	1.79/0.17	2.90/1.08	5.54×10^{-4}/1.18×10^{-4}	0.588/0.156	静压
南屯(9302)	2004-08-02—2004-09-23	4	4	4	3.85/1.34	2.31/0.85	2.58/1.01	3.64×10^{-4}/0.61×10^{-4}	0.645/0.189	静压
鲍店	2004-12-27—2005-01-22	60	6	10.5	56.6/22.0	10.1/2.2	28.6/8.26	9.45×10^{-3}/1.82×10^{-3}	0.827/0.271	静压、动压
兴隆庄	2004-08-15—2004-10-20	315	84	158.06	84/31	49/18	66.8/21.49	4.72×10^{-2}/1.40×10^{-2}	1.528/0.340	静压
济二	2004-12-16—2005-02-23	128	32	56.1	31.6/8.92	20.4/6.5	27.8/7.1	6.77×10^{-3}/3.05×10^{-3}	0.649/0.227	静压
济三	2004-09-11—2004-12-08	21	16.5	19.17	20.5/15.3	12.75/8.32	16.75/9.26	9.01×10^{-4}/3.12×10^{-4}	0.327/0.779	静压
东滩(14309)	2004-07-01—2004-08-17	740	243	485.86	317.81/102.45	154.9/80.06	173.48/91.88	6.30×10^{-2}/2.13×10^{-2}	0.872/0.357	动压、静压
东滩(4312)	2004-12-13—2005-01-20	228	96	156	112.47/53.29	47.24/18.97	68.27/33.55	7.71×10^{-3}/2.86×10^{-3}	0.745/0.361	静压
杨村	2004-07-05—2004-11-05	456	168	344	93/23	54.6/19	73.23/22	3.53×10^{-3}/0.77×10^{-3}	0.554/0.213	静压

注：* 表示动压区最大单孔总注水量与静压区最大单孔总注水量。

各矿井注水工作面单孔平均注水时间和单孔平均总注水量之间的关系，如图 5-28 所示。

由图 5-28 可以看出：在注水情况良好，即注水量不受环境和时间限制的条件下，单孔平均总注水量随着单孔平均注水时间的增长而增大。但在注水效果受到客观条件制约的情况下（如煤质本身较硬、孔隙率较小、注水受采煤工作面推进的影响等），单孔总注水量在达到一定极值时，就不会再随着注水时间的增长而增大（如兴隆庄 1303 工作面回风巷 1 号注水钻孔在 252 h 内注入了 75.6 m³ 的水量，但同属相近位置的 1303 工作面运输巷 1 号钻孔在 315 h 内仅注入不到 30 m³ 的水量）。还有一点需要说明的是：在注水期间，为使各孔不出现煤壁、底板渗漏水和从封孔处渗漏水等现象，注水孔的封孔质量及封孔深度必须达到预定的要求。同时应该保证钻孔施工质量稳定，钻孔长度差别不大，间距均匀。各矿井注水工作面吨煤注水量之间的关系，如图 5-29 所示。

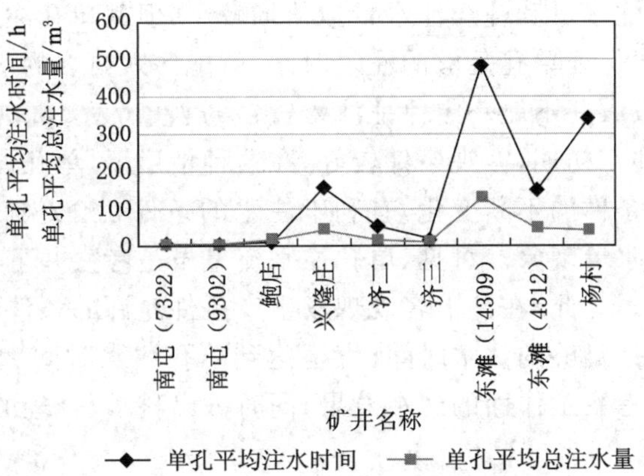

图 5-28　各矿井注水工作面单孔平均注水时间和单孔平均总注水量之间的关系曲线

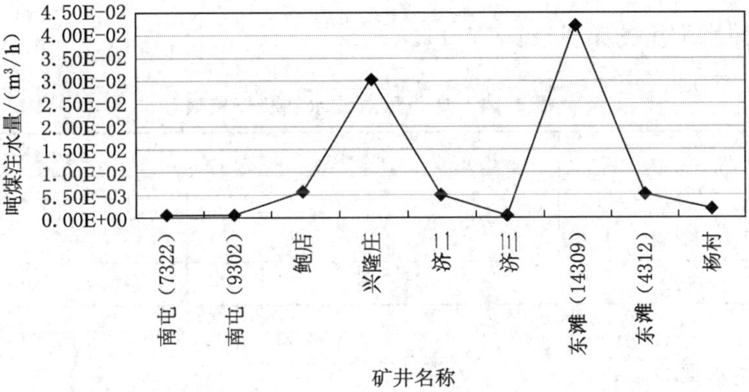

图 5-29　各矿井注水工作面吨煤注水量之间的关系曲线

由图 5-29 可以看出：注水工作面吨煤注水量与注水时间和总注水量有相同的变化趋势，即在保证可以注进水的情况下，吨煤注水量随着注水时间的增长而增大。由图 5-30 可以看出：单孔注水流量与注水时间和总注水量之间没有明显的变化关系。例如，济三煤矿的

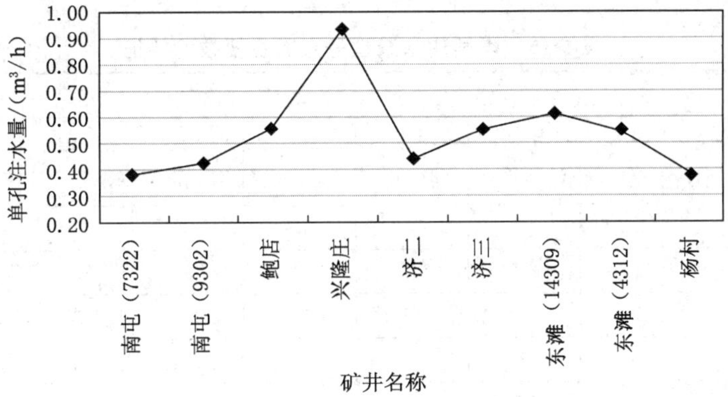

图 5-30　各矿井注水工作面单孔注水量之间的关系曲线

单孔注水时间、单孔总注水量和吨煤注水量数值均较小，但其单孔注水流量却较大。这说明在该矿注水工作面只要保证单孔足够的注水时间，就能注入更多的水量，达到更好的注水效果。但单孔注水流量较大并不能一定保证注入较多的水量(表 5-13 中南屯煤矿的单孔注水数据)。这是因为：在注水初期，客观条件较好，在这种情形下，单孔注水流量较大，注入的水量也较大；但随着客观条件的不断变化，有利于注水的条件就会越来越差，就会出现注水的困难时期，会出现渗漏水等现象。可见，单孔注水流量虽是考察井下注水效果的一个重要指标，但该指标并不稳定。为此，在井下客观现场生产条件允许的条件下，在保障钻孔、封孔质量的条件下，应首先保证足够的注水时间，直至达到单孔注水时间和单孔总注水量的极值，这样才能全面、系统地考察工作面的注水效果，同时做出科学、合理的结论。

5.3.2 长孔注水装备

煤层注水所使用的设备主要包括钻机、注水泵、封孔器、分流器及水表等。

(1) 钻机

我国煤矿注水常用的钻机，见表 5-14。

表 5-14 常用煤层注水钻机一览表

钻机型号	功率/kW	最大钻孔深度/m
KHYD40KBA 型钻机	2	80
TXU-75 型油压钻机	4	75
ZMD-100 型钻机	4	100

(2) 煤层注水泵

注水泵是动压注水的主要设备，按注水条件和供水方式分为两类：一类是由固定集中泵站供水的大流量注水泵；另一类是移动式的小流量注水泵。后者因可以节省大量高压供水管路，且较经济和方便，故采用较多。我国采用的动压注水泵都是移动式的小流量注水泵，水泵的选型均根据各矿对注水流量、压力参数要求进行选取。煤矿广泛使用 5D-2/150 型或 5BG-2/160 型煤层注水泵，现又生产出 BD、BZ、BG 等型号的系列煤层注水泵。煤矿常用煤层注水泵技术特征，见表 5-15。

表 5-15 煤层注水泵型号及其主要技术特征

项目	单位	型号							
		5BD (2.5/4.5)	5BZ (1.5/80)	5D (2/150)	5BG (2/160)	7BZ (3/100)	7BG (3.6/100)	7BG (4.5/100)	KBZ (100/150)
工作压力	MPa	4.5	80	15	16	10	16	16	15
额定流量	m^3/h	2.5	1.5	2	2	3	3.6	4.5	6
柱塞直径	mm	25	25	25	25	25	25	25	25
缸数	个	5	5	5	5	7	7	7	
吸水管直径	mm	32	25	27	25	45	32	45	38
电机功率	kW	5.5	5.5	13	13	13	22	30	30

表 5-15(续)

项目	单位	型号							
		5BD (2.5/4.5)	5BZ (1.5/80)	5D (2/150)	5BG (2/160)	7BZ (3/100)	7BG (3.6/100)	7BG (4.5/100)	KBZ (100/150)
外形尺寸	mm×mm×mm	20×260×360	1 100×320×310	1400×400×600	1 370×380×640	660×330×400	1 500×400×650	680×360×460	1 600×760×460

(3) 封孔器

长钻孔煤层注水中可采用以下两种封孔器进行封孔。

① YPA 型水力膨胀式封孔器,如图 5-31 所示。这是常用的一种水力驱动封孔器。使用时,将封孔器与注水钢管连接起来送至封孔位置,通过高压胶管与水泵连通。开泵后,压力水进入封孔器,水流从封孔器前端的喷嘴流出后进入钻孔,同时产生压力降,膨胀胶管内的水压升高,将胶管膨胀,封住钻孔。注水结束后,封孔器胶筒将随压力下降而恢复原状,可取出备用。

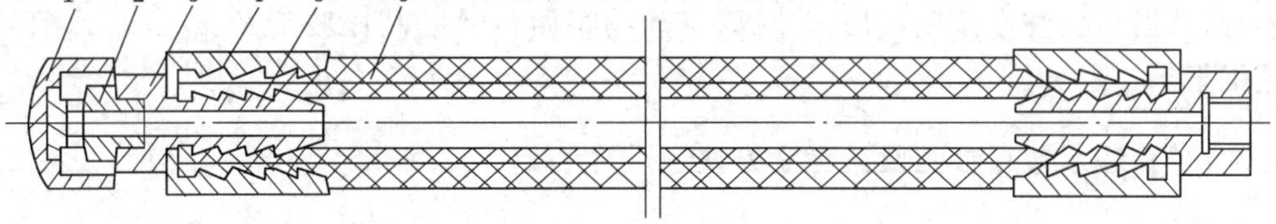

1—挡水罩;2—喷嘴;3—密封圈;4—外套;5—芯子;6—膨胀胶管。

图 5-31　YPA 型水力膨胀式封孔器

② MF 型摩擦式封孔器,如图 5-32 所示。封孔时将封孔器与注水管(钢管)连接起来,送至钻孔内的封孔位置。顺时针旋动注水管,使其向前移动,这时橡胶密封筒被压缩而径向胀大,封住钻孔。注水结束后,逆时针旋转注水管,密封胶管卸压,胶筒即恢复原状,可从孔中取出。

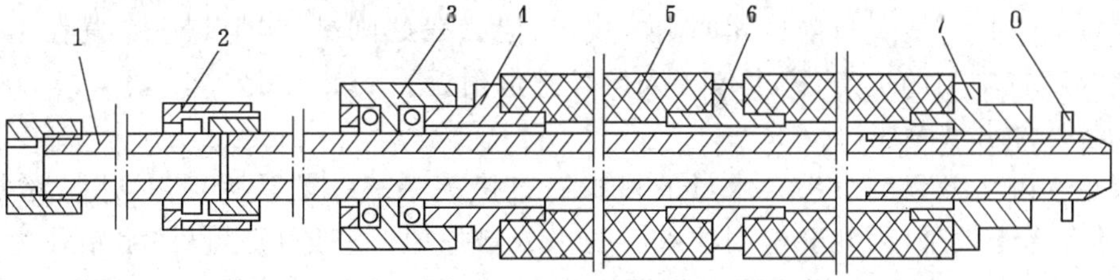

1—注水管;2—连接器;3—推压器;4—垫圈;5—密封胶筒;6—中间隔垫;7—短管螺母;8—安全销。

图 5-32　MF 型摩擦式封孔器

(4) 分流器

分流器是动压多孔注水不可缺少的器件,其动作原理是根据流体动力学压力平衡原理设计制成的。流量调节是由滑阀及其支撑的弹簧完成的。水进入后,阀体由于前后的压力变化而移动，将一个环形阀隙扩大或缩小从而保持恒定的流量。煤炭科学研究总院重庆分院研制的 ZF-Ⅲ型分流器，主要用于煤矿采煤工作面煤层注水防尘时多孔同时注水保持流量均衡和单向流动，是煤层注水必备的产品。减压部分由阀芯、阀套、可变阻尼节流部分及单向阀等部分组成，具有等差减压、稳定流量、单向流动等作用。其额定压力范围为 0.49～18 MPa，额定流量范围为 0.5 m^3/h、0.7 m^3/h、1.0 m^3/h，分流误差≤5%。

(5) 水表

当注水压力大于 1 MPa 时，需采用高压水表，比如 DC-4.5/200 型注水水表，耐压 20 MPa，流量 4.5 m^3/h；注水压力小于 1 MPa 时，可采用普通的自来水水表，如 LXS-67 型旋翼湿式水表。

(6) 压力表

煤层注水压力表为普通压力表，选择时要求压力表表面的指示压力应为注水管中最大压力的 1.5 倍，水泵出口端的压力表，其最大指示压力应为泵压的 1.5～2 倍。

(7) 注水器材

煤层注水由于选择的参数不同，选用的器材也不相同。一般静压注水的注水压力较低，可以采用低压阀门、夹布衬垫的压力胶管，钻孔中可用硬质塑料管做注水管，供水管路用普通钢管；动压高压注水采用高压截止阀、钢丝编织做衬垫的高压胶管及接头，供水管路采用无缝钢管。

5.3.3 长孔注水效果参数及其考察方法

(1) 煤层注水效果

煤层注水效果可按降尘率 $C(\%)$ 计算：

$$C=\frac{(G_2-G_1)-(G'_2-G'_1)}{G_2-G_1} \tag{5-14}$$

式中 G_2、G_1——开采未注水煤层时，沿风流方向，在尘源后方风流中（下风侧）和前方风流中（上风侧）的含尘量，mg/m^3；

G'_2、G'_1——开采注水后煤层时，沿风流方向，在尘源后方风流中（下风侧）和前方风流中（上风侧）的含尘量，mg/m^3。

测尘点应选择合适。目前虽无明确的规定，但一般原则是，测尘点应布置在尘源上、下风侧粉尘浓度较均匀的地点，高度位于人员呼吸带附近。

(2) 煤层含水量考察

煤层注水降尘效果与煤体含水量的多少有直接关系。一般认为，煤体水分增加 1%以上，才能具有降尘效果，因此要检测注水后的水分增加值。一般规定以注水钻孔为中心，以周围煤体的水分增加 1%的界限确定为湿润半径，湿润半径以内范围为煤层注水的有效湿润范围。具体考察湿润范围的方法有两种：

① 直接考察法：从煤壁或煤帮水的渗出（出汗）状况简单地判断其湿润范围。

② 分析法：从煤壁或煤帮上采取煤样进行水分分析，可以准确地观察注水效果。

煤样采集有刻槽法、挖坑法及钻孔法三种，按照《煤样的制备方法》(GB 474)之规定制备煤样，在煤质科按照《煤中全水分的测定方法》(GB/T 211)及《煤的工业分析方法》(GB/T 212)等标准的要求，测定出煤样的内在水分和外在水分。

5.4　煤层短孔注水及其工艺

目前国内外采用短孔注水方式的比例较小。本节将主要介绍短孔注水工艺参数及装备、掘进工作面快速注水方法和薄煤层工作面快速注水方法。

5.4.1　短孔注水工艺参数及装备

(1) 短孔注水工艺参数

① 钻孔位置

钻孔位置主要取决于煤层厚度和是否含有夹矸，若采高小于 1.8 m 时，可考虑用单排眼，当煤层厚度过大时，可采用三花眼，孔口位置应布置在较硬而致密的小分层内，这样在注水时，就不会过早地破坏孔口而发生泄水；同时还要使钻孔尽量穿过其他小分层，使水较快地进入各个小分层中。

② 钻孔直径

短孔注水时，一般与炮眼直径相同，以使工作面炮眼与注水孔的机具统一化。注水孔经注水后孔内存有积水并有变形坍塌时，一般不能再做炮眼用。

③ 注水孔长度与注水孔间距

短钻孔注水，其孔长应根据工作面日进度，使之满足尽快湿润一个循环进度煤体的要求，一般孔长应超过湿润范围 0.2 m 为宜。孔距决定于每孔的湿润半径，但应注意各自然小分层及夹石的不同透水性能，必须使孔间的煤体在任一分层都得到湿润。在实际工作中，注水孔的间距应在注水作业中按煤层变化情况进行及时调整，一般为 2～8 m。

④ 钻孔倾角

为使水较快地进入各个小分层之中，应使钻孔尽可能穿过其各个小分层。

⑤ 封孔长度

短孔注水时，封孔深度随钻孔长度而异，一般为 1～1.5 m。封孔深度与煤壁所能承受的注水压力有关，合理的封孔深度应使孔口附近煤壁不发生泄水，煤壁的深部和浅部湿润均匀。南屯煤矿 9302 煤层注水钻孔施工参数见表 5-16。

表 5-16　南屯煤矿 9302 煤层注水钻孔施工参数

孔号	正常段孔径/mm	封孔段孔径/mm	煤层角度/(°)	钻孔倾角/(°)	钻孔深度/	封孔长度/m	封孔方式
7	56	56	4	4	11.5	4	封孔器
8	56	56	5	3	10	4	封孔器
6	56	56	4	0	7.5	4	封孔器
10	56	56	4	0	4.5	4	封孔器
11	56	56	5	3	9.6	4	封孔器
12	56	56	5	3	11	4	封孔器
13	56	56	5	4	20	4	封孔器

表 5-16(续)

孔号	正常段孔径/mm	封孔段孔径/mm	煤层角度/(°)	钻孔倾角/(°)	钻孔深度/	封孔长度/m	封孔方式
14	56	56	5	4	18	4	封孔器
15	56	56	5	4	20	4	封孔器
16	56	56	5	3	14	4	封孔器
17	56	56	5	3	22	4	封孔器
18	56	56	4	3	35	4	封孔器

⑥ 注水压力

短孔注水压力的供给方式有两种：一种是管网静压注水，这种注水方式是利用地面或上一水平的水池，通过固定供水管网向钻孔注水，水依靠管网的静水压力进入煤体；另一种是专用泵加压注水，即在注水工作面巷道内设注水专用泵，向各个钻孔注水。注水压力应有它的上限和下限。上限值应使煤体不发生泄水为原则，也不应使顶、底板受高压水而被破坏；下限值应保证在规定的时间里注入规定的水量。

⑦ 注水流量

短孔注水时每个钻孔的注水量按下述要求确定：

a. 使湿润范围内煤体水分平均增值达到1%～2%，计算注水量。

b. 湿润后的煤炭水分要考虑到自滑运输、地面防冻及商品煤质量等要求，一般以5%以下为宜。

c. 在实际工作中，注水量以煤壁“出汗”为标志，煤壁见水后即停注。

d. 注水时间。注水时间与注水压力、注水流量密切相关，一般情况注水时间是注水压力与注水流量的反函数，煤层注水压力越高，注水流量越大，注水时间越短。短孔注水时间每孔十几分钟到几小时，最长3 h。长孔注水时间每孔几十小时到十几天，最高达30 d之久，一般在70～80 h。

(2) 短孔注水装备

① 注水泵

具体见5.3.2(2)。

② 钻机

由于煤层短孔注水所需孔深较小，钻孔施工可采用在长孔钻孔中使用的KHYD40KBA型矿用隔爆电动岩石钻、TXU-75型油压钻机、ZMD-100型钻机、ZY-650型钻机等。

③ 压力表

煤层注水压力表为普通压力表，选择时要求压力表表面的指示压力应为注水管中最大压力的1.5倍，水泵出口端的压力表，其最大指示压力应为泵压的1.5～2倍。

④ 封孔器材

封孔有封孔器、水泥砂浆和水泥石膏封孔等多种方式。封孔器封孔示意图如图5-20所示，封孔器材的工艺参数在长孔注水中已作详细介绍。

⑤ 其他器材

具体见5.3.2(7)。

5.4.2　掘进工作面快速注水方法

在掘进作业前，采用风钻或风煤钻在掘进工作面煤层进行湿式打眼，打出注水孔，孔深为 1.5～3.0 m，注水孔位置在距底面巷道 2/3 高度的中心位置，注水孔数为 2～3 个。用封孔器，如图 5-33 所示，对注水孔进行封孔，并利用掘进工作面施工地点的防尘压力水进行高压注水，使掘进煤层含水量增加 1%以上。

(a) 工作状态

(b) 正常状态

图 5-33　封孔器工作状态和正常状态示意图

以新汶矿业集团协庄煤矿的 7 个炮掘工作面为试验地点，采用风煤钻配 ϕ42 mm 钻头进行湿式打眼作业，打出的注水孔深度为 1.8 m 左右，根据煤层厚度，各炮掘工作面的注水孔个数为 2～3 个。用 ϕ38 mm×600 mm 的封孔器封孔，用施工地点的防尘水管进行高压注水。注水工程中在煤层上打出炮眼，爆破前不停止注水。注水时间根据注水量确定，根据计算一般为 4 h 左右，可使炮掘工作面煤层的含水量提高 1%。爆破后检测粉尘的浓度，与未注水时炮掘后的粉尘浓度对比情况，见表 5-17。由表 5-17 可以看出，通过炮掘工作面煤层注水工艺，使各炮掘工作面的粉尘浓度平均降至 15.26 mg/m^3，降尘率为 53.49%。

表 5-17　各炮掘工作面煤层注水工艺情况和未注水炮掘作业的对比

施工工作面	注水孔个数	注水量/L	注水前粉尘浓度/(mg/m^3)	注水后粉尘浓度/(mg/m^3)
31118E	2	101.4	36.7	17.1
11105E	2	172	24.9	10.1
11105W	2	104.5	31.0	13.9
1202W	3	154	38	17.0
1201W	3	138	37.9	17.5
3417W	3	182	39.8	18.6
1401W	3	156	35	15.3

以新汶矿业集团协庄煤矿的 2 个综掘机掘进工作面为试验地点，在做好超前支护后，采用风钻配 ϕ42 mm 钻头进行湿式打眼作业，打出的注水孔深度为 2.8 m 左右，根据煤层厚度，综掘工作面的注水孔个数分别为 2 个和 3 个。用 ϕ38 mm×600 mm 的封孔器封孔，以施工地点的防尘水管进行高压注水。

注水作业开始后，进行其他作业工序，直至综掘机开始割煤，注水时间一般为 4 h 左右，可使工作面煤层的含水量提高约 1%。在煤层注水时，由于综掘工作面煤层没有其他导通孔，因此注水效果更好，掘进作业时检测粉尘的浓度，与未注水时掘进的粉尘浓度对比情况，见表 5-18。

表 5-18　综掘机掘进工作面煤层注水工艺情况和未注水掘进时的对比

施工工作面	注水孔个数	注水量/L	注水前粉尘浓度/(mg/m^3)	注水后粉尘浓度/(mg/m^3)	降尘率/%
31118E	2	110.4	323.8	117.8	63.62
1202E	3	150	314.2	101	67.85

5.4.3　薄煤层工作面快速注水方法

以北宿矿 17 号煤层的 7704 采煤工作面为例来说明煤层短壁快速注水方法。

(1) 注水方法

煤层注水水源为地面 2 个蓄水池，通过井下供水管网实施注水。在 7704 工作面上、下两巷各安设 2 英寸供水管路，并安装管道过滤器和压力表，供水管路每隔 50 m 设一个三通阀门；注水钻孔采用 ϕ25 mm 高压胶管连接，并安装压力表、流量表。应保证煤层注水的水压在 2～3 MPa 或以上。

(2) 注水设备

由于本次进行的是薄煤层快速注水试验，因此，注水所需设备(设施)包括以下几种：高压阀门、高压水表、流量表、风钻(煤电钻)、注水封孔器、分流器、高压胶管、加压泵、基础防尘管路设施等。其中，快速注水的关键是既起注水作用又起封孔作用的注水封孔器，注水封孔器由内胶层、增强层、中胶层、外胶层组成，主要适用于输送液压流体，如醇、油、乳化液、烃等。FMZ-20 型煤层注水封孔器、FMZ-4.5 型煤层注水封孔器的技术性能，见表 5-19。

表 5-19　封孔器技术参数列表

<table>
<tr><th>序号</th><th colspan="2">项目名称</th><th>型号</th><th colspan="3">数值</th><th>单位</th></tr>
<tr><td>1</td><td colspan="2">封孔器外径</td><td>D_H</td><td>38</td><td>42</td><td>72</td><td>mm</td></tr>
<tr><td rowspan="4">2</td><td rowspan="4">长度</td><td rowspan="2">4.5 型</td><td>L_{max}</td><td>2 000</td><td>2 000</td><td>2 000</td><td>mm</td></tr>
<tr><td>L_{min}</td><td>500</td><td>500</td><td>500</td><td>mm</td></tr>
<tr><td rowspan="2">20 型</td><td>L_{max}</td><td>2 000</td><td>2 000</td><td>2 000</td><td>mm</td></tr>
<tr><td>L_{min}</td><td>500</td><td>500</td><td>500</td><td>mm</td></tr>
<tr><td rowspan="4">3</td><td rowspan="4">工作压力</td><td rowspan="2">4.5 型</td><td>P_{max}</td><td>4.5</td><td>4.5</td><td>3</td><td>MPa</td></tr>
<tr><td>P_{min}</td><td>1</td><td>1</td><td>1</td><td>MPa</td></tr>
<tr><td rowspan="2">20 型</td><td>P_{max}</td><td>2.0</td><td>2.0</td><td>2.0</td><td>MPa</td></tr>
<tr><td>P_{min}</td><td>1</td><td>1</td><td>1</td><td>MPa</td></tr>
<tr><td rowspan="2">4</td><td colspan="2" rowspan="2">工作流量</td><td>Q_{max}</td><td>56</td><td>60</td><td>100</td><td>L/min</td></tr>
<tr><td>Q_{min}</td><td>3</td><td>4</td><td>6</td><td>L/min</td></tr>
</table>

表 5-19(续)

序号	项目名称	型号	数值			单位
5	适用钻孔范围	D_{max}	55	60	95	mm
		D_{min}	42	48	80	mm
6	导向套直径	d	40	45	76	mm
7	膨胀体内径	D	22	25	51	mm
8	膨胀后外径	D	68	76	128	mm
9	连接方式	K 型快速接头				
10	接头通径	10、13、16、19、25				mm
11	表面电阻值	不大于 10^6				Ω
12	阻燃性能	酒精灯挪开后不得大于 30 s 熄灭				min

(3) 注水钻孔布置图

7704 工作面煤层注水现场实施方案布置图，如图 5-34、图 5-35 所示。

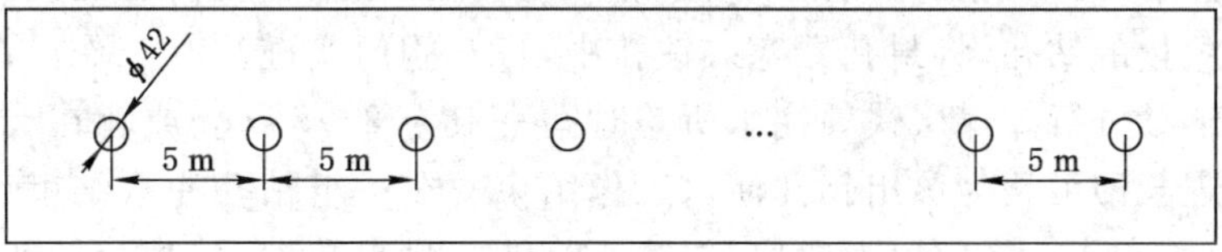

图 5-34　7704 工作面煤层注水钻孔布置图

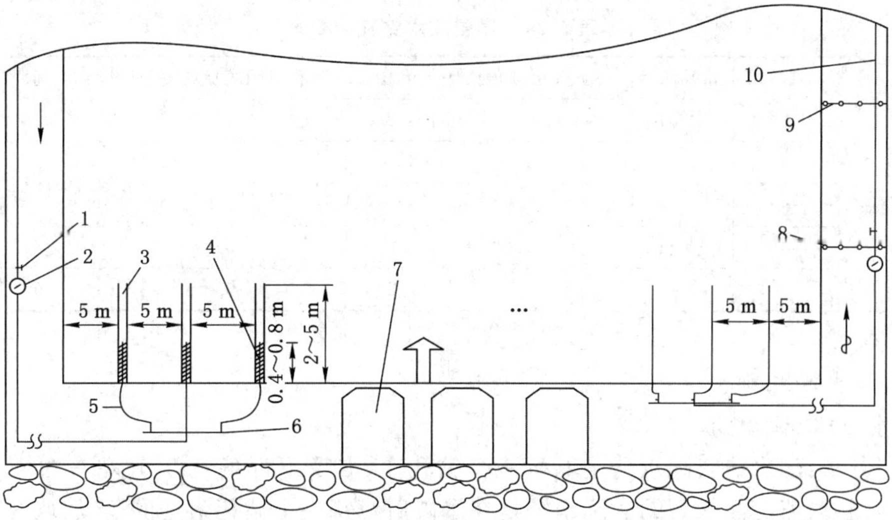

1—阀门；2—水表(测压力、流量)；3—钻孔；4—封孔器；5—注水软管；6—三通；7—支架/支柱；8—爆破自动喷雾(传感器控制)；9—爆破喷雾水幕(手动控制)；10—防尘供水管路

图 5-35　7704 工作面煤层注水现场布置示意图

(4) 煤层注水实施方案

煤层注水实施方案流程，如图 5-36 所示。

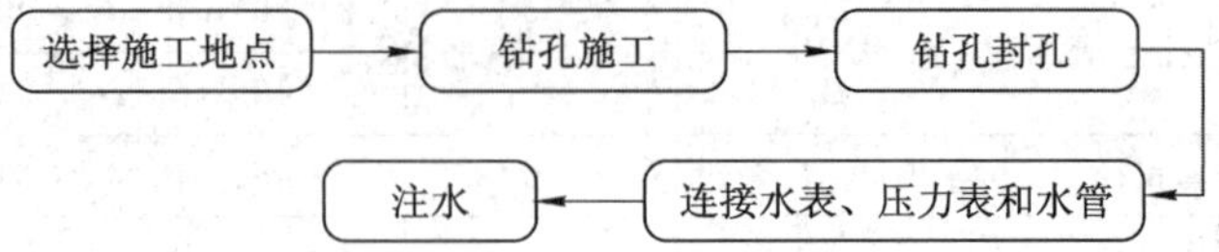

图 5-36 煤层注水实施方案流程图

① 地点选择及钻孔施工

煤层注水钻孔的施工地点选择应满足其渗透半径覆盖顶板、底板所包括范围，并且相邻钻孔之间的渗透半径不应相互重叠。钻孔深度在 2 m 左右，钻孔直径为 ϕ42 mm。钻孔施工时，采煤工作面在进、回风巷各布置一路煤层注水供水管路，用高压胶管接入工作面注水现场，高压胶管直径为 ϕ25 mm。单根高压胶管长度至少应保证能接至工作面中间位置。

② 煤层注水及炮眼装填顺序

实施煤层注水时，采取从两侧向中间推进方式，并且根据分流器所能接的封孔器个数，在两侧打相应数量的钻孔，将封孔器塞入钻孔中，打开阀门实施注水工作。在注水的同时，打钻工作可以继续进行。煤层快速注水所需时间一般为 2～7 min 或者在看到钻孔附近的煤壁有“出汗”现象即可认为该组钻孔注水工作结束。在一组钻孔注水结束后，对该组炮眼实施装药、水封等工作。按照以上顺序，在第一组钻孔注水结束后，其余钻孔的施工、注水、装药相当于平行作业，不影响正常生产。但一定要注意炮眼注水后的变化，保证爆破安全，见表 5-20。

表 5-20 煤层注水钻孔参数表

地点	孔号	钻孔倾角/(°)	煤层倾角/(°)	孔深/m	孔口距底板高度/m	钻孔间距/m	备注
7704 工作面	1	6	6	2.0	0.8	5	
	2	6	6	1.8	0.8	5	
	3	6	6	1.8	0.8	5	
	4	6	6	2.0	0.8	5	
	5	6	6	2.0	0.8	5	

(5) 注水效果测定

① 水分增加率测定

测定方法：注水前实际水分是取每一个钻孔左、右及下部各 0.5 m 左右的样品进行测定的，取其平均值。注水后的实际水分是在爆破后对每一个钻孔附近的落煤，取 3 份测定其平均值。在开始煤层注水试验之前，预先从试验工作面取煤样 3 次，并做好标记。注水试验期间，在爆破前从工作面取煤样 3 次，做好标记，送至矿煤质科进行水分含有率化验以便确定试验工作面煤层注水前后的煤样水分含量。表 5-21 为 2007 年 4 月 23 日，7704 工作面煤层注水情况一览表。

表 5-21 北宿煤矿 7704 工作面煤层注水情况测定表

样品编号	取样地点	原始水分含量/%	原始水分含量平均值/%	注水后水分含量/%	注水后水分含量平均值/%
1	1号	3.24	3.27	5.98	6.12
2	1号	3.32		6.13	
3	1号	3.25		6.25	
4	2号	3.35	3.39	6.25	6.27
5	2号	3.42		6.46	
6	2号	3.41		6.11	
7	3号	3.46	3.45	6.34	6.33
8	3号	3.38		6.28	
9	3号	3.52		6.38	
10	4号	3.43	3.427	6.24	6.15
11	4号	3.43		6.04	
12	4号	3.42		6.17	

从表 5-21 可得出，注水前后煤层水分含量有一定的变化，注水前的煤层水分含量通常在 3.2%～3.5%之间，平均为 3.38%，注水后的煤层水分含量在 5.98%～6.3%之间，平均为 6.22%，即通过注水，煤层水分含量增加了 2.84%。

② 降尘率测定

为了考察煤层注水降尘效果，对 7704 工作面未进行煤层注水前的粉尘浓度进行测定，同时也对注水后的粉尘浓度进行测定，然后进行比较，测定时间为 2007 年 4 月 24 日，结果见表 5-22。

表 5-22 7704 工作面测尘效果表

生产工序	粉尘类别（平均）	平均粉尘浓度/(mg/m³)		降尘率/%
		未注水	注水	
打眼(干)	全尘	49	17.4	64.5
	呼尘	20	9.24	53.8
爆破后	全尘	93	18.2	80.4
	呼尘	37.2	15.8	57.6
铲(攉)煤	全尘	77.6	21.3	72.6
	呼尘	32.4	15.4	52.4

从表 5-22 可以得出，经过煤层注水后，工作面产尘量有显著的下降，在各种工序中，铲(攉)煤为主要产尘点，对工人身体健康危害最大，而通过煤层注水，铲(攉)煤时全尘的降尘率达到 72.6%，呼尘的降尘率达到 52.4%，应该说煤层注水能够降低工作面产尘量，降低工作面风流中煤尘浓度。

5.5 采空区灌水

采空区灌水预湿煤体是厚煤层开采中一种有效的防尘措施。其做法是，当上分层采完后将水灌入采空区或巷道中，水依靠自重通过煤体的裂隙，缓慢渗入下分层中预先湿润，以减少开采时煤尘的产生量。采空区及巷道灌水防尘方法大体为倾斜分层超前钻孔采空区灌水、水平分层采空区灌水、采空区埋管灌水、工作面回风巷水窝灌水、回风平巷铺设水管向采空区灌水等几种。

5.5.1 采空区灌水方法

(1) 采空区超前钻孔灌水防尘

① 钻孔

在倾斜分层的下一分层工作面的回风巷道中，距超前工作面适当距离，采用湿式煤电钻及麻花钻杆以及湿式钻头向上分层采空区打水平钻孔，如图 5-37 所示。钻孔直径一般取 50～73 mm，钻孔间距 5～7 m，钻孔长度随煤层倾角及钻孔方向而不同，一般为 3～5 m，以钻透人工顶板为止。

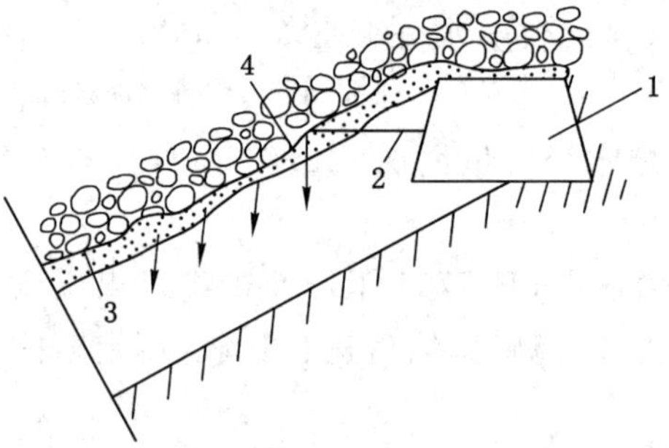

1—下分层回风巷道；2—钻孔；3—金属人工假顶；4—上分层浮煤。

图 5-37 倾斜分层超前钻孔采空区灌水示意图

② 封孔

用注水管在孔内灌水，一般不封孔，如遇返水，可用水泥封孔 0.2～0.5 m。

③ 灌水

一般采用静压双孔或多孔同时灌水的方法进行。每孔注水流量一般控制在 300～700 L/h。从钻孔开始灌水到运输巷道见到淋水的时间，一般是 3～10 d，见水后停止灌水。待淋水停止后，再进行第二次灌水，必要时进行第三次灌水，直到采前煤体充分湿润为止。灌水超前于回采的时间控制在 1～2 个月较为合适。

(2) 上分层采空区灌水防尘

① 灌水方法

在水平分层上分层的回采过程中，在准备班用水管向采空放顶线外侧灌水，水沿煤层裂隙渗透到下分层的煤体内，如图 5-38 所示。

② 灌水参数

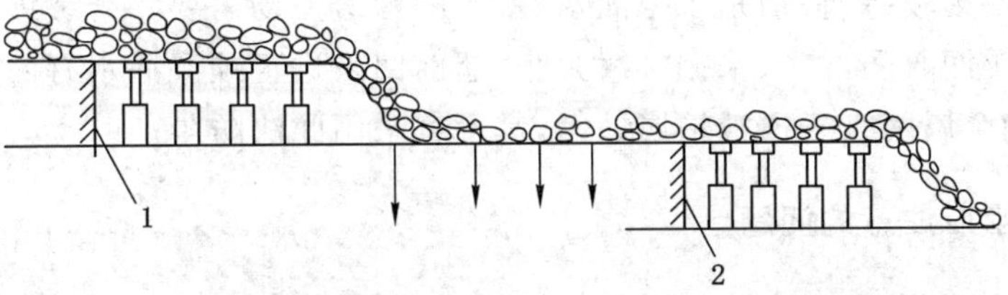

1—上分层工作面；2—下分层工作面。

图 5-38　水平分层开采采空区灌水示意图

灌水以下分层工作面得到充分湿润为准，流量过大会造成跑水，影响生产，流量过小下分层得不到充分湿润。通常，经灌水后，水渗入下一分层煤体的深度应为 0.7～1.2 m。一般单位面积灌水量可控制在 0.3～0.5 m，灌水流量一般取 0.5～2.0 m/h，每次灌水时间为 1～2 h，或更长一些。

(3) 采空区埋管灌水防尘

采空区埋管灌水防尘法适用于倾斜原煤层倾斜分层开采和急倾斜煤层水平开采。采用此法防尘可在工作面回风巷铺设灌水管路，如图 5-39 所示。通过灌水管直接向放顶后的采空区灌水。水管随工作面放顶线的推移而被埋入采空区内，但每隔 2～5 d 需将埋入采空区的水管向前移动一次。移管可通过慢速绞车牵引使之整体后移。通常，注水管埋入采空区 3～8 m。每次灌水量应根据放顶面积、煤层倾角、干燥程度以及煤层透水性等因素通过试验对比确定。

(4) 回风平巷铺设水管向采空区灌水

在倾斜分层的上分层采煤工作面的回风巷内铺设灌水管，每段水管上安设扁口形出水口，水流向采空区，使下一分层的煤体得到湿润，如图 5-40 所示。此方法在开采近距离煤层群，层间夹矸厚度小于 0.3 m，且透水性较好时也适用。

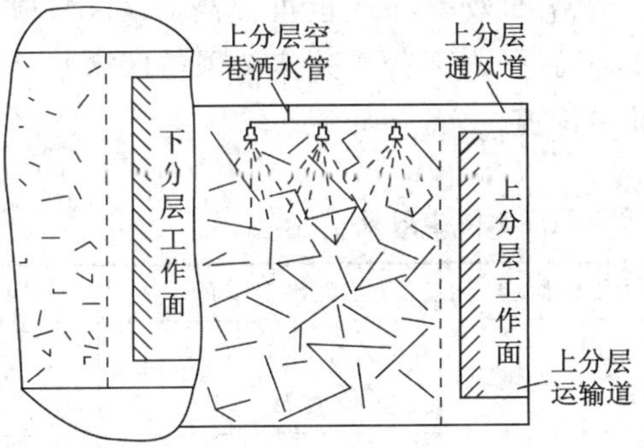

图 5-39　采空区埋管灌水示意图

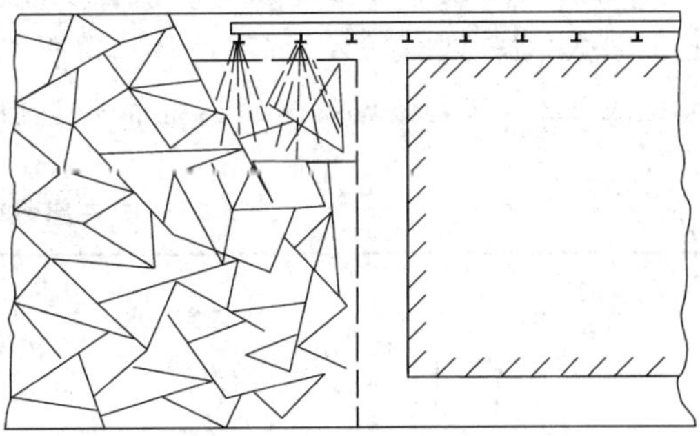

图 5-40　回风平巷铺设水管向采空区灌水示意图

5.5.2　采空区灌水的适用条件

采空区灌水预湿煤体防尘法适用于厚煤层分层开采的矿井。越是层节理发育、孔隙率高、透水性好的煤层，灌水湿润效果就越好。对于煤质坚硬、透水性差并中间夹矸很厚的煤层，灌水湿润效果则较差，特别是采空灌水后，水的渗透流动需要一个缓慢的湿润过程，一般需1～2个月的湿润时间，如果采掘接续紧张，超前回采进行预湿灌水有困难，或者在含硫化矿物的煤层中铺金属网人工顶板怕腐蚀等，都不宜采用此法防尘。

5.5.3 灌水防尘应注意的问题

(1) 当下分层煤体有不易透水的夹石层时，往往夹层以上的煤体湿润较好，下部煤体干燥甚至毫不渗水；这时应在确定分层层位时考虑这一因素，尽量使夹层置于各分层的底部，避免夹石隔水。

(2) 采空区的水主要依靠煤体的裂隙、孔隙导入，在有些煤层中，水很难进入，水即使进入裂隙也较难湿润煤体，在这样的煤层灌水时，应在水中加入适量的湿润剂，以提高湿润效果。

(3) 矿井采掘接替紧张时，超前回采工作面1～2个月进行采空区灌水往往有困难，这将影响煤体湿润，可在掘进回风巷的同时，提前打钻孔向采空区灌水；也可采用上分层工作面前采后撤的方法加大超前时间。

(4) 采空区灌水后，对采空区残留的煤炭可能会增加自燃的危险，这时应当采取防火措施。例如，尽量减少漏风，水中加阻化剂防火，使防尘和防火结合起来。

(5) 在灌水过程中，由于管理上的原因，很容易发生漏水跑水，造成局部水患而影响正常生产，这时应在施工时掌握灌水和回采的安全距离，加强灌水流量和水压的控制，建立必要的巡视制度，保证灌水质量。

5.5.4 采空区灌水效果

采空区灌水预湿煤体可以取得降尘降温、减少漏顶、再生顶板等综合效果，改善了劳动卫生条件，促进了安全生产。通过实测，降尘率可达75%～92%，再生顶板厚度可达0.7～0.9 m，漏顶次数也有明显减少。根据现场实践，工作面效率和产量可提高50%，漏顶影响的工时数可减少82.9%，坑木消耗可降低21%以上。国内部分矿井实测采空区灌水降尘效果见表5-23，这充分说明采空区灌水防尘很有推广价值。

表5-23 国内部分矿井采空区灌水降尘效果

矿名	煤种	采空区注水方法	未灌水工作面		灌水工作面		降尘率/%
			浮游煤尘浓度/(mg/m^3)	平均	浮游煤尘浓度/(mg/m^3)	平均	
石炭井三矿	焦煤	缓斜超前	208～572	390	12～55	30.7	92
石炭井卫东煤矿	焦煤	超前短、长钻孔	153～800	458	18～226	105	7
通化八道江煤矿	无烟煤	急斜分层灌水		123		14.3	89
本溪彩屯煤矿	贫煤	采空区埋管	120～400	260	2～59	30.5	87
淮北张庄煤矿	主焦煤	超前短钻孔		356		50	86
石嘴山二矿	气煤	超前短钻孔	646～5262		32.6～156		76～98

复习思考题

1. 煤体注水的过程有哪些?
2. 煤层注水的实质是什么?
3. 煤层注水的影响因素包括哪些?
4. 煤层注水方式有哪些分类?其适用范围是什么?
5. 煤层长孔注水和短孔注水的区别是什么?
6. 静压注水和动压注水的优缺点是什么?
7. 采空区灌水的适用条件是什么?
8. 什么情况下不能采用煤层注水方式降尘?

第 6 章　物理化学除尘

学习目标

1. 掌握湿润剂除尘的机理、润湿能力测定方法；
2. 掌握泡沫除尘机理、种类、配方和应用；
3. 掌握重力沉降室、惯性除尘器、旋风除尘器的原理及适用范围；
4. 掌握其他除尘方法原理及适用范围。

导　言

本章介绍了物理化学除尘的方法，包括湿润剂除尘、泡沫除尘及其他除尘方法。湿润剂除尘主要介绍了湿润剂除尘的机理、种类，湿润剂润湿能力的测定方法，湿润剂的选择、添加方法以及湿润剂的除尘效果。泡沫除尘主要介绍了泡沫的产生和除尘机理，泡沫添加剂的选择，泡沫发生器及泡沫除尘的现场应用。其他除尘方法主要介绍了重力沉降室、惯性除尘器、旋风除尘器和过滤式除尘器的除尘原理、结构形式、分类及简单设计方法。

6.1　湿润剂除尘

6.1.1　湿润剂的除尘机理

湿润剂是一种能大大降低溶剂（一般为水）表面张力、改变体系的表面状态，具有多种特性的化学药品。湿润剂的特性对其溶液而言，可以改变溶液的双亲（双疏）性、溶解性、表面吸附、界面定向排列，具有如降低表面张力、发泡、分散、乳化、湿润、抗静电、增溶等多功能性。正因为它具有如此多优良特性，因此湿润剂广泛应用于日用化工、农药、纺织、石油开采等工业部门。按其用途可分为湿润剂、分散剂、乳化剂、起泡剂等。同样，其在矿山防尘领域中也日益发挥着巨大的作用。许多国家的研究和试验都证明，在水中添加湿润剂，并使用这种湿润剂水溶液防治粉尘，能够获得明显的降尘效果，尤其是对抑制和降低呼吸性粉尘的作用更加明显。目前俄罗斯、德国、波兰、法国等煤矿，已把湿润剂用于井下湿式作业、喷雾洒水、采煤机喷雾及湿润效果较差的煤层的防尘。国内在煤层注水、喷雾洒水中也进行了添加各种湿润剂溶液的试验和应用。

液体能够润湿固体表面，其主要原因是固体表面能够对液体分子产生吸引力。从微观看，润湿实际上是固体表面和水分子相互作用引起的，根据分子热力学和表面物理化学的知识,水分子对固体表面的吸引力包括范德瓦耳斯力和氢键作用力。范德瓦耳斯力即静电作用力、诱导力、色散力,这些作用力是存在于一切原子或分子之间的作用力,其作用距离比较短,常为一个或几个分子直径,因此称为短程相互作用力。研究表明,短程相互作用,如色散力作用、偶极诱导偶极相互作用,由一个原子到另一个原子的传播,就构成了长程相互作用,这也是宏观物体间的相互作用形式。所以在润湿过程中既有短程相互作用力,又有长程相互作用力。

在矿山防尘用水中添加湿润剂能降低水的表面张力,提高水的润湿能力,减少防尘用水量。而湿润剂由非极性的亲油的碳氢链部分和极性的亲水基团共同构成,当溶于水时,亲水基一端被水分子吸引入水中,疏水基一端被水分子排斥而伸向空气中,于是湿润剂分子在水溶液表面形成紧密排列的定向排列层,即界面吸附膜。同时,处于水表面或水中的分子又存在分子吸引力,随着湿润剂浓度的增加而聚集成许多分子组成的胶束。这种胶束与界面吸附层的形成,使表层水分子与空气的接触受到一定程度的隔离,表层分子间的相互吸引力减小,从而降低了溶液的表面张力。水溶液的表面张力降低后,就具有湿润和渗透作用。

因此,只有降低水的表面张力值,才能提高水溶液的湿润能力。同时,疏水基在水和尘粒之间架起"通桥",冲破尘粒表面吸附的空气膜,促进了水对粉尘的润湿、凝结作用。此外,朝向空气的亲油基与粉尘粒子之间有吸附作用,而把尘粒带入水中,得到充分润湿。因此,在矿井防尘用水中加入湿润剂,可以降低溶液的表面张力,改善其润湿性,减小接触角,从而可以减小最小穿透功,尘粒只需要很小的穿透功即可穿透液膜阻力,被液滴捕获,因而可有效提高除尘效率。

6.1.2 湿润剂的种类

当湿润剂溶于水时,凡能电离生成离子的称为离子型湿润剂;凡是不能电离生成离子的称为非离子型湿润剂。离子型湿润剂又分成阴离子湿润剂、阳离子湿润剂和两性离子湿润剂。阴离子湿润剂溶于水时起表面活性作用的是阴离子;阳离子湿润剂溶于水时起表面活性作用的是阳离子,而两性湿润剂则同时具有阳离子和阴离子。

按照亲水基不同,湿润剂可分为以下四类:阴离子湿润剂、阳离子湿润剂、两性离子湿润剂、非离子湿润剂。此外,还有一些特殊类型的湿润剂,如元素湿润剂、高分子湿润剂、生物湿润剂、新型功能性湿润剂等,由于其结构上的特殊性而具有特殊功能。

6.1.2.1 阴离子湿润剂

阴离子湿润剂是发展历史最悠久、产量最大、品种最多、应用最广的一类湿润剂,主要有羧酸盐、磺酸盐、硫酸酯盐等。其分子一般由长链烃基(C10～C20)及亲水基羧酸基、磺酸基、硫酸基或磷酸基组成,在水溶液中发生电离,其湿润剂部分带有负电荷。另外,有一带正电荷的金属或有机离子与其平衡。阴离子湿润剂绝大部分是酸盐化合物,除硫酸酯盐的阴离子湿润剂遇强酸会发生水解外,其他对水的稳定性较好。其优点是适用性广、价格低、可选性大,此类湿润剂是煤层注水选择的主要对象。

阴离子湿润剂主要包括以下类型:羧酸盐型阴离子湿润剂、磺酸盐型阴离子湿润剂、硫酸酯盐型阴离子湿润剂、磷酸酯盐型阴离子湿润剂。

6.1.2.2 阳离子湿润剂

阳离子湿润剂在水溶液中发生电离,其表面活性部分带有正电荷。阳离子湿润剂含有一个或两个长链烃疏水基，亲水基由含氮、磷、硫或碘等可携带正电荷的基团构成，目前最有商业价值的多为含氮化合物。含氮化合物中，氨的氢原子可以被一个或两个长链烃所取代而成为胺盐，也可全部被烷烃取代成为季铵盐。

但是，阳离子湿润剂绝大部分是含氮的化合物，也就是有机胺的衍生物，可在酸性物质中用作乳化剂、分散剂、湿润剂，也可作为矿物浮选剂。在阳离子湿润剂的水溶液与低能表面固体作用时，溶液往往显酸性。当溶液的 pH 值较高时，自由胺容易析出，从而湿润剂失去表面活性，因此阳离子湿润剂不适用于煤层注水。

通常认为，阳离子湿润剂和阴离子湿润剂在水溶液中不能混合，否则将相互作用产生沉淀，从而失去表面活性。经过研究，事实并非如此，在混合湿润剂体系中，由于阴、阳表面活性离子间强烈的静电作用，具有比单一组分较低的临界的混合物聚集形成胶束，表面吸附层中的表面活性分子的排列更为紧密。

阳离子湿润剂主要包括以下类型。

(1) 胺盐型阳离子湿润剂

胺盐为弱碱盐，对 pH 较为敏感。在酸性条件下，形成可溶于水的胺盐，具有表面活性；而在碱性条件下游离出胺，失去表面活性。

(2) 季铵盐型阳离子湿润剂

季铵盐与胺盐不同，它在碱性或酸性溶液中都能溶解，且离解为带正电荷的湿润剂。季铵盐由于产量最大、应用最广，因而在阳离子湿润剂中的地位最为重要。最常用的季铵盐型阳离子湿润剂为十二烷基三甲基溴(氯)化铵(1231)、十六烷基三甲基溴(氯)化铵(1631)、十八烷基三甲基溴(氯)化铵(1831)、十二烷基二甲基苄基溴(氯)化铵(1227)、双长链烷基二甲基氯化铵等。

(3) 杂环型阳离子湿润剂

杂环型阳离子湿润剂为分子中除含有碳原子外，还含有其他原子且呈环状结构的化合物。杂环的成环规律和碳环一样，最稳定和最常见的杂环也是五元环或六元环。有的环只含有一个杂原子，有的含有多个或多种杂原子。常见的杂环型阳离子湿润剂如咪唑啉型、吗啉型等。

(4) 疏水基通过中间键与氮原子连接的阳离子湿润剂

由于高碳脂肪胺价格昂贵，因此可以采用脂肪酸做原料与低碳有机胺衍生物反应，来制备阳离子湿润剂。如先合成含酰胺、酯或醚等基团的叔胺，然后再用烷基化试剂进行季铵化，得到疏水基通过中间键与氮原子连接的阳离子湿润剂。

(5) 聚合型阳离子湿润剂

例如，聚季铵盐-16 以及 HS-100 等，多用于化妆品及护肤化妆品。

(6) 鎓盐型阳离子湿润剂

由其他可携带正电荷的元素作为阳离子湿润剂的亲水基时，称为鎓盐型阳离子湿润剂。根据亲水基的不同，大致可分为鏻化物、锍化物和碘鎓化合物三类。

6.1.2.3 非离子型湿润剂

非离子型湿润剂就是在水溶液中不会离解成带电的阴离子或阳离子，而以中性非离子分子或胶束状态存在的一类湿润剂。它的疏水基是由含活泼氢的疏水性化合物如高碳脂肪醇、烷基酚、脂肪酸、脂肪胺等提供的，其亲水基是由含能与水形成氢键的醚基、自由羟基的化合物如环氧乙烷、多元醇、乙醇胺等提供的。非离子湿润剂表面活性高，其水溶液的表面张力低，临界胶束浓度低，胶束聚集数大，增溶作用强，不仅具有良好的乳化、湿润、分散、去污、增溶等作用，而且具有良好的抗静电、杀菌、润滑、缓蚀、防锈、保护胶体、匀染、防腐蚀等多方面作用。

非离子型湿润剂主要包括以下类型：

① 聚氧乙烯型非离子湿润剂。此种湿润剂是非离子型湿润剂中品种最多、产量最大、应用最广的一类。主要品种有脂肪醇聚氧乙烯醚、烷基酚聚氧乙烯醚、脂肪酸聚氧乙烯酯、聚氧乙烯烷基胺等。

② 多元醇型非离子湿润剂。

③ 烷醇酰胺类非离子湿润剂。

④ 烷基多苷(APG)。

6.1.2.4　两性离子湿润剂

两性离子湿润剂是指在同一分子结构中同时存在被桥链（碳氢链、碳氟链等）连接的一个或多个正、负电荷中心（或偶极中心）的湿润剂。换言之，两性离子湿润剂也可以定义为具有表面活性的分子残基中同时包含彼此不可被电离的正、负电荷中心（或偶极中心）的湿润剂，如 *N*-十二烷基二甲基甜菜碱。

两性离子湿润剂主要包括以下类型。

(1) 甜菜碱型两性离子湿润剂

甜菜碱是由 Sheihler 于 1869 年从甜菜中提取出来的一种天然含氮化合物，其化学名称为三甲基甘氨酸。

现在这一名称也用于描述含硫及含磷的类似化合物。天然甜菜碱因为分子中不具备足够长的疏水基而缺乏表面活性，只有当分子结构中一个—CH_3 被一个 C8～C20 长链烷基取代后才具有表面活性。具有表面活性的甜菜碱被统称为甜菜碱型两性离子湿润剂。

目前生产和应用最为广泛的甜菜碱型两性离子湿润剂主要有烷基甜菜碱、烷基酰胺甜菜碱、磺基甜菜碱等。

(2) 咪唑啉型两性离子湿润剂

凡分子结构中含有咪唑啉结构的一类两性离子湿润剂称为咪唑啉型两性离子湿润剂。咪唑啉型两性离了湿润剂无毒、性能温和、无刺激、生物降解性好，具有优良的润湿性、发泡性和抗电性，与阴离子、阳离子和非离子湿润剂有良好的配伍性。

(3) 氨基酸型两性离子湿润剂

氨基酸分子中有氨基和羧基，本是两性化合物。当氨基酸分子上存在适当长链作为亲油基时，就成为有表面活性的氨基酸型两性离子湿润剂。其主要分为两类，一类是羧酸型氨基酸型两性离子湿润剂，另一类是磺酸型氨基酸型两性离子湿润剂。氨基酸型两性离子湿润剂，是一种低刺激性的湿润剂，具有杀菌等作用。

(4) 卵磷脂型两性离子湿润剂

卵磷脂是在所有的生物机体中都存在的天然两性离子湿润剂，在大豆和蛋黄中含量最高。卵磷脂具有很好的乳化和润湿性能，但是不溶于水，不能作为洗涤剂。

(5) 氧化胺型两性离子湿润剂

氧化胺的分子结构为四面体。因其化学性质与两性离子型相似，它既能与阴离子湿润剂相溶，也能和非离子或阳离子湿润剂相溶，故并入两性离子型湿润剂中。

氧化胺具有优良的发泡、洗涤等作用，对氧化剂、酸碱的化学稳定性较好，对皮肤和眼睛刺激性低，生物降解性好。

6.1.2.5　特种湿润剂和功能性湿润剂

特种湿润剂和功能性湿润剂包括：含氟湿润剂、含硅湿润剂、生物湿润剂、高分子湿润剂、冠醚型湿润剂、螯合型湿润剂、反应型湿润剂、双子(Gemini)型湿润剂、Bola 型湿润剂、环糊精及其衍生物。

新型功能性表面活性剂种类较多，现在以 Gemini 型湿润剂为主进行说明。阳离子和阴离子 Gemini 型湿润剂普遍具有优良的起泡能力和泡沫稳定性，一些阴离子 Gemini 型湿润剂有良好的钙皂分散能力，阳离子 Gemini 型湿润剂还可作为低分子量的胶凝剂，两性和非离子 Gemini 型湿润剂可作为清洁剂或洗涤剂、皮革整理剂、药物分散剂以及护肤和护发化妆品。

6.1.3　除尘用湿润剂润湿能力测定

好的湿润剂应具备下列特性：对人体无害；有效浓度尽可能低、价格便宜；不腐蚀支架、机器、工具和装备；能适用于硬度高的矿井水；不可燃；具有化学稳定性；易溶于水；在 0～45 ℃溶液中稳定，不分解，不沉淀，具有较好的润湿性能。湿润剂的润湿性能主要由湿润剂溶液表面张力、接触角的大小和润湿速度决定。表面张力、接触角和润湿速度都可由试验进行测定。表 6-1 为阳离子湿润剂 1631 不同质量浓度(w)下的表面张力和接触角测试数据。

表 6-1　1631 不同质量浓度下的表面张力和接触角测试数据

湿润剂名称	活性剂类型	表面张力/(mN/m)			接触角 θ/(°)		
		w=0.01%	w=0.1%	w=0.3%	w=0.01%	w=0.1%	w=0.3%
1631(十六烷基三甲基溴化铵)	阳离子	12.9	20.4	21.8	57.91	31.73	27.32

尽管表面张力和接触角是衡量表面活性剂溶液润湿煤体的重要参数，但润湿煤体还与表面活性剂溶液之间的化学力、物理化学力和机械力有关。为此，还需要对能综合体现上述各种力共同作用效果的煤样吸湿速度进行研究。

试验方法：将尺寸为 5 cm×5 cm×5 cm 的煤样用托盘天平称量后，用直径小于 0.5 mm 的漆包线悬挂于盛有溶液样品的液面上，液体浸没煤样深度为 50 mm，以排除静水压力对煤样吸湿速度的影响。浸泡 80 h 后，得到不同煤样吸水率随时间的变化关系，从而可确定煤样在不同的表面活性剂溶液中吸收液体的速度快慢，来进一步确定最佳表面活性剂。

6.1.4　湿润剂的添加方法

井下所有湿式作业(如湿式打眼、机组内外喷雾、转载点定点喷雾、煤层注水、水封爆破、装岩洒水、风流净化水幕、湿式除尘器等)的产尘场所，都可在水中添加湿润剂。

湿润剂的使用，主要是将它同水混合形成湿润剂溶液，然后通过管路或喷嘴输送或喷射至各产尘源。影响湿润剂溶液除尘效率的因素有两个，即浓度和添加调配。一般湿润剂有两种添加方法：一是单箱调配法，对小型试验可采用固定容积的箱体，一次调配后，供试验应用；二是连续添加法，在实际生产中，长周期连续添加固定浓度的湿润剂。连续添加法采用下列 6 种形式的添加调配器。

(1) 定量泵添加器

通过定量泵把液态湿润剂压入供水管路，通过调节泵的流量与供水管流量达到所需浓度。

(2) 压气添加调配器

以压缩空气为动力的压气添加调配器，如图 6-1 所示，其原理是在湿润剂溶液箱的上部通入压气（气压高于水压），承压湿润剂溶液从底部供液管 8 的入口进入供液导管，经三通 10 添加于供水管路。调节阀 6 用来调节湿润剂溶液的流量与供水流量相配合，从而达到所需的添加浓度。这种方法结构简单，操作方便，无供水压力损失，但必须以压气作为动力。

(3) 负压引射添加器

利用负压引射原理制成的湿润剂负压引射添加器如图 6-2 所示。负压吸入湿润剂溶液，并与水流混合添加于管路中，添加浓度由吸液管 6 上的调节阀进行调节。为使引射器具有较高的效能，其几何尺寸要合理。输液管出口端过长、过短都不能正常工作或溶液与水不能充分混合。

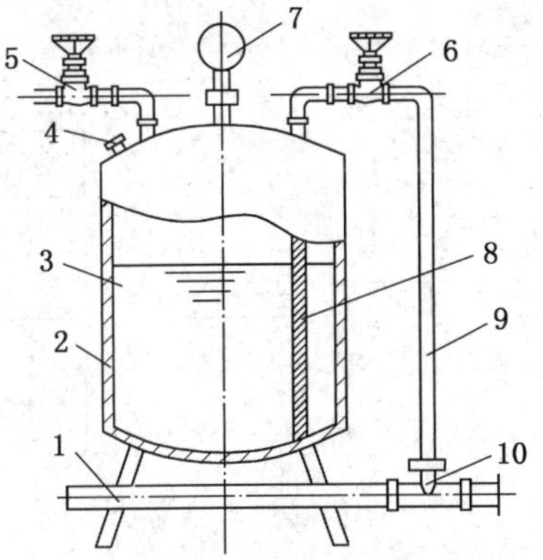

1—供水管；2—溶液箱；3—溶液；
4—加液口；5—供气阀；6—调节阀；
7—压力表；8—供液管；
9—加液管；10—三通。

图 6-1　压气添加调配器

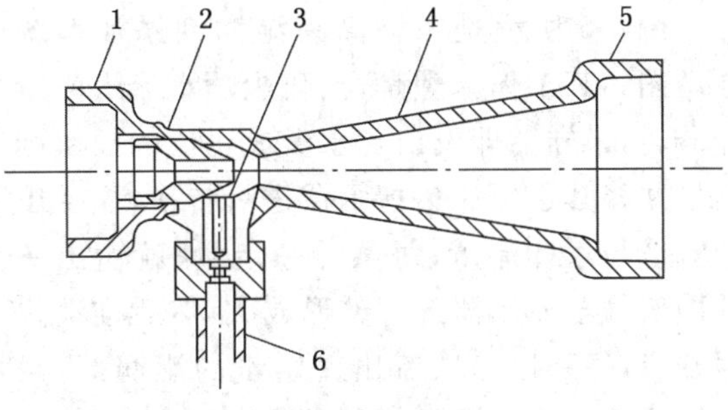

1—供水端；2—喷嘴；3—调节阀；
4—扩散段；5—出液端；6—吸液管。

图 6-2　负压引射添加器

(4) 喷射泵添加器

如图 6-3 所示，喷射泵添加器与负压引射添加器相比，主要区别在于喷射泵有混合室，而引射器没有。因此，用喷射泵调配比用引射器调配能得到更好的混合，同时具有压损小、工作状态稳定等特点。

(5) 孔板减压调节器

孔板减压调节器结构如图 6-4 所示。湿润剂溶液在减压孔板 10 前端高压水的作用下（在溶液箱中，下部通入的高压水与上部的湿润剂溶液用橡胶薄膜 3 隔开），被压入孔板后端的低压水流中，经调节阀 5 调节流量，则可获得所需溶液的流量。

(6) 集中自动添加系统

当工矿企业全面应用湿润剂除尘时，防尘用水全部要添加湿润剂。最简单的办法就是

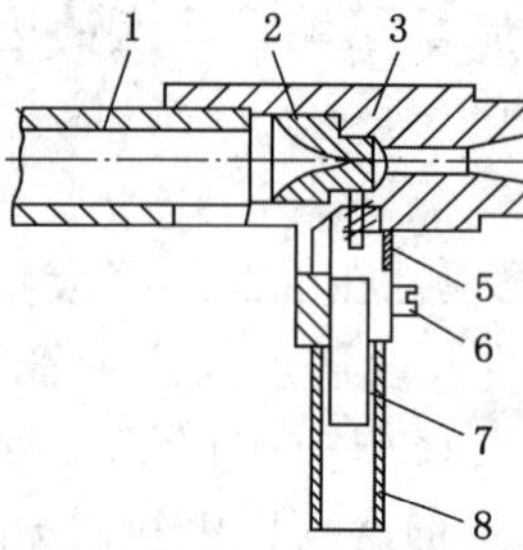

1—进水管；2—喷嘴；3—泵体；
4—出水管；5—止回阀；6—调节钉；
7—调节套；8—吸液管。

图 6-3 喷射泵添加器

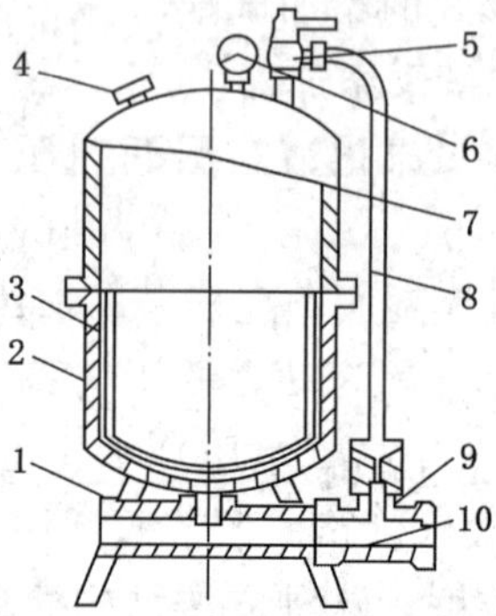

1—进水三通；2—溶液箱下部；
3—橡胶薄膜；4—进液口；5—调节阀；6—压力表；
7—溶液箱上部；8—输液管；
9—加液三通；10—减压孔板。

图 6-4 孔板减压调节器

将湿润剂直接加入集中供水的水池或管路内。

① 针对供水水池的集中自动添加系统

图 6-5 所示是一种简易湿润剂添加系统的原理图。其工作原理是，当防尘用水流入流量采样器时，采样器即发出与水量成正比的频率脉冲信号并将其送至流量指示器进行转换，显示出瞬间流量与累计流量；每累计一定量，就输出一个脉冲信号至控制器进行整形放大，然后推动执行器开启，每开启一次流出一定量的湿润剂，经加液管注入水管中便得到所需浓度的湿润剂溶液。执行器开启频率与流量成正比，可保证湿润剂混合均匀稳定。

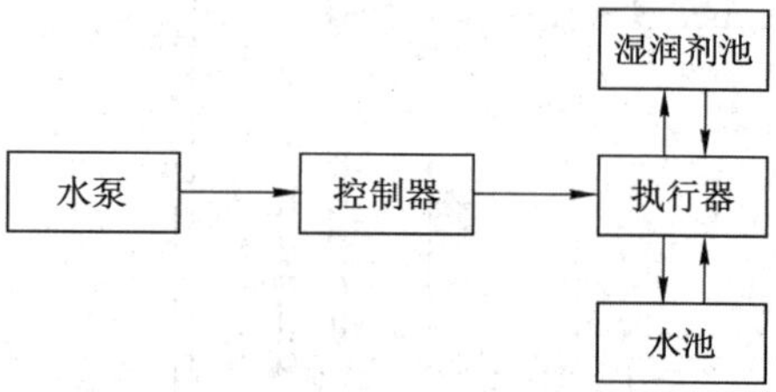

图 6-5 简易湿润剂添加系统

② 针对供水管路的集中自动添加系统

图 6-6 所示是一种针对供水管路的集中自动添加系统原理图。

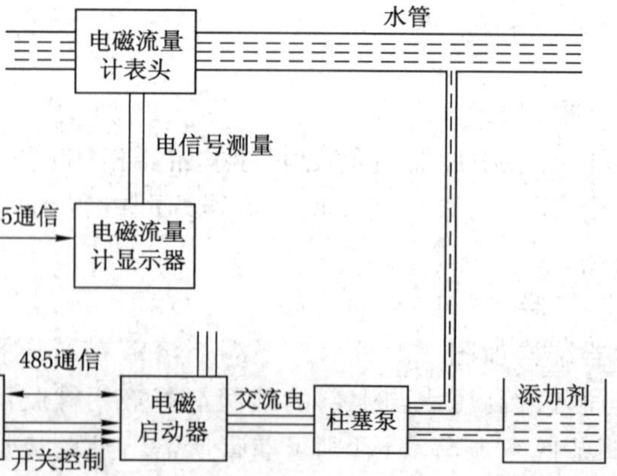

图 6-6 针对供水管路的集中自动添加系统

其工作原理是，通过电磁流量计实时监测获知防尘水管中的瞬时流量，根据其流量大小决定是否开启和关闭柱塞泵，实现湿润剂的自动添加。当瞬时流量高于设定的流量上限时，开启柱塞泵，开始添加；当瞬时流量低于设定的流量下限时，关闭柱塞泵，停止添加。该系统可实现湿润剂添加的自动化和信息化，并形成服务于采区的湿润剂集中、自动添加技术工艺。

除上述以外，在动压注水中，可利用注水泵吸入管的负压来吸入湿润剂溶液箱中溶液，经调节阀调节流量，即可获得所需的添加浓度。对固态的湿润剂可将固态物加工成棒状，通过水流冲刷溶解达到连续添加的目的。

6.2 泡沫除尘

6.2.1 泡沫的产生和除尘机理

(1) 泡沫的产生

由液体薄膜或固体薄膜隔离开的气泡聚集体称为泡沫，泡沫可分为固体泡沫和液体泡沫。除尘中使用的泡沫一般为液体泡沫，它利用表面活性剂的特点，使其与水一起通过泡沫发生器，产生大量的高倍数泡沫。泡沫是许多气泡被液体分隔开的体系，即气体分散于液体的体系。泡沫在形态上的一个特点，就是作为分散相的气泡常常是多面体。根据吉布斯吸附等温式，在形成泡沫的过程中，溶液中的溶质(表面活性剂)吸附于气液界面上。泡沫中各个气泡相交处(一般是三个气泡相交)形成所谓 Plateau 交界，如图 6-7 中 P 处，根据 Laplace 公式(即 $\Delta p=2\sigma/R$，其中 Δp 为气泡内外压力差；σ 为泡沫液的表面张力；R 为气泡的曲率半径)可知，液膜中 P 点压力小于 A 点，故液体自动地从 A 点向 P 点流动，于是液膜逐渐变薄，这就是泡沫的排液过程(另一过程是液体因重力而下降，使膜变薄，但这仅在膜较厚时才有显著作用)。液膜变薄至一定程度，则导致液膜的破裂、泡沫破坏。根据经验，纯液体不能形成稳定的泡沫。为了使产生的泡沫持久，常在表面活性剂配方中加入一些辅助表面活性剂，增加稳定性。

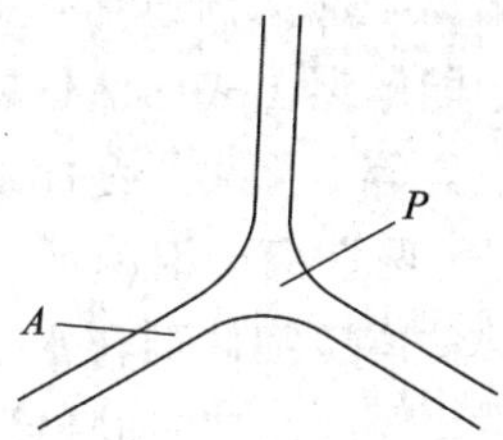

图 6-7　Plateau 交界

(2) 泡沫除尘机理

泡沫除尘是一项新型的除尘技术，利用泡沫发生器产生泡沫状的液滴喷洒到含尘空气中时，则形成大量的泡沫粒子群，其总体积和总面积很大，从而大大增加雾液与尘粒的接触面和附着力，提高水雾的降尘效果。其除尘机理包括拦截、黏附、湿润、沉降等。泡沫除尘效率从表面活化能角度来看主要取决于泡沫药剂的配方。

但是由于泡沫体系存在巨大的气-液界面能，在热力学上是不稳定体系。因此泡沫最终还是会破灭。造成泡沫破灭的主要原因：① 重力排液；② 表面张力排液造成液体流失；③ 气泡内气体的扩散。

泡沫直径大时，表面张力始终小于泡沫所含液体的重力；如果直径小于 13 mm，泡沫的稳定时间随直径的增加而减少，这是因为泡沫的厚度比较大，在短时间内排液的重力就可大于泡沫的表面张力,所以稳定时间就短些。处于泡沫群中间的泡沫受周围泡沫作用几乎处于平衡状态,所以重力作用不明显。而单个泡沫找不到平衡条件,重力对泡沫液的影响就大,容易破裂。个体泡沫的稳定时间随泡沫半径的增大而增大,但泡沫半径有一极值为28 mm,主要和分子之间的表面张力有关。

通过研究可知,在充满粉尘的空间里,始终保持泡沫位于粉尘的上面时除尘效率最高;泡沫的稳定时间和泡沫的除尘量成反比关系。

6.2.2 泡沫剂的种类

常用的泡沫剂为表面活性剂,因此参照国际上对表面活性剂的分类法对泡沫剂进行分类,可分为阴离子泡沫剂、阳离子泡沫剂、两性离子泡沫剂、非离子泡沫剂、聚合物泡沫剂和复合型泡沫剂等。

(1) 阴离子泡沫剂

阴离子泡沫剂可细分为:羧酸盐型、磺酸盐型、硫酸盐型、磷酸盐型。阴离子泡沫剂的起泡能力高,价格适中且来源广,在油田已广泛用于钻井、修井、完井、试油以及提高采收率等方面,其缺点是抗电解质能力差。

(2) 阳离子泡沫剂

阳离子泡沫剂通常是那些具有表面活性的含氮化合物,即有机胺衍生出来的盐类,在水溶液中能解离出表面活性阳离子。该类泡沫剂包括:伯胺盐、仲胺盐、叔胺盐、季铵盐和多乙烯多胺盐等。阳离子泡沫剂的起泡能力中等,但由于价格高,来源少,极少使用。

(3) 两性离子泡沫剂

两性离子泡沫剂在水溶液中解离出的表面活性离子是一个既带有阳离子又带有阴离子的两性离子化合物,而且该两性离子化合物随着 pH 值的变化而变化。通常在碱性条件下,它显阴离子性质,在等当点时显非离子性质,在酸性条件下显阳离子性质。两性离子泡沫剂可分为:氨基酸型、甜菜碱型、咪唑啉型、卵磷脂型等。该类泡沫剂毒性低、生物降解性好,但成本高,因而也很少使用。

(4) 非离子泡沫剂

非离子泡沫剂在水溶液中不能解离为离子态,而是以分子或胶束态存在于溶液中,其亲油基一般是烃链或聚氧丙烯链,亲水基大部分是聚氧乙烯链。非离子泡沫剂的种类有:醚型(如 OP 系列)、酯型(如 Span 型)、酯醚型(如 Teen 型)、酰胺型、胺型等。非离子泡沫剂在中性、酸性、弱碱性及硬水中都较稳定,但起泡能力低,使用范围受浊点影响。

(5) 其他类型的泡沫剂

① 聚合物泡沫剂。这类泡沫剂是指那些相对分子质量较大且具有一定表面活性的物质。如美国某公司研制的丙烯酰胺和乙酰酮丙烯酰胺的共聚物就属于聚合物泡沫剂,现场将其用于含矿化水和凝析油的气井进行泡沫排液收到了良好效果。国内对于该类泡沫剂的相关报道较少。

② 复合型泡沫剂。此类泡沫剂多用阴离子与阴离子、阴离子与非离子泡沫剂复配而成,以弥补单一使用阴离子泡沫剂时抗电解质能力差的特点,可用于高含钙或盐的地层。

6.2.3　泡沫药剂配方

泡沫除尘效率主要取决于泡沫药剂的配方、配方中各药剂的选择和含量。一般的泡沫药剂有发泡剂(或称起泡剂)、湿润剂、稳定剂、增溶剂等表面活性剂(或称助剂)。

6.2.3.1　发泡剂的要求、特性、种类

在泡沫除尘中,发泡剂性能的强弱,直接影响泡沫发生量的多少和降尘效率。一般情况下,泡沫药剂是在起泡性能很强的发泡剂中加入不同性能的稳定剂及其他助剂,按一定比例配制而成的。由于发泡剂的分子结构不同,相同条件下发泡倍数也不一样,所谓发泡倍数是指一定数量的泡沫自由体积与该体积的泡沫全部破灭后析出的溶液体积之比。一般 10～20 倍为低倍数泡沫,20～200 倍为中倍数泡沫,200～1 000 倍为高倍数泡沫,而除尘中应用的泡沫倍数一般为 100～400 倍。发泡剂是一种表面活性剂,表面活性剂的分子一般由两个不同性质部分组成,即它的一端是不溶于水的较长碳氢链 $CH_3—(CH_2)_n—$,称为憎水部分;另一端是水溶性基团,如羧基(—COOH)、磺酸基($—SO_3H$)统称亲水部分。

表面活性剂之所以能溶于水,就是它的亲水部分与水的亲和力大于憎水部分与水的相斥力。当表面活性剂溶于水时,凡能电离生成离子的称为离子型表面活性剂;凡是不能电离生成离子的称为非离子型表面活性剂。离子型表面活性剂又分为阴离子表面活性剂、阳离子表面活性剂和两性离子表面活性剂。阴离子表面活性剂溶于水时,与其憎水基相连的亲水基是阴离子;阳离子表面活性剂溶于水时,与其憎水基相连的亲水基是阳离子;而两性离子表面活性剂则同时具有阴离子和阳离子。

阴离子表面活性剂包括:羧酸盐、硫酸酯盐、磺酸盐、磷酸酯盐。

阳离子表面活性剂包括:伯胺盐、仲胺盐、叔胺盐、季铵盐。

两性离子表面活性剂包括:氨基酸型、甜菜碱型。非离子表面活性剂包括:聚氧乙烯型、多元醇型。

常用发泡剂有烷基磺酸钠、烷基苯磺酸钠、净洗剂 209、脂肪醇硫酸钠盐、脂肪醇聚氧乙烯醚、烷基酚聚氧乙烯醚、净洗剂 6501、1227 表面活性剂、1631 表面活性剂、BS-12 两性离子表面活性剂等。

6.2.3.2　发泡力的测定

对于发泡剂的筛选首先是测定比较发泡剂溶液的泡沫高度(发泡力)、泡沫消失速度(泡沫稳定度)和发泡比等指标。

发泡力测定方法虽然很多,但是一般用的是既简单又准确的罗氏-米尔法(Ross-Miles)。将一定量的发泡剂溶液从粗管上流下,记录不同时间的泡沫高度,此毫米数表示发泡力的大小。

(1) 泡沫高度测定仪器

如图 6-8 所示,其各部分作用如下:

① 滴液管。容积 200 mL,内盛试验溶液。出口直径 2.9 mm,扩大部分直径是 45 mm。

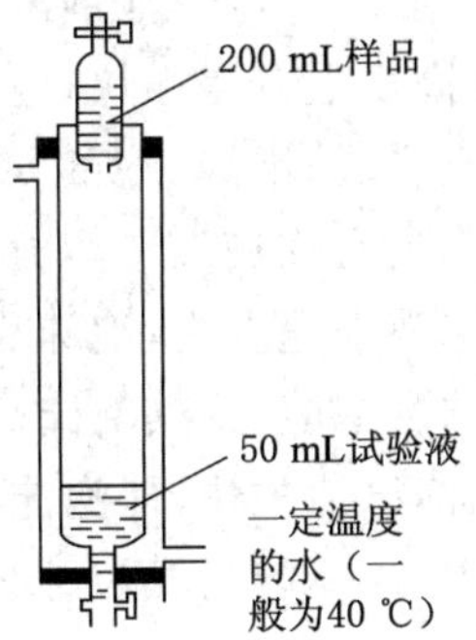

图 6-8　罗氏-米尔泡沫测定器

② 刻度玻璃柱,作为起泡和测定泡沫之用具,在 50 mL 和 250 mL 处有刻度,刻度玻璃柱外面有热水

夹套。

③ 恒温器,用来保持刻度玻璃柱夹套中循环水的温度。

(2) 泡沫高度测定步骤

① 开启恒温器,当恒温器达到一定温度时,开水泵,保持刻度玻璃柱夹层水的温度。

② 用蒸馏水洗涤刻度玻璃管,并冲洗 5~10 min。

③ 关上刻度量管旋塞,并从另外滴液管中放入 50 mL 的试验液。

④ 把 200 mL 的试验液灌入滴液管中。

⑤ 把滴液管安置到试管架上,和刻度量管的断面呈垂直状,使溶液流到刻度管中心,滴液管出口至刻度管 50 mL 处的距离为 90 cm。

⑥ 打开滴液管旋塞。

⑦ 当滴液管中的溶液流完时,立即启动秒表,测定初始泡沫高度(H_0),然后经过1 min、2 min、3 min、5 min、7 min、10 min 时再测定它的泡沫高度(H_1、H_2、H_3、H_5、H_7、H_{10})。

⑧ 每次试验以前应用蒸馏水洗涤刻度量管,待其滴干 10 min 后再进行下一次的试验。每种浓度的溶液测定 3 次,取平均值,以高度表示发泡力。

(3) 泡沫自动消失平均速度计算方法

$$泡沫自动消失速度=\frac{H_0-H_{10}}{600}$$

泡沫稳定度以泡沫自动消失速度的百分率表示,其计算方法如下:

$$泡沫稳定度=\frac{H_0-H_{10}}{H}$$

(4) 注意事项

① 装置此项仪器设备时必须全部垂直,否则液面不平,读数不准。

② 试验液在放入滴液管前应先预热至 41.5 ℃,使灌入滴液管内正式操作时温度为(40±0.5) ℃,温度过高对泡沫影响很大。

③ 为了读数清楚,可以在刻度玻璃柱后装一日光灯。

④ 有些溶液泡沫不稳定,数分钟后泡沫破裂成为高低不平的表面,此时高度读数只能取平均数字。

6.2.3.3 发泡剂的选择

对一些主要的发泡剂浓度与泡沫高度的关系进行了测定,发泡剂浓度从零到一定浓度时,泡沫高度上升得很快,但是到临界胶束浓度(CMC)以后,发泡剂浓度再增加,泡沫高度变化趋于平缓、下降。所以,应选择适当的发泡剂浓度。通过对发泡力的测定可知,阴离子型发泡剂具有优良发泡能力,泡沫高度可达 190 mm,发泡剂浓度为 0.125%~0.5%较好,它的泡沫消失速度慢,泡沫稳定性好,同时阴离子型发泡剂价格便宜。非离子型发泡剂也具有较好的发泡能力,其泡沫高度为 180 mm,使用浓度为 0.125%~0.5%,特点是泡沫润湿性好,但泡沫消失快,即泡沫稳定性差。阴离子型发泡剂与两性离子型发泡剂,也有良好的发泡能力,其泡沫高度为 180 mm,有一定的泡沫消失速度,价格较贵。

6.2.3.4 湿润剂

湿润剂的作用是为了增强对粉尘的湿润能力,在发泡剂中添加润湿剂如 TX-100、JFC 等有较好的效果。

6.2.3.5　稳定剂

稳定剂(或称稳泡剂)是指在发泡剂中具有稳定泡沫作用的某种助剂(表面活性剂)。常用泡沫稳定剂有硬脂酸铵、十二醇、*N*-十八烷基琥珀酰胺酸盐等。实践证明,泡沫稳定剂都有一定的选用范围,稳定剂添加不适当,不仅不能增加泡沫的稳定性,反而会降低发泡剂的原有各项技术性能指标。实验表明:用十二烷基磺酸钠做发泡剂,以十二醇做稳定剂,发泡后泡沫半衰期显著增加,十二醇用量应控制在 1%以下,用量通常为 0.25%。如果用量过多,泡沫半衰期反而降低,用量到 5%时,就不能发泡。

6.2.3.6　增溶剂

表面活性剂在水溶液中形成胶束后具有能使不溶或微溶于水的有机物的溶解度显著增大的能力,且此时溶液呈透明状,胶束的这种作用称为增溶,能产生增溶作用的表面活性剂叫作增溶剂,被增溶的有机物称为被增溶物。影响增溶作用的主要因素是增溶剂和被增溶物的分子结构和性质、温度、有机添加物、电解质等。因此,泡沫药剂配方中增溶剂是必不可少的成分。

6.2.3.7　其他助剂

其他助剂如防冻剂,可防止泡沫药剂的水溶液在冬季结冰。因此,要根据水质的性质、气候条件和另外一些因素,确定泡沫药剂配方中需加入其他一些助剂,有利于泡沫降尘效果。实验证明,任何单一药剂根本不可能实现对各方面性能的要求,为此,泡沫除尘药剂也需要多种药剂混合后,才能达到所需要的目的。由于泡沫药剂配方中各药剂所起的作用不同,因而各药剂的含量也不一定相同,需要通过正交实验来确定。

6.2.4　泡沫发生器

用于矿井除尘的泡沫通常是用物理方法产生的空气机械泡沫。一般是将发泡剂溶液喷洒于发泡网上,再经风流的吹激而产生泡沫。除尘用发泡机多为水力引射式发泡机(图 6-9、图 6-10)和压气发泡机。

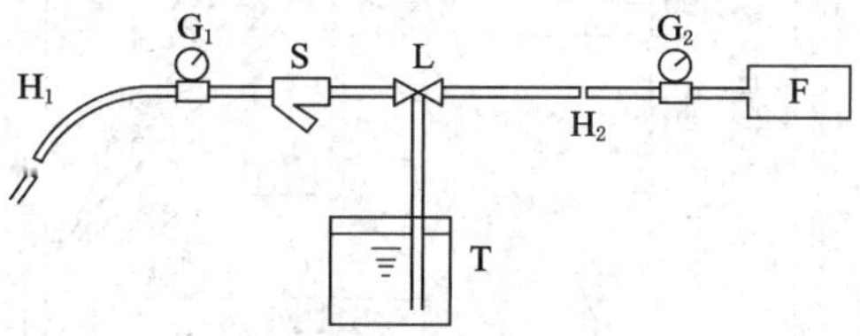

F—发泡喷头;L—管路定量分配器;S—过滤器;T—发泡原液储槽;G_1、G_2—压力表;H_1、H_2—高压软管。

图 6-9　发泡机示意图

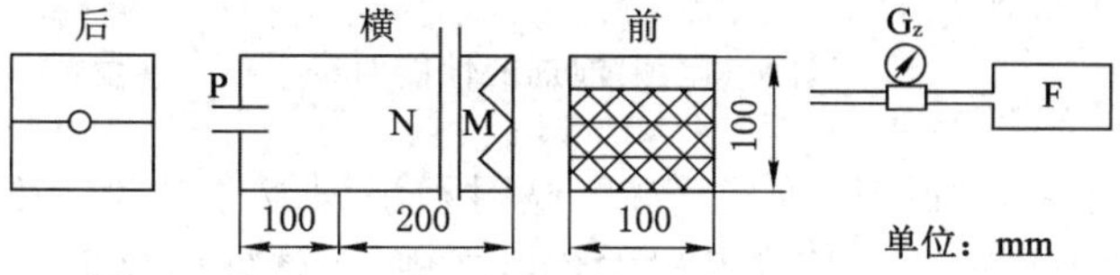

P—导管;N—喷嘴;M—金属网。

图 6-10　发泡喷头

水力引射式发泡机主要由发泡喷头、定量分配器、过滤器、发泡原液储槽及软管等构成。其发泡过程是由软管 H_1 供给的压力水(约 980 kPa)进入过滤器 S 加以净化,随后流入管路定量分配器 L。压力水的引射作用可将发泡原液储槽 T 中的发泡原液按定量(混合比 0.51%)吸出。含有发泡原液的压力水通过软管 H_2 流入发泡喷头 F。从图 6-10 导管 P 进入的压力水由于喷嘴 N 的作用,被喷到金属网上。此时,空气由于高压射流的引射作用,从发泡喷头尾部开口处被吸入,含有发泡原液的水与空气在金属网 M 处形成泡沫而向前方喷射。

泡沫的射程是随发泡压力、金属网孔的大小而变化的。如使用网孔直径为 3 mm 的金属网发泡,G_1 处压力为 294～1 960 kPa(3～20 kgf/cm²),G_2 处压力为 147～1 176 kPa(1.5～12 kgf/cm²),其对应排水量和射程见表 6-2,其他技术性能如图 6-11 所示。发泡网的形状会影响发泡机的发泡能力,一般以抛物面和锥形发泡网为宜,其相对发泡能力高。对于发泡网的材质,采用棉线网优于尼龙网,而尼龙网优于金属网。

表 6-2　发泡剂的性能

一次压力/(kgf/cm²)	二次压力/(kgf/cm²)	射程/m	排水量/(L/min)
3	1.5	1	9.5
1	2	2.5	11
6	2.5	2.5	12
10	5.5	3	17
20	12	5	25

注:1 kgf/cm² = 98.066 kPa。

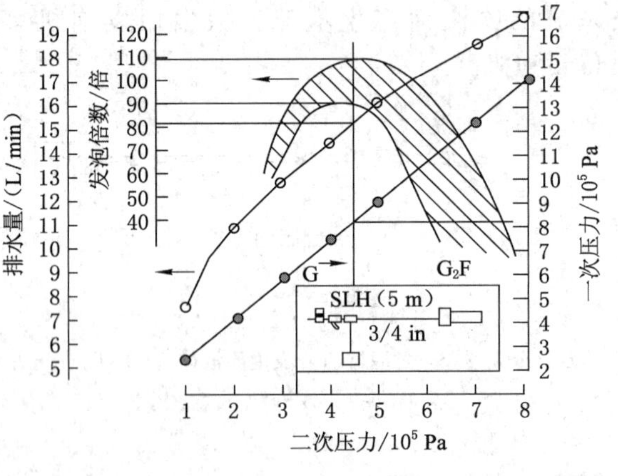

图 6-11　发泡剂的性能曲线

根据试验研究,泡沫的发泡倍数、分散度、黏附和湿润能力是决定泡沫抑尘效果的重要因素。一般要求发泡倍数适宜。从降低成本角度考虑,当然发泡倍数高些为好,但倍数过高则煤尘的吸附和自身稳定性较差。国外试验认为,发泡倍数为 100～200 倍,尺寸小于 6～10 mm 的泡沫吸附性较好,并且泡沫稳定性也高。但也有认为高倍数细小泡沫防尘效果好，因气泡小，内应力大，细小尘粒只有与内应力大的小气泡碰撞才易被气泡所湿润，那么究竟哪种更科学，还有待进一步研究和实践。另外，喷雾状态也影响发泡效果，如雾粒分散度过高则一部分小雾粒会穿网而过，致使发泡量减少。雾化程度差也会造成网面受液不均，使风液量配比失调而影响发泡。

国内外常用的发泡机类型很多，比较常见的结构如图 6-12 所示。

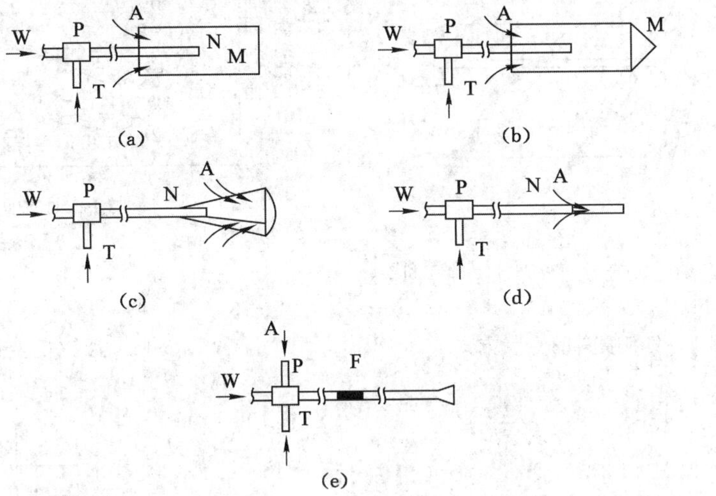

W—水；P—混合机；T—发泡原液；A—空气；N—喷嘴；M—金属网；F—发泡装置。

图 6-12　各种类型的发泡机

6.2.5　泡沫除尘的应用

(1) 采煤机泡沫除尘

国外采煤工作面使用泡沫除尘，大部分是在滚筒采煤机截煤时向截割部喷射。试验时发泡喷头的安装方式如图 6-13 所示。试验表明，发泡喷头最好和发泡原液储槽作为采煤机的一部分装在一起，一般安装在滚筒采煤机的中部，或靠近操作者的侧面。最理想的是采用内喷泡沫的方法，即用安在滚筒采煤机内部的导管把泡沫喷至该滚筒截齿面上。截齿割煤、泡沫喷射，这样抑尘效果好。

采煤机截齿割煤时，喷射泡沫的降尘效果如图 6-14 所示。

(2) 掘进打眼泡沫除尘

对于特殊岩体(遇水膨胀等)的掘凿打眼或溜煤眼施工，采用湿式上向打眼时适宜采用泡沫除尘。根据苏联的试验，凿岩机钻孔时用泡沫防尘，将泡沫压入孔底与将泡沫喷在孔口相比，后者降尘效果明显好于前者。前者须有足够水量才能把粉尘和泡沫混合物排出眼外，后者在煤眼口捕集细尘，由于泡沫的湿润黏结作用，泡沫同涌出的粉尘一起干燥形成一块块泡沫团块。采用泡沫钻眼消除了水打眼的一系列缺点，如耗水量大、排除泥浆的费用高、钻眼工受水喷溅、穿防水衣带来的行动不便以及恶化环境等。钻孔时，炮眼口喷射泡沫的除尘布置方式如图 6-15 所示。将压气通过一个装有发泡剂和水的混合物的起泡发生器，用软管将泡沫送到泡沫喷嘴，喷嘴装在钎杆上用一夹持器压在工作面壁上。干泡沫装置的泡沫发生器如图 6-16 所示。干泡沫法适用于水平钻眼，尤其适用于上向钻眼。

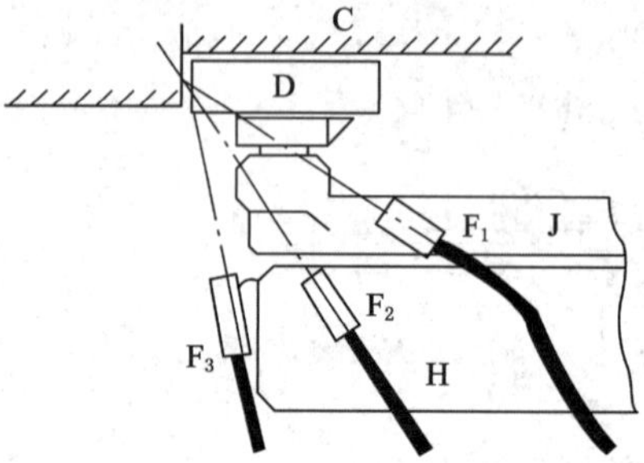

C—工作面；D—滚筒；J—千斤顶外壳；H—牵引机头；

F_1、F_2、F_3—发泡喷头。

图 6-13　发泡喷头的安装方式

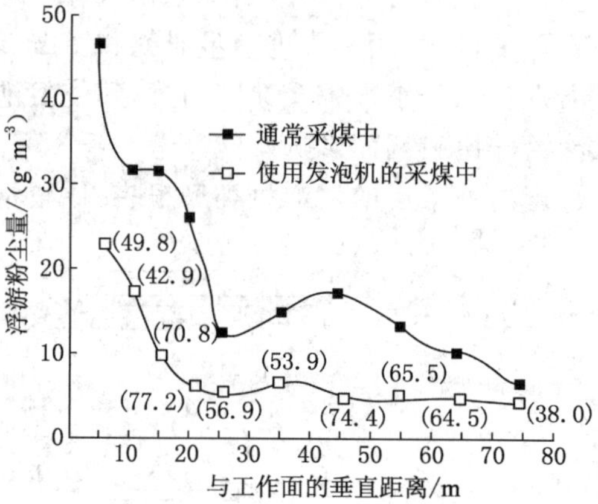

图 6-14　浮游粉尘测定结果

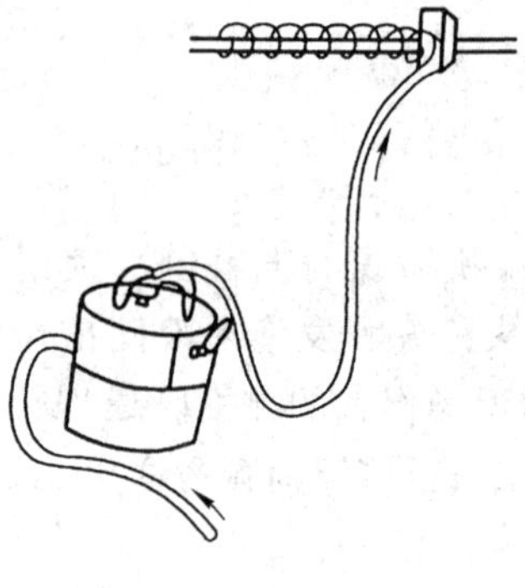

图 6-15　炮眼口喷射泡沫的除尘布置方式

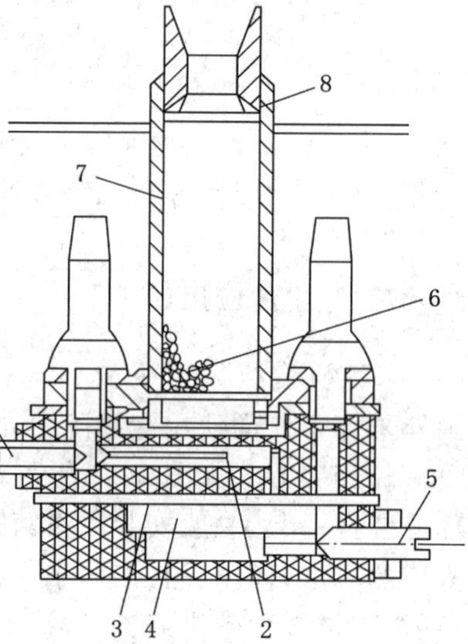

1、5—调节螺钉；2—喷射管；3—灯芯；

4—玻璃料；6、8—筛网；7—泡沫管。

图 6-16　干泡沫装置的泡沫发生器

(3) 采煤工作面干式打眼泡沫除尘

采煤工作面干式打眼泡沫除尘技术与掘进打眼泡沫除尘技术较为相似，该技术在北宿、南屯和杨村煤矿的 7704、7700 和 2704 工作面采用后取得了较好的降尘效果，表 6-3 为泡沫除尘和湿式除尘效果比较表。

从表 6-3 中可以看出，打眼时采用泡沫除尘比湿式打眼用水量大大减少，基本上为原来的 40%左右，平均全尘和平均呼尘的降尘效果较好，对于呼吸性粉尘，效果最明显，降尘率提高了 20%左右，改善了打眼工人的工作环境。

表 6-3 泡沫除尘与湿式除尘效果比较表

矿名	湿式除尘			泡沫除尘			效果对比		
	用水量/(L/min)	平均全尘/(mg/m^3)	平均呼尘/(mg/m^3)	用水量/(L/min)	平均全尘/(mg/m^3)	平均呼尘/(mg/m^3)	占原用水量比例/%	平均全尘降尘率/%	平均呼尘降尘率/%
北宿煤矿	1.35	17.42	9.05	0.5	14.57	7.18	37.0	16.4	20.7
	1.25	17.45	8.68	0.51	15.05	7.53	41	13.7	13.3
南屯煤矿	1.45	18	9.7	0.6	13.65	6.95	41.4	24.2	28.4
	1.42	18.75	9.2	0.57	13.35	6.86	40	28.8	25.4
杨村煤矿	1.55	17.1	8.93	0.67	12.05	7.08	43.2	29.5	20.7
	1.7	16.35	8.75	0.54	11.62	6.78	31.7	28.9	22.5

6.3 重力沉降室和惯性除尘器

6.3.1 重力沉降室

6.3.1.1 重力沉降室工作原理及特点

重力除尘技术是利用粉尘颗粒的重力沉降作用而使粉尘与气体分离的除尘技术。含尘气体在风机的作用下被吸入沉降室，由于沉降室内气流通过的横截面积突然增大，含尘气体在沉降室内的流速将比输送管道内的流速小得多。一般认为在沉降室内的气流呈层流状态，尘粒和气流具有相同水平速度，但气流中质量和粒径较大的尘粒，在重力作用下，获得较大的沉降速度，经过一段时间之后，尘粒降落到沉降室底部，从气流中分离出来，从而实现除尘的目的。图 6-17 为重力沉降室示意图。

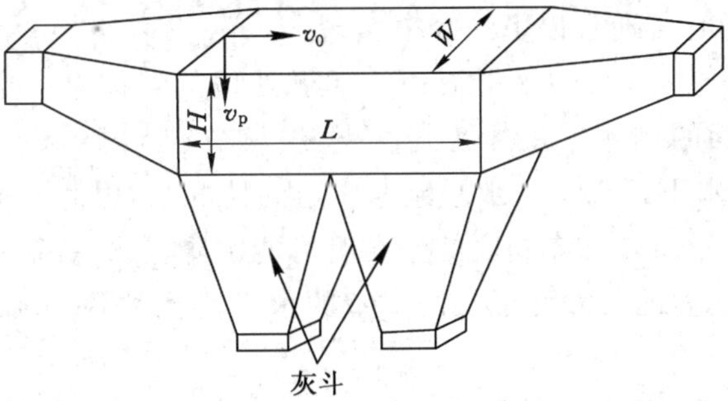

图 6-17 重力沉降室示意图

重力沉降室的主要优点是结构简单，阻力主要是气体入口和出口造成的压力损失，一般为 50～150 MPa。因此运行稳定，造价、运行和维护费用低，经久耐用；另外设备磨损很小，可处理高磨料及高浓度的含尘气体，可以回收干粉，而且处理含尘气体的温度不受限制。其缺点是，除尘效率低，一般只有 40%～50%；设备较庞大。其适于捕集密度和粒径较大的粉尘，适合处理中等气体量的常温或高温气体，常作为多级除尘的预除尘使用。

6.3.1.2　重力沉降室的分级效率及极限沉降粒径

假设沉降室内的气流属层流，不考虑紊流扩散的影响，认为初始时刻尘粒与气流具有相同的流速，忽略尘粒在达到沉降速度前的加速阶段。由图 6-18 可知，尘粒进入沉降室后，最初与气流一样只有水平流速 v_0。尘粒沉降过程中，产生了垂直速度分量。若尘粒水平移动距离 L 所需的时间为 $t=L/v_0$，在这段时间里尘粒的沉降高度为：

$$h = v_p t = \frac{(\rho_p - \rho_g) g d_p^2 L}{18\mu v_0} \tag{6-1}$$

若假设沉降室内尘粒浓度分布均匀，则粒径为 d_p 的尘粒被捕集的效率（又称分级效率）为：

$$\eta = \frac{h}{H} = \frac{(\rho_p - \rho_g) g d_p^2 L}{18\mu v_0 H} \tag{6-2}$$

对于较大的尘粒，根据上式可能出现效率大于 1 的情况，这表明该粒径尘粒未到出口就已全部沉降下来，因此效率按 100% 考虑。

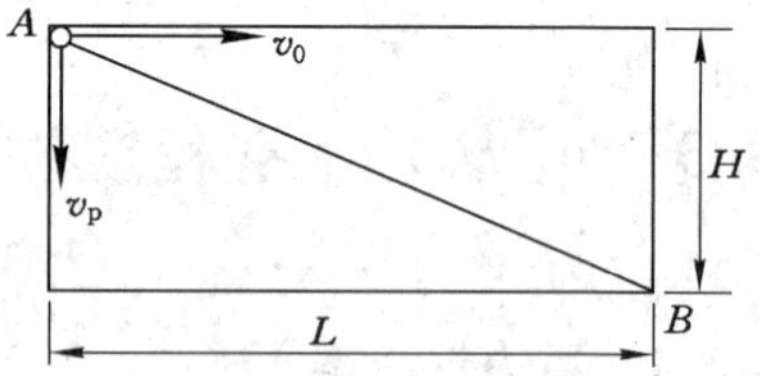

图 6-18　重力沉降室的分级效率

根据上述推导，由图 6-18 可知，若粒径为 d_p 的尘粒，在沉降室 A 点处，流经水平距离 L 后，刚好降落到 B 点，其降落高度为 H，那么位于沉降室入口处其他任意高度处粒径为 d_p 的尘粒也必定会被捕集，因此此粒径的粉尘除尘效率为 100%。根据式(6-2)可得：

$$d_p = \sqrt{\frac{18\mu v_0 H y}{(\rho_p - \rho_g) g L}} \tag{6-3}$$

从上式中可以看出，当烟气状态和沉降室尺寸一定时，粒径大于 d_p 的尘粒都可以沉降下来，这个粒径通常称为该沉降室在特定条件下的极限沉降粒径。

对于一定的含尘气体，要想利用重力沉降室来沉降分离更多的尘粒，提高除尘效率，分析式(6-2)、式(6-3)可知，可通过以下途径来实现：

① 降低沉降室内含尘气流的水平流速。如果处理的气体量一定，要降低水平流速，必须增大沉降室的横断面的尺寸。

② 延长沉降室的水平距离。在水平流速一定的情况下，由此可增加尘粒在沉降室内的停留时间，使一部分原先尚未沉降到底的尘粒有可能沉降下来，提高了分离沉降的效果。

增大沉降室的横断面的尺寸和延长沉降室的水平距离往往受到场地限制，具有一定的局限性。

③ 降低沉降的高度。通常在沉降室内增设与气流方向平行的沉降隔板，构成多层沉降室。在多层沉降室内，尘粒降落的时间缩短，沉降的极限粒径变小，使更多的尘粒沉降下来，从而提高了沉降分离效果。沉降室内设置的分层隔板愈多，效果愈明显，但也增加了阻力损失，而且隔板的高度应易于清灰，一般不应小于 25 mm。

④ 在沉降室内增设一定形式的挡板或喷雾装置，除尘效率可提高 5%～10%。

6.3.1.3　重力沉降室的设计计算

重力沉降室内气流流速应尽可能低些，使气流处于层流状态，防止流速过高，出现紊流扩散而引起粉尘二次飞扬，干扰粉尘的自然沉降。根据实践经验，对一般粉尘来说，室内气流速度小于 3 m/s，就可以防止粉尘再飞扬。表 6-4 表示了一些常见工业粉尘被重新扬起的气流速度。工程应用上室内气流速度的选择范围以 0.4～1.0 m/s 为宜。

表 6-4　工业粉尘被重新扬起的气流速度

粉尘类型	密度/(g/cm^3)	中位径/μm	重返气流速度/(m/s)
铝粉	2.72	335	4.3
有色金属铸造粉尘	3.02	117	5.6
氧化铅	8.26	14.7	7.5
钢粒尘	6.85	96	4.6
石棉尘	2.20	261	5.1
石灰石尘	2.78	71	6.3
淀粉	1.27	64	1.7
木屑	1.28	1 370	3.9
锯末	—	1 400	6.7

根据已知烟气的特性（密度、动力黏度、烟尘的浓度等）及排烟量，可以计算求得沉降室的主要结构尺寸。计算步骤如下：

① 根据沉降室内烟气流速的选择范围，确定沉降室内的气流速度 v_0。

② 根据已知排烟量 Q，计算沉降室的横断面面积 S，$S=Q/(3\ 600v_0)$。

③ 根据现场条件确定沉降室的高 H 和宽 W，$S=HW$。

④ 根据烟气的水平流速 v_0，已经初步确定的沉降室高度 H，要求的极限沉降粒径 d_p，利用式(6-3)求得沉降室的长度 L。

对计算得到的沉降室长度，一般都要考虑一定的安全系数。

6.3.2　惯性除尘器

在重力沉降室中，为了增强除尘效果，可设置与气流方向平行的沉降隔板，除此之外，还可以在沉降室内部采取一些其他措施，如设置垂直于或倾斜于气流方向的挡板、铁丝网等障碍物，这就使气流遇到障碍物而绕流时，粉尘在惯性的作用下，从气流中分离出来，从而使气体得以净化，这就是惯性除尘器的工作原理。

惯性除尘器设备结构简单，阻力较小，但除尘效率不高，适用于大颗粒（20 μm 以上）的干的非纤维性粉尘，一般多用于多级净化系统的一级除尘。

惯性除尘器有各种各样的形式，如气流折转式惯性除尘器、百叶式惯性除尘器、挡板式惯性除尘器、迷宫式惯性除尘器等。

常见的气流折转式惯性除尘器形式如图 6-19 所示。它适合于安装在管网的自然转弯处，可在动力消耗不大的情况下，将粗颗粒粉尘除掉。图 6-19 中形式的选取主要从管道连接是否方便来考虑。

图 6-20 所示为百叶式惯性除尘器，含尘气体从入口进入后，尘粒靠惯性力冲入下部灰斗，被净化的气体和惯性较小的微小尘粒便急剧转弯穿过百叶板间的缝隙经出口排出。提高冲向百叶板的流速，可以提高除尘效率。开始时效率增加很快，当流速超过 10 m/s，效率

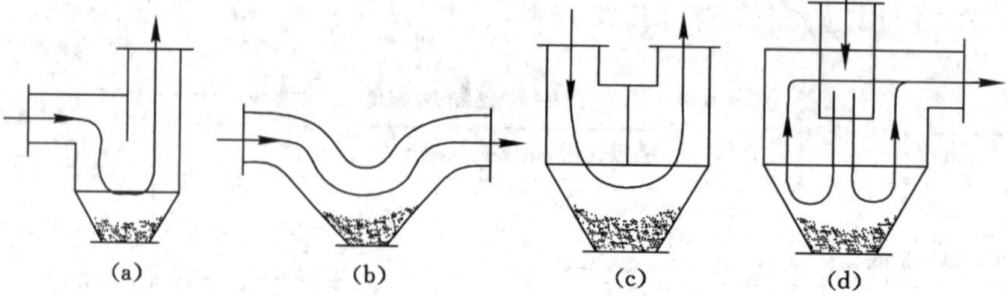

图 6-19　气流折转式惯性除尘器

增加缓慢；当流速超过 15 m/s，二次扬尘作用将使效率下降。百叶式惯性除尘器中的流速通常取 10～15 m/s。该除尘器的缺点是百叶板的磨损较快，除尘效率也不高。但是百叶板与其他除尘设备如旋风除尘器、离心浓缩器(图 6-21)等联合使用，可获得较高的除尘效率，且可降低设备造价。

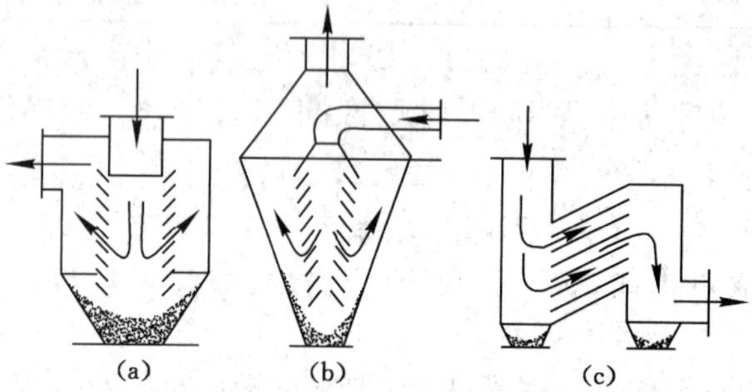

图 6-20　百叶式惯性除尘器

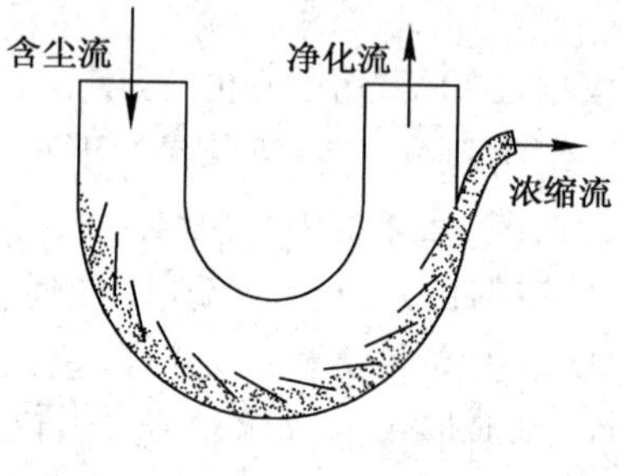

图 6-21　离心浓缩器

图 6-22 所示为挡板式惯性除尘器，这种惯性除尘器结构简单，只是在沉降室中增加若干排小挡条甚至圆钢，可以采用喷水进行清灰。

图 6-23 所示为槽形挡板所组成的迷宫式惯性除尘器，它可以有效地防止已被捕集的粉尘被气流冲刷而二次飞扬。清灰可采用振打或水洗。沿气流方向一般设置 3～6 排槽形挡板，有时可设更多排。这种惯性除尘器阻力一般不超过 200 Pa，对于收集 50 μm 以上的尘粒，效率可达 80%以上。

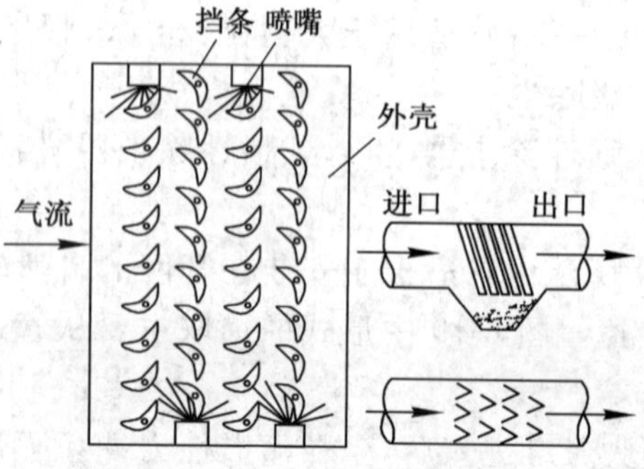

图 6-22　挡板式惯性除尘器

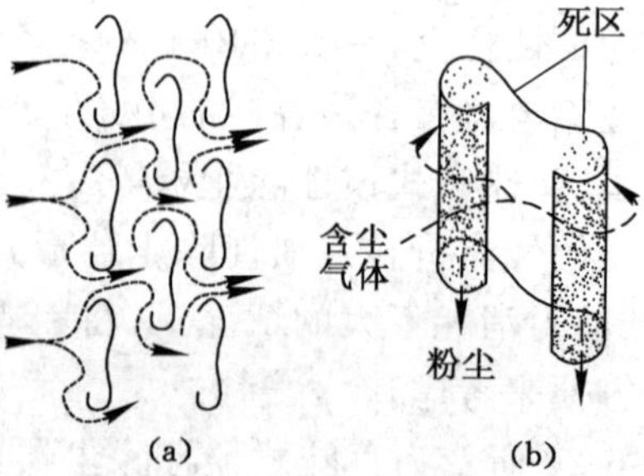

图 6-23　迷宫式惯性除尘器

6.4　旋风除尘器

旋风除尘器是利用旋转的气流所产生的离心力，将固体颗粒或液滴从气流中分离出来的一种干式气固（液）分离的静止机械设备，其内部无运动部件。旋风除尘器种类繁多，既可以设计成分级器，也可以设计成分离器。它对于捕集、分离 5～10 μm 以上的粉尘或雾滴效率较高，可广泛应用于化工、石油、冶金、建筑、矿山、机械、轻纺等工业部门。

一般旋风除尘器有以下几个特点：

① 结构简单，器身无运动部件。无需特殊的附属设备，占地面积小，制造、安装投资较少。

② 操作、维护简便，压力损失中等，动力消耗不大，运转、维护费用较低。

③ 操作弹性较大，性能稳定，不受含尘气体的浓度、温度限制。对于粉尘的物理性质无特殊要求，除尘器可选用不同材料制作或内衬各种不同的耐磨、耐热材料，进而提高使用寿命。因此它特别适合于高压操作或高粉尘（液体）浓度的场合，以及过滤介质对于侵蚀、出现火花、含油、湿度和温度等很敏感的场合。

随着旋风除尘器的使用日趋广泛，人们对旋风除尘器的结构改进以及内部的气流状态和固体颗粒的运动规律做过大量研究，取得不少进展，也研制出许多性能良好的旋风除尘器。但旋风除尘器的分离、捕集过程是一个极为复杂的三维、两相湍流运动，致使理论与实验研究十分困难。另外，设备的结构不同，几何尺寸不一，尤其是气固两相本身物理性质的差异、操作条件的变化等因素，都对旋风除尘器的主要性能有显著的影响。因此，至今仍无法全面掌握它们运动的内在规律，更不能从理论上建立一套完整的成熟的数学模型。

6.4.1　旋风除尘器工作原理

如图 6-24 所示，旋风除尘器由进气管、外圆筒、圆锥筒和排气管（内圆筒）、灰斗、排灰阀等五部分组成。

含尘气流从进气口沿切向高速进入除尘器，由于受到外圆筒上盖及内圆筒壁的限流，气流做自上而下的旋转运动，通常把这种运动称为外涡旋。在气流旋转过程中形成很大的离心力，尘粒在离心力的作用下，密度大于气体的尘粒被逐渐甩向外壁，尘粒一旦与器壁接触便失去惯性力，而靠入口速度的动量和向下的重力沿外壁面下落，直至灰斗。旋转下降的外旋流因受到锥体收缩的影响逐渐向中心汇集，根据“旋转矩”不变原理，其切向速度不断提高。当气流到达锥体的某一位置时，即以同样的旋转方向从旋风除尘器中下部，由下而上继续做螺旋形流动，即内涡旋。内旋流不含大颗粒粉尘，所以比较干净，最后经净化的空气由排气管排出除尘器外。但是，内、外两旋转气流的互相干扰和渗透，容易把沉于底部的粉尘又带起，其中一部分细小的尘粒又被带走。这就是除尘器内的二次飞扬现象。为减少二次飞扬，提高除尘效率，在圆锥体下部往往设置阻气排灰装置。

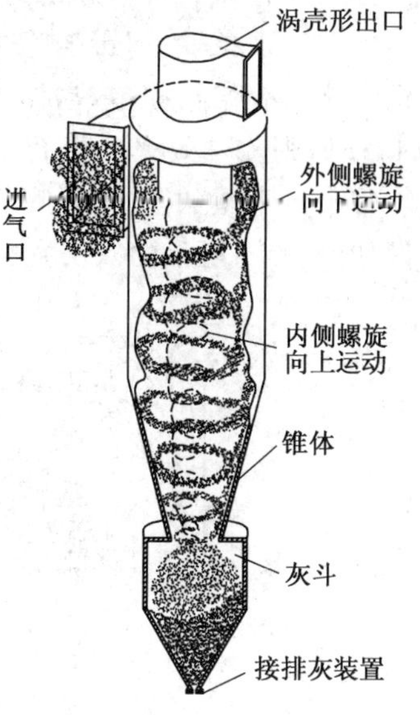

图 6-24　旋风除尘器示意图

气流从除尘器顶部向下高速旋转时，顶部的压力发生下降，一部分气流会带着细小的尘粒沿外壁旋转向上，到达顶部后，再沿排出管外侧旋转向下，从排出管排出。这股旋转气流称为上涡旋，上涡旋也会带走部分粉尘。如果除尘器进口和顶盖之间保持一定距离，没有进口气流干扰，则上涡表现比较明显。

6.4.2 旋风除尘器的进口形式

目前常用的进口形式有螺旋形直入式、蜗壳式和轴流式三种，如图 6-25 所示。螺旋形直入式又分为平顶盖和螺旋形顶盖。平顶盖直入式进口结构简单，应用最为广泛。螺旋形直入式进口避免了进口气流与旋转气流之间的干扰，可减小阻力，但除尘效率会下降。如果除尘器处理风量大，需要大的进口，采用蜗壳式进口可以避免进口气流与排出管发生直接碰撞，有利于除尘效率和阻力的改善。轴流式进口主要用于多管旋风除尘器的旋风子。

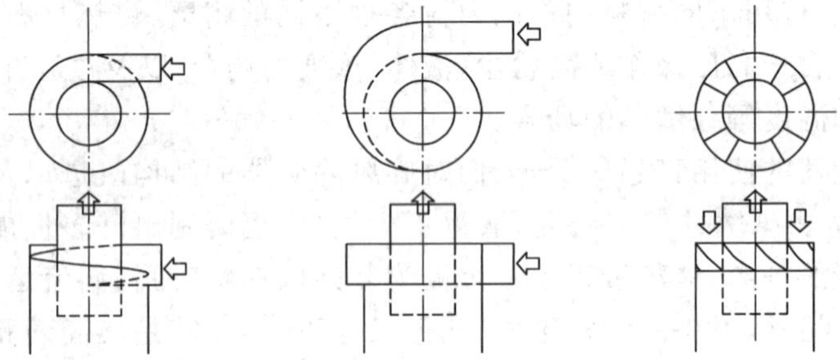

(a) 螺旋形直入式　(b) 蜗壳式　(c) 轴流式

图 6-25　旋风除尘器的进口形式

6.4.3 旋风除尘器的排灰装置

排灰装置兼有排灰和密封两种功能，是影响除尘器性能的关键部位之一。假如排灰装置出现漏气现象，不但影响除尘器的正常排灰，而且严重影响除尘效率。因此，理想的排灰装置应该具有结构简单、动作灵活、排灰及时和严密不漏风等特点。如果漏风量占到总风量的 1％时，则除尘效率可降低 5％；漏风量占 5％时，除尘效率可降低约 50％。

收尘量不大的除尘器，可在下部设固定灰斗，定期排除。收尘量较大、要求连续排灰时，可设如图 6-26 所示的双层翻板式排灰阀，或如图 6-27 所示的回转式卸尘器（星形排灰阀）。

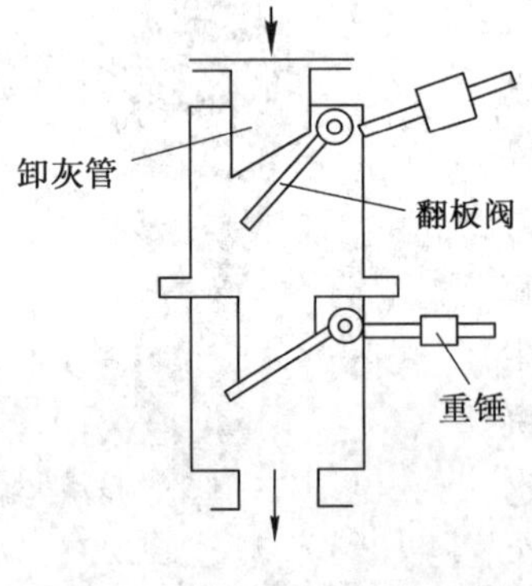

图 6-26　双层翻板式排灰阀

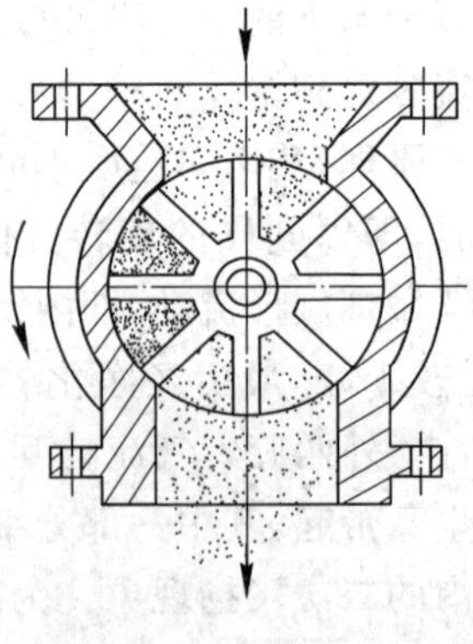

图 6-27　星形排灰阀

6.5 过滤式除尘器

过滤式除尘器是利用含尘气流通过过滤材料时，将气流中固体粉尘分离捕集的装置。其中过滤材料可以分为纤维织物滤料和颗粒物滤料。

袋式(或布袋)除尘器就是利用有机或无机纤维作为过滤材料，将含尘气体中的固体粉尘通过过滤而分离出来的一种高效除尘设备，因过滤材料多做成袋形，因此而得名。本节主要讲述袋式除尘器，对于颗粒层过滤式除尘器可参阅相关文献。

6.5.1 袋式除尘器的特点

(1) 除尘效率高，特别是对微细粉尘也有较高的除尘效率，一般可达 99%，甚至可达到 99.9%以上。

(2) 适应性强，可以捕集不同性质的粉尘。例如，对于高比电阻粉尘，采用袋式除尘器比电除尘器优越。袋式除尘器入口含尘浓度可在相当大的范围内变化。

(3) 使用灵活，处理风量可由每小时数百立方米到数十万立方米。

(4) 结构简单。

(5) 工作稳定，便于回收干料，没有污泥处理、腐蚀等问题，维护简单。

(6) 应用范围受到滤料耐温、耐腐蚀性能的限制，特别是在耐高温性能方面。如涤纶滤料适用于 120～130 ℃，而玻璃纤维滤料可耐 250 ℃左右，若含尘气体温度更高时，需要采用造价高的特殊滤料或者采取降温措施。这会使系统复杂化，造价也高。

(7) 不适宜处理湿度大的含尘气流，以及黏结性强、吸湿性强的粉尘。

(8) 处理风量大时，占地面积大，造价高。

(9) 滤料是袋式除尘器中的主要部件，其造价一般占设备费用的 10%～15%，滤料需定期更换，从而增加了设备的运行维护费用，滤料更换时劳动条件也差。

袋式除尘器具有较高的除尘效率，与电除尘器相比，没有复杂的附属设备及技术要求，运行稳定，造价也较低；与湿式除尘设备相比，粉尘的回收和利用较方便，不需要冬季防冻，对腐蚀性粉尘防腐要求较低。因此袋式除尘器在高效率的除尘设备中属于结构比较简单、运行费用相对较低的设备。

袋式除尘器广泛应用于各个工业部门，以捕集非黏结性、非纤维性的工业粉尘。袋式除尘器因为除尘效率高，运行稳定，适用于许多工矿企业除尘工程，是各类除尘器中应用最多的一类。就数量而言，袋式除尘器应用占除尘器总量的 60%以上；按处理气体量而言，袋式除尘器则占到 70%以上。

6.5.2 袋式除尘器的分类

(1) 国家标准中对于袋式除尘器是按清灰方式分类的。按照清灰方式，袋式除尘器可分为五大类：机械振动类、分室反吹类、喷嘴反吹类、振动反吹并用类及脉冲喷吹类。

(2) 按照含尘气体进气方式可分为内滤式和外滤式。内滤式为含尘气体由滤袋内向外流动，粉尘被分离在滤袋内，外滤式则相反。前者优点是滤袋外部为清洁气体，便于检修和换袋，甚至不停机即可检修。一般机械振动、反吹风等清灰方式多采用内滤形式。外滤式除尘器的滤袋内必须设置骨架以防止被吹瘪。脉冲喷吹、回转反吹等清灰方式多采用外滤形式，扁袋式除尘器大部分采用外滤形式。

(3) 按照含尘气体与被分离的粉尘的下落方向可分为逆流式和顺流式。逆流式为含尘气体与被分离的粉尘下落方向相反。一般气流自下而上，捕集的大颗粒粉尘可直接落入灰斗，减少了滤袋磨损，延长了清灰间隔时间，但容易带出部分微细粉尘，降低了清灰效果，增加了阻力。总的说来，逆流式除尘器结构简单，成本低，应用较广。而顺流式则相反，一般含尘气体的入口可设在除尘器上部，粉尘沉降与气流方向一致，有利于粉尘沉降，除尘效率有所提高，设备阻力也可降低 15%～30%。

(4) 按照动力装置布置的位置可分为正压式和负压式。动力装置布置在袋式除尘器的前面，采用鼓入含尘气体的是正压式袋式除尘器。其特点是结构简单，但由于含尘气体经过动力装置，因此风机磨蚀严重，容易损坏，不适用于高浓度、粗颗粒、高硬度、强腐蚀性的粉尘。动力装置布置在袋式除尘器后，采用吸出已被净化气体的是负压式袋式除尘器。其特点是动力装置使用寿命长，采用密封式结构，便于采取保温措施，适用于处理高湿度的凝结性气体，但缺点是风机直接向大气中排气，常需考虑消音降噪措施，且除尘系统需密闭不能漏气，结构较复杂，造价较高。一般负压式采用较多。

(5) 按照滤袋的形状可分为圆形滤袋和扁形滤袋。一般采用圆形滤袋组成的若干袋组。圆形滤袋直径一般为 120～300 mm，高度一般为 2～3 m。由于圆形滤袋的支撑骨架及连接较简单，清灰容易，维护管理也比较方便，所以应用非常广泛。扁形滤袋厚度及滤袋间隙为 25～50 mm，高度为 0.6～1.2 m，宽(深)度为 300～500 mm。其特点是可在较小的空间布置较大的过滤面积，排列紧凑，而且在相同作用力条件下，梯形扁袋振幅更大，这有利于提高滤袋的寿命。但由于目前扁形滤袋的清灰技术还不完善，检修、换袋较复杂，其广泛应用受到限制。

6.5.3 袋式除尘器的除尘机理

袋式除尘器依靠编织的或毡织的滤布作为过滤材料来达到分离含尘气体中粉尘的目的。它的工作机理是粉尘通过滤布和粉尘层时产生的筛分、惯性、黏附、扩散和静电等多种作用而被捕集。

6.5.3.1 滤料对粉尘的过滤机理

滤布对粉尘的过滤作用如图 6-28 所示。

(1) 筛分作用

含尘气体通过滤布时，滤布纤维间的空隙或吸附在滤布表面粉尘间的空隙把大于空隙直径的粉尘分离下来，称为筛分作用。对于较薄的新滤布，由于纤维之间的空隙很大，这种筛分效果不明显，除尘效率亦低。对于针刺毡或者起绒滤布，由于毡或起绒滤布本身构成厚实的多孔滤层，可以比较充分地发挥筛分作用。

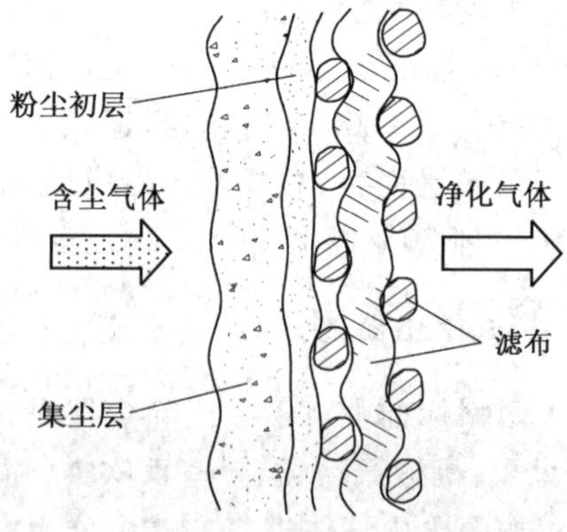

图 6-28 滤布的过滤作用

(2) 惯性作用

含尘气体通过滤料纤维时，气流绕过纤维，而大于 1 μm 的粉尘由于惯性作用仍保持直线运动撞击到纤维上而被捕集。粉尘颗粒直径、尘粒的密度越大，惯性作用也越大。过滤气速越高，惯性作用也越大，通过滤布的气量也增大，但气流会从滤布薄弱处穿破，造成除尘效率降低，如图 6-29 所示。而且滤布上积尘状态和滤布的质量影响风速和效率的关系。粉尘层越厚，由于提高风速而造成的除尘效率降低的量越小。较薄的滤布如斜纹玻璃布、薄缎纹玻璃布等，随着过滤气速的增加，除尘效率下降。而单面绒棉布和呢料等厚滤布并不易穿破，随过滤气速增加，其除尘效率几乎不变。

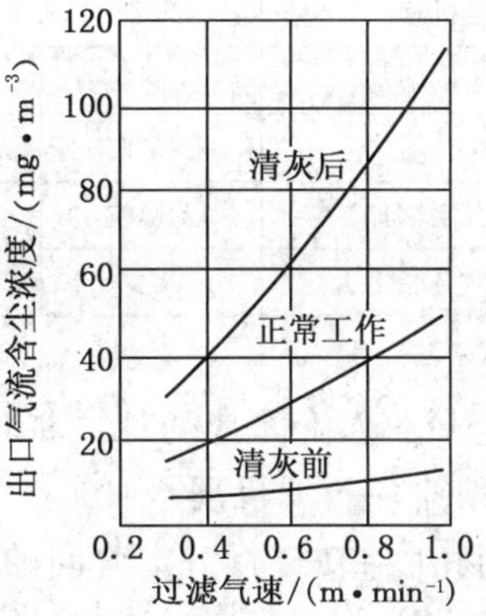

图 6-29　过滤气速与出口气流含尘浓度的关系

(3) 扩散作用

当粉尘颗粒在 0.2 μm 以下时，由于粉尘极为细小而产生如气体分子热运动的布朗运动，增加了粉尘与滤布表面的接触机会，使粉尘被捕集。扩散作用随着过滤气速的降低、粉尘粒径和纤维粒径的减小、气体温度升高而增强。

(4) 黏附作用

当含尘气体接近滤布时，细小的粉尘仍随气流一起运动，若粉尘的半径大于粉尘中心到滤布边缘的距离时，则粉尘被滤布黏附而被捕集。滤布的空隙越小，这种黏附作用也越显著。表 6-5 所列为玻璃纤维直径对除尘效率的影响。

表 6-5　玻璃纤维直径与除尘效率的关系

玻璃纤维直径/μm	除尘效率/%	玻璃纤维直径/μm	除尘效率/%
125	80	4	95～90
20	90	1	100

(5) 静电作用

粉尘颗粒间相互撞击会放出电子产生静电，如果滤布是绝缘体，会使滤布充电。当粉尘和滤布所带的电荷相反时，粉尘就被吸附在滤布上，从而提高除尘效率，但粉尘清除较难。反之，粉尘不易吸附到滤布上，除尘效率下降。所以，静电作用能改善或妨碍滤布的除尘效率。为了保证除尘效率，必须根据粉尘的电荷性质来选择滤布。一般静电作用只有在粉尘粒径小于 1 μm 以及过滤气速很低时才显示出来。在外加电场的情况下，可加强静电作用，提高除尘效率。

结合前述分析，我们可以得到滤料和粉尘特性对各种捕集作用的影响以及对总效率的影响，如表 6-6 所示。

表 6-6　滤料和粉尘特性对捕集效率的影响

除尘机理	筛分	惯性	黏附	扩散	静电	总效率
过滤速度增加	无影响	增加	无影响	减少	减少	减小
粉尘粒径增大	增加	增加	增加	减少	减少	增加
粉尘密度增加	无影响	增加	无影响	减少	减少	增加
滤布纤维直径增大	减少	减少	减少	减少	减少	减小

6.5.3.2　*粉尘层和覆膜的过滤机理*

(1) 粉尘层过滤机理

袋式除尘器在进行一定时间的过滤操作后，由于扩散、黏附等作用，尘粒在滤料网之间产生架桥现象，使气流通过滤料的孔径变得很小，从而使滤料网孔及其表面迅速截留粉尘形成粉尘层。由于粉尘层中粉尘粒径通常都比纤维小，因此筛分、惯性、黏附和扩散等作用，尤其是筛分作用都有所增加，使除尘效率显著提高。在清灰后为了防止除尘效率下降，需要使滤布表面或内部残留一定厚度的粉尘，称为粉尘初层。对于厚而蓬松、空隙率较大的滤料，如针刺毡，阻留在滤料内部的粉尘初层将和纤维一起参与过滤过程，因此属于内部过滤。对于薄而紧、空隙率较小的滤料，如编织滤布，需要在滤布表面残留 0.3～0.5 mm 厚的粉尘初层，此时滤料主要作为形成粉尘初层的骨架作用，属于表面过滤。图 6-30 所示为滤布在不同状态下的除尘效率。

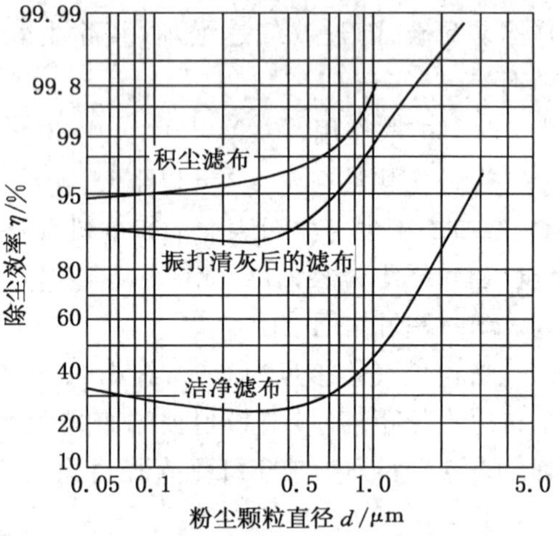

图 6-30　滤布在不同状态下的除尘效率

一般合成纤维布的网孔为 20～30 μm，若为起毛的则为 5～10 μm，用这样的滤布，只要设计得当，就是 0.1 μm 的烟雾也能获得接近 100% 的除尘效率。

(2) 覆膜过滤机理

基于粉尘层有利于过滤，可人为地在普通滤料表面覆上一层有微孔的薄膜以提高除尘效果。所以滤料表面的薄膜又称人造粉尘层。

目前滤布上覆的薄膜都采用聚四氟乙烯膜。该滤膜很薄、光滑，具有极佳的化学稳定性，质体强韧，孔径小，空隙率高，能抗腐蚀，耐酸碱，不老化，摩擦系数极低，具有不黏性和宽广的使用温度(－180～260 ℃)。为了适应不同粒径的粉尘和物料，滤膜的平均孔径可采用不同的值，如 0.5 μm，1 μm，3 μm。薄膜的厚度大致在 10 μm，各厂家产品略有不同。

薄膜的过滤机理就像滤料表面粉尘初层的一样，属于表面过滤，主要靠微孔的筛分作用。薄膜的孔径很小，能把极大部分尘粒阻留在膜的表面，完成气固分离的过程，但粉尘不深入到支撑滤料的纤维内部，这使粉尘层极易剥落。即使水硬性粉尘如水泥尘，在膜表面结块初期也会被剥离下来。但若粉尘结块现象严重或者烟气结露，覆膜滤料也无能为力，须采取其他措施。覆膜滤料的阻力虽然较覆膜前略有增加，但当工况稳定后，滤料阻力趋于平稳，明显低于常规不覆膜滤料。这样能保证较高的除尘效率和较低的运行阻力。

目前由于对环保的要求越来越高，覆膜滤料因其具有表面过滤效率高、过流阻力小、流量大、容易清灰而且使用寿命长的特性，正在成为粉尘与物料过滤和收集的新型热门材料，也是精密过滤方面不可缺少的新材料。

由上述除尘原理得知，袋式除尘器一般不适用于捕集黏结性的以及纤维性的粉尘，适宜处理初浓度为 0.000 1～1 000 g/m^3、粉尘粒径为 0.1～200 μm 的含尘气体。浓度太高或粒径大于 200 μm 的粉尘须先经旋风除尘器除尘。袋式除尘器的除尘效率高，可达 99%以上，而且比较稳定，当含尘气体中含有水蒸气时，必须避免出现结露现象。

6.5.4 简易袋式除尘器的结构

图 6-31(a)、(b)分别为正压操作简易袋式除尘器顺流式、逆流式除尘方式。其中顺流式比逆流式多一个气体分配室的结构，使除尘器的高度增加，但其除尘效果更好些，因此对于简易的袋式除尘器常采用顺流式。

如图 6-31(a)所示，含尘空气进入气体分配室，并均匀地进入各个滤袋进行滤尘。由于在滤布上粉尘初层的存在，除尘效率很高。净化后的气体由出口排出。简易袋式除尘器不设置专用清灰设施，待附着在滤袋内表面上粉尘层达到一定厚度时停机，使粉尘因为风机的开停和重力作用自行脱落，或人工拍打脱落至灰斗内。随后又进入下一循环工作。

如图 6-31(b)所示，滤袋下部固定在花板上，上部吊挂在水平框架上。含尘气体由下部通过花板分配到各滤袋内部，净化后由上部排出。

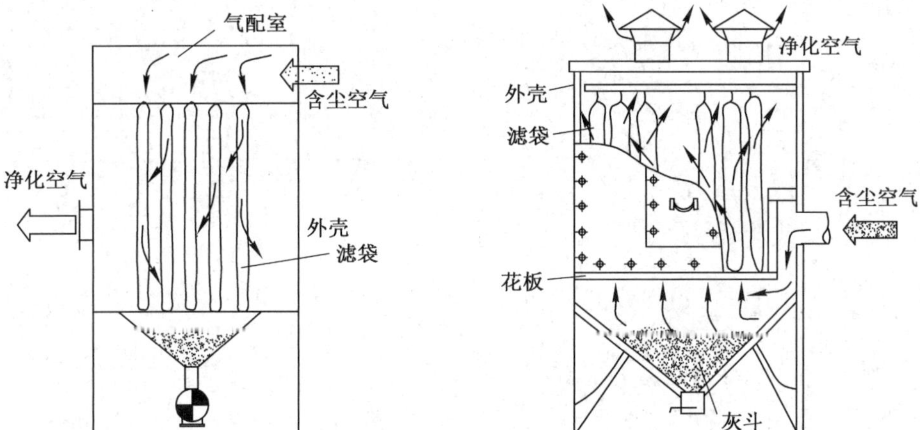

图 6-31 简易袋式除尘器

简易袋式除尘器一般采用顺流式、正压操作。常用在气体含尘浓度较低，气量不大的场合，如带式输送机转运点、正压气力输送(稀相)的末端、储仓等处。若工艺系统中设备完全密闭而且正压较大，可把简易袋式除尘器安装在产生正压的含尘气体出口处，而无需安装风机。

简易袋式除尘器的优点是滤袋受力较小，使用寿命较长，除尘效率高，运行可靠，操作简单,投资费用少,而且可以根据具体情况进行非标准化设计。缺点是滤袋的粉尘负荷量低,因此滤布用量多,占地面积大,处理风量有限。

复习思考题

1. 湿润剂除尘机理是什么?湿润剂有哪些分类?
2. 湿润剂润湿能力的测定方法是什么?简述其测定过程。
3. 湿润剂的添加方法有哪些?
4. 简述泡沫除尘的机理。
5. 泡沫除尘效率和哪些因素有关?
6. 如何提高重力沉降室的除尘效率?
7. 旋风除尘器的除尘机理是什么?
8. 袋式除尘器的除尘机理包括哪些?
9. 你还知道哪些除尘方法?其主要机理是什么?

第 7 章　防尘供水系统设计

学习目标

1. 掌握防尘供水的水质要求、供水来源和水的净化；
2. 掌握防尘供水的用量计算方法和系统设计方法。

导　　言

本章主要针对煤矿井下防尘供水系统设计进行了介绍，包括防尘供水的要求、水池设计、管路系统设计，以及各用水地点的水量计算方法。

7.1　防尘供水的要求

7.1.1　水质要求

根据《煤矿安全规程执行说明》的有关规定，对于防尘水质有如下要求：

(1) 悬浮物含量不得超过 150 mg/L。

(2) 悬浮物的粒径不得大于 0.3 mm。

(3) 氢离子浓度(pH 值)为 6.0～9.0。

(4) 大肠菌指数每升水中不超过 3 个。

(5) 防尘用水源有地面水源和井下水源两种。使用井下水源时，应设置过滤池或过滤装置进行净化处理后使用，水的 pH 值应在 6.0～9.5 范围内。

(6) 如井下的水源属严重酸性水，应设立中性化处理设施，水质应符合《煤矿井下消防、洒水设计规范》(GB 50383—2016)的要求。

(7) 矿井环保部门每季度对防尘水源的水质至少化验一次，以确保水质符合要求。

当水质不符合上述要求时，就必须对水质进行净化处理。

7.1.2　供水来源

(1) 在有条件的矿井，且符合经济指标的情况下，可以使用地面的生活或工业用水。

(2) 一般使用矿井井下水源，当使用井上水源时必须进行净化处理。

7.1.3　矿井水的净化

矿井水实际上就是矿区所采煤层及开拓巷道附近的地下水，有时也含有少量渗入的地表水。由于受到当地地质年代、地质构造、各种煤系伴生矿物成分，还有流经采煤工作面时带入的煤粉等悬浮颗粒等因素的影响，同时受到井下生产的影响，矿井水的水质有很大的差异，具有明显的煤炭行业特征。我国矿井水的水质成分主要是悬浮物和可溶性无机物。按照矿井水化学性质，其可以分为洁净矿井水、含悬浮物矿井水、高矿化度矿井水（苦咸水）、酸性矿井水、含微量元素或有害元素矿井水 5 类。对矿井水进行处理的技术主要有：絮凝处理去除悬浮颗粒物、中和酸性水、反渗透去除可溶性盐类等。

由于煤矿防尘用水对水质要求不高，水质净化的主要目的是滤掉水中固体粒子和其他杂质，避免淤泥堵塞喷嘴及污水蒸发后粉尘二次污染作业环境。煤矿防尘用水水质的净化方法主要采用储水沉淀池、储水过滤池净化，在管道上采用管道滤流器净化等。其具体要根据矿井水受污染程度确定，一般地表或井下的静压水池应尽量采用自然沉淀池。

7.2 防尘供水的水池

目前，井下防尘供水的方式有三种：静压供水、泵压供水（又称动压供水）和水车气压供水。从经济合理、安全可靠的观点来看，静压供水投资低，持久耐用，安全可靠；泵压供水虽然机动灵活，搬迁移动方便，但受水源水质及电器故障等影响；水车气压供水只适用于无管网系统或无水源的特殊场所。所以供水方式应尽量采用静压供水，动压供水和水车气压供水只能作为辅助手段使用。

7.2.1 静压水池的容积

矿井持久性防尘静压水池的容积，应将防尘用水和消防用水结合起来考虑。设计时静压水池的容积 V_r（m^3）应按下式计算：

$$V_r = 4K_yQ \tag{7-1}$$

式中 K_y——消防火用水预留系数，取 1.2；

Q——矿井防尘用水量，m^3/h；

4——水池不得少于 4 h 的用水量。

如果设计计算出来的水池容量小于 200 m^3，则应按 200 m^3 建设，并有备用水池。

7.2.2 静压水池的结构

（1）静压水池可采用钢筋混凝土浇筑，也可采用条石三合土砌缝。一般常用矩形水池，有时也用圆形水池，地面水池可按建筑工业标准设计建造。

（2）井下静压水池及井下水池分别为服务 2、3 年的临时性水池。它服务于采区，这类水池主要利用采空区和岩层裂隙涌出水，常见的有平巷隔离式水池、平巷水窝式水池和斜巷密封水池。这些静压水池一般采用砖砌混凝土抹面结构，出水管吸水尽量布置在靠近水池底部，并设过滤装置。

7.2.3 水池位置的选择

根据经验，单段斜井垂深在 150 m 以内，水池设在地面为宜，新建斜井垂深小于 60 m，掘进用水可在静压水池旁临时设泵加压供水，待垂深超过 60 m 再改泵压供水为静压供水，无论在地面或井下建造水池，其标高必须保证喷雾洒水等装置所需压力，即要满足下式计算。

$$H_z = H_r + P \tag{7-2}$$

式中 H_z——水池距用水点垂直高差，m；

H_r——管网总阻力，m；

P——管路末端所需工作压头，m。

水池应安装防冻设施。水池必须有明显的标志，并悬挂水池管理牌。水池为防尘用水和生活用水共用时，必须制定保证防尘用水量的安全技术措施。

在矿井净压供水系统中，由于水池标高是固定的，而井下各个作业点对水压的要求不尽相同，因此常需要对水压进行控制和调节。水压调节可分为降压和增压调节。

供水降压调节主要有缓冲减压调节、增阻减压调节和卸流减压调节三种。

(1) 缓冲减压调节。这种方式主要是靠在适当标高的巷道中设缓冲减压水池或缓冲减压水箱来实现的。当地面水池距井下用水地点垂高超过 200～300 m 时，就要建立缓冲水池。

当水压超过 1.5 MPa 时，需在各水平的一定高度设置缓冲水池或水箱，用浮子自动开关或水位断电器、电磁阀等控制水池内水量，使降压后的水流出供下水平使用。

缓冲减压水箱实际上是一个移动式的小的缓冲水池，其容量以 0.5～2 m^3 为宜。

(2) 增阻减压调节。其降压范围在 0～20 kg/cm^2，局部水压调节可利用自动减压阀、水阀门或调节阻力片等来实现。

增阻调节的另一个简易方法是采用阀门调节，即在喷雾洒水设备前段支管上安设两个截止阀，一个截止阀用来截流，另一个截止阀用来减压。这种方法的实质是截流阀所形成的局部阻力消耗喷雾洒水设备前的多余压力。截流阀门的开启度根据喷出的水流高度来确定。

阻力片调节和截流阀作用原理相同。阻力片调压幅度并不大，如消除较大的压力，可串联几个阻力片，片间距大于 $30d$(直径)并且其前后均要有大于 $30d$ 以上的直管。

(3) 卸流减压调节。它是指通过卸流降压，实现对水压调节和控制的装置。

卸流减压可利用三通和并联两个截止阀来实现。即利用其中一个截止阀把水放空达到减压，这种方法也可以采用自动控制方式调节，但卸流减压的流量损失太大，一般适用于调节较小的压力。

7.3 防尘供水管路系统

7.3.1 矿井防尘用水管路选型

矿井防尘用水干、支管内径按下式进行计算：

$$d = \sqrt{\frac{4Q}{v\pi}} \tag{7-3}$$

式中 d——干、支管管径，m；

Q——干、支管供水量，m^3/s；

v——干、支管内流速(取 10～15 m/s)，m/s。

7.3.2 防尘用水管路管壁厚度

矿井防尘用水管路管壁厚度按下式进行计算：

$$\delta = 0.5 D_g(\sqrt{\frac{R_k + 0.4P_g}{R_k - 1.3P_g}} - 1) + a \tag{7-4}$$

式中 δ——管壁厚度，cm；

D_g——管道内径，cm；

R_k——许用应力(无缝钢管取 800 kg/cm^2)，kg/cm^2；

P_g——管路最低点的压力，kg/cm^2；

a——附加厚度(钢管取 0.1～0.2 cm)，cm。

7.3.3 防尘耗水量计算

井下防尘消耗水量主要根据矿井生产规模、实施湿式作业的采掘工作面个数以及运输巷道喷雾洒水、使用除尘器用水等的用水量加以确定。

7.3.3.1 采煤工作面耗水量

采煤工作面耗水量占矿井防尘用水量的比重较大，主要包括采煤机组内外喷雾、洒水，爆破落煤洒水，工作面顺槽运输转载点喷雾洒水及使用水炮泥充水用水等几部分。

(1) 机采内外喷雾或炮采洒水应按下式计算：

$$Q_{\mathrm{I}} = \frac{60}{1\,000}CNq_r \tag{7-5}$$

式中 N——机采工作面个数；

q_r——机组外喷雾器耗水量或喷雾器额定耗水量，L/min；

C——漏水和供水不均衡系数，取实验值 1.03～1.05。

(2) 转载点喷雾耗水量：

$$Q_{\mathrm{II}} = \frac{60}{1\,000}aNq_r \tag{7-6}$$

式中 N——采煤面个数；

q_r——单个喷嘴耗水量，L/min；

a——单工作面喷嘴个数。

采煤防尘总耗水量应等于二者之和，即

$$\sum Q_M = Q_{\mathrm{I}} + Q_{\mathrm{II}} \tag{7-7}$$

7.3.3.2 掘进工作面耗水量

掘进工作面防尘耗水量主要包括水打眼、水封爆破、喷雾洒水、冲洗岩帮和净化风流用水等。

(1) 湿式打眼的工作面耗水量为

$$Q_1 = \frac{60}{1\,000}aNq_1 \tag{7-8}$$

式中 N——同时使用凿岩机台数；

q_1——凿岩机额定耗水量，L/min；

a——供水备用系数(一般取 1.1～1.2)。

（2）水炮泥的工作面耗水量为

$$Q_2 = \frac{60}{1\,000}NV \tag{7-9}$$

式中　N——每分钟水炮泥充水个数；

V——每个水炮泥塑料袋冲水量，L。

（3）湿式除尘器（或净化通风）的工作面耗水量为

$$Q_3 = \frac{60}{1\,000}nq_2 \tag{7-10}$$

式中　q_2——除尘器（或净化器）单个喷嘴喷射或引射耗水量，L/min；

n——整机安设喷嘴总数。

（4）装矸洒水和冲洗岩帮的工作面耗水量为

$$Q_4 = \frac{60}{1\,000}\left(Vq_3k + \frac{Sq_4}{t}\right) \tag{7-11}$$

式中　q_3——每出1 t矿石洒水量（一般取10～25 L/t），L/t；

V——每分钟平均出矸石量，t/min；

k——矿石湿度修正系数，一般取0.5～1.0；

S——所需冲洗的巷壁面积（一般按巷道长10～15 m计算），m^2；

q_4——冲洗每平方米所需水量（一般取1～2 L/m^2），L/m^2；

t——冲洗所需时间，min。

（5）爆破喷雾的工作面耗水量为

$$Q_5 = \frac{60}{1\,000}Nq_5 \tag{7-12}$$

式中　N——喷嘴器投用个数；

q_5——单个喷雾器耗水量，L/min。

（6）巷壁喷浆的工作面耗水量为

$$Q_6 = \frac{60}{1\,000}Nq_6 \tag{7-13}$$

式中　q_6——喷浆机额定耗水量，L/min；

N——同时使用喷浆机台数。

根据上述对掘进工作面各生产工序防尘耗水量计算分析，可以看出，如果掘进工作面都是单工序循环作业，那么其耗水量可按最大用水量工序考虑，其计算公式为

$$\sum Q_t = CNQ_M \tag{7-14}$$

式中　Q_M——最大耗水量工序的耗水量，m^3/h；

N——同时作业掘进工作面数；

C——供水备用系数，1.05～1.20。

机械化程度高的矿井实行多工序平行作业，这时再按最大耗水量工序的耗水量来确定掘进防尘用水就不能满足生产的需要，因而必须按快速循环平行作业各工序累计用水量之和来设计。现场生产实践中一般采用最大耗水量工序和其他平行作业工序耗水量之和作为计算基础。即

$$\sum Q_t = N[Q_M + (Q_1 + Q_2 + Q_3 + Q_4 + Q_5 + Q_6)] \tag{7-15}$$

式中　N——掘进工作面个数。

7.3.3.3　煤层注水耗水量

$$\sum Q_g = 3\,600aN(v\frac{D_2}{4}\pi) \tag{7-16}$$

式中　v——注水管入水流速,m/s;

D_2——注水管管径,m;

a——单采面同时注水孔个数;

N——同时注水工作面个数。

7.3.3.4　运输通风巷道喷雾洒水和水幕耗水量

$$\sum Q_x = \frac{60}{1\,000}(a_1N_1q_1 + a_2N_2q_2) \tag{7-17}$$

式中　a_1、a_2——每处喷雾洒水或净化喷雾嘴个数;

N_1、N_2——喷雾洒水或净化点个数;

q_1、q_2——单个喷嘴耗水量,L/min。

7.3.3.5　其他工序防尘用水

煤矿井下生产作业还有某些工序需要消耗水量,如主要运输通风巷道定期冲洗刷白,隔爆水棚、隔爆水袋设置等,均应予以考虑,并要逐项加以计算。

考虑到井下作业条件和各种偶然因素的影响,为保证矿井防尘供水量充足,避免正常防尘受水量不足限制,计算矿井总耗水量必须留出备用系数。

根据上述计算和分析,煤矿井下防尘总耗水量应按下式计算:

$$Q_{总} = K_1K_2(\sum Q_M + \sum Q_t + \sum Q_g + \sum Q_h + \sum Q_v + \sum Q_x) \tag{7-18}$$

式中　Q_M——采煤防尘耗水量,m^3/h;

Q_t——掘进防尘耗水量,m^3/h;

Q_g——煤层注水耗水量,m^3/h;

Q_h——运输防尘耗水量,m^3/h;

Q_v——风流净化(包括除尘器)耗水量,m^3/h;

Q_x——其他地点防尘耗水量,m^3/h;

K_1——供水不均衡系数(小于 15 万 t/a 矿井,$K_1=1.05\sim1.1$;15 万～45 万 t/a 矿井,$K_1=1.1\sim1.15$;45 万～90 万 t/a 矿井,$K_1=1.2\sim1.3$);

K_2——管网漏水备用系数(静压供水,$K_2=1.05\sim1.1$;动压供水,$K_2=1.1\sim1.2$)。

复习思考题

1. 煤矿防尘水质有何要求？为何要对水质进行要求？
2. 矿井防尘供水可利用的水源有哪些？有哪些供水方式？
3. 防尘用水量包括哪些方面？如何计算？
4. 水池位置如何选择？采用什么样的方式进行调压？
5. 供水系统事故预防保障体系包括哪些？
6. 试针对某一具体煤矿进行防尘供水设计。

第 8 章　煤矿职业健康

学习目标

掌握煤矿中的职业病危害。

导　　言

本章结合煤矿安全知识，概述煤矿企业中存在的职业健康问题并且详述煤矿企业中的职业危害。

8.1　职业健康概述

了解职业健康首先要了解职业危害因素。本节将介绍职业危害因素、职业病、工伤等专有名词的相关概念与相互之间的关系。

8.1.1　职业危害因素

职业危害因素，是指在生产过程、劳动过程和生产环境中存在的各种对职业人群健康有损害的因素的统称。它们对职业人群健康的影响，统称为职业性损害。

职业危害因素按来源可分为三类：生产工艺过程中产生的有害因素、劳动过程中的有害因素以及生产环境中的有害因素。

8.1.1.1　生产工艺过程中产生的有害因素

（1）化学因素

有毒物质：如铅、汞、苯、氯、一氧化碳、有机磷农药等；

生产性粉尘：如硅尘、石棉尘、煤尘、有机性粉尘等。

（2）物理因素

异常气象条件：如高温、高湿、低温；

异常气压：如高气压、低气压；

非电离辐射：如可见光、紫外线、红外线、射频辐射、激光等；

电离辐射：如 X 射线、γ 射线等。

（3）生物因素

生物因素包括附着在动物皮毛上的炭疽杆菌、甘蔗渣上的真菌、医务工作者可能接触到的生物传染性病源物等。

8.1.1.2　劳动过程中的有害因素

（1）劳动组织不合理，劳动作息制度不合理等；

(2) 精神(心理)性职业紧张;

(3) 劳动强度过大或生产定额不当,如安排的作业与劳动者生理状况不适应等;

(4) 个别器官或系统过度紧张,如视力紧张等;

(5) 长时间处于不良体位或使用不合理的工具等。

8.1.1.3 生产环境中的有害因素

(1) 自然环境中的因素,如炎热季节的太阳辐射;

(2) 厂房建筑或布局不合理,如有毒工段与无毒工段安排在一个车间;

(3) 由不合理生产过程所致环境污染。

8.1.2 职业性病损

由上述可知职业危害因素,与之相关的就是职业性病损。职业危害因素所致的各种职业性损害,包括工伤、早期健康损害和职业性疾患统称职业性病损。职业性疾患包括职业病和工作有关疾病两大类。

8.1.2.1 工伤

工伤亦称“公伤”,因公负伤。“工伤”概念的提出,始于1921年的国际劳工大会。当时规定工伤是“由于工作直接或间接引起的伤害事故”。随着时间推移,各国又把职业病纳入工伤范畴之内。包括职业病在内的工伤,从一般疾病中分离出来,为的是强调这种伤害主要同用人单位或雇主的责任相关,与劳动者本人关系不大,打上了职业烙印。1952年,国际劳工组织在《社会保障(最低标准)公约》中,用“职业伤害”代替工伤,职业伤害的范围包括工伤事故造成的伤害和职业病所造成的伤害。我国传统上一直将其称为工伤。1953年1月2日,中央人民政府政务院修正公布的《中华人民共和国劳动保险条例》规定,工人与职员因工负伤,其全部诊疗费、药费、住院费、住院时的膳食费与就医路费均由企业行政或资方负担;医疗期间工资照发;确定为残废时,视其残疾程度,从劳动保险费中按月付给因工残疾抚恤费或因工残疾补助费。1964年第48届国际劳工大会也规定了工伤补偿应将职业病和上下班交通事故包括在内。因此,当前国际上比较规范的“工伤”定义包括两个方面的内容,即由工作引起并在工作过程中发生的事故伤害和职业病伤害。

工伤一般可以分为显性工伤和隐性工伤。显性工伤,即在职业活动所涉及的区域内,由于工作中工作环境恶劣、条件不良、任务过重或突发性事故导致的对劳动者身体的伤害。隐性工伤,即因职业特有的工作环境危害造成的职业病。

8.1.2.2 职业病

当职业性有害因素作用于人体的强度与时间超过一定限度时,人体不能代偿其所造成的功能性或器质性病理改变,从而出现相应的临床征象,影响劳动能力,这类疾病通称职业病;而根据《中华人民共和国职业病防治法》(下文简称《职业病防治法》)规定:职业病是指企业、事业单位和个体经济组织等用人单位的劳动者在职业活动中,因接触粉尘、放射性物质和其他有毒、有害物质等因素而引起的疾病。各国法律都有对于职业病预防方面的规定,一般来说,凡是符合法律规定的疾病才能称为职业病。

(1) 法定职业病

医学上所称的职业病泛指职业性有害因素所引起的疾病,而在立法意义上的职业病却有其特定的范围,即指政府所规定的法定职业病。凡属法定职业病的患者,在治疗和休息期间及在确定为伤残或治疗无效而死亡时，均应按《工伤保险条例》有关规定享受工伤保险待遇。1957年，卫生部首次公布了《职业病范围和职业病患者处理办法的规定》，将危害职工健康比较明显的14种职业病列为国家法定的职业病。1987年，卫生部颁布了修改后的职业病名单，共有9类99项。2013年，国家卫生计生委、人力资源社会保障部、安全监管总局、全国总工会4部门联合印发《职业病分类和目录》，共有10大类、132种法定的职业病。2010年，国际劳工组织理事会通过了一份新的职业病目录，旨在帮助各国有效处理职业病预防、报告、统计以及相关的赔偿等事务。大部分发达国家立法规定，雇主或国家给予患职业病的工人经济上的补偿，故也称为需赔偿的疾病。

(2) 发生职业病的条件

发生职业病的条件主要包括：有害因素的理化性质和作用部位与发生职业病密切相关；所接触的有害因素的剂量(浓度或强度)无论是过去或现在，都足可导致疾病的发生；个体的健康状况对发生职业性病损的机会和程度有一定的差别。从发生职业病的三个条件来看，职业病具有以下特点：病因明确，病因即职业性有害因素，在控制病因或作用条件后，可消除或减少发病；病因大多可以检测，需达到一定强度才能致病，一般有接触水平(剂量-反应)关系；在不同的接触人群中，常有不同的发病率；有些职业病如能早期诊断、处理，康复效果较好；大多数职业病，目前缺乏特效治疗，应着眼于人群的保护预防措施；除职业性传染病外，个体治疗无助于控制人群发病，而职业病是可以预防的。

上述是职业病的有关概念，但是此处应该注意：职业病是由于职业活动而产生的疾病，并不是所有在工作中得的病都是职业病；职业病是以《职业病分类和目录》为标准，有明确的职业相关关系，按照职业病诊断标准，由法定职业病诊断机构明确诊断的疾病。因此，在工作中得的病不一定是职业病，得了《职业病分类和目录》中的疾病也不一定是职业病。根据《职业病防治法》规定的职业病，必须具备以下四个条件：

① 患病主体是企业、事业单位或个体经济组织的劳动者；

② 必须是在从事职业活动的过程中产生的；

③ 必须是因接触粉尘、放射性物质和其他有毒、有害物质等职业病危害因素引起的；

④ 必须是国家公布的《职业病分类和目录》所列的职业病。

以上四个条件缺一不可。

(3) 工作有关疾病(职业性多发病)

工作有关疾病又称工作相关疾病，泛指一切与工作有关联的疾病、伤害等健康问题，也就是一类与职业有关的非特异疾病，如高血压、心血管病等。由于受多种因素的综合影响，在非职业人群中也可以发生，与职业病的区别是：① 职业危害因素不是发病的唯一的或直接的原因；② 职业因素影响了健康，从而促进潜在的疾病显露或病情加重、加速或恶化；③ 通过改善工作环境，可防止所患疾病或使病情缓解。

常见的工作有关疾病如：

① 行为(精神)和身心的疾病，如精神焦虑、忧郁、神经衰弱症候群，常由工作繁重、夜班工作、饮食失调、过量饮酒、吸烟等因素所致。有时由于对某一职业危害因素产生恐惧心理，而致精神紧张，脏器功能失调。

② 慢性非特异性呼吸道疾患，包括慢性支气管炎、肺气肿和支气管哮喘，是多因素的疾病。吸烟、空气污染、呼吸道反复感染常是主要病因。即使空气中污染物在最高容许浓度以

下，患病者仍可发生较重的慢性非特异性呼吸道疾患。

③ 其他高血压、消化性溃疡、腰背痛等疾患，常与某些工作有关，例如二硫化碳接触与动脉硬化的关系，以及部分伤害等健康问题，如职工夜班后回家途中发生交通意外等。

(4) 职业性病损的致病条件

职业性病损有五个致病条件：① 接触机会，如在生产工艺过程中，经常接触某些有毒有害因素；② 接触方式，经呼吸道、皮肤或其他途径可进入人体或由于意外事故造成病伤；③ 接触时间，每天或一生中累计接触的总时间；④ 接触强度，指接触浓度或水平；⑤ 个体危险因素，在同一作业条件下，不同个体发生职业性病损的机会和程度也有一定的差别，比如与如下因素有关：a. 遗传因素，患有某些遗传性疾病或存在遗传缺陷（变异）的人，容易受某些有害因素的作用；b. 年龄和性别差异，包括妇女从事接触对胎儿、乳儿有影响的工作，以及未成年和老年工人对某些有害因素作用的易感性；c. 营养不良，如不合理膳食结构，可致机体抵抗力降低；d. 其他疾病，如患有皮肤病，降低皮肤防护能力，肝病影响对毒物解毒功能等；e. 文化水平和生活方式，如缺乏卫生及自我保健意识，以及吸烟、酗酒、缺乏体育锻炼、过度精神紧张等，均能增加职业性有害因素的致病机会和程度。

以上这些因素统称个体危险因素，在上述的致病条件中第三条与第四条是决定机体接受危害剂量的主要因素，常用接触水平表示，与实际接受量有所不同。据此，改善作业条件，控制接触水平，降低进入机体的实际接受量，是预防职业性病损的根本措施。

了解与识别各种职业性有害因素及其作用条件，以及个体特征，并针对三者之间的内在联系采取措施，阻断其因果关系链，才能有效预防职业性病损的发生。

8.2 煤矿作业场所职业病危害

我国是煤炭资源大国，煤炭储量丰富，在我国煤炭行业快速发展的同时，煤矿企业作业人员患职业病的风险也随之增大，所以针对煤炭行业职业病危害的因素，加强煤矿作业场所职业病危害的防治工作，我国也推出了相应的职业行为规范，比如《煤矿作业场所职业病危害防治规定》就是依据《职业病防治法》《中华人民共和国安全生产法》《煤矿安全监察条例》等法律、行政法规而制定的。本节将阐述煤矿职业危害概念以及尘肺病、噪声、皮肤病等定义。

煤矿主要职业危害是生产性粉尘、有害气体、生产性噪声和振动、不良气候条件和放射性物质等。

8.2.1 煤工尘肺病

8.2.1.1 概念

在煤矿生产中，钻煤眼、放炮、割煤、装煤（矸）、载运等生产环节均会产生大量矿尘，当人肺部吸入矿尘以后，人肺组织呈弥漫性纤维化增生，肺功能衰竭，也就是尘肺病。尘肺病也称为肺尘埃沉着病，是由于在职业活动中长期吸入生产性粉尘（灰尘），并在肺内潴留而引起的以肺组织弥漫性纤维化（瘢痕）为主的全身性疾病。肺尘埃沉着病按其吸入粉尘的种类不同，可分为无机肺尘埃沉着病和有机肺尘埃沉着病。在生产劳动中吸入无机粉尘所致的肺尘埃沉着病，称为无机肺尘埃沉着病。肺尘埃沉着病大部分为无机肺尘埃沉着病。吸入有机粉尘所致的肺尘埃沉着病称为有机肺尘埃沉着病，如棉尘肺、农民肺等。

这里值得注意的是，煤工尘肺是在煤炭生产中影响劳动生产力、威胁矿工健康的一种最普遍、最严重的职业病，在我国尘肺中所占比例仅次于硅肺，居第二位。

8.2.1.2 引起疾病因素

肺尘埃沉着病的多发群体为粉尘作业人员，常见的发病部位为肺部，病因一般有如下几种：

(1) 生产环境中很少有单纯石英粉尘存在，通常是多种粉尘存在，应考虑混合粉尘会有联合作用；

(2) 工人的个体因素和健康状况对肺尘埃沉着病发生也起一定作用；

(3) 粉尘中游离二氧化硅含量越高，发病时间越短，病变越严重；

(4) 硅肺发生病变程度与肺内粉尘蓄积量有关，蓄积量主要取决于粉尘的浓度、分散度、接尘时间和防护措施。粉尘浓度越高，分散度越大，接尘工龄越长，防护措施越差，吸入并蓄积在肺内的粉尘量越大，越易发生硅肺，病情越严重。

8.2.2 中毒作用

8.2.2.1 急性硫化氢中毒

煤矿、石膏矿和造纸污水处理等都可能产生硫化氢。硫化氢，无色易燃气体，有臭鸡蛋味。急性硫化氢中毒是在短期内吸入较大量硫化氢气体后引起的以中枢神经系统、呼吸系统为主的多器官损害的全身性疾病。

(1) 临床表现

硫化氢是强烈的神经毒物，对黏膜有明显的刺激作用。硫化氢被吸收后，与氧化型细胞色素氧化酶作用，抑制酶的活性，使组织细胞内窒息，产生“闪电样”死亡。国家标准《工作场所有害因素职业接触限值 第1部分：化学有害因素》中明确指出工作场所空气中硫化氢的最高容许浓度为 10 mg/m^3。

① 轻度中毒，患者感到眼灼热，刺痛、流泪、视物模糊；有流涕、咽痒、呛咳、胸闷、呼吸困难等。

② 中度中毒，吸入较高浓度（200～300 mg/m^3）硫化氢所引起的眼部刺激症状更加严重，并有剧烈的头痛、头晕、心悸、恶心、呕吐等，可出现意识模糊或昏迷，时有躁动。常有化学性肺炎或中毒性肺水肿。

③ 重度中毒，吸入高浓度（700 mg/m^3 左右）硫化氢立即出现神志模糊、昏迷、发绀、心悸，全身肌肉痉挛或强直，大、小便失禁。硫化氢浓度在 1 000 mg/m^3 以上时，吸入后如电击一样，可因呼吸麻痹而死亡。

(2) 治疗措施

发生急性硫化氢中毒应立即脱离中毒现场，在新鲜空气中对症抢救。对窒息患者进行人工呼吸、吸氧，注射呼吸兴奋剂和强心剂。特殊治疗：1%美蓝 20～30 mL 加入 25%葡萄糖溶液 50 mL，静脉注射。有肺水肿、脑水肿者给予相应治疗。

8.2.2.2 急性一氧化碳中毒

一氧化碳中毒是含碳物质燃烧不完全时的产物经呼吸道吸入引起的中毒。中毒机理是一氧化碳与血红蛋白的亲合力比氧与血红蛋白的亲合力高 200～300 倍，所以一氧化碳极易与血红蛋白结合，形成碳氧血红蛋白，使血红蛋白丧失携氧的能力和作用，造成组织窒息。

矿井有害气体主要有一氧化碳、硫化氢、二氧化硫、氨等及爆炸性气体，矿井瓦斯和煤尘爆炸、火灾、煤炭自燃以及炼焦、水泥窑炉、煤气发生炉等均可产生大量一氧化碳。作业人员在相关煤矿事故发生时会由于一氧化碳中毒而导致窒息。

(1) 临床表现

一氧化碳为无色、无味、无刺激性气体，为最常见的窒息性气体。一氧化碳随空气通过呼吸进入机体，与血红蛋白结合形成碳氧血红蛋白，使血红蛋白失去输氧的能力，而导致机体出现一系列缺氧的症状和体征。

① 轻度中毒，血液中碳氧血红蛋白在30%以下。其表现为头痛、头昏、头沉重感、恶心、呕吐、全身疲乏。上述症状活动时加剧，个别病人有短时间的晕厥。

② 中度中毒，血液中碳氧血红蛋白在30%～50%。上述症状加重，面部呈樱桃红色，呼吸困难，心率加速，甚至尿便失禁，以致昏迷。有的患者出现抽搐、惊厥或肌肉痉挛。大多数患者经抢救1～2天后治愈。一般无并发症和后遗症。

③ 重度中毒，血液中碳氧血红蛋白在50%以上。常有昏迷，并出现肌肉痉挛和抽搐。可出现各种并发症，如脑水肿、心力衰竭、休克、酸中毒等，死亡率高，经抢救存活者，常有不同程度的后遗症。

(2) 后遗症

急性一氧化碳中毒一般会导致如下症状：① 神经衰弱症候群，头痛、头晕、记忆力减退、失眠；② 植物神经功能紊乱，感觉异常，多汗，血压、心率不稳定；③ 运动障碍，不同程度的偏瘫或截瘫；④ 精神障碍，躁狂、精神分裂症等；⑤ 智力障碍严重者呈现痴呆或木僵状态；⑥ 心血管疾患心律紊乱、传导阻滞等。

(3) 治疗措施

发生急性一氧化碳中毒后立即脱离中毒现场，将患者移至新鲜空气处，保持呼吸道通畅，注意保暖、吸氧，如呼吸停止，立即施行人工呼吸或气管插管、加压给氧，应用呼吸兴奋剂。对症治疗，防治脑水肿、肺水肿和神经系统后遗症。

8.2.3 生产性噪声和振动

生产性噪声(industrial noise)是指在生产过程中，由于机器转动、气体排放、工件撞击与摩擦等所产生的噪声。煤矿噪声主要来源于井下机械化生产，如风钻和局扇，这两样东西的噪声和振动特别大，使人听力下降甚至耳聋等。

8.2.3.1 *产生来源*

(1) 空气动力噪声：由气体压力变化引起气体扰动，气体与其他物体相互作用所致。例如，各种风机、空气压缩机等压力脉冲和气体排放发出的噪声。

(2) 机械性噪声：机械撞击、摩擦或质量不平衡旋转等机械力作用下引起固体部件振动所产生的噪声。例如，各种车床、球磨机、织布机等发出的噪声。

(3) 磁性噪声：由磁场脉冲、磁致伸缩引起电气部件振动所致。如电磁式振荡器和变压器等产生的噪声。由于长时间接触噪声导致的听阈升高，不能恢复到原有水平的，称为永久性听力阈位移，所产生的职业病即是临床上所称噪声聋。

按噪声的时间分布分为连续声(continuous noise)和间断声(intermittent noise)；声级

波动<3 dB(A)的噪声为稳态噪声(steady noise),声级波动≥3 dB (A)的噪声为非稳态噪声;持续时间≤0.5 s、间隔时间>1 s、声压有效值变化≥40 dB(A)的噪声为脉冲噪声(impulsive noise)。

8.2.3.2 后遗症

生产性噪声作业人员一般会带来听力受损、心血管异常等病症。比如山西焦煤集团西山煤矿总公司疾病预防控制中心对某煤矿企业 11 个矿(厂)井上工作场所的噪声危害进行了调查,所得结果如下:此矿的生产性噪声主要分布在木料电锯加工、风机、锅炉、选煤、水泥制备、机电风铲维修等岗位。共检测噪声作业点 105 个,超过国家卫生标准 85 dB(A)的 53 个,超标率为 50.5%。对 1 297 名接触噪声作业工人进行职业健康体检和听力测试,检出心血管异常 176 人,检出率 13.6%,检出听力损伤 314 人,检出率为 29.2%。

8.2.4 其他

8.2.4.1 不良气候条件

由于我国煤矿多分布在地下,露天煤矿较少,所以煤矿井下的高温、高湿以及不同地点的风速大小不等和温差大等会导致长期在潮湿环境下工作的人员较易患上风湿关节炎等疾病。

8.2.4.2 放射性物质

井下的氡气及其子体(天然辐射主要来源之一)往往比地面高,对矿工的健康有一定的影响。

8.2.4.3 高温作业的危害

随井下采煤的延深,采掘工作面温度也在升高,有时达到 30 ℃以上,甚至更高。高温条件下作业的人员,人体出现一系列生理功能的改变,从而产生不良影响,甚至病变。

(1) 对循环系统的影响:高温作业时,皮肤血管扩张。大量出汗使血液浓缩,造成心脏活动增加、心跳加快、血压升高、心血管负担增加。

(2) 对消化系统的影响:高温对唾液分泌有抑制作用,使胃液分泌减少,胃蠕动减慢,造成食欲不振;大量出汗和氯化物的丧失,使胃液酸度降低,易造成消化不良。此外,高温可使小肠的运动减慢,形成其他胃肠道疾病。

(3) 对泌尿系统的影响:高温下,人体的大部分体液由汗腺排出,经肾脏排出的水盐量大大减少,使泌尿浓缩,肾脏负担加重。

(4) 神经系统:在高温及热辐射作用下,肌肉的工作能力、动作的准确性、协调性、反应速度及注意力降低。

复习思考题

1. 职业有害因素的定义是什么?
2. 职业卫生人群指哪些?
3. 职业病是如何定义的?
4. 煤矿职业危害包括哪些?
5. 如果你在煤矿场所工作,可能会患什么职业病?
6. 急性一氧化碳中毒的后遗症是什么?

第9章 煤矿职业危害预防

学习目标

1. 掌握典型尘肺病的概念与防治方法；
2. 掌握物理性不良条件对职工的不安全影响；
3. 了解煤矿中的噪声危害与振动危害的来源。

导 言

本章主要介绍了煤矿职业危害预防方面的知识，为职业健康安全管理提供依据。

9.1 职业性尘肺及其防治

9.1.1 生产性粉尘在呼吸道的沉积

含尘气流进入呼吸道后，主要通过撞击、重力沉积、布朗运动、静电沉积、截留而沉降。在大气道中主要是撞击作用，随着气道变小总截面积增大，气流减慢，重力沉积成为主要方式。直径大于1 μm的粒子大部分通过撞击和重力沉积而沉降，直径小于0.5 μm的粒子主要通过布朗运动沉降；纤维状粉尘则常通过截留作用沉积；物质破碎新产生的粉尘粒子带较多电荷，易在呼吸道表面产生静电沉积。

9.1.2 生产性粉尘对人体的致病作用

生产性粉尘根据其理化特性和作用特点不同，可引起不同的疾病，但最主要是引起呼吸系统病变。

(1) 尘肺。多数学者认为粉尘是有害的，长期吸入不同种类的粉尘可引起不同类型的尘肺或肺部疾患。

我国根据多年临床观察，X射线胸片检查以及尸检和实验研究材料，按病因将尘肺分为：

① 硅肺：长期吸入含有游离二氧化硅粉尘引起的。

② 硅酸盐肺：长期吸入含有结合二氧化硅的粉尘如石棉、滑石、云母等引起的。

③ 炭尘肺：长期吸入煤、石墨、炭黑、活性炭等粉尘引起的。

④ 混合性尘肺：长期吸入含游离二氧化硅和其他粉尘(如煤硅尘、铁硅尘等)引起的。

⑤ 金属尘肺:长期吸入某些金属粉尘(如铁、铝尘等)引起的。

(2) 粉尘沉着症:有些生产性粉尘(如锡、钡、铁等)被吸入后,沉积于肺组织中,呈现一般异物反应,可继发轻微的纤维性改变,对健康无明显影响或危害较小,脱离粉尘作业后,病变可无进展或 X 射线胸片阴影消退。

(3) 有机粉尘引起的肺部病变,如吸入棉、亚麻或大麻等粉尘引起棉尘症;吸入被霉菌、细菌或血清蛋白污染的有机粉尘引起职业性变态反应性肺泡炎;吸入人造纤维粉尘可引起非特异性慢性阻塞性肺病等。

(4) 呼吸系统肿瘤,石棉、放射性矿物、镍、铬、砷等粉尘均可致肺部肿瘤。

(5) 粉尘性支气管炎、肺炎、哮喘性鼻炎、支气管哮喘等。

9.1.3　尘肺合并症及防治

除以上所述症状外,粉尘往往还会引起更为严重的尘肺合并症。

尘肺病患者由于长期接触生产性矿物性粉尘,使呼吸系统的清除和防御机能受到严重损害,加之尘肺病慢性进行的长期病程,患者的抵抗力明显降低,故尘肺病患者常常发生各种不同的并发症。我国尘肺流行病学调查资料显示,尘肺病患者死因构成中,呼吸系统并发症占首位,为 51.8%,其中主要是肺结核、肺部感染性疾病和气胸;心血管疾病占第二位,为 19.9%,其中,主要是慢性肺源性心脏病。因此,及时正确地诊断和治疗各种并发症,是抢救患者生命、改善病情、延长寿命、提高患者生活质量的重要内容。下面介绍几种常见的尘肺合并症及其防治方法。

(1) 呼吸系统感染

尘肺呼吸系统感染,是尘肺病患者最常见的并发症。由于长期接触粉尘,在粉尘的化学和物理作用的刺激下,呼吸道黏膜损伤,常合并慢性支气管炎,呼吸道分泌物增加。长期的慢性炎症和机械刺激作用使呼吸系统的清除自净功能严重下降。肺部广泛的纤维化,使肺组织损伤,通气功能下降。纤维化组织的收缩、牵拉,使细支气管扭曲、变形、狭窄,引流受阻,加之长期的病程,患者抵抗力降低。这些都是尘肺病患者易发生肺部感染的原因。

尘肺并发感染时,主要表现是咯痰量增多,咳嗽加重,痰可呈黄色脓性,亦可是白色黏稠痰,呼吸困难加重。患者有无力、食欲不振等症状;可有发烧症状,但多不明显,或仅是低烧,少见有高烧。

尘肺病患者应做适当的体育锻炼,增强体质,减少危险因素如吸烟、酗酒。年龄大于 65 岁者可注射流感疫苗,年龄大于 65 岁或不足 65 岁但有心血管疾病、合并肺结核、糖尿病等免疫抑制者可注射肺炎疫苗。

(2) 气胸

尘肺并发气胸应作急诊,诊断不及时或误诊,可造成严重后果。肺组织纤维化使肺通气/血流比例失调,导致纤维化部位通气下降,而纤维化周边部位则代偿性充气过度造成泡性气肿,泡性气肿相互融合成为肺大泡。发生在肺脏层胸膜下的肺大泡破裂致气体进入胸腔是发生气胸的主要原因。肺组织表面和胸膜的纤维化及纤维化组织的牵拉和收缩,也可发生气胸。肺组织表面干酪结核病灶液化破溃至胸膜腔,也是尘肺结核气胸的发病原因。

尘肺病患者合并呼吸系统感染时应积极治疗,避免因咳嗽、咯痰加重而用力咳嗽。如用力咳嗽，会使通气阻力增加，肺内压升高，肺大泡破裂。尘肺肺大泡患者应避免用力憋气，如负重、便秘时，以防止气胸发生。

(3) 慢性肺源性心脏病

尘肺病人发生慢性肺源性心脏病的主要原因，一是尘肺病变本身，二是尘肺病人多合并慢性支气管炎。尘肺病人合并慢性支气管炎是非常普遍的。长期的慢性支气管炎使气道狭窄，通气阻力增加，继之发生肺气肿、肺内压增高，进一步导致肺动脉压升高，也是尘肺病人合并慢性肺源性心脏病的主要原因。我国尘肺调查资料显示，尘肺并发慢性肺源性心脏病以煤工尘肺、石棉肺、水泥尘肺为主，分别占死因构成比的25%、28%和29%。

(4) 呼吸衰竭

尘肺并发呼吸衰竭常见于尘肺病晚期。随着尘肺所致肺组织纤维化的进展，正常的肺组织被纤维化取代以及胸膜纤维化的发生，肺组织容量、通气量降低，有效呼吸面积减少；纤维化部位的有效通气减少，血流则可能相应正常，而没有纤维化的部位则发生代偿性气肿或通气过度，二者均导致通气不足和通气/血流比例失调。尘肺病人长期咳嗽、咯痰，呼吸道分泌物增多，多数合并慢性支气管炎，均导致呼吸道狭窄，呼吸阻力增高，发生阻塞性通气障碍。由于尘肺纤维化病变呈进行性的加重，病程较长，晚期尘肺病人多并发慢性代偿性呼吸衰竭。上呼吸道及肺部感染、气胸等诱因是发生代偿性呼吸衰竭的主要原因。滥用镇静剂及安眠药物也是导致尘肺病人呼吸衰竭的原因之一。

(5) 尘肺结核

尘肺结核是尘肺与结核两种病共存的复合病变，其表现要比单纯尘肺或单纯结核严重得多。尘肺结核处于结核播散、空洞形成时，以结核中毒症状为主；如结核病变较为局限，而尘肺进展成大块纤维化，以肺心病、慢性呼吸衰竭为主。

尘肺结核治疗原则为：早期、联合、规律、适量、全程。

9.1.4 粉尘危害的控制

世界各国几乎都有尘肺存在，尤以发展中国家为甚。在我国，尘肺是危害接尘作业工人健康的最主要疾病。

1995年4月，国际劳工组织(ILO)和世界卫生组织(WHO)职业卫生联合委员会于日内瓦提出在2005年前明显降低硅肺发病率，在2015年消除硅肺的目标。对于我国来说，欲达到这一目标任重道远，必须采取强有力和效果明显的措施。

(1) 法律措施

① 立法和执法。中华人民共和国成立以来，我国政府颁布了一系列旨在防止粉尘危害、保护工人健康的法令和条例，如《工厂防止矽尘危害技术措施暂行办法》《矿山防止矽尘危害技术措施暂行办法》《中华人民共和国尘肺病防治条例》和《矽尘作业工人医疗预防措施实施办法》，使尘肺防治工作逐步纳入了法制管理轨道。根据这些法规条例，各级地方政府、企事业主管部门及厂矿十分重视尘肺防治工作，制订本地区和部门尘肺病防治规划和制度，有专人负责实施，并加强宣传教育，建立防尘设施维护制度，对防尘工作定期检查、评比、总结。各级卫生防疫和职业病监督机构定期对企业粉尘浓度、尘肺发病情况依法进行监测和监督。所有这些使得不少厂矿作业场所粉尘浓度逐年下降，尘肺发病率降低，发病工龄和死亡年龄均有延长。

② 粉尘最高容许浓度。国家标准《工作场所有害因素职业接触限值 第 1 部分：化学有害因素》(GBZ 2.1—2019)中对 49 种生产性粉尘的最高容许浓度作了规定。

(2) 技术措施

用工程技术措施消除或降低粉尘危害，是预防尘肺最根本的措施。

① 改革工艺过程、革新生产设备是消除粉尘危害的根本途径，如遥控操纵、计算机控制、隔室监控等可避免接触粉尘；采用风力运输、负压吸砂等可减少粉尘外逸；用含石英低的石灰石代替石英砂作为铸型材料，可减轻粉尘危害。

② 湿式作业为一种既经济又简便实用的防尘措施，如采用湿式碾磨石英、矿山湿式凿岩、井下运输喷雾洒水、煤层高压注水等，可在很大程度上防止粉尘飞扬，降低环境空气中粉尘浓度。

③ 对不能采取湿式作业的场所，应采用密闭抽风除尘办法。如采用密闭尘源与局部抽风相结合，可防止粉尘外逸。抽出的含尘空气经除尘装置处理后排入大气。

(3) 卫生保健措施

① 接尘工程健康检查

根据《粉尘作业工人医疗预防措施实施办法》的规定，从事粉尘作业工人必须进行就业前和定期健康检查，脱离粉尘作业时还应做脱尘作业检查。

就业前检查：在从事接尘作业(含转岗准备接尘)之前，必须参加就业前检查。检查项目有：职业史；自觉症状和既往病史；结核病接触史；一般临床检查；拍摄胸大片以及必要的其他实验室检查。严禁不满 18 岁以及有活动性结核、严重的慢性呼吸道疾病、显著影响肺功能的胸部疾病和严重的心血管系统疾病者参加接尘作业。

定期检查：其目的是及时发现尘肺患者并观察病情变化。原则是接触情况重的每 1～2 年检查 1 次，接触情况轻的每 2～3 年检查 1 次，接触更轻者可隔 3～5 年检查 1 次。发现患有不宜再继续从事接尘作业的疾病者，应及时调离。对于已脱离粉尘作业的职工，尘肺患者和诊断“0＋”者需每年复查 1 次。凡因故调离接尘作业的工人，在脱尘前应进行一次脱尘作业健康检查，记载职业史，拍摄胸片。这样不仅可了解脱尘时的健康状况，也为以后随访观察是否发生晚发型尘肺存留档案资料。

② 个人防护和个人卫生

在生产现场防尘、降尘措施难以使粉尘浓度降至国家卫生标准所要求的水平时，可佩戴个人防尘护具作为辅助防护措施。

我国在控制粉尘危害、预防尘肺发生方面结合国情做了不少工作。在取得丰富经验的基础上，将上述措施简洁地概括为“革、水、密、风、护、管、教、查”八字方针，对我国防尘工作具有重大的指导意义。

9.2　典型尘肺及其防治

9.2.1　硅肺及其防治

9.2.1.1　硅肺发病机理及症状

游离二氧化硅(silica 或 SiO_2)粉尘，俗称硅尘，以石英为代表。在自然界游离二氧化硅分布很广，16 km 以内的地壳中约占 25%，在 95%的矿石中均含有数量不等的游离 SiO_2。游离 SiO_2 按晶体结构分为结晶型、隐晶型和无定型三种，其危害程度有差异。在生产过程中因长期吸入含有游离二氧化硅粉尘达一定量后而引起的以肺纤维化为主的疾病称为硅肺。

(1) 接触机会

在冶金、有色金属、煤矿开采，修建铁路、水利等工程，采石等作业常可产生大量石英岩尘。在石粉厂、玻璃厂、耐火材料厂等生产过程以及机械制造业中铸造生产过程和陶瓷厂原料车间等均可产生大量含游离二氧化硅粉尘。

(2) 影响发病的因素

硅肺发病与粉尘中游离二氧化硅含量、二氧化硅类型、粉尘浓度、分散度、接尘时间(接尘工龄)、防护措施和接触者个体素质条件等因素有关。粉尘中游离二氧化硅含量愈高，发病时间愈短，病情愈严重。硅肺的发生发展及病变程度还与肺内粉尘蓄积量有关。肺内粉尘蓄积量主要取决于粉尘浓度、分散度、接尘时间和防护措施。空气中粉尘浓度愈高，分散度愈大，接尘工龄愈长，防护措施差甚至缺乏，吸入和蓄积在肺内的粉尘量就愈大，愈易发生硅肺，病情愈严重。硅肺发病比较缓慢，多在接触较低浓度二氧化硅粉尘 15～20 年后才发病。确诊发病后，即使脱离粉尘作业，病变仍继续发展。少数病例，由于持续吸入高浓度、高游离二氧化硅含量的粉尘，经 1～2 年即发病，称为"速发型硅肺"。另有部分病例，接触较高浓度粉尘，但时间不长即脱离硅尘作业，此时 X 射线胸片未发现明显异常，然而在脱离接尘作业若干年后始发现硅肺，称为"晚发型硅肺"。在生产环境中很少有单一的纯石英粉尘，大部分情况是多种粉尘同时存在。所以在研究石英的致病作用时，还必须考虑混合性粉尘的联合作用；也应考虑工人健康素质，如既往患有肺结核、慢性呼吸系统疾病等亦易罹患硅肺。

(3) 病理改变

尸检肉眼观察，见硅肺病例肺体积增大，重症型晚期肺体积缩小，一般含气量减少，色灰白或黑灰，晚期呈花岗岩样。肺重增加，入水下沉。触及表面有散在、孤立的结节如砂粒状，肺弹性丧失，融合团块处质硬似橡皮。可见胸膜粘连、增厚。肺门和支气管分叉处淋巴结肿大，色黑灰，背景夹杂玉白色条纹或斑点。

(4) 分类

硅肺的基本病变是硅结节和弥漫性间质肺纤维化。按病理形态可分为结节型、弥漫性间质纤维化型和团块型(进行性大块纤维化型)。

① 结节型硅肺

由于长期吸入游离二氧化硅含量较高的粉尘而引起组织纤维化，典型病变为硅结节。肉眼观察硅肺结节稍隆起于肺表面呈半球状，在肺切面多见于胸膜下和肺组织内，为 1～5 mm 的散在硅结节。

② 弥漫性间质纤维化型硅肺

见于长期吸入粉尘中游离二氧化硅含量较低，或游离二氧化硅含量较高，但吸入量少的病例。病变进展缓慢，特点是在肺泡、肺小叶间隔以及小血管和呼吸性支气管周围，纤维组织呈弥漫性增生，相互连接呈放射状、星芒状，使肺泡容积缩小，有时形成大块纤维化，其间夹杂粉尘颗粒和尘细胞。

③ 团块型硅肺

团块型硅肺是上述类型硅肺发展,病灶融合而成的。本型多见于两肺上叶后段和下叶背段。肉眼观察多为黑或灰黑色,索条状,呈圆锥、梭状或不规则形,界限清晰、质地坚硬;切面可见原结节轮廓,索条状纤维束,薄壁空洞等病变。镜下除可观察到结节型、弥漫性间质纤维化型病变、大量胶原纤维增生及透明性变外,还可见被压神经、血管及所造成的营养不良性坏死,薄壁空洞及钙化病灶;萎缩的肺泡组织泡腔内充满尘细胞和粉尘;周围肺泡壁破裂呈代偿性肺气肿,贴近胸壁形成肺大泡;胸膜增厚,广泛粘连;有时被结核菌感染,形成硅肺结核病灶。

多数硅肺病例,由于长期吸入混合性粉尘,兼有结节型和弥漫性间质纤维化型病变,难分主次,称混合型硅肺;有些严重病例兼有团块型病变。

(5) 发病机制

近年来,在探讨石英粉尘是怎样引起肺泡巨噬细胞功能改变、崩解死亡和致肺泡结构及其他细胞受损破坏,进而导致肺组织纤维化病变。

(6) 临床表现形式

硅肺发病机制十分复杂,尚未完全阐明。发病时具体的临床表现有以下几种形式。

① 症状与体征:硅肺患者可在相当长时期内无明显自觉症状,但X射线胸片上已呈现较典型的硅肺影像改变。随着病情的进展,或有合并症时,出现胸闷、气短、胸痛、咳嗽、咳痰等症状和体征,并逐渐加重,但并不特异,轻重程度与胸片上改变程度不一定平行。

② 肺功能改变:早期患者肺功能改变不明显,与X射线胸片影像表现不一致。病变进展并发肺气肿时,肺活量进一步降低,一秒钟用力呼气容量也减少,残气量及其占肺总量比值增加。当大量肺泡遭受破坏和肺毛细血管壁增厚时,导致弥散功能障碍。

9.2.1.2 硅肺的诊断与防治

常见诊断方法及步骤有以下几种。

(1) 诊断原则和方法

诊断硅肺必须以确切的接触游离二氧化硅粉尘职业史为前提,技术质量合格的后前位X射线胸片检查为依据,根据国家尘肺X射线诊断标准,参考受检者的系列胸片及该单位硅肺发病情况,方可做出X射线诊断和分期。按照《劳动能力鉴定 职工工伤与职业病致残等级》(GB/T 16180—2014),由省、市尘肺诊断组诊断,发给尘肺病诊断证明书,患者享受国家劳保待遇。

在诊断硅肺时应与能在X射线胸片上显示圆形小阴影的其他疾病,如急性和亚急性血行播散型肺结核、肺含铁血黄素沉着症、肺癌、肺霉菌病、肺泡微石症等相鉴别。

(2) 尘肺诊断标准

目前,已经专家拟出正待国家标准化管理委员会批准的最新国家尘肺X射线诊断标准,适用于国家现行法定《职业病分类和目录》中所规定的包括硅肺在内的各种尘肺。

诊断分期标准为:① 无尘肺(0);② 一期尘肺(Ⅰ);③ 二期尘肺(Ⅱ);④ 三期尘肺(Ⅲ)。

(3) 硅肺作业工人的预防措施

① 就业前的健康检查。及时发现从事粉尘作业禁忌症,如活动性肺结核、慢性肺部疾病、严重的慢性上呼吸道和支气管疾病以及心血管疾病等。

② 进行定期健康检查,早期发现尘肺病人,及时采取防治措施。

③ 定期对粉尘作业环境进行监测。了解作业场所劳动条件，及时落实或改进防尘措施，改善劳动条件。

④ 加强粉尘作业工人的个人防护。常用的个人防护用具有防尘口罩、防护面具、防护头盔和防护服等。粉尘作业工人必须养成良好的个人卫生习惯，如勤换工作服、班后洗澡、保持皮肤清洁，还应加强营养，劳逸结合，生活有规律。

思想上重视，措施落实，尘肺是可以预防的，根据经验总结的八字防尘措施是：革（技术革新）；水（湿式作业）；密（密闭尘源）；风（抽风除尘）；护（个人防护）；管（维修管理）；教（宣传教育）；查（及时检查评比）。

有接触粉尘可能的工作人员要进行定期健康检查，定期健康检查的目的是及时发现尘肺患者并观察病情变化，同时根据尘肺发病情况对粉尘危害做出卫生学评价，以利采取有效的防尘措施。发现有职业禁忌症者，亦可及时调离粉尘作业。健康检查的间隔时间大致如下：作业环境粉尘浓度大，含游离二氧化硅高，尘肺发病严重的单位，其经常接触粉尘的工人应每1～2年检查一次；凡粉尘浓度低、尘肺发病工龄长、发病较轻的单位，其经常接触粉尘的工人可每2～3年检查一次；凡粉尘浓度已达到国家规定的卫生标准，并能长期保持的单位，其体检间隙可放宽到3～5年，但对可疑尘肺者或工龄较长的工人，仍应每1～2年检查一次。

（4）常见硅肺处理原则

① 治疗。目前尚无根治办法，我国学者多年来研究了一些硅肺治疗药物如克硅平（P204）、柠檬酸铝、汉防己甲素，在临床试用中观察到有减轻症状、延缓病情进展的疗效，但确切疗效有待继续观察和评估，还应积极对症治疗，预防并发症。

② 职业病致残程度鉴定。硅肺患者确诊后，应依据其X射线诊断尘肺期别、肺功能损伤程度和呼吸困难程度，进行职业病致残程度鉴定。

（5）患者安置原则

① 尘肺诊断一经做出，不论期别，都应及时调离接尘作业。不能及时调离的，必须报告当地劳动、卫生行政主管部门及工会。

② 伤残程度轻者（六级、七级），在调离接尘作业后，可安排在非接尘作业区从事劳动强度不大的工作。

③ 伤残程度中等者（四级），可安排在非接尘作业区做些力所能及的工作，或在医务人员指导下进行康复期活动。

④ 伤残程度重者（二级、三级），不担负任何工作，在医务人员指导下进行康复期活动。

9.2.2 煤工尘肺及其防治

9.2.2.1 煤工尘肺的发病机理及症状

煤工尘肺（coalworker's pneumoconiosis）是煤矿工人吸入硅尘和煤尘所致的以肺部弥漫性间质纤维化型病变为主的尘肺。由于工人吸入硅尘和煤尘的时间和量各异，其病变程度和临床经过也不一致。

（1）病理变化

煤工尘肺的病理变化随吸入的硅尘与煤尘的比例不同而有所差异，基本上属混合型，多兼有弥漫性间质纤维化型和结节型两者特征。主要病理变化有以下几种。

① 煤斑：又称煤尘灶，为煤工尘肺最常见的原发性特征性病变，是病理诊断的基础指标。肉眼观察呈灶状，黑色，直径2～5 mm，圆或不规则形，多在肺小叶间隔和胸膜交角处，呈网状或条索状分布。镜下观察，煤尘和吞噬了煤尘的巨噬细胞（煤尘细胞）在终末细支气管、呼吸性细支气管、肺泡和血管周围聚集，并有一定数量的成纤维细胞、网织纤维和少量胶原纤维，形成煤尘灶。根据细胞和纤维成分的多少，又分别称之为煤尘细胞灶和煤尘纤维灶，后者由前者进展而来。

② 肺气肿：肺气肿常与煤斑相伴而生，镜下观察，由于游离煤尘和煤尘细胞在Ⅱ级呼吸性细支气管周围堆积，使管壁平滑肌结构受损，常见于煤尘纤维灶周围，形成灶周肺气肿，是煤工尘肺的又一病理特征。也可见到煤尘纤维灶所在的呼吸性细支气管膨大，形成小叶中心型肺气肿。病变进一步向肺泡管及肺泡发展，波及全小叶，即可引起全小叶肺气肿。

③ 煤硅结节：肉眼观察煤硅结节呈类圆形或不规则形，直径2～5 mm或略大，色黑、质实，肺切面上稍向表面凸起。镜下观察由胶原纤维、网状纤维与煤尘、煤尘细胞构成。典型的煤硅结节中心类似硅结节，胶原纤维呈同心圆排列，可发生透明性变，之间有煤尘沉着，周圈有大量煤尘细胞、成纤维细胞和网状纤维，还可有少量胶原纤维，延伸呈放射状。非典型煤硅结节无胶原纤维核，纤维排列不规则并较为松散。吸入粉尘中含游离二氧化硅高者，也可见部分典型硅结节。

④ 弥漫性肺间质纤维化：是由多种原因引起的肺间质的炎症性疾病，病变主要累及肺间质，也可累及肺泡上皮细胞及肺血管。病因有的明确，有的未明。明确的病因有吸入无机粉尘（如石棉、煤）、有机粉尘（如霉草尘、棉尘）及气体（如烟尘、二氧化硫等）。

⑤ 大块纤维化：又称进行性块状纤维化（progressive massive fibrosis），是由上述病变进展而来的一种类似疤痕组织的黑色硬块。直径大于10 mm，多见于两肺上、中叶，右肺更常见。病灶多呈不整形，触之稍有弹性。镜下分两种类型：一种为弥漫性纤维化，在大块纤维组织中及其周围有很多煤尘和煤尘细胞，见不到结节改变；另一种为大块纤维化病灶中可见煤硅结节改变。团块病灶中亦可形成空洞，内存墨汁样坏死物质，周围可见明显代偿性肺气肿。

另外，肺门和支气管旁淋巴结肿大，色黑质硬，镜下可见煤尘、煤尘细胞灶和煤硅结节。脏层胸膜下也有类似改变。

(2) 煤工尘肺的临床表现

病程进展缓慢，早期几乎无症状。并发呼吸道感染和慢性阻塞性肺部疾患时，有较明显咳嗽、咯痰和呼吸困难。有大块纤维化时，一般咯少量痰。有呼吸道感染时，可咯出大量黏液样和灰白色痰，很少咯血。有时因缺血性坏死组织进入支气管，引起阵发性咳嗽，咳出较多含煤尘和胆固醇结晶的黏液，随后咯少量痰。Caplan综合征者，偶有少量痰血。

体征无异常，偶可闻及干啰音。伴阻塞性支气管炎时，啰音较多。大块纤维组织收缩，使气管偏向患侧，在吸气和呼气时可闻哮鸣音。Caplan综合征病例大多有关节炎、风湿性皮下结节，有时有胸腔积液。

以吸入煤尘为主时，在呼吸性细支气管周围形成弥漫性煤尘细胞灶和煤尘纤维灶，以网状纤维为主，病灶边有肺气肿；煤尘和硅尘同时存在时，形成以肺间质为主的弥漫性煤尘灶和弥漫性间质纤维化，部分病例有少量煤硅结节，其核心为不规则排列的胶原纤维。病变继续发展，结节融合，融合灶大于2 cm者，称为大块纤维化。大块纤维化是煤工尘肺的晚期表现,但不是晚期必有的表现结果。它一般出现在两肺上叶或下叶上部,右肺多于左肺,呈圆形或类圆形。大块纤维化的组织结构,以弥漫性纤维化为主,在纤维组织中和病灶周围有很多煤尘;有的间质纤维化和煤尘形成结节。病灶周围可见明显的代偿性肺气肿,也见肺边缘性气肿。

在煤矿工人中有时可见 Caplan 综合征,表现为肺内有胶原纤维和粉尘组成的巨大结节,中心为坏死组织,周围有炎性细胞和巨噬细胞浸润。这种情况可在肺内只有少量粉尘时发生,是矿尘和类风湿因子反应的结果。

① 症状、体征和肺功能改变:患者早期多无症状,当病变进展,尤其发展为大块纤维化或合并支气管或肺部感染时可出现呼吸系统症状和体征,咳嗽、咳痰、胸痛、气短是煤工尘肺患者的主要症状。常与气候变化有关,气候寒冷时,自觉症状加重,在从事较重体力劳动、爬坡时气短明显,肺气肿缺氧可见相应症状和体征。

② X 射线胸片影像:煤工尘肺 X 线胸片表现也是其病理改变在胸片上的反映,主要有类圆形小阴影、不规则形小阴影和大阴影。

此外,煤工尘肺病理改变有大量弥漫性、局限性或泡性肺气肿,X 射线胸片上表现为成堆小泡状阴影,直径多为 1～5 mm,即所谓"白圈黑点"。肺纹理常增多、增粗、扭曲、变形、紊乱;肺门阴影增大,密度增高,有时可见淋巴结蛋壳样钙化或桑葚样钙化阴影,常见肋膈角闭锁和粘连。

9.2.2.2 煤工尘肺的诊断鉴别

据职业史、临床表现和 X 射线胸片改变,以确定诊断。其 X 射线胸片的表现特点为:① 肺门淋巴结很少肿大;② 肺纹理明显紊乱;③ 在纹理间可见小圆形或类圆形结节阴影,直径一般为 1～2 mm,密度较淡,边缘较模糊,分布在中下肺内中带,以后累及全肺。圆形阴影周围有局部肺气肿。

大块纤维化的直径大小不等,甚至可超过一侧肺的 1/3。有缺血性坏死或合并结核时,易形成空洞。大块纤维化的收缩,可引起余肺代偿性充气过度,使未受累的肺细小阴影较前减少。

Caplan 综合征往往在圆形阴影基础上,短期内(数周)出现单个或数个边界清楚的圆形块影,直径 0.5～5 cm,通常位于肺的边缘。阴影可在短期内增大或缩小,甚至消失。有的病例伴有胸腔积液。大多伴有类风湿性关节炎。

9.2.2.3 煤工尘肺的防治

煤工尘肺按《职业性尘肺病的诊断》(GBZ 70—2015)进行诊断和分期。防治方法同硅肺类似。常见煤工尘肺处理原则有以下几种:

(1) 目前尚未找到根治煤工尘肺的准确办法,很多医学工作者研究了一些硅肺治疗药物,在临床试用中观察到具有减轻症状、延缓病情进展的疗效,但确切疗效有待继续观察和评估。目前在对煤工尘肺的治疗预防中,还是应以预防为主。

(2) 职业病致残程度鉴定。煤工尘肺患者确诊后,应依据其 X 射线诊断尘肺期别、肺功能损伤程度和呼吸困难程度,进行职业病致残程度鉴定。按《劳动能力鉴定 职工工伤与职业病致残等级》(GB/T 16180—2014),对煤工尘肺严重程度进行分级。

(3) 患者安置原则

① 煤工尘肺诊断一经做出,不论期别,都应及时调离接尘作业。不能及时调离的,必须

报告当地劳动、卫生行政主管部门及工会。

② 伤残程度轻者(六级、七级),在调离接尘作业后,可安排在非接尘作业区从事劳动强度不大的工作。

③ 伤残程度中等者(四级),可安排在非接尘作业区做些力所能及的工作,或在医务人员指导下进行康复期活动。

④ 伤残程度重者(一级、二级、三级),不担负任何工作,在医务人员指导下进行康复期活动。

9.2.3　硅酸盐尘肺及其防治

9.2.3.1　硅酸盐尘肺的发病机理及症状

硅酸盐是由二氧化硅、金属氧化物和结晶水组成的一类化合物,其中二氧化硅以结合型为主。硅酸盐有天然和人造两类。天然硅酸盐是由二氧化硅与金属、类金属等多种元素所形成的,普遍存在于自然界的矿物中。人造硅酸盐是由石英与钙、镁、铝及其他碱类经焙烧化合而成的。天然硅酸盐主要有石棉、滑石、云母、长石、陶土等。根据形态把硅酸盐分为纤维状和非纤维状,前者有石棉、滑石,后者有云母、水泥、高岭土等。纤维是指纵横径之比>3∶1的粉尘颗粒,当纤维的直径<3 μm、长度≥5 μm者为可吸入性纤维;直径≥3 μm、长度≥5 μm者为非吸入性纤维。硅酸盐粉尘多数可致尘肺,石棉还可引起肿瘤,污染大气、水源和土壤,已成为举世瞩目的公害之一。多数硅酸盐粉尘可致尘肺,国家职业病名单法定尘肺中有4种属硅酸盐尘肺,即石棉肺、云母尘肺、滑石尘肺和水泥尘肺。

石棉是由镁、铁及部分钙、钠的含水硅酸盐所形成,具有纤维状结构的一类矿物的总称。石棉是公认的致癌物,接触石棉的工人肺癌死亡率显著增高,尤其接触石棉同时吸烟者更为明显。吸入这类粉尘所引起的尘肺称为石棉肺。一般人群中极少见的恶性肿瘤皮间瘤,在接触石棉的人中发生较多。

(1) 接触机会

石棉加工厂的开包工、梳棉工和织布工,造船厂的修造工,建筑业的石棉器材制造工、电器绝缘工和废生棉的再生产工人等,均可接触石棉。在石棉加工过程中,如粉碎、切割、磨光、钻孔、剥离等产生大量石棉粉尘,对工人健康危害较大;而石棉开采和选矿工人接触的石棉多成束状,对工人健康危害则较小。按石棉的理化特性可分为两大类,即蛇纹石类和闪石类。由于蛇纹石类(温石棉)用途广泛,所以接触工人较多,而接触闪石类的工人较少。

(2) 影响发病的因素

石棉肺的发生发展受多种因素影响,主要因素有石棉种类、纤维长度、石棉粉尘浓度、接触时间、接触量(浓度×工龄),另外还与作业场所是否混有其他粉尘以及接触者个体素质有关。柔软弯曲相对较长的温石棉纤维易被呼吸道阻留、断裂和溶解;直而硬的青石棉、铁石棉纤维易于进入呼吸道深部,难溶并能穿透脏层胸膜,致病较重。

(3) 病理改变

肺间质弥漫性纤维化和胸膜增厚是石棉肺的基本病理改变。

(4) 发病机制

石棉纤维粉尘被吸入后,较长的纤维大部分被上呼吸道鼻毛所阻留。刚进入气管与支气管的纤维沉降速度与纤维直径的平方成正比,而不取决于长度;但随着支气管管径逐渐缩小，尤其是在支气管分叉处，较长的纤维被阻留下来，多数柔软而易弯曲的温石棉纤维易在呼吸性细支气管以上部位沉积，直径<3 μm、长度>5 μm 的可吸入性纤维较易进入肺泡。

石棉纤维可损伤和穿过细支气管壁，侵入间质引起纤维化病变，而且还可穿透胸膜脏层，进入胸腔引起胸膜增厚、胸膜斑、积液和肿瘤，此即机械刺激学说。还有人认为，石棉纤维在体内溶解，其表面上镁离子和正电荷作用于靶细胞(肺泡巨噬细胞、多核白细胞等)膜上的糖蛋白(唾液酸基团)，使生物膜功能失调，通透性增高，流动性减低，细胞肿胀崩解，释出多种细胞因子，一旦调控失去平衡，导致肺组织纤维化病变，此乃化学学说。近年来，各国学者采用体外细胞培养、电镜、生化、染色体等新技术，研究石棉致石棉肺和致癌机制，有了新的进展。实验结果认为石棉粉尘可能引起急性呼吸性细支气管肺泡炎，以及相应的肺泡结构损伤，肺泡腔内巨噬细胞聚集，吞噬纤维粉尘，多核白细胞渗出肺泡腔。同时肺泡Ⅰ型上皮细胞受损，n 型上皮细胞增生，成纤维细胞增生，分泌增加，进而导致肺纤维化。总之，石棉粉尘所致石棉肺的发病机制尚不清楚，可能是多种因素协同作用的结果。

9.2.3.2 临床表现

(1) 症状与体征

石棉肺发展比较缓慢，平均发病工龄多在 10～15 年或 15 年以上，但自觉症状出现较早，常先于 X 射线胸片表现。早期主要有咳嗽，活动时呼吸困难加剧，局部一时性胸痛。听诊在两肺基底部或腋下有捻发音。咳痰，量不多；随病情进展，尤其是伴有支气管扩张时，痰量增多；痰中可查出石棉小体。伴有肺心病时，可导致呼吸和循环衰竭。

(2) 肺功能改变

石棉肺引起的肺功能改变出现早而明显，往往在 X 射线胸片尚未显示石棉肺影像之前，肺活量开始降低，然后由于胸膜、肺纤维化进展，使肺总量、肺活量减低状况加重。由于无气道狭小，用力呼气量保持正常，大于肺活量的 80%。气体弥散量的降低对诊断有意义，应定期测定。长期动态观察接触石棉工人和患者的肺功能改变，对早期发现石棉肺病例和观察进展有一定意义。

(3) X 射线胸片表现

石棉肺主要的 X 射线表现为不规则小阴影和胸膜改变(主要是胸膜斑)，其次为类圆形小阴影、肺门和肺纹理改变及肺气肿。

① 不规则小阴影：是石棉肺诊断的主要依据。早期多在两肺下区出现密集度较低的不规则小阴影，逐渐“干扰”甚至取代正常肺纹理。随着病变进展，不规则小阴影增粗、增多，互相连接呈网状，并逐渐扩展到两肺中、上区，严重病例可出现两肺蜂窝状不规则阴影。如心脏边缘肺野内不规则小阴影增多，可呈心脏边缘模糊。由于下肺区纤维化严重，上肺区可见代偿性肺气肿。

② 胸膜改变：主要包括胸膜广泛增厚、胸膜斑和胸膜斑钙化。除可见弥漫性胸膜增厚、粘连外，还可见到胸膜斑，多见于双下后外侧、侧胸壁、肋膈角上方等处。在侧胸壁上的胸膜斑，厚度一般大于 3 mm，内缘清晰、外缘与肋骨重合，垂直向下走行，呈致密条状、不规则状或三角形影像，可发生钙化；如发生在膈肌腱膜，呈现腹肌局限性僵直；如发生在纵膈胸膜增厚与心包膜粘连较严重，并与肺部纤维化阴影相重叠，胸片上表现心缘轮廓模糊不清，似蓬乱头发心影像，即所谓“蓬发心”。肺门增大一般不明显。

在石棉矿开采工的胸片上可见到散在的类圆形小阴影，是矿石中混有游离二氧化硅所致。

9.2.3.3　诊断和防治

（1）诊断

石棉肺的诊断依据是《尘肺 X 线诊断标准》，但由于胸膜斑是石棉肺 X 射线表现的一个特征，所以在诊断石棉肺时具有特殊意义，其不仅可作为石棉肺 X 射线诊断的佐证，而且在肺叶 X 射线征象诊断为“半期”的情况下，提高半期诊断期别。

（2）防治

石棉肺的处理基本上同硅肺。由于石棉肺患者出现症状较早且严重，因此对症治疗更为重要。对石棉肺患者应进行定期肺功能检查。中晚期石棉肺多易合并肺内非特异性感染，促使肺纤维化。由于肺弥漫性间质纤维化多伴有肺气肿，晚期易演变为肺心病，如再有继发感染，可致心力衰竭而死亡。因此，预防和控制感染至关重要。

9.2.4　石棉粉尘和肺部肿瘤

长期职业性接触石棉粉尘可导致石棉肺的发生，我国和许多国家早已将石棉肺列入职业病名单，并采取了种种防治措施，大幅度降低了作业环境中的石棉粉尘浓度，石棉肺发病率也因此降低。但是由于石棉用途极广，加之石棉具有许多特殊用途，而仍未能找到合适的替代品，所以石棉接触仍是一个非常重要的卫生问题。接触石棉对健康的影响不仅限于劳动环境，而且石棉已向日常生活环境中渗透，波及居住环境大气。国际癌症研究机构已将石棉定为公认的环境致癌物，接触石棉的工人发生恶性肿瘤的危险度明显增加。

（1）石棉污染的来源

石棉开采和加工过程中产生的大量粉尘是石棉污染的主要来源，不仅可污染作业场，还可污染石棉厂矿周围居民居住环境的空气。由于石棉建材的大量使用，在建造尤其是在拆毁房屋时会引起一时性的大气污染。在建筑物自然风化过程中也会有石棉纤维拱浮到空气中。另外，在交通繁忙地区，汽车制动器的磨损也可引起大气中石棉含量增加。

（2）石棉粉尘与肺癌

接触石棉作业工人在患石棉肺的同时，可并发肺癌，并发率很高。从接触石棉尘到发病，潜伏期约 20～40 年，而且发病与接触剂量之间有着密切关系。吸烟者比不吸烟者危险度大 9 倍。有报道石棉肺死于癌症者约占 50%。石棉所致肺癌多见于双侧肺下部，易在石棉肺病变明显处原发。鳞癌、腺癌多见。石棉的致癌机制尚不清楚，一般认为石棉的致癌作用与纤维的大小和形态及石棉种类有关。细长纤维的致癌性大于短纤维，原因可能是长纤维不容易被排除而长期滞留在肺内。实验表明，构成温石棉的镁在体内溶解，纤维本身也可能溶解，变短，易于排出体外，故而温石棉在肺内的清除率大于青石棉，致癌作用轻于青石棉。

（3）石棉粉尘与间皮瘤

间皮瘤是一种极为罕见的肿瘤，但接触石棉作业工人胸膜与腹膜间皮瘤则较为多见。我国青石棉污染区间皮瘤的发病率高达 85/100 万，而一般人群仅 1/100 万。国外报道，间皮瘤患者 70%以上均有石棉接触史，有 5%～11%的接触石棉工人因间皮瘤死亡。间皮瘤的发病潜伏期 20～30 年，多见于接触低浓度石棉工人，与接触量未见明显关系。间皮瘤的发生与石棉种类有关，虽各种石棉均能引起间皮瘤，但程度不一，青石棉＞铁石棉＞温石棉。

其致癌程度的差异除了与纤维物理特性有关外，可能还与所含有的金属元素及混有的芳烃类致癌物有关。胸膜间皮瘤多发生于壁层胸膜、脏层胸膜、膈肌和心包膜，同时常伴有胸腔血性积液。组织学表现较为复杂，一般分为上皮型、纤维肉瘤型和混合型。细胞分化以中、低分化为主，对周围组织大多有浸润，但尚未见到转移的报道。病理发生特点是先在一侧胸壁呈现不规则隆起，沿胸外侧壁胸膜自下而上生长，而后再延胸内侧延伸到纵隔胸膜，波及心包膜。临床病程往往很短，从发病到死亡一般不超过1年。

(4) 石棉纤维污染的预防

对石棉纤维粉尘污染的预防基本上同其他粉尘预防，此外关键在于寻找和选用其他种材料来代替石棉，非使用不可尽量以温石棉代替青石棉。对接触石棉作业工人宣传吸烟的危害，禁止吸烟，贯彻《关于加强防止粉尘和有毒物质危害工作的通知》精神，不容许把手纺石棉绳等作业生产，由城镇企业转嫁到无预防措施的农村、街道工厂；不准许中、小学生或未成年人直接从事石棉加工劳动。严格石棉加工工厂的密闭措施，防止含尘空气逸出厂外污染居民环境空气。

9.2.5 其他尘肺病及其防治

多种无机粉尘和金属粉尘可导致尘肺。我国现行法定职业病名单中尘肺部分，除上述硅肺、石棉肺和煤工尘肺外，还有石墨尘肺、炭黑尘肺、铝尘肺、滑石尘肺、水泥尘肺、云母尘肺、陶工尘肺、电焊工尘肺和铸工尘肺9种。

(1) 石墨尘肺

石墨是自然界存在的单质碳，按其生成来源，可分为天然石墨和合成石墨。石墨尘肺是长期吸入石墨粉尘所引起的一种尘肺，可分为三等墨硅肺和单纯石墨尘肺。多发生于石墨工厂的工人。

石墨具有金属光泽的结晶型碳，呈银灰或黑色。石墨中含有游离 SiO_2，但差异很大，石墨矿 SiO_2 含量多为13.5%～25.9%，中碳石墨为0.5%～5.0%；而合成石墨(高温石墨)中几乎不含游离 SiO_2。在石墨采选加工，制造电极、耐腐蚀管材以及用石墨做铸件涂料、原子反应堆减速剂等过程中均可产生高浓度粉尘。石墨尘肺患者发病工龄一般在12～24年，早期症状轻微，进展缓慢，当合并慢性支气管炎和肺气肿时，自觉症状和体征明显。肺功能有一定损害。胸片上早期多为p、q小阴影，出现r阴影者与其接触石墨尘中游离 SiO_2 含量高有关。

(2) 炭黑尘肺

长期吸入生产性炭黑粉尘而引起的尘肺称为炭黑尘肺。炭黑由天然气、石油及其渣油经炉内燃烧而制成，为几组没有一定标准定向的晶泡组成的无定型结晶体，含碳90%～95%，游离 SiO_2 占0.5%～1.5%。炭黑粒径极小，易飞扬，主要用于橡胶、塑料、干电池、油墨、油漆、颜料等工业。炭黑尘肺患者发病缓慢，一般发病工龄在20年以上。症状轻微，进展缓慢。少量严重者可并发慢性支气管炎和肺心病。以尘斑伴灶周肺气肿为主，可有轻度弥漫性肺纤维化。胸片上两肺肺纹理增多，密度较低，呈毛玻璃状，常见p形小阴影，有时也可见到不规则形小阴影，偶见轻度肺气肿。肺门及胸膜改变一般不大。咳嗽、咯痰、气短。临床症状不严重，肺功能损害较微，少数严重者，可并发慢性支气管炎、肺源性心脏病。

(3) 铝尘肺

金属铝可分为粒状和片状，含铝量达 90% 以上。金属铝及其合金用途极为广泛，例如航空、船舶、建筑材料、交通、电器等工业。金属铝粉可用于制造炸药、导火剂等。氧化铝是经电炉、熔融制得的聚晶体(白刚玉)，含有微量 SiO_2，由于硬度高，可制成磨具，用于各种机件磨削，产生大量粉尘。铝尘肺患者早期的症状一般较轻，主要表现为轻微的咳嗽、气短、胸闷、胸痛，也可有倦怠、乏力。由于铝尘对鼻黏膜的机械性刺激和化学作用，可表现为鼻腔干燥、鼻毛脱落、鼻黏膜和咽部充血、鼻甲肥大。肺部早期可无体征。晚期病例可并发自发性气胸、呼吸衰竭。铝尘肺病理特点是弥漫性肺同质纤维化和肺气肿，平均发病工龄在 20 年以上。症状有咳嗽、胸痛、气短和肺功能降低。片上两肺叶以不规则小阴影为主。

(4) 滑石尘肺

滑石具有润滑性，质软，耐酸碱，耐腐蚀，耐高温，导电及导热性能差等，广泛用于橡胶、造纸、纺织、建筑、医药、化妆品、农药等部门。吸入滑石粉所引起的尘肺称为滑石尘肺。滑石尘肺一般在接触滑石粉尘 10～15 年的工人中出现，也有 5 年发病者。滑石为含水硅酸盐的矿物，含有氧化锡、氧化钙和直闪石、透闪石等少量杂质，滑石粉尘致滑石尘肺可能与其所含的直闪石和透闪石有关。接触滑石粉尘的主要作业有滑石矿开采、滑石粉加工等。患者早期可无症状，病情进展后可出现类似石棉肺的劳动时气短、胸痛、胸闷、咳嗽、咳痰等症状，并可合并有慢性支气管炎和肺气肿征象。胸片表现与石棉肺类似，主要是 s 形小阴影，p 形小阴影较石棉肺显著，密度高。晚期小阴影也可合成大阴影。胸膜增厚，在侧胸壁和心包处也可见到滑石斑-胸膜局限性增厚。滑石尘肺有时也可并发肺癌与胸膜间皮瘤。

(5) 水泥尘肺

水泥为人工合成的硅酸盐粉状建筑材料。接触成品水泥粉尘引起的尘肺称为水泥尘肺。水泥的原料是由石灰石、黏土、页岩、三氧化二铝、二氧化硅及滑石粉等混合而成的，接触生料水泥粉尘引起的尘肺，则属于混合性尘肺。

水泥是人工合成的无定型硅酸盐，所用原料因水泥种类不同而各异。在准备水泥原料的过程中接触混合粉尘，由于配料不同，粉尘中游离 SiO_2 含量各异。水泥原料粉尘引起的肺部病理改变为混合性尘肺，对熟料可否致尘肺仍有不同看法。发病工龄长，有咳嗽、咳痰、气短症状、鼻腔黏膜功能亢进，然后萎缩。肺功能测试多呈混合性通气功能障碍。胸片表现以 s、t 小阴影为主，也有少量 p 形小阴影。目前水泥尘肺尚无有效治疗办法。

(6) 云母尘肺

云母尘肺是云母开采或云母加工过程中长期吸入云母粉尘所引起的一种尘肺。云母为天然含铝硅酸盐，属层状晶体结构矿物，在自然界分布甚广，易剥离成薄片，柔软透明。因为具有良好的绝缘性，云母在电器工业中得到广泛应用。在开采加工云母工人中可发现云母尘肺。云母尘肺发病工龄平均在 20 年以上，临床表现类似其他硅酸盐尘肺，进展缓慢。胸片表现以 s 形小阴影为主，也可见 t、p 形小阴影，肺叶模糊，呈磨玻璃样改变。常见并发症有慢性支气管炎、肺结核、支气管扩张、肺气肿、肺源性心脏病。

(7) 陶工尘肺

生产陶瓷的主要原料是黏土。由于原料不一，配方不同，接触粉尘性质不同，陶工尘肺有陶土尘肺、硅酸盐尘肺、混合尘肺、硅肺等，这些统称为陶工尘肺。陶瓷的原料有石英、黏土、长石、石膏等，将原料粉碎混合后再经各种工序烧制而成产品。在原料粉碎、配料和修坯过程中，可产生大量石英混合尘和硅酸盐粉尘，其中游离 SiO_2 含量差异很大，高者可达

40%以上。所以陶瓷工人按其接触粉尘性质不同,可患硅肺、硅酸盐肺或混合性尘肺。陶工尘肺发病工龄类似硅肺,一般在十几年,有气急、咳嗽、咳痰等呼吸道症状,易合并肺结核,呼吸功能受损。胸片表现差异较大,一般以 s、t 形阴影为主,相互交织,也可见到 p、q 形阴影,随着病情进展,可有小阴影聚集,融合形成大阴影。肺门扩大,密度增高,结构紊乱。

(8) 电焊工尘肺

电焊烟尘是由于高温使焊药、焊条芯和被焊接材料熔化蒸发,逸散在空气中氧化冷凝而形成的颗粒极细的气溶胶。电焊尘可因使用的焊条不同有所差异。因此,电焊工尘肺是一种混合性尘肺。

焊接作业在建筑、矿山、机械、造船、化工、铁路、国防等工业被广泛应用。焊接作业的种类较多,有自动埋弧焊、气体保护焊、等离子焊和手工电弧焊(手把焊)等。以手把焊应用较为普遍。电焊工尘肺病例绝大多数发生在手把焊工中。电焊工尘肺的发病工龄一般为10~20年。在高浓度烟尘环境中,3~5 年即可发病。总之,发病快慢与焊接环境、粉尘浓度、气象条件、通风状况、焊接种类、焊接方法、操作时间及电流强度等有密切关系,此外,在发病和病程进展上存在个体差异。

患者有胸闷、胸痛、咳嗽症状,晚期肺功能降低。胸片表现大部分以 s、t 形阴影为主,中、下肺区多见。也可见到 p 形小阴影,较稀疏,但分布范围广,随病情进展而增加。也可见到以 p、q 形阴影为主者,密集度大,少数病例晚期出现大阴影。

(9) 铸工尘肺

铸造生产由于产品不同,型砂配料也不同,常见的有石英砂、天然砂、耐火黏土、石墨粉、焦炭粉等。在铸造工艺的诸多环节,例如型砂粉碎、搅拌运输、制砂型、打箱、清砂和清理铸件时均可产生粉尘。由于配料不同,粉尘中游离 SiO_2 含量也各异。铸钢工发病工龄和临床表现都类似硅肺,铸工尘肺患者发病缓慢,初期多无自觉症状,随着病变进展,可出现胸闷、轻微胸痛、咳嗽、咯痰、气短等症状。病变初期肺功能多属正常,以后逐渐出现阻塞性或以阻塞性为主的通气功能障碍。未合并支气管和肺疾病的患者,通气功能障碍一般较轻微。由于砂型制造作业的空气中烟尘较大、劳动姿态不良等原因,患者常并发慢性支气管炎和肺气肿。发病工龄一般在 20 年以上。胸片表现以 s、t 形阴影为主,中、下肺区多见,随病情进展增多增粗,伴有肺气肿;也可见 p、q 形阴影。

(10) 有机粉尘对肺部的影响

有机粉尘是以有机物质为主要成分的粉尘,按其来源可分为:植物性粉尘,如棉、麻、谷物、枯草、茶叶等;动物性粉尘,如动物的皮毛、骨、角等;人工合成有机粉尘,如塑料、合成纤维、合成橡胶、有机染料等。

① 有机粉尘的危害

有机粉尘具有一定生物学活性,由于其种类繁多、成分复杂,常被各种微生物污染和夹杂其他成分粉尘,故对人体的生物学效应呈多种多样。有机粉尘引起呼吸系统危害主要有四种类型。

a. 变态性反应,此种反应可发生于上呼吸道(干草热)或支气管(哮喘),或两者均有。花粉是主要的过敏源,谷尘、木尘、茶尘等也可引起此类反应。

b. 棉尘症,是由棉花、亚麻、软大麻等粉尘引起的一组呼吸系统症状。

c. 外源性变态反应性肺泡炎,也称过敏性肺炎,常由吸入发霉的草尘、甘蔗渣尘和动物皮毛等所致。

d. 单纯性非特异性呼吸道刺激，系吸入黄麻、硬麻、椰子壳的粗硬纤维以及玉米、稻谷、茶叶等粉尘引起，长期吸入可发展为非特异性慢性阻塞性肺病。

此外，一些有机粉尘常混杂有砂土和其他的无机物质，引起肺间质纤维增生，称之为混合性尘肺。在有机粉尘对机体肺部的影响中，尤以棉尘症和外源性变态反应性肺泡炎最为常见。

棉尘症又称"星期一热"，由吸入棉、亚麻、软大麻等粉尘引起，主要表现为特征性支气管痉挛和呼吸道刺激两种反应，可单独出现，也可同时发生。早期典型症状最常发生在周末休假后上班第1天的班末，出现胸部紧束感、气急、咳嗽，有的还有发热。多在工作第2天以后症状减轻，甚至消失。反复长期接触，病情可逐步加重，上述症状可持续到第2～3天甚至每天均有。晚期可发展成慢性阻塞性气道症状，进而导致肺气肿。肺部常无特异性的病理变化和X射线征象。肺功能班后时间肺活量常较班前降低。早期脱离接触可恢复，晚期虽脱离接触，症状和体征较难缓解。本病可能属于变态反应性疾病，病因尚不完全明确，吸烟可加重本病的发生和发展。

职业性变态反应性肺泡炎的病因很多，但它们所引起的临床表现、病理变化、X射线胸片及肺功能的改变均很相似，其中以农民肺最为常见。农民肺主要由吸入发霉的草料和粮谷粉尘所致，常于接触后4～8 h发病。患者可有畏寒、发热、气急、刺激性咳嗽等症状；此外，还可出现头痛、食欲减退、乏力等。脱离接触后2～3 d，症状常可自行消退。如接触霉变枯草尘2～3个月，则急性症状可反复发作，病情加重，X射线胸片显示两肺粟粒状阴影。若持续接触若干年，部分患者肺组织产生极难逆转的纤维增生，伴有支气管扩张和肺气肿，X射线胸片可见蜂窝状表现，肺功能呈不同程度限制性通气功能障碍，并有明显的弥散功能损害。此时，劳动能力显著受损。农民肺致病的病原体主要为某些嗜热性放线菌，以干草小多孢菌、普通高温放线菌多见。大部分学者认为其发病机制属Ⅱ型变态反应。实验室检查，患者血清多含有相应抗原的沉淀抗体，此可作为近期接触过抗原的指标，但不能作诊断之用。

② 有机粉尘危害的预防

有机粉尘危害的防护主要应做好防尘工作。针对发病原因，收割的禾草要充分晒干，堆放在不易进水且通风良好的场所，以防霉变。对霉变严重的枯草，不可加工用作饲料，可作为肥料。对接触枯草者，应进行健康教育和卫生宣传教育，自觉戒烟和佩戴过滤效率高的防尘口罩，以阻滞吸入嗜热性放线菌孢子。

有特异过敏体质者，有哮喘史、粉尘性肺部疾患反复发作者，不宜从事接触某些有机粉尘的作业。

9.3　尘肺病案例分析

9.3.1　尘肺鉴定案例分析

《职业病防治法》和《职业病诊断与鉴定管理办法》的颁布和实施为职业病诊断鉴定工作提供了坚实的法律基础。以2007—2008年间职业病诊断鉴定机构受理的2例职业病鉴定案例作一些分析探讨。

（1）基本情况

案例1，男，某煤矿退休职工，曾经在井下掘进队工作16年，在运输区煤库工作3年，退休14年后在职业病诊断机构诊断为无尘肺（0+）。建议每年定期进行复查。在连续2年复查后，诊断结果仍然为无尘肺（0+），该同志对诊断结果有异议，于是提出进行职业病鉴定的申请。

案例2，男，外地来并务工。职业史自述：2003年3月至2007年8月在一煤矿从事风钻工作业，作业时经常干打眼，且一般不戴防尘口罩。在岗期间由某疾病预防控制中心于2005年10月27日和2007年8月29日做过两次职业病健康检查，第一次所查项目均正常，第二次X射线片显示为两肺血播性结核（不排除），建议做进一步的检查，住院治疗。该患者辗转多家医院进行检查，最后于2007年12月27日在职业病诊断机构诊断为煤工尘肺Ⅱ期。该矿对诊断结论有异议，于是提出进行职业病鉴定的申请。

（2）鉴定经过

职业病诊断鉴定机构接到鉴定的申请后，对两个人的职业病接触史分别进行了调查，对两人所在煤矿分别进行了现场调查，抽调了工作阶段井下的粉尘的现场监测结果，调阅了历年来职业健康检查的相关资料和个人健康监护档案，分别到山西省卫生厅抽取了5名职业病鉴定专家名单，并分别带患者做了相关的必要检查。在确定了职业病鉴定的地点和时间后，通知职业病鉴定专家、患者本人、矿方代表到时参加鉴定会。在职业病诊断鉴定会上，鉴定专家分别对患者进行了职业史、接触史、家族史、自觉症状的询问，并对职业病诊断资料和鉴定前医学检查资料进行了比较，专家一致结论为：病例1的鉴定结果为无尘肺（0+），病例2的鉴定结果为煤工尘肺Ⅱ期，均与诊断机构结论一致。

（3）案例分析

客观、真实的职业病危害因素接触史是进行职业病诊断的必要条件，却也是职业病诊断鉴定工作中的一个难点。以上2例患者均为国有企业的职工，单位提供的职业病危害因素接触史是可靠真实的，为职业病鉴定提供了基础。本案例1中，患者的发病时间历时33年，而且申请诊断时已是退休后若干年，这就提示我们的用人单位一定要按照法律法规规范的要求按时给曾经接触粉尘作业的人员定期做好职业健康体检工作，并要妥善保管职业健康检查资料。

本案例2中，患者临床症状、X射线胸片特征等均符合Ⅱ期尘肺诊断标准，但是患者接触煤尘时间不到5年（矿劳资科提供的资料为不到4年），历年的测尘浓度不超标，多家临床医院的诊断也排除了患有肺结核、结节病等其他肺部疾病的可能，因此，有理由怀疑患者可能隐瞒了其他职业史。可见，职业病鉴定机构应注意甄别资料的真实性，认真比较个人及企业提供资料的一致性和相符性，应要求资料提供者作出真实性承诺并书面记录和签字认可。此外，职业病鉴定机构应尽量开展独立调查，制作翔实的调查笔录，也可请求劳动保障、安全生产和地方基层组织等第三方协助提供资料，做到既维护职工合法权益，又维护企业正当利益。

本案例2中患者2003年3月开始在该矿从事粉尘作业，但是企业未按照《职业病防治法》（2001版）第三十二条的要求，组织患者进行上岗前的职业健康检查，从而引发患者和企业之间的严重纠纷。2005年10月，由于用工制度的变化，患者从事粉尘作业，因此，该企业委托具有职业健康检查资质的医疗单位对患者等同期上岗人员进行了岗前职业健康检查；但是在健康检查时，未核实上岗人员的身份，只是按照程序进行了相关项目的检查并拍摄了

X 射线胸片，实际上，拍摄 X 射线胸片的并不是患者本人，本人可能在到此企业之前就是职业病患者，只是没有作出确切的诊断结论而已。企业职业卫生管理工作的疏忽和不严谨，导致有职业损害或有职业禁忌证的患者进一步从事了接触粉尘的作业，从而在很短的时间内引起了严重的职业病，不仅给患者个人带来了不可挽回的健康损害，而且给企业增添了不可估量的经济损失和社会影响。

用人单位是职业病防治的责任主体，有关部门应加强宣传，严格执法，促使企业进一步遵守和执行《职业病防治法》等法律要求，做好职工岗前健康检查等工作。职业病诊断机构直接面对职业病或疑似职业病患者，应加强职业病报告制度建设，普及医务人员职业病防治知识，参与职业病诊断的医师一定要加强诊断知识的培训学习，按规定处理报告和诊断等事项，尽量减少职业病诊断鉴定纠纷的发生。

9.3.2 尘肺病例行业与工种分布分析

尘肺病防治应针对重点行业进行。尘肺病例（包括累积病例、死亡累积病例、现患合并肺结核病例）主要分布在煤炭、有色金属、冶金等行业，现患病例的分布以煤炭、有色金属、建材等行业工作人员为主，尤以煤炭行业居多。尘肺病的工种主要分布在采矿的掘进工、凿岩工和煤矿的主采煤工，而且煤炭和有色金属行业的主掘进工、主采煤工、凿岩工、纯掘进工、搬运工、纯采煤工等 6 个工种尘肺病例数占尘肺现患病例数的 71.91%。由此可见，在抓好尘肺全面防治的同时，应点面结合，重点抓好煤炭、有色金属、冶金、建材等重点行业和煤尘、硅尘等重点粉尘的治理，以期得到尘肺防治的最好效果。

尘肺病是危害最严重的职业病，通过数据的收集整理基本掌握了尘肺病例的重要基础数据。可以看出，尘肺病发病情况依然十分严重，但由于煤炭和有色金属等行业，其所使用的农民工、临时工由于流动性大，职业病自我防护意识较差，职业健康监护工作覆盖面较低等原因，这些行业的尘肺病患者得不到及时诊断，其新发的尘肺病例数并不能完全代表这些行业的尘肺发病实际情况。因此，要从根本上改善尘肺发病的严重情况，应重点加强煤炭、有色金属等行业的职业卫生管理工作，进一步改善生产工作环境，加强对劳动者的职业病防治健康教育，提高个人保护意识，加强职业健康监护工作，切实做到对尘肺病患者的早检查、早发现、早诊断、早治疗。

9.4 高温作业对健康的影响

生产环境中的气象条件主要指空气温度、湿度、风速和热辐射，这些因素构成了工作场所的微小气候。有些特殊工种需要在异常气压下工作，如高气压下的潜水或潜函（沉箱）作业、低气压下的高空或高原作业等。

根据环境温度及其和人体热平衡之间的关系，通常把 35 ℃以上的生活环境和 32 ℃以上的生产劳动环境称为高温环境。高温作业是指工作地点有生产性热源，以本地区夏季室外平均温度为参照基础，工作地点的气温高于室外 2 ℃或 2 ℃以上的作业。一般将热源散热量大于 23 W/m^3 的车间称为高温车间或热车间。在高气温或同时存在高湿度或热辐射的不良气象条件下进行的生产劳动，通称为高温作业。

9.4.1 高温作业类型

高温作业按其气象条件的特点可分为下列三个基本类型。

(1) 高温、强辐射作业

此类作业类型气象条件的特点是气温高、热辐射强度大，而相对湿度较低，形成干热环境。对人体的危害表现为对流热和辐射热作用，对流热只作用于机体表面，但可以通过血液循环使全身加热；辐射热除作用于体表外，还可以作用于机体深部组织，对人体加热的作用更大更快。常见的职业接触有：冶金工业的炼焦、炼钢、轧钢等车间；机械制造工业的铸造、锻造、热处理等车间；陶瓷、玻璃、搪瓷、砖瓦等工业的炉窑车间；火力发电厂和轮船的锅炉车间等。

(2) 高温、高湿作业

其气象特点是高气温、高湿，而热辐射强度不大，形成湿热环境。高湿度的形成，主要是由生产过程中产生的大量水蒸气或生产上要求车间内保持较高的相对湿度所致。常见的职业接触有：印染、缫丝、造纸等工业液体加热或蒸煮时，气温可达35 ℃以上、相对湿度常高达90%以上的车间；气温可达30 ℃以上，相对湿度可达95%以上的潮湿的深矿井；屠宰、肉食加工车间等。如通风不良就形成高温、高湿和低气流的不良气象条件，即湿热环境。人在此环境下劳动，即使气温不很高，但由于蒸发散热更为困难，故虽大量出汗也不能发挥有效的散热作用，易导致体内热蓄积或水、电解质平衡失调，从而发生中暑。

(3) 夏季露天作业

夏天露天作业受太阳的直接辐射作用，以及加热的地面和周围物体二次辐射源的附加热作用，形成高温、热辐射的联合作业环境。常见的职业接触有：夏季的农田劳动、建筑、搬运、军事训练等露天作业。露天作业中的热辐射强度虽较高温车间为低，但其作用的持续时间较长，且头颅常受到阳光直接照射，加之中午前后气温升高，此时如劳动强度过大，人体极易因过度蓄热而中暑。此外，夏天在田间劳动时，因高大密植的农作物遮挡了气流，常因无风而感到闷热不适，如不采取防暑措施，也易发生中暑。

9.4.2 高温作业对人体的影响

高温作业时，人体可能出现一系列生理功能改变，主要为体温调节、水盐代谢、循环系统、消化系统、神经系统、泌尿系统等方面的适应性变化，当生理功能的改变超过一定的限度，则可能产生不良的影响，主要表现在以下几方面：

(1) 体温调节障碍。在高温环境劳动时，体表血管反射性扩张，皮肤血流量增加，皮肤温度升高，通过对流和辐射使皮肤血管的散热增加；汗液分泌增加，通过汗液蒸发使人体散热增加，蒸发1 g汗液要吸收2.51 MJ的汽化热。人体出汗量主要受气象条件和劳动强度的共同影响。高温环境中人体只能通过汗液蒸发来散热，如果此时伴有高湿度，则散热困难，产生闷热现象；如果伴有高气流(有风)，则有利散热。高温加上强烈的太阳辐射很容易发生中暑，主要表现为头晕、头痛、胸闷、心悸、恶心、四肢无力、注意力不集中，重者表现为皮肤干燥无汗、体温升高、痉挛等症状。

(2) 水盐代谢紊乱。环境温度愈高，劳动强度愈大，人体出汗则愈多。汗液的有效蒸发率在干热有风环境下高达80%以上，散热良好。但在湿热小风环境下，蒸发散热率不足

50%，汗液难于蒸发，往往大汗淋漓，不利于散热。一般高温作业工人一个工作日的出汗量高达3 000～4 000 g，经汗液排出盐分达 20～25 g，故大量出汗可致水盐代谢障碍，机体出现无力、口渴、尿少、脉搏加快、体温升高、水盐平衡失调等现象。

(3) 循环系统负荷加重。高温环境下从事体力劳动，心脏要向高度扩张的皮肤血管网络输送大量的血液，以便有效地散热；又要向工作肌输送足够的血液，以保证工作肌的活动，且要维持适当的血压。同时，由于出汗丧失大量水分和体液转移至肌肉而使有效血容量减少。这种供需矛盾使得循环系统处于高度应激状态。如果高温工人在劳动时已达最高心率，机体蓄热又不断增加，心输出量则不可能再增加来维持血压和肌肉灌流，可能导致热衰竭。

(4) 消化系统功能紊乱。高温作业时，唾液、胃液分泌减少，消化酶活性和胃液酸度降低。胃肠道收缩和蠕动减弱，吸收和排空速度减慢。消化道流减少，大量饮水使胃酸稀释，引起食欲减退和消化不良，胃肠道疾病增加。

(5) 泌尿系统功能下降。高温作业时，大量水分经汗腺排出，肾血流量和肾小球过滤率下降，尿液大量减少。如不及时补充水分，由于血液浓缩使肾脏负担加重，可导致肾功能不全，尿中出现蛋白、红细胞等。

(6) 神经系统兴奋性降低。高温作业可使中枢神经系统出现抑制，肌肉工作能力低下，机体产热量因肌肉活动减少而下降，负荷得以减轻。因此，可以看作是一种保护性反应。但由于人体注意力、工作能力、动作的准确性与协调性及反应性降低，容易发生工伤事故。

9.4.3 高温作业的劳动保护

长期的高温作业，可导致职业病的产生，因此必须采取有效措施，预防并控制与高温作业相关疾病的发生。防暑降温要考虑到厂房的设计、劳动安全保护设备的设置、个人防护用品的使用，同时要考虑卫生保健措施，以增加人体对高温的抵抗能力。

(1) 合理设计工艺流程

合理设计工艺流程，改进生产设备和操作方法是改善高温作业劳动条件的根本措施。如钢水炼造、轧钢、铸造、搪瓷等生产自动化，可使工人远离热源，同时减轻劳动强度。

热源布置应符合下列要求：① 尽量布置在车间外面；② 采用热压为主的自然通风时，尽量布置在天窗下面；③ 采用穿堂风为主的自然通风时，尽量布置在夏季的下风侧；④ 对热源采取隔热措施；⑤ 热源布置应便于采用各种有效的降温和隔热措施，热源之间可设置隔墙板，使热空气沿着隔墙上升，经天窗排出，避免扩散到车间。热成品或半成品及时运出车间或堆在下风侧。

(2) 隔热

隔热是防止热辐射的重要措施。可以利用水或导热系数小的材料进行隔热，其中尤以水的隔热效果最好，水的比热大，能最大限度地吸收热辐射。

(3) 通风降温

① 自然通风：任何房屋均可通过门窗、缝隙进行自然通风换气，高温车间仅仅靠这种方式是不够的，热量大、热源分散的高温车间，每小时需换气 30～50 次以上，才能使余热及时排出，此时必须把进风口和排风口配置得十分合理，充分利用热压和风压的综合作用，使自然通风发挥最大的效能。

② 机械通风：在自然通风不能满足降温的需要或生产上要求车间保持一定的温湿度

时，可采用机械通风。

(4) 供给饮料和补充营养

高温作业工人应补充与出汗量相等的水分和盐分。最好办法是供给含盐饮料。一般每人每天供水 3～5 L，盐 20 g 左右。在 8 h 工作日内出汗量少于 4 L 时，每天从食物中摄取 15～18 g 盐即可，不一定从饮料中补充。若出汗量超过此数时，除从食物摄取盐分外，尚需从饮料适当补充盐分。饮料的含盐量以 0.15%～0.2%为宜。饮水方式为少量多次为宜。

在高温环境劳动时，能量消耗增加，故膳食总热量应比普通工人高，最好能达到12 600～13 860 kJ。蛋白质增加到总热量的 14%～15%为宜。此外，还要补充维生素和钙。

(5) 个体防护

高温工人的工作服，应以耐热、导热系数小而且透气性良好的织物制成。防止热辐射，可用白帆布或铝箔制的工作服。工作服宜宽大又不妨碍作业。此外，按照不同作业的需要，供给工作帽、防护眼镜、面罩、手套、鞋盖、护腿等个人防护用品。特殊高温作业工人，如炉衬热修、钢包清理等工种，为防止强烈热辐射的作用，须佩戴隔热面罩和穿隔热阻燃通风的防热服，如喷涂金属的隔热服、铝膜隔热服等。

(6) 筛查

职业病禁忌者对高温作业工人应进行就业前和入暑前体格检查。凡有心血管系统器质性疾病、持久高血压、溃疡病、活动性肺结核、肝肾疾病、甲亢等疾病患者，均不宜从事高温作业。

目前我国防暑降温已有比较成熟的经验，关键在于领导，改善管理，严格遵照国家有关高温作业卫生标准搞好厂矿防暑降温工作。根据地区气候特点，适当调整夏季高温作业劳动时间。休息室或休息凉棚尽可能设置在远离热源处，必须有足够的降温设施和饮料。大型厂矿可专门设立具有空气调节系统的工人休息公寓，保证高温作业工人在夏季有充分的睡眠和休息，对预防中暑具有重要意义。

9.5 噪声对健康的影响

9.5.1 噪声基础知识

噪声是影响范围很广的一种职业性有害因素，在许多生产劳动过程中都有可能接触噪声。长期接触一定强度的噪声，可以对人体产生不良影响。

(1) 基本概念

① 声音。物质振动后，振动能在弹性介质中以波的形式向外传播，传到人耳引起的声音感觉称为声音。物体每秒振动的次数称为频率(frequency)，用 f 表示，单位是赫兹(Hz)。20～20 000 Hz 之间能引起听觉的音响感觉称为可闻声波，简称声波。频率低于 20 Hz 的叫作次声波，高于 20 000 Hz 的叫作超声波。

② 噪声。凡是使人感到厌烦、不需要的或有害身心健康的声音都称为噪声。噪声具有声音的一切特性，是声音的一种。

③ 生产型噪声。生产过程中产生的声音频率和强度没有规律，听起来使人感到厌烦，称为生产性噪声。国际上评价生产性噪声多用 A 声压级，以 dB(A)表示，可直接从声级计上读出。正常成年人听阈声压级是 0～10 dB(A)，普通谈话的声压级为 60～70 dB(A)，球

磨机的声压级为 120 dB(A)，喷气式飞机附近可达 140～150 dB(A)甚至更高。

(2) 生产性噪声的分类

作业环境中的生产性噪声，按其来源分为机械性噪声、空气动力性噪声、电磁性噪声三类。

根据噪声随时间的分布不同，生产性噪声可分为连续性和间断性噪声。连续性噪声按照时间变化程度，又分为稳态噪声和非稳态噪声。声压级波动小于 3 dB 的称为稳态噪声，否则即为非稳态噪声。还有一类噪声称为脉冲噪声，指声音持续时间小于 0.5 s，间隔时间大于 1.0 s，声压级变化大于 40 dB 的噪声。

目前影响作业工人健康、严重污染环境的 10 大噪声源是：风机、空压机、电动机、柴油机、纺织机、冲床、木工圆锯、球磨机、凿岩机以及高压放空排气。这些设备产生的噪声值可高达 120～130 dB(A)。

9.5.2　噪声对人体的危害

接触噪声可对人体产生影响，噪声对人体的危害表现为听觉系统的特异性损害和非听觉系统(听觉外系统)的非特异性损害。

(1) 听觉系统损害

听觉系统是感受声音的系统，噪声危害的评价及噪声标准的制定主要以听觉系统的损害为依据。

噪声引起听觉系统的损伤变化一般由暂时性听阈位移逐渐发展为永久性听阈位移。

① 暂时性听阈位移，是指人或动物接触噪声后引起听阈变化，脱离噪声环境后经过一定时间听力可以恢复到原来水平。暂时性听觉位移可分为听觉适应和听觉疲劳。

听觉适应是指短时间暴露在强烈噪声环境中，感觉声音刺耳、不适，停止接触后，听觉器官敏感性下降，脱离噪声环境后对外界的声音有“小”或“远”的感觉，听力检查听阈可提高 10～15 dB，离开噪声环境 1 min 之内可以恢复。

听觉疲劳是指较长时间停留在强烈噪声环境中，引起听力明显下降，离开噪声环境后，听阈提高超过 15～30 dB，需要数小时甚至数十小时听力才能恢复。一般在十几小时内可以完全恢复的属于生理性听觉疲劳。在实际工作中，常以 16 h 为限，即在脱离接触后到第二天上班前的时间间隔。随着接触噪声时间的继续延长，听觉疲劳逐渐加重，听力不能恢复变为永久性听阈位移，属于器质性病理改变。

② 永久性听阈位移，是指噪声引起的不能恢复到正常水平的听阈提高。根据损伤的程度，永久性听阈位移又分为听力损伤和噪声性耳聋。

听力损伤是指患者表现为高频听力下降，听力曲线在 3 000～6 000 Hz(多在 4 000 Hz)出现“V”形下陷，此时患者主观无耳聋感觉，交谈和社交活动能够正常进行。随着损伤程度加重，高频听力下降明显，而且语言频段(500～2 000 Hz)的听力也受到影响，出现语言听力障碍。

噪声性耳聋，是指劳动者在工作场所中，由于长期接触噪声而发生的一种渐进性的感音性听觉损伤，是噪声对听觉器官长期影响的结果，是我国法定的职业病。根据职业噪声接触史、耳鸣症状和自觉听力下降、纯音测听的听力下降资料，结合现场职业卫生学检查，排除其他原因所致的听力损伤，即可做出诊断。

噪声性耳聋的诊断与分级，连续噪声作业工龄3年以上者，纯音侧听为感音神经性聋，听力损失呈高频下降型，根据较好耳语频(500 Hz、1 000 Hz、2 000 Hz)平均听阈将噪声性耳聋分为5级。听力下降25～40 dB的为轻度耳聋，41～55 dB的为中度耳聋，56～70 dB的为重度耳聋，71～90 dB的为严重度耳聋，＞90 dB的为全聋。

在某些生产条件下，如进行爆破，由于防护不当或缺乏必要的防护设备，可因强烈爆炸所产生的冲击波造成急性听觉系统的外伤，引起听力丧失，称之为爆炸性耳聋。轻者听力可以部分或大部分恢复，严重的患者可致永久性耳聋。

(2) 听觉外系统损害

噪声还可引起听觉外系统的损害。主要表现出如头痛、头晕、睡眠障碍、记忆力减退等一系列神经症状。高频噪声可引起血管痉挛、心率加快、血压增高等心血管系统的变化。长期接触噪声还可引起食欲不振、胃液分泌减少、肠蠕动减慢等胃肠功能紊乱的症状。

此外，噪声对工作的影响是不言而喻的。患有职业性耳聋的工人很难很好地与别人交换意见，不仅影响工作效率，而且降低工作质量。在矿井或车间等作业场所，由于噪声的影响，异常信号或声音被掩盖，容易发生各种工伤事故。

9.5.3 影响噪声对机体作用的因素

(1) 噪声的强度和频谱特性。一般来说，噪声强度大、频率高则危害大。现场调查表明接触噪声作业工人中耳鸣、耳聋、神经衰弱综合征的检出率随噪声强度增加而增加。

(2) 接触时间和接触方式。同样的噪声，接触时间越长对人体影响越大，噪声性耳聋的发生率与工龄有密切的关系；缩短接触时间可以减轻噪声的危害；持续接触的危害高于间断接触。

(3) 噪声的性质。脉冲噪声的危害高于稳态噪声，窄频带噪声危害高于宽频带噪声。

(4) 其他有害因素共同存在。振动、高温、寒冷或有毒物质共存时，会加大噪声的不良作用。

(5) 机体健康状况和个体敏感性。在同样条件下，对噪声敏感的个体或有听觉系统疾患者，易受损害。

(6) 个体防护。个人积极防护，配用防护耳罩、耳塞，可以有效减轻噪声危害。

9.5.4 防止噪声危害的措施

(1) 控制噪声源。根据具体情况采取技术措施，控制或消除噪声源，是从根本上解决噪声危害的一种方法。采用无噪声或低噪音设备代替发出强噪声的设备。对于噪声源，如果工艺过程允许远离工人作业地点或移至车间外或更远的地方，否则采取隔声措施。对于在工作场所设计时，合理配置声源，将噪声强度不同的机器分开放置，减轻噪声叠加影响的危害。

(2) 控制噪声传播途径。利用吸声和隔声、消声技术，可以有效控制噪声的传播。车间墙壁、屋顶安装吸声材料，在工作场所内悬挂吸声体，可以吸收、降低噪音。在某些情况下，将声源封闭在一个较小的空间中，如隔声罩、隔音室等，使其与周围环境隔绝起来起到隔声作用。消声是降低空气动力性噪声的主要措施，用于风道和排气管的消音，常用的有阻性消声器、抗性消声器，消声效果较好。

(3) 制定并执行工业企业卫生标准。虽然噪声对人体可产生不良影响，但在生产环境中要想完全消除噪声，是不可能的。制定合理的卫生标准，将噪声强度限制在一定范围内，是防止噪声危害的主要措施之一。我国制定的《工作场所有害因素职业接触限值 第 2 部分：物理因素》(GBZ 2.2—2007)对于生产性噪声职业接触限值规定：每周工作 5 d，每天工作 8 h，稳态噪声限值为 85 dB(A)，非稳态噪声等效声级的限值为 85 dB(A)；每周工作 5 d，每天工作不等于 8 h，需计算 8 h 等效声级，噪声限值为 85 dB(A)；每周工作不是 5 d，需计算 40 h 等效声级，噪声限值为 85 dB(A)。具体见表 9-1。

表 9-1　工作场所噪声职业接触限值

接触时间	接触限值/[dB(A)]	备注
5 d/w，=8 h/d	85	非稳态噪声计算 8 h 等效声级
5 d/w，≠8 h/d	85	计算 8 h 等效声级
≠5 d/w	85	计算 40 h 等效声级

(4) 个体防护。工作地点生产性噪声强度超过卫生限值，采用现代工程治理技术手段仍无法得到有效控制，需要在高噪声条件下工作时，佩戴个人防护用品是保护听觉器官的一项有效措施。常用的是耳塞、耳罩、头盔等，隔声效果可高达 20～35 dB。在控制职业噪声危害方面，护耳器目前在世界范围内仍然发挥着重要的作用，使用面很广。在某些特殊环境下，需要将耳塞和耳罩合用，以保护劳动者的听力。

(5) 健康监护。定期对接触噪声的工人进行健康检查，特别是听力检查，观察听力变化情况，以便早期发现听力损伤，及时采取有效的防护措施。对上岗前职工进行体格检查，凡是听觉器官疾患者、中枢神经系统和心血管系统器质性疾患者，不宜参加强噪声作业。噪声作业工人应定期体检，发现观察对象是否需要调离噪声工作场所，但同时患有耳鸣者例外。轻度、中度及重度耳聋患者应调离噪声工作场所。

9.5.5　噪声的测定

人耳是灵敏的听觉器官，能接收和感觉声音，可听到的声频范围为 20～20 000 Hz。低于 20 Hz 的为次声，高于 20 000 Hz 的为超声。老鼠可听到次声，蝙蝠可听到超声，人耳对次声和超声都听不到。车间机器运行中，机械部件碰击声及气体冲击空气声的频率大部分在 1 000～5 000 Hz，引起环境噪声的增强。

测量作业环境噪声最常用的仪器为声级计，声级计有多种类型，可分为普通声级计和精密声级计两种。如常用的 ND-2 型精密声级计，既可测量出现场噪声，又可做频谱分析。如果工人在工作日内接受不同强度的噪声，可根据一个工作日内各段时间中不同水平的噪声，经过计算用一个平均的 A 声级来表示，称为等效连续 A 声级。

(1) 声级计原理

声级计主要由传声器、放大器、衰减器、计权网络、检波器、指示器及电源部分组成。

当被测量的声音信号被传声器接收后变成电信号，经阻抗变化器、衰减器和输入放大器，计权网络对信号进行频率计权，使声级计频率响应符合 A 或 C 频率计权特性，由表头指示。检波电路还使声级计具有“快”“慢”时间计权特性，确保仪器可保持某时间的测量值以方便读取。仪表有输出插口,用来使声级计与其他仪器配合使用,如与记录仪或磁带记录仪连用,以进行自动记录。也可与示波器连用,以观察被测信号的波形等。

(2) 声级计校准

声级计和其他声学测量仪器在使用过程中都要进行绝对声压校准,才能保证测量结果的准确性。在进行声学测量仪器绝对声压校准的过程中,必须使用标准声源。

声级校准器包括晶体管振荡器和电声转换器两部分,产生频率为 1 000 Hz、声压级为 94 dB 的标准声源,由于"A""B""C""D"计权网络在 1 000 Hz 处衰减为零,所以声级计校准器材在使用中与计权网络无关,是一种理想的袖珍校准声源。其声压级为 94 dB,声压级精度为±0.5 dB(0～+40 ℃)。

(3) 噪声测量方法

① 测量前准备。噪声测量使用的声级计应符合国家标准,用前应进行校正,并检查电池电量。

② 测量读数方法。稳态噪声,测量 A 声级,标记为 dB(A);非稳态噪声,测量不同 A 声级下的暴露时间,根据能量平均的原则计算等效连续 A 声级或测量等效连续 A 声级,以 L_{Aeq}表示。首先测量各个时间段的 A 声级并记录接触时间,测量数据按声级大小由小到大分段进行排列,按 5 dB 分段,以中心声级表示,如 85 dB(A)表示 83～87 dB(A),90 dB(A)表示 88～92 dB(A),计算出各段声级在一个工作日中总的接触时间,填入相应的记录表中。然后以每个工作日 8 h 计算,小于 80 dB(A)不计入,一个工作日接触的等效连续 A 声级按下式计算:

$$L_{\text{Aeq}} = 80 + 10\log\left(\frac{\sum_i 10^{(i-1)/2} T_i}{480}\right) \tag{9-1}$$

式中 L_{Aeq}——等效连续 A 声级,dB(A);

i——中心声级分段序号;

T_i——第 i 段中心声级(L_i)在一个工作日内累积接触总时间,min。

测量使用慢挡时取平均值。

③ 测点确定。若所测范围内 A 声级级差小于 3 dB(A),则只需要选择 1～3 个测点。若所测范围内各处声级波动大于 3 dB(A),则需要按声级大小分成若干个区域,每格区域取 1～3 个点,任两个区的声级差不小于 3 dB(A),每个区域内声级波动必须小于 3 dB(A)。在工厂对各种设备噪声进行测量时,可以用声级计在厂房内或设备周围取等声级点,绘出等声级曲线图,由若干等声级线可以显示出声场分布情况。测点时声级计离地面高度为1.2～1.3 m。另外也可采用网格法测出各网格顶点的声级,以表明附近声级分布情况。

④ 本底噪声测定。本底噪声是指被测的噪声源停止发声后,用声级计测出的噪声。现场测量中,如果噪声源的噪声级与本底噪声相差 10 dB(A)以上,可忽略本底噪声的影响,如果二者相差 1～10 dB(A),应按声源噪声表进行修正。

⑤ 测量注意事项。测量噪声时,要把声级计尽量放在远离反射物的地方,特别是测量机床噪声时应尽可能避开机器周围的障碍物。另外,声级计应放在距地面 1.2～1.3 m 高度位置(即人耳朵高度),这样可确保测得的是直达声。噪声测量时,要注意避免和减少气流、电磁场、温度、湿度等因素对测量的影响。室外测量时,要在传声器上装一个防风帽。

(4) 工业企业噪声监测

① 车间噪声测量

车间噪声测量目的是了解工作环境的噪声强度对职工身体健康的危害。测量方法是将声级计放置在操作人员耳朵位置,或放在生产作业面附近(操作人员离开时),选择数个测点为宜。绘制平面图,标出车间范围、机器布局和种类,表明测点位置。

② 车间内机器设备噪声测量

车间内机器设备噪声测量目的是了解机器噪声的大小。测量时应尽量将声级计靠近机器,在空旷车间内,测点可稍远。对不同尺寸的机械设备,测点和数目建议如下:外形尺寸小于 30 cm 的设备,测点距离设备表面 30 cm 左右;外形尺寸在 30～100 cm 之间的中型设备,测点距其表面 50 cm 左右;外形尺寸大于 1 m 的较大型设备,测点距其表面约 1～5 m。测点数可视设备大小和声源点位多少,取 4～8 个。测点高度应以机械设备的 1/2 高度为准或选择在机械设备水平轴的水平面上,但距地面应 0.5 m 高度。

③ 空气动力机械排气噪声测量

测量通风机、鼓风机、压缩机进排气口的噪声时,进气噪声测点应取进气口轴向,距管口面最小距离等于管口直径的位置;排气噪声测点应取与排气口轴线呈 45°角的方向上或在管口平面上,距管口平面中心线 0.5～1 m,如图 9-1 所示。

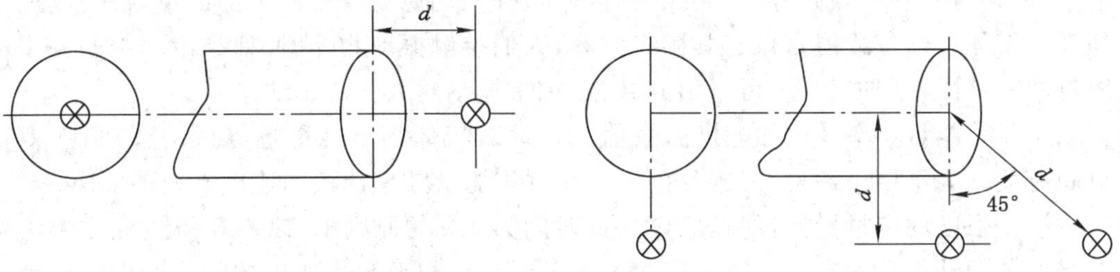

(a) 进气口噪声测点　　(b) 排气口噪声测点

⊗—测点;d—在(a)中表示测点到管口平面的距离,在(b)中表示测点到轴的距离或管口平面中心的距离。

图 9-1　进、排气噪声测点位置示意图

④ 环境噪声测量

选择多个测点,测点距地面 1.2～1.5 m,距墙面或反射物不小于 3.5 m,有风时应在传声器上加防风帽。

9.6　振动对健康的影响

9.6.1　振动基础知识

振动是指质点或物体在外力作用下,沿直线或弧线围绕平衡位置作往复运动或旋转运动。由生产或设备产生的振动称为生产性振动。长期接触生产性振动对机体健康可产生不良影响,严重者可患职业病。

(1) 振动评价的物理参量

描述振动物理性质的基本参量包括振动频率、位移、振幅、速度和加速度。频率是指单位时间内物体振动的次数，单位为赫兹(Hz)。位移是指振动物体离开平衡位置的瞬时距离，单位为 mm。振动物体离开平衡位置的最大距离称为振幅。速度是指物体单位时间内位移变化的量，即位移对时间的变化率，单位为 m/s。加速度是指振动体单位时间内速度变化的量，即速度对时间的变化率，单位为 m/s^2。

在位移、速度和加速度三个振动物理量中，反映振动强度对人体作用关系最密切的是振动加速度。但振动对人体健康的影响是振动位移、速度和加速度的联合作用及其与机体相互作用的结果。因此，振动评价常用的物理参量多采用振动频谱、共振频率和 4 h 等能量频率计权加速度有效值。

① 振动频谱。振动频谱是影响振动对人体作用的重要因素之一。20 Hz 以下的低频率大振幅全身振动主要影响内耳前庭和内脏器官。40～300 Hz 高频振动对末梢循环和神经功能的损害较明显。生产性振动很少由单一频率构成，绝大多数都含有极其复杂的频率成分。因此，通过对振动频率的频谱特性分析可了解振动频谱中振动强度分布特征及其对机体的危害性，为制定防振措施提供依据。

② 共振频率。任何物体均有其固有频率，给该物体加上一个振动时，如果策动力的频率与物体的固有频率基本一致时，物体的振幅达到最大，称为共振。因此，该物体的固有频率又可称为共振频率。物体产生共振时，因其从外策动源处获得最多的能量，可使其振动强度加大。人体各部位或器官也有其固有频率，人们接触振动物体时，如果策动力的频率与人体固有频率范围相同或相近，可以引起共振，加重振动对人体的影响。

③ 4 h 等能量频率计权加速度有效值。振动对机体的不良影响与振动频率、强度和接触时间有关。为了便于评价，我国目前以 4 h 时等能量频率计权加速度有效值[ahw(4)] 作为人体接振强度的定量指标，即在固定接振时间为 4 h 的原则下，以 1/3 倍频带分频法将振动频谱中各振动加速度有效值乘以相应的振动频率计权系数后所得的加速度有效值表示人体接振强度。若每日接振时间为 4 h，其频率计权加速度有效值为 ahw(4)；若每日接振时间不足或超过 4 h，则需换算为 ahw(4)。

(2) 振动类型与接触机会

根据振动作用于人体的部位和传导方式不同，生产性振动分为局部振动和全身振动。

① 局部振动。局部振动又称手传振动或手臂振动，是指手部接触振动工具、机械或加工部件，通过手臂传导至全身的机械振动或冲击。接触局部振动的作业，常见的有使用电动工具(如电钻、电锯、电刨等)、风动工具(如风镐、风钻、风铲、气锤、凿岩机、捣固机或铆钉机)、高速旋转工具(如抛光机、砂轮机等)。

② 全身振动。全身振动是指工作地点或座椅的振动，人体足部或臀部接触振动，通过下肢或躯干传导至全身的机械振动或冲击。在交通工具上作业如驾驶拖拉机、收割机、汽车、火车、轮船和飞机等。或在作业平台如钻井平台、振动筛操作台、采矿船上作业时，作业工人主要受全身振动的影响。

有些作业如摩托车驾驶等，可同时接触全身振动和局部振动。

9.6.2 生产性振动的危害

从物理学和生物学的观点看，人体是一个复杂的系统，振动作用不仅可以引起机械效应，更重要的是可以引起生理和心理效应。人体接触振动后，振动波在组织内传播，由于各组织的结构不同，传导的程度也不同，其大小顺序依次为骨骼、结缔组织、软骨、肌肉、腺体组织和脑组织。40 Hz 以上的振动波易被组织吸收，不易向远处传播；而低频振动波在人体内传播得很远。全身振动和局部振动对人体的危害和临床表现是明显不同的。

(1) 全身振动对机体的危害

振动所产生的能量，能通过支撑面作用于坐位或立位操作的工人身上，引起一系列病变。由于人体是一个弹性体，各器官都有其固有频率，当外来振动的频率与人体某器官的固有频率一致时，会引起共振，因而对该器官的影响也最大。全身受振的共振频率为 3～14 Hz，在此条件下全身受振作用最强。接触强烈的全身振动可能导致内脏器官的损伤或位移，周围神经和血管功能的改变，可造成各种器官、组织生物化学性改变。如内脏的挤压、出血甚至撕裂，此类情况并不多见。长期慢性作用可能出现前庭器官刺激症状及自主神经功能紊乱，如眩晕、恶心、血压升高、心率加快、疲倦、睡眠障碍；胃肠分泌功能紊乱，食欲减退、胃下垂患病率增高；内分泌系统调节功能紊乱，月经周期紊乱，流产率增高；工龄较长的司机、驾驶员中腰背痛、椎间盘突出、脊柱骨关节病变的检出率增加。

全身振动，因其直接的机械作用或对中枢神经系统的影响，可使姿势平衡和空间定向发生障碍，外界物体不能在人眼球的视网膜形成稳定的图像，出现视物模糊，视觉分辨率下降，动作准确性降低；或因全身振动对中枢神经系统的抑制作用，注意力分散、反应速度降低、疲劳，从而影响作业效率或导致工伤事故的发生。

(2) 局部振动对机体的危害

局部接触强烈振动是以手接触振动工具的方式为主的。由于工作状态的不同，振动可传给一侧或双侧手臂，有时可传到肩部。这种振动对机体的影响也是全身性的，可以导致神经系统、心血管系统、骨骼-肌肉系统、听觉系统、免疫系统等多方面的改变。在神经系统方面，以上肢手臂末梢神经障碍为主，常常引发多发性神经末梢炎，表现为皮肤感觉迟钝，痛觉和振动觉减退，神经传导速度减慢，反应的潜伏期延长。自主神经功能紊乱表现为组织营养障碍，手掌多汗等。局部振动还可以引起外周循环功能改变，外周血管痉挛，表现为皮肤温度降低，冷水负荷试验时皮温恢复时间延长，出现典型的雷诺现象(Raynaud's phenomenon)。振幅大、冲击力强的振动，往往引起骨、关节的损害，主要发生在上肢，出现手、腕、肘、肩关节局限性骨质增生，骨关节病，骨刺形成，囊样变和无菌性坏死；也可出现手部肌肉萎缩等。局部振动也可以引起听觉系统听力下降，振动与噪声联合作用可以加重听力损伤，加速耳聋的发生和发展。振动对免疫系统的影响表现为血清中白蛋白含量下降，α_2 球蛋白、γ 球蛋白和免疫球蛋白 IgM 含量增高。

(3) 振动病

局部振动对健康的危害主要表现为手臂振动病。

我国已将振动病列为法定职业病。振动病是长期从事手传动作业而引起的以手部末梢循环和(或)手臂神经功能障碍为主的疾病，并可引起手、臂骨关节-肌肉的损伤。其又称职业性雷诺现象、振动性血管神经病、气锤病和振动性白指病，其典型症状为振动性白指(vibration-induced white finger，VWF)。振动病在我国发病的地区和工种分布相当广泛，多发工种有凿岩工、油锯工、砂轮抛光工、铸件清理工、混凝土捣固工、铆工、水泥制管工等。

振动病早期表现多为手部症状和类神经征。其中以手麻、手痛、手胀、手僵等较为普遍。

类神经征常表现为头痛、头昏、失眠、乏力、记忆力减退等，也可出现自主神经功能紊乱表现。检查可见皮温降低、振动觉、痛觉阈值升高，前臂感觉和运动神经传导速度减慢和远端潜伏时延长，肌电图检查可见神经源性损害。

局部振动病的典型表现是振动性白指，是诊断本病的重要依据。其发作具有一过性特点，一般是受冷后，患指出现麻、胀、痛，并由灰白变苍白，由远端向近端发展，界限分明，可持续数分钟至数十分钟，再逐渐由苍白变潮红，恢复至常色。白指常见的部位是食指、中指和无名指的远端指节，严重者可累及近端指节，以至全手指变白。足趾阵发性变白的病例也有报道。严重者可见指关节变形和手部肌肉萎缩等。

9.6.3 影响振动危害机体的因素

（1）振动本身特性

① 振动的频率。一般认为，低频率(20 Hz 以下)、大振幅的全身振动主要作用于前庭、内脏器官。振动频率与人体器官固有频率一致时，可产生共振，使振动强度加大，作用加强，加重器官损伤。

低频率、大强度的局部振动，主要引起手臂骨-关节系统的障碍，并可伴有神经、肌肉系统的变化。如 30～300 Hz 的振动对外周血管、神经功能的损害明显；300 Hz 以上的高频振动对血管的挛缩作用减弱，而对神经系统的影响较大；1 000 Hz 以上的振动，则难以被人体主观感受。据调查，许多振动工具产生的振动，其主频段的中心频率多为 63 Hz、125 Hz、250 Hz，容易引起外周血管的损伤。

② 振幅。在一定频率下，振幅越大，对机体的影响越大。频率一定时，振动的强度(振幅、加速度)越大，对人体的危害越大。大振幅、低频率主要作用于前庭，并使内脏位移。低振幅、高频率的振动主要对组织的神经末梢起作用。

③ 加速度。加速度越大，振动性白指的发生频率越高，从接触到出现白指的时间越短。

（2）接振时间

手臂振动病的患病率和严重程度取决于接触振动的强度和时间。流行病学调查结果表明：VWF 检出率随接触振动的强度和接触时间延长而增高，严重程度亦随着接触振动时间的延长而加重，见表 9-2。

表 9-2　振动加速度、接触时间与振动性白指检出率的关系

工种	工具种类	调查人数/人	白指例数/例	白指占比/%	工具 ahw(4)/(m/s^2)	日接振时间/h	年接振工作日/d
油锯手	油锯(北方)	232	19	8.19	15.20	2.5	125
	油锯(南方)	358	49	13.69	14.58	2.3	234
清铲工	风铲	361	18	4.99	9.04	1.9	240
凿岩工	凿岩机	379	29	7.65	17.23	2.3	250
铆工	铆钉机	113	6	5.31	6.16	1.2	240
磨工	台式砂轮	232	49	21.12	41.47	2.5	300

（3）环境温度与湿度

环境温度和湿度是影响振动危害的主要因素，低温、高湿可以加速振动病的发生和发展，尤其全身受冷是诱发 VWF 的重要条件。所以手臂振动病多发生在寒冷地区和寒冷季节。振动病的根本原因是长期接触剧烈的振动，寒冷是诱发振动病的主要条件之一，空气潮湿也可能是诱发 VWF 的因素之一。

(4) 操作方式和个体因素

劳动负荷、工作体位、技术熟练程度、加工部件的硬度等均能影响作业时的姿势、用力大小和静态紧张程度。人体对振动的敏感程度与作业时的体位及姿势有很大关系，如立位时对垂直振动比较敏感，卧位时对水平振动比较敏感。有些振动作业需要采取强迫体位，甚至胸腹部直接接触振动工具或物体，更加容易受到振动的危害。静态紧张影响局部血液循环并增加振动的传导，加重振动的不良作用。

研究发现，常温下女性皮肤温度较低，对寒冷、振动等因素比较敏感。年龄较大的工人更易产生振动危害，并且治疗效果较差，难以恢复。

9.6.4　振动危害的预防措施

振动危害防治要采取综合性措施，即从控制振动源、限制作业时间、改善作业环境和加强个体劳动保护等方面减少振动病的发生与发展。

(1) 控制振动源

改革工艺过程，采取技术革新，通过减振、隔振等措施，减轻或消除振动源的振动，是预防振动职业危害的根本措施。例如采用液压、焊接、粘接等新工艺代替风动工具铆接工艺；采用水力清砂、水爆清砂、化学清砂等工艺代替风铲清砂；设计自动或半自动的操作装置，减少手部和肢体直接接触振动的机会；工具的金属部件改用塑料或橡胶，减少因撞击产生的振动；采用减振材料降低交通工具、作业平台等大型设备的振动。

(2) 限制作业时间和振动强度

通过实施振动作业的卫生标准，限制接触振动的强度和时间，可有效保护作业者的健康，是预防振动危害的重要措施。

我国实施的《作业场所局部振动卫生标准》(GB 10434—1989)规定：使用振动工具或工件的作业，工具手柄或工件的振动强度，以 4 h 等能量频率计权加速度有效值[ahw(4)不得超过 5 m/s^2]。这一标准限值可以保护 90% 作业工人工作 20 年(年接振 250 天，日接振 2.5 h)不致发生 VWF。当振动工具的振动暂时达不到标准限值时，可按振动强度大小相应缩短日接振时间。

我国目前尚未制定全身振动标准。实际工作需要时，可参考我国国家标准 GB/T 13441.1—2007、GB/T 13441.2—2009、GB/T 13441.4—2012、GB/T 13441.5—2015。这些标准主要是根据人体对 1～80 Hz 全身振动响应的实验数据制定的，以保护工人的健康安全、作业能力及作业条件的舒适为准则，制定了垂直和水平全身加速度的三个界限，即承受极限、疲劳-减效界限和引起不适的界限。

(3) 改善作业环境，加强个人防护

加强作业过程或作业环境中的防寒、保温措施，特别是在北方寒冷季节的室外作业，需要必要的防寒保暖措施。振动工具的手柄温度如能保持在 40 ℃，对预防振动性白指的发生和发展具有较好的效果。控制作业环境中的噪声、毒物和气湿等，对预防职业性振动危害也有一定的作用。

合理配备和使用个人防护用品，如防振手套、减振坐骑等，能够减轻振动危害。

(4) 加强健康监护和日常卫生保健

对振动作业工人进行就业前和定期体检，早期发现，及时处理患病个体。加强健康管理和宣传教育，提高劳动者的保健意识。定期测定振动工具的振动强度，结合卫生标准，科学合理安排作业时间。长期从事振动作业的工人，尤其是振动病患者应加强日常卫生保健：日常生活有规律，坚持适度的体育锻炼。坚持温水(40 ℃)洗浴，既可使紧张精神得以松弛，又能促进全身血液循环；尽可能避免着凉，雨季或寒潮期间多饮姜汤热茶；力求戒烟。

一般认为，振动病的预后取决于病情。经脱离振动作业后，注意保暖，适当治疗，多数轻症可逐渐好转和痊愈。忽视振动作业工人的健康管理，延误治疗等是影响振动病预后的主要因素。因此，加强振动作业工人健康管理应予以高度重视。

9.6.5 振动的测量

振动的测量是研究和评价振动对人体影响的基础，主要是测量振动的强度，并对振动进行频谱分析，现在多是测量振动物体不同振动频率下的加速度。目前国内普遍使用的是电子测振仪，一般由传感器(加速度计)、放大器、滤波器(频率计权网络)和指示器几部分组成。其测定原理是将振动的机械能经换能器转换成电能，通过测量电信号取得振动的主要参数，再经计算或利用仪器中的计权网络，获得频率计权振动加速度有效值。

(1) 振动测量的主要内容

① 调查项目

包括振动作业的性质，如作业名称、振动类型；振动工具或振动体的名称、类型、规格等；被加工物件的名称及性质；人体接触振动的方式；接振时间及其变动情况。

② 气象条件测定

对作业场所(包括车间内外)的气象条件(包括空气温度、湿度、风速)的测定。按照工人作业情况选择测定地点和测定高度。

③ 环境条件

有无噪声、毒物、电磁辐射、电离辐射等及其强度。

④ 振动测量

测量和记录振动工具、工件或振动体的主要振动参数，如工件的振动频谱、频率计权加速度有效值；计算 4 h 等能量频率计权加速度有效值。

⑤ 测量记录

测试时要记录仪器型号、校准值。选择工人实际接触的部位，用专用卡具将测振传感器牢固地固定好，按相互垂直的三轴测试，分别记录，以数值最大轴的数据作评价。关于三轴向的定位，国际标准化组织(ISO)就全身振动和局部振动(指手传振动)作了规定。对于手传振动，以手第三掌骨远端为中心，沿前臂长轴方向的振动为 z 轴振动，沿掌面平行但与 z 轴垂直方向的振动为 y 轴振动，与掌面垂直的振动为 x 轴振动，如图 9-2 所示。对于全身振动，以人体某一位置为中心的正交坐标系描述，头足方向为 z 轴振动，胸背方向为 x 轴振动，左右方向为 y 轴振动，如图 9-3 所示。

测试时先测振动总强度，对振动加速度数值最大的轴，应再按倍频程或 1/3 倍倍频程分

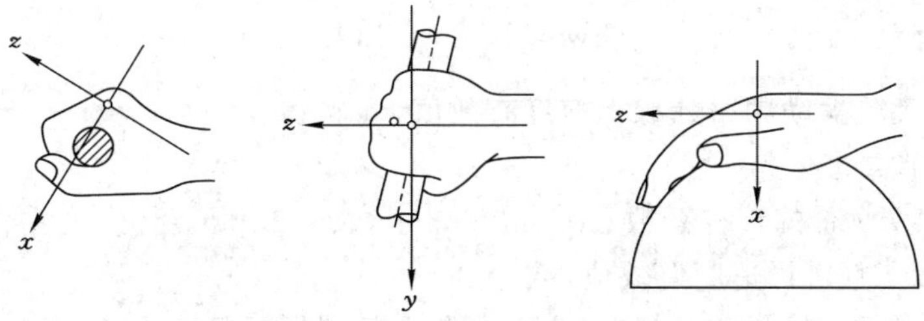

图 9-2　手传振动的三轴向定位

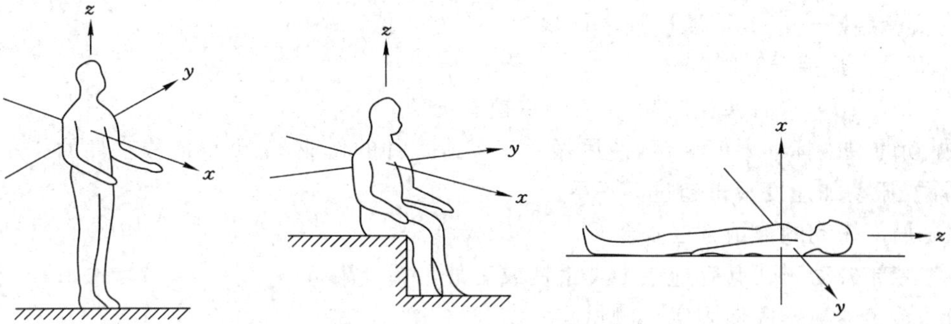

图 9-3　全身振动的三轴向定位

别测量其加速度，以了解被测试工具的频率特点，最后计算频率计权振动加速度。需要时可测振幅。

测试振动的同时，要测作业场所内由振动源或工具产生噪声的强度。一般作 A 声级测定。

(2) 生产性振动的测定

生产性振动的测量有电测振动法和机械测振法。此外，还有激光测振法。电测振动法是将振动的机械能经换能器变为电能以推算振动强度的方法。必要时可测定频率和加速度以及位移和速度。现场测量多用电测振动法。机械测振法用的机械式测振仪由传感装置、记录装置、计时装置和动力装置组成，由记录笔将振动波记录在记录纸上。测量时，将传振杠接触在被测部位，开启仪器，将振动的振幅和频率记录下来。

① 局部振动测量

局部振动亦称手传振动，生产中使用手持振动工具或接触受振工件时，直接作用或传递到人的手臂系统的机械振动或冲击便属于这一类振动。振动测量中的日接振时间是指工作日中使用手持振动工具或接触受振工件的累计接振时间，其单位为 h/d。频率计权振动加速度(ahw)是指按不同频率振动的人体生理效应规律计权后的振动加速度。如果振动测试仪器有计权网络部分(如 ZDJ-1 型人体振动计)，可直接读取频率计权加速度有效值。没有计权网络部分的仪器需分别测量各频带的加速度，再按公式计算频率计权加速度有效值。计算式为：

$$\text{ahw} = \sqrt{\sum_{i=1}^{n}(K_i \text{ah}_i)} \tag{9-2}$$

式中　ahw——手传振动频率计权加速度有效值,m/s^2;

n——频带数;

K_i——第 i 频带的计权系数;

ah_i——第 i 频带加速度有效值,m/s^2。

所谓 4 h 等能量频率计权振动加速度,是指在日接振时间不足或超过 4 h 时,要将其换算为相当于接振 4 h 的频率计权振动加速度值。其计算式为

$$\text{ahw}(4) = \sqrt{\frac{T}{4}}\text{ahw}(T) \tag{9-3}$$

式中　ahw(4)——4 h 等能量频率计权加速度有效值,m/s^2;

T——日接振时间,h;

ahw(T)——日接振时间 T 内的欲换算的值,m/s^2。

振动的卫生标准限值规定,使用振动工具或工件的作业,工具手柄或工件的 4 h 等能量频率计权振动加速度不得超过 5 m/s^2。

② 局部振动的测试方法及要求

a. 局部振动测试点应选在工具手柄或工件手握处附近;

b. 传感器应牢固地固定在测试点;

c. 振动测量应按正交坐标系统的三个轴向进行,取最大轴向的 4 h 等能量频率计权加速度为被测工具或工件的振动;

d. 测试振动要先获得 1/1 或 1/3 倍频程频谱,然后计算频率计权振动加速度,如果振动测试仪器有计权网络部分,可以直接读数;

e. 对于峰值因数很高的冲击振动,测试时要在传感器和被测工具上直接加装机械式低通滤波器,以防过载影响测量结果;

f. 振动测试仪器应符合国家标准,定期由国家计量部门校准。

③ 日接振时间计算法

a. 对操作时间过短的作业,应以秒表准确测定每次操作所消耗的时间,测 10 次,取平均值作为该次操作的时间,再乘以日需要完成的该操作次数,即得日接振时间。如铆钉作业,应用秒表测定每打一只铆钉所消耗的时间,测 10 次,取平均值,即为每打一只铆钉所需要的时间,再乘以该铆工的日消耗铆钉数,即得出铆工的日接振时间。

b. 对操作时间较长的作业,应选择有代表性的工作日,全日跟班,用秒表累计记录全天的操作时间,即日接振时间。

c. 以上两种方法均应选接振工人 3～5 人,连续记录 3 d,计算平均值,最后换算出日接振时间(h/d)。

(3) 全身振动测量

对全身振动的测量,应注意振动的特点。对直线振动,测心脏位置振动方向上的振动加速度。测量点要尽可能选取振动传给人体的部位。要按振动历程了解工人实际接触振动的时间。三轴方向振动同时存在时,要分别测定,记录有效值,即均方根值。

目前,振动测量仪器主要有 ZDJ-1 型人体振动计和精密声级计测振系统两种仪器。前

者由我国自行研制，携带方便，适于在现场应用，可直接读取计权加速度或计权加速度级，适用的振动频率测量范围为 0.3～10 000 Hz。仪器内设有能反映人体对振动感觉特性的频率计权网络，可读取三个轴向的频率计权振动加速度有效值。后者需要利用精密声级计（如国产 ND2 型精密声级计、丹麦 BK 公司 2209 型声级计）配备加速度计、积分器、倍频程滤波器组成测振系统进行测量。

复习思考题

1. 简述职业性尘肺病的概念。
2. 如何预防煤工尘肺？
3. 职业过程中噪声对人的影响是什么？
4. 根据书中尘肺病案例，简要分析尘肺病患者的发病机理。

第10章 职业卫生管理

学习目标

1. 掌握职业卫生管理方针与体制；
2. 掌握职业卫生法律体系；
3. 掌握职业卫生监督管理相关知识；
4. 掌握职业病危害事故的紧急处理方法。

导 言

为了预防、控制和消除职业病危害，防治职业病，保护劳动者健康，有效贯彻、落实职业健康法律法规，本章从职业卫生管理方针与体制开展概述，便于学生掌握职业卫生管理相关法律法规。

10.1 概 述

职业卫生管理是职业卫生实践的重要内容。职业卫生管理的任务是应用现代管理学理论和方法，研究职业卫生工作的方针、政策和法规，研究职业病防治法律涉及各方主体权利和义务的关系，明确机构设置、组织分工、职责及其运行规律，探讨职业卫生的科学管理方法，提高管理水平和管理效率。

10.1.1 职业卫生管理方针与体制

(1) 职业卫生管理方针

职业病防治工作的基本方针是“预防为主、防治结合”。

① 预防为主

所谓预防为主，就是在整个职业病防治过程中，要把预防措施作为根本措施和首要环节放在先导地位，控制职业病危害源头，并在一切职业活动中尽可能控制和消除职业病危害因素的产生，使工作场所职业卫生防护符合国家职业卫生标准和要求。

预防为主是做好职业病防治工作的基础和前提，就是要做到“防微杜渐”“防患于未然”，把职业病防治工作由传统的发生问题后进行处理的工作模式转变为预防管理的模式，把工作重点放在预防上，不要等产生了职业病再去被动地处理后事，而要把职业病危害消灭在萌芽状态，主动采取本法所规定的有关预防职业病的措施，防止职业病的发生。对职业病病人给予相应的保障，使预防和治理得以有效的结合，做好职业病防治工作。

② 防治结合

职业病防治坚持预防为主、防治结合的方针，必须正确处理"防"与"治"的关系，既不能轻"防"重"治"、不"防"只"治"，也不能只"防"不"治"，更不能把"防""治"相对立或相互分离。

防治结合意义体现在三个方面：一是预防为主，控制职业病危害源头，最大限度地减少和避免"治"的负担与代价；二是"治"，不只是对职业病的诊断治疗，更主要的是对职业病危害的治理；三是对已经造成或者可能造成职业病危害后果的工作场所，要做到"防"中有"治"，"治"中有"防"，以"治"促"防"，通过"防"解决"治"的问题。所谓"防"中有"治"，就是要按照国家职业卫生标准和卫生要求，一边对造成职业病危害的工作场所进行治理，控制和消除职业病危害因素；一边及早地对接触职业病危害因素的职工组织职业健康检查，安排职业病人的诊断治疗。所谓"治"中有"防"，就是通过职业健康检查和对职业病的病因学诊断分析，找出其致病危害原因，分析发病机制、发病规律，总结预防工作经验与教训，进而对作业场所的职业病危害因素的种类、性质、危害程度和职业卫生管理上的问题作出分析诊断，并提出控制和消除职业病危害的治理对策和有效措施。

(2) 职业卫生的管理原则

职业病防治工作的基本管理原则是"分类管理、综合治理"。由于可能导致职业病危害的因素很多，职业病的危害程度不同，所以，在职业病防治管理工作中需要按照不同危害类别和职业病进行分类管理，同时，职业病防治除了需要加强监督管理之外，还需要其他管理部门、用人单位、劳动者的积极配合，做到全方位的综合治理，这样才有可能实现最佳治理结果。

① 分类管理

所谓分类管理是指按职业病危害因素的种类、性质、毒性、危害程度及对人体健康造成的损害后果确定类别，采取不同的管理方法。具体内容有：建设项目分类管理；职业病危害项目申报制度；对从事放射、高毒等作业实行特殊管理；职业病的分类和管理。

② 综合治理

所谓综合治理是指在职业病防治活动中采取的一切有效的管理和技术措施，如立法、行政、经济、科技、民主管理和社会监督等，并将其纳入法制化统一监督管理的轨道。对职业病危害所进行的治理，包括政府的规划管理、卫生行政部门的统一监督管理、有关部门在各自的职责范围内分工监督管理、企业自律管理、职业卫生技术服务、工会组织的督促与协助、职工的民主监督等综合手段和方法。

(3) 职业卫生管理的对象与内容

① 职业卫生管理的对象

职业卫生管理的对象包括用人单位、劳动者、政府职业卫生执法部门和职业卫生技术服务部门等。它的工作方式是依据有关法律法规和标准，运用职业卫生知识和技术，开展监督、检测和现场调查，对工作场所和职工健康水平进行科学评价。

② 职业卫生管理的内容

按照其管理的内容和性质，可分为两类：一类是职业卫生行政管理，即各级卫生行政部门根据国家的有关法律法规，对用人单位的职业病防治工作实行监督管理。另一类是职业卫生专业管理，包括对职业卫生专业机构和职业卫生业务工作的管理。

职业卫生行政管理是各级卫生行政部门的职责，它由国家赋予职业卫生监督管理职权，通过接受和处理各种有关信息，经综合分析处理后作出预测和决策，颁布有关法规、标准及其他行政指令，规范职业卫生部门和企业。

(4) 职业卫生的管理体制

所谓管理体制是指管理体系的制度化。而管理体系一般包括决策权限、组织机构、机构设置、调节机制、监督方法等，并要求管理机构必须有科学的分工、明确的职责，实行责权利的统一。根据我国职业病防治工作的发展历史和现状，职业卫生管理体制主要包括：职业卫生监督管理体系；职业卫生专业服务体系；(产业)部门的行业内部自身职业卫生管理体系；群众性职业卫生监督管理体系。

① 国务院行政部门的职责

《职业病防治法》第九条明确规定："国家实行职业卫生监督制度。国务院卫生行政部门、劳动保障行政部门依照本法和国务院确定的职责，负责全国职业病防治的监督管理工作。国务院有关部门在各自的职责范围内负责职业病防治的有关监督管理工作。县级以上地方人民政府卫生行政部门、劳动保障行政部门依据各自职责，负责本行政区域内职业病防治的监督管理工作。县级以上地方人民政府有关部门在各自的职责范围内负责职业病防治的有关监督管理工作。"

职业病防治的监督管理体制，是指国家对职业病防治工作实施监督管理所采取的组织形式和基本制度，它是国家有关职业病防治法律、法规和方针、政策得以贯彻执行的组织保障和制度保障。国家职业病防治监督管理体制由法律、行政法规规定。根据规定，我国的职业病防治监督管理体制实行县级以上地方人民政府卫生行政部门的监督管理，与县级以上地方人民政府有关行政部门的监督管理相结合，以卫生行政部门为主的体制，即国务院卫生行政部门统一负责全国职业病防治的监督管理工作；县级以上地方人民政府卫生行政部门负责本行政区域内职业病防治的监督管理工作。县级以上地方人民政府有关部门在各自的职业范围内负责职业病的有关监督管理工作，如人力资源和社会保障部门依据职责划分主要负责工伤社会保险和劳动合同的监督管理工作，安全生产监督管理部门负责生产经营单位作业场所职业健康的监督管理工作。

② 卫生部门职业卫生管理体制

多年来，我国一直是由卫生防疫站或职业病防治机构承担本辖区内的职业卫生监督管理和服务工作，这种做法的弊端是"监督执法"与"技术服务"融为一体，失去了监督的规范性、严肃性和公正性。国家对职业卫生技术服务机构实行资质认可制度，职业卫生技术服务机构应取得职业卫生技术服务机构资质；未取得职业卫生技术服务机构资质的，不得从事职业卫生检测、评价技术服务。

③ 工会组织职责

工会是职工自愿结合的工人阶级的群众组织，其基本职责是维护职工合法权益。在职业病防治方面，《职业病防治法》第四十条规定："工会组织应当督促并协助用人单位开展职业卫生宣传教育和培训，有权对用人单位的职业病防治工作提出意见和建议，依法代表劳动者与用人单位签订劳动安全卫生专项集体合同，与用人单位就劳动者反映的有关职业病防治的问题进行协调并督促解决。工会组织对用人单位违反职业病防治法律、法规，侵犯劳动者合法权益的行为，有权要求纠正；产生严重职业病危害时，有权要求采取防护措施，或者向政府有关部门建议采取强制性措施；发生职业病危害事故时，有权参与事故调查处理；发现危及劳动者生命健康的情形时，有权向用人单位建议组织劳动者撤离危险现场，用人单位应当立即作出处理”。

④ 用人单位的职责

职业活动是以用人单位为基础组织的，劳动者是职业活动中最积极、最活跃的因素，同时也是职业危害最直接、最严重的受害者。为劳动者提供符合职业卫生标准的作业环境、消除和减小职业危害、保障劳动者在生产劳动中的健康，是用人单位的义务和责任。《职业病防治法》第四条规定：“用人单位应当为劳动者创造符合国家职业卫生标准和卫生要求的工作环境和条件，并采取措施保障劳动者获得职业卫生保护”。

用人单位应当履行的职责包括：健康保障义务，为劳动者提供符合国家职业卫生标准和卫生要求的工作场所、环境和条件；职业卫生管理义务；保险义务，用人单位应当依法参加工伤社会保险；报告义务，用人单位应当及时如实向卫生行政部门申报职业病危害项目，报告职业病危害事故和职业病危害检测、评价结果；卫生防护义务，用人单位必须设置有效的职业病防护设施，并为劳动者提供个人防护用品；职业病危害检测义务，用人单位应当定期对工作场所进行职业病危害检测、评价；职业病危害告知义务，用人单位应当知悉其产生的职业病危害，不得隐瞒其危害；及时控制职业病危害事故义务；培训教育义务，用人单位对劳动者应当进行上岗前、在岗期间的职业卫生培训和教育；健康监护义务，用人单位应当组织从事接触职业病危害因素的劳动者进行上岗前、在岗期间和离岗时的职业健康检查；落实职业病患者待遇义务；特殊劳动者保护义务，用人单位不得安排未成年人从事接触职业病危害因素的作业；不得安排孕妇、哺乳期的女工从事对本人和胎儿、婴儿有危害的作业；劳动者申请职业病诊断或鉴定时，用人单位应当如实提供职业病诊断所需的有关职业卫生和健康监护等资料。

10.1.2　职业卫生管理的手段与方法

（1）行政管理手段

行政管理手段是指依靠卫生行政组织系统，运用行政手段和方式进行管理的方法，通过文件、规章、计划等形式，按照行政区域和组织系统管理职业卫生工作。

（2）法律监督管理

法律监督管理就是通过国家或政府颁布有关法律法规，对职业病防治工作提出规范化并带有强制性的规定和要求。通过罚款、停产整顿、限期整改等办法对那些职业卫生问题突出、有能力治理隐患而又不听劝告的企业进行管理。《职业病防治法》在第六章法律责任中对此有具体的相关规定。

（3）经常性职业卫生监督

经常性职业卫生监督就是依据《职业病防治法》，运用现代预防医学和相关科学的知识和技术，对现有用人单位生产过程、劳动过程、生产环境的条件所实施的卫生监督活动。通过开展经常性职业卫生监督，使用人单位职业性危害因素不超过卫生标准，以确保劳动者能在良好的生产环境和条件下进行生产作业，对其身心健康不会产生损害。

在我国，对存在职业病危害因素的用人单位，根据其危害程度实行分类监督管理，其分级如下：

Ⅰ级——浓度（强度）接近国家卫生标准的企业（如粉尘、毒物超标≤2倍，噪声≤95 dB

(A),高温≤33 ℃等),根据工作需要及企业的变动情况,对该类企业的职业卫生状况可实行抽查监督。这种方式能比较真实地反映企业的职业卫生状况,也便于发现企业劳动卫生方面存在的问题和薄弱环节。

Ⅱ级——浓度(强度)比较高[如粉尘、毒物超标≤5 倍,噪声≤105 dB(A),高温≤38 ℃等]、有职业病发生的潜在危害的企业,对其监督的方式与Ⅰ级企业相同,可采取抽查的方式进行职业卫生监督。

Ⅲ级——浓度(强度)高、职业病发病多、职业病危害严重的企业(如粉尘、毒物超标>5 倍,噪声≥105 dB(A),高温≥38 ℃等)是经常性职业卫生监督的重点对象。因此,必须实行定期监督,即按照预先制订的计划对企业生产现场职业卫生防护设施、作业环境中的职业危害因素、职工健康状况、个体防护情况、卫生制度执行情况、有害作业工种上岗前培训和上岗后教育情况等进行定期检查和抽样检测,通过监督督促其转化、改善劳动条件,并可依法采取惩罚性措施。

(4) 卫生宣教管理

卫生宣教管理的目的是提高企业领导和职工对职业病防治、保护自身健康的自觉性。《职业病防治法》中第十一条规定:"县级以上人民政府职业卫生监督管理部门应当加强对职业病防治的宣传教育,普及职业病防治的知识,增强用人单位的职业病防治观念,提高劳动者的职业健康意识、自我保护意识和行使职业卫生保护权利的能力"。

10.1.3 职业卫生业务管理的机构与程序

根据《职业病防治法》第五条的规定:"用人单位应当建立、健全职业病防治责任制,加强对职业病防治的管理,提高职业病防治水平,对本单位产生的职业病危害承担责任"。

(1) 职业卫生业务管理专业机构

职业卫生业务管理专业机构包括各级疾病预防控制中心及职业病防治所,企业的职业卫生科及职业病医院。

(2) 企业职业卫生业务管理机构

企业应设置或指定职业卫生管理机构或者组织,配备专职或兼职的职业卫生专业人员,负责本企业的职业病防治和管理工作。有职业性危害作业的企业,按规定要做好自身的监测和监护。在加强职业卫生管理的过程中,必须执行职业病报告制度,建立、健全各项职业卫生档案,以便掌握职业卫生基本情况和职业危害现状,改善作业环境。同时必须做出规划,有步骤地改善劳动条件。

(3) 职业卫生业务管理措施

依据《职业病防治法》,企业职业卫生业务管理的主要措施包括:企业应当设置职业卫生管理组织机构或者组织,配备专职或者兼职的职业卫生专业人员负责本企业职业病防治;企业的负责人应当接受职业卫生培训,遵守职业病防治法律、法规,依法组织本单位的职业病防治工作;制订本企业职业病防治年度计划及实施方案;结合本企业的具体情况建立、健全职业卫生管理制度和操作规程,并定期组织检查实施情况;建立、健全职业卫生档案和职工健康监护档案,按照国务院卫生行政部门的规定,组织从事接触职业病危害因素的职工进行上岗前、在岗期间和离岗时的职业性健康检查,并将检查结果如实告知职工;建立、健全工作场所职业病危害因素监测及评价制度,按照有关法律法规的要求对职业病危害作业现场进行定期检测及评价，并将其结果存入企业职业卫生档案，定期向所在地卫生行政部门报告并向职工公布；建立、健全职业病危害事故应急救援预案；对可能产生职业病危害的新建、扩建、改建建设项目和技术改造、技术引进项目，应当按照《建设项目职业病危害分类管理办法》(原卫生部令第 49 号)向卫生行政部门申请；对职业病防护设备、应急救援设施和个人使用的职业病防护用品，应当进行经常性的维护、检修，定期检测其性能和效果，以确保其处于正常状态，不得擅自拆除或者停止使用；对产生严重职业病危害的作业岗位，应当在其醒目位置，设置警示说明，且警示说明应当载明产生职业病危害的种类、结果、预防以及应急救治措施等内容；企业应当对职工进行上岗前的职业卫生培训和在岗期间的定期职业卫生培训，普及职业卫生知识，督促职工遵守职业病防治法律、法规、规章和操作规程，指导职工正确使用职业病防护设备和个人使用的职业病防护用品。

(4) 职业卫生业务工作的程序

该项工作程序可描述为：调查研究职业卫生存在的问题→确定目标和建立目标管理系统→实现目标的过程管理→总结评价目标实现的结果，并根据新的情况对管理目标和计划加以调整和修订。

10.2　职业卫生法律体系

当前，我国各种公共卫生管理法律制度已初步形成，如传染病防治法律制度、职业病防治法律制度、食品卫生管理法律制度、公共场所卫生管理法律制度、化妆品卫生管理法律制度、放射卫生管理法律制度及学校卫生管理法律制度等，其中职业病防治法律制度是公共卫生管理法律制度的重要组成部分，已经成为我国职业病防治工作的一项基本制度。

10.2.1　职业卫生法律体系框架

职业卫生立法是根据《中华人民共和国宪法》并结合《中华人民共和国劳动法》《中华人民共和国民法通则》等有关条款而制定的，主要用于调整国家、用人单位、劳动者以及职业卫生技术服务部门之间在职业卫生范畴内的行政法律关系，以保障劳动者的健康权益和切实利益。2018 年修订颁布实施的《职业病防治法》是当前我国有关职业卫生方面最全面、最系统、最权威的法律文件，标志着以《职业病防治法》为核心的职业病防治法律体系初步形成。在职业卫生管理实践中，通常按照法律地位和法律效力的层次，将职业卫生法律体系划分为职业卫生法律、法规、行政规章、地方性法规与规章、标准及中国批准的国际劳工公约或建议书等层次。

(1) 职业卫生法律

法律是指包括全国人大制定的基本法律和全国人大常委会制定的基本法律以外的其他法律。它们的效力仅次于《中华人民共和国宪法》。《中华人民共和国宪法》是国家的根本大法，具有最高的法律效力。在职业病防治法律体系中《职业病防治法》处于核心地位，同时其他相关的法律如《中华人民共和国劳动法》《中华人民共和国安全生产法》《中华人民共和国工会法》《中华人民共和国劳动合同法》等也规定了职业病防治的相关条款。

(2) 职业卫生法规

行政法规是国务院根据宪法和法律制定的规范性文件。当前，我国主要的职业卫生行政法规有《中华人民共和国尘肺病防治条例》《女职工劳动保护特别规定》《使用有毒物品作业场所劳动保护条例》《突发公共卫生事件应急条例》《放射性同位素与射线装置安全和防护条例》《工伤保险条例》《中华人民共和国劳动合同法实施条例》等。

(3) 职业卫生行政规章

国务院各部、各委员会根据法律和行政法规,在本部门权限内发布的规范性文件。当前颁布的主要职业卫生行政规章有《建设项目职业病危害分类管理办法》《职业卫生技术服务机构管理办法》《放射事故管理规定》《国家职业卫生标准管理办法》《职业病危害项目申报管理办法》《职业健康检查管理办法》《职业病诊断与鉴定管理办法》《放射工作人员职业健康管理办法》《深海石油作业职业卫生管理办法》《卫生行政处罚程序》《关于卫生监督体系建设的若干规定》《职业病危害因素分类目录》《职业病分类和目录》等。

(4) 职业卫生地方法规与规章

由各省、自治区、直辖市以及省、自治区的人民政府所在地的市、计划单列市和经国务院批准的较大的市和经济特区的人民代表大会和它的常委会制定的规范性文件,要报全国人大常委会备案,不能同宪法、法律相抵触,只限于本地区使用。

(5) 职业卫生标准

标准一般分为强制性和推荐性两类标准。强制性标准代号为直接编码“GB”;推荐性标准的代号是在强制性标准代号后面加“/T”,例如国家推荐标准代号是“GB/T”;安全推荐性行业标准代号是“AQ/T”。国家职业卫生标准中强制性标准包括:《工作场所作业条件卫生标准》《工作场所有害因素职业接触限值 第一部分:化学有害因素》《工作场所有害因素职业接触限值 第二部分:物理因素》《职业病诊断标准》《职业照射放射防护标准》《职业防护用品卫生标准》等。

(6) 中国已批准的国际劳工公约或建议书

国际劳工组织通过的公约并不当然地对各成员国产生效力,各成员国要在本国实施,须经本国立法机构作出决定,只有通过各成员国立法机构确认批准了的公约,这项公约才对该国具有约束力,转化为国内法的一部分。建议书则不需要批准,它涉及的范围比公约大且只处理那些不要求正式承担义务的问题。建议书的目的是在某些领域作为制订国家政策的指导方针。对于建议书和未批准的公约,国际劳工组织可以要求各国政府提出报告,证明他们的立法和国家惯例是否与这些标准相一致。如果不一致,可以提出实施这些标准的困难。

10.2.2 主要职业卫生法律法规简介

(1) 职业病防治法

《职业病防治法》已于 2002 年 5 月 1 日起施行。根据 2018 年 12 月 29 日第十三届全国人民代表大会常务委员会第七次会议《关于修改〈中华人民共和国劳动法〉等七部法律的决定》第四次修正。该法立法目的是预防、控制和消除职业病危害,防治职业病,保护劳动者健康及其相关权益,促进经济社会发展。在《职业病防治法》的施行过程中,用人单位是贯彻执行的主体,政府卫生行政部门是监督执法的主体,督促用人单位遵守《职业病防治法》等法律规范,采取可行的措施预防控制职业病的发生。

新修正的《职业病防治法》将原来监督管理中的安全生产监督管理部门删除,改为卫生行政部门、劳动保障行政部门,统称职业卫生监督管理部门。卫生行政部门、劳动保障行政部门依据各自职责，负责职业病防治的监督管理工作。有关部门在各自的职责范围内负责职业病防治的有关监督管理工作。明确了工会的职业病防治监督职能，强化了用人单位职业病防治职责。建立用人单位负责、行政机关监管、行业自律、职工参与和社会监督的机制，实行分类管理、综合治理。强调用人单位的主要负责人对本单位的职业病防治工作全面负责。

新修正的《职业病防治法》在取消了职业健康检查机构的资质认可后，又取消了职业病诊断机构的资质认可，明确职业病诊断应当由取得《医疗机构执业许可证》的医疗卫生机构承担，并提出了承担职业病诊断的医疗卫生机构应当具备的条件，同时明确劳动者的职业病诊断规定和保障。

① 调整多种行政与民事法律关系

《职业病防治法》调整的行政与民事法律关系主要分两类：① 行政法律关系，如卫生行政机关上下级关系、卫生行政机关与其他行政机关的关系，尤其是卫生行政机关与用人单位及与职业卫生服务机构的关系。② 民事法律关系，如用人单位与劳动者的关系，这是最重要的法律关系，表现在双方多种权利和义务的规定。此外还有用人单位与工会组织的关系、用人单位与职业卫生服务机构的关系。在该法中还规定了用人单位与用人单位的关系，即其他单位在提供产品、材料、设备时必须标明职业病危害，用人单位之间在转移和接受有毒有害作业时各自应履行的义务等。

② 劳动者的职业卫生保护权利

总则中第四条规定："劳动者依法享有职业卫生保护的权利。用人单位应当为劳动者创造符合国家职业卫生标准和卫生要求的工作环境和条件，并采取措施保障劳动者获得职业卫生保护。工会组织依法对职业病防治工作进行监督，维护劳动者的合法权益。用人单位制定或者修改有关职业病防治的规章制度，应当听取工会组织的意见。"劳动者依法享有职业卫生保护的权利，包括对职业病危害的知情权，接受职业卫生培训权，获得职业健康检查与职业病诊治康复权，要求用人单位提供防护设施和个人防护用品权，对没有防护措施的有关作业的拒绝操作权，对违反职业病防治法以及危害生命健康行为有批评、检举、控告权。

③ 工会组织的法律地位与作用

工会是代表劳动者利益的群众组织，是职业防治工作中的一支重要群众监督力量。《职业病防治法》对工会组织的权利和职责也进行了规定：工会组织应当督促并协助用人单位开展职业卫生宣传教育和培训，有权对用人单位的职业病防治工作提出意见和建议，依法代表劳动者与用人单位签订劳动安全卫生专项集体合同，与用人单位就劳动者反映的有关职业病防治的问题进行协调并督促解决。工会组织对用人单位违反职业病防治法律、法规，侵犯劳动者合法权益的行为，有权要求纠正；产生严重职业病危害时，有权要求采取防护措施，或者向政府有关部门建议采取强制性措施；发生职业病危害事故时，有权参与事故调查处理；发现危及劳动者生命健康的情形时，有权向用人单位建议组织劳动者撤离危险现场，用人单位应当立即作出处理。

④ 确定了 12 项法律制度和用人单位的义务

所谓制度是指要求大家共同遵守的办事规程或行动准则，而法律制度则是由法律规定的办事规程或行动准则。在《职业病防治法》中主要规定了国家职业卫生监督制度、职业病危害分类管理制度、职业病危害因素预评价制度、“三同时”卫生审查制度、职业病危害申报登记制度、工作场所职业病危害因素管理制度、工作场所职业病危害因素评价制度、职业病报告制度、急性职业病危害事故报告制度、特殊作业的管理制度、特殊作业人群的管理制度等12项基本法律制度，并具体落实在用人单位应履行的义务上。

⑤ 规定了更严格的法律责任

《职业病防治法》中对行政法律责任的规定比其他卫生法更加严厉和严格。例如：对行政管理相对人（企业）的严重违法行为，其最高行政罚款可达50万元，甚至关闭；对行政管理相对人（企业），若违法情节严重，政府卫生行政部门或政府可责令停业或关闭；对职业卫生服务机构的违法罚款可达5万元，且明确规定对情节严重的要追究刑事责任。

（2）职业病诊断与鉴定管理办法

《职业病诊断与鉴定管理办法》（卫健委令第6号）于2020年12月4日第2次委务会议审议通过，2021年1月4日公布，自公布之日起施行。该办法共有7章63条，规范了职业病诊断鉴定工作，规定了职业病诊断与鉴定工作原则、诊断机构、诊断、鉴定、监督管理等内容，是目前开展职业病诊断与鉴定的主要依据。

10.2.3 主要职业卫生标准简介

自2002年《职业病防治法》实施以来，国家卫健委修订并发布了国家职业卫生标准，建立了职业卫生标准体系，如图10-1所示。

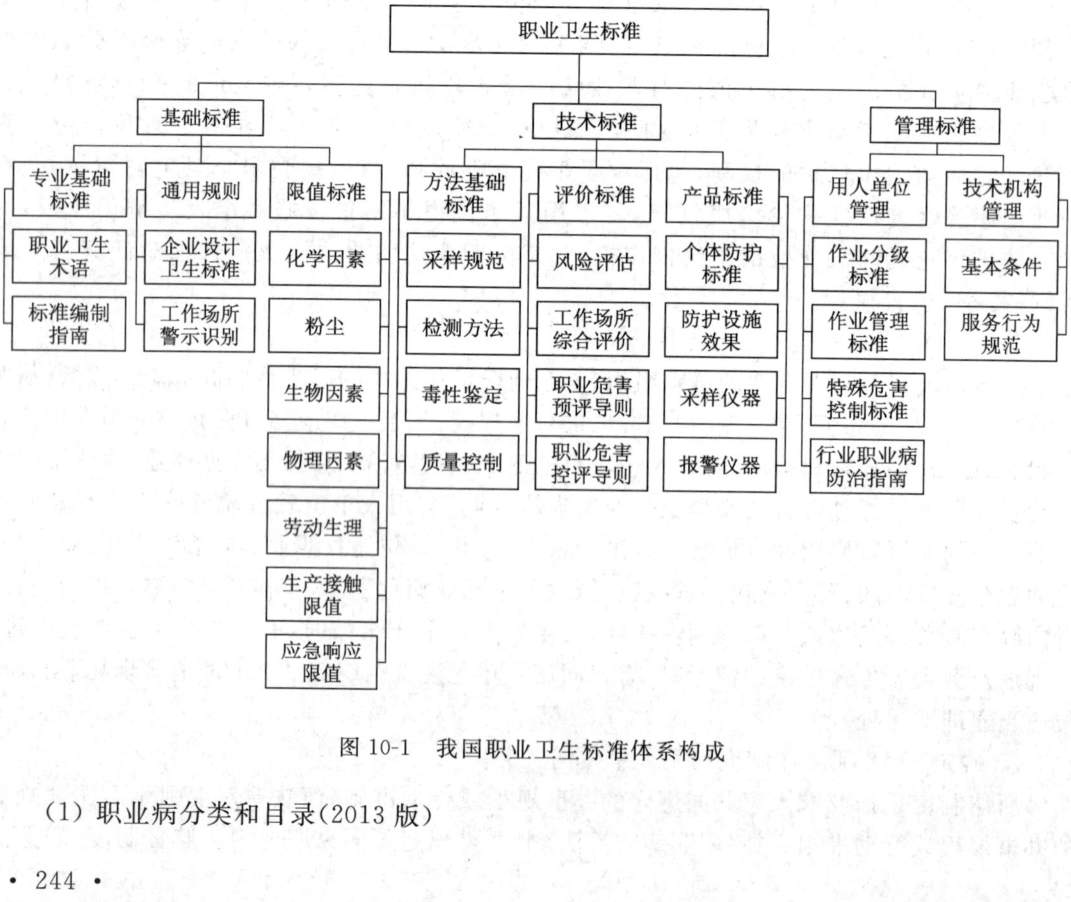

图10-1　我国职业卫生标准体系构成

（1）职业病分类和目录（2013版）

2013年12月23日，国家卫生计生委、人力资源社会保障部、安全监管总局、全国总工会4部门联合印发《职业病分类和目录》。该《职业病分类和目录》将职业病分为职业性尘肺病及其他呼吸系统疾病、职业性皮肤病、职业性眼病、职业性耳鼻喉口腔疾病、职业性化学中毒、物理因素所致职业病、职业性放射性疾病、职业性传染病、职业性肿瘤、其他职业病10类132种。《职业病分类和目录》自印发之日起施行。2002年4月18日原卫生部和原劳动保障部联合印发的《职业病目录》予以废止。

最新职业病目录参见附录1(《职业病分类和目录》新增加的职业病名单)和附录2(《职业病分类和目录》调整的职业病名称)。

(2) 职业病危害因素分类目录

《职业病危害因素分类目录》(国卫疾控发〔2015〕92号)将可能导致法定职业病所对应的危害因素分为粉尘(52种)、化学因素(375种)、物理因素(15种)、放射性因素(8种)、生物因素(6种)和其他因素(3种)等6大类。同时还具体列举职业危害因素和CAS号：① 粉尘类，包括硅尘、煤尘、石墨粉尘、炭黑粉尘、石棉粉尘、滑石粉尘、水泥粉尘、云母粉尘、陶土粉尘、铝尘、电焊烟尘、铸造粉尘和其他粉尘；② 化学因素，包括铅、锰、镉、钒、磷、砷及其化合物，氯气、二氧化硫、光气、氨、氮氧化合物、一氧化碳、二硫化碳、硫化氢、苯、二氯乙烷、硝基苯、丙烯酰胺等；③ 物理因素，包括高温、高气压、低气压、局部振动等；④ 放射性因素，包括密封放射源产生的电离辐射、非密封放射性物质、X射线装置(含CT机)产生的电离辐射、加速器产生的电离辐射、中子发生器产生的电离辐射、氡及其短寿命子体等；⑤ 生物因素，包括艾滋病病毒、炭疽芽孢杆菌、森林脑炎病毒、布鲁杆菌等；⑥ 其他因素，包括金属烟、井下不良作业条件、刮研作业。

(3) 工作场所有害因素职业接触限值

工作场所有害因素职业接触限值标准包括两个标准，即《工作场所有害因素职业接触限值 第1部分：化学有害因素》(GBZ 2.1—2019)和《工作场所有害因素职业接触限值 第2部分：物理因素》(GBZ 2.2—2007)。职业接触限值是评价工作场所环境污染状况、卫生状况及劳动者接触化学有害因素、物理因素的程度，评估生产装置泄漏情况的重要依据。化学性职业危害因素的职业接触限值，根据其危害性质不同，分为“时间加权平均容许浓度(PC-TWA)、最高容许浓度(MAC)和短时间接触容许浓度(PC-STEL)”。GBZ 2.1—2019与GBZ 2.1—2007相比，增加了16种物质的致敏标识、4种物质的皮肤标识、14种物质的致癌标识，调整了7种物质的致癌标识，并将一氧化氮接触限值并入了二氧化氮的接触限值，进一步完善了监测检测方法的相关要求，对分别制定有总粉尘和呼吸性粉尘PC-TWA的，明确了优先测定呼吸性粉尘的TWA的规定。

(4)《工业企业设计卫生标准》(GBZ 1—2010代替GBZ 1—2002)

为了贯彻执行《职业病防治法》要求，体现“预防为主”的卫生工作方针，保证工业企业建设项目的设计符合卫生要求，控制生产过程产生的各类职业危害因素，改善劳动条件以保障职工的身体健康，促进生产发展，原卫生部修订了《工业企业设计卫生标准》(TJ 36—1979)和《工业企业设计卫生标准》(GBZ 1—2002)，颁布了《工业企业设计卫生标准》(GBZ 1—2010)。

《工业企业设计卫生标准》(GBZ 1—2010)适用于中华人民共和国领域内所有工业企业新建、扩建、改建和技术改造、技术引进项目(统称建设项目)的卫生设计及职业病危害评价；

事业单位和其他经济组织建设项目的卫生设计及职业病危害评价、建设项目施工持续数年或施工规模较大、因各种特殊原因需要的临时性工业企业设计，以及工业园区的总体布局等可参照执行。该标准规定了工业企业的选址与整体布局、工作场所、辅助用室以及应急救援的基本卫生学要求。

10.3 职业卫生监督管理

职业卫生监督管理包括国家职业卫生监督管理和用人单位职业卫生监督管理。职业卫生监督按工作内容可分为预防性职业卫生监督、职业病诊断与鉴定的监督管理、经常性职业卫生监督和职业病危害事故职业卫生监督。所谓国家职业卫生监督管理是职业卫生监督行政主体，对不特定用人单位（企业、事业单位和个体经济组织）制定、发布规范性文件和依据有关职业卫生的法律法规对用人单位进行监督检查，发现职业卫生违法行为依法处理，以及根据用人单位申请依法作出行政许可决定的活动。所谓用人单位职业卫生监督管理是用人单位为了全面履行职业卫生法定义务依法制定职业病防治责任制、职业卫生管理制度和职业卫生操作规程，以及依据职业卫生管理制度和职业卫生操作规程对本单位进行监督检查，发现违反职业卫生管理制度、操作规程和不履行职责行为及时处理的活动。

10.3.1 职业卫生监督管理职责

职业卫生监督是指卫生行政机关依法对管辖范围内的用人单位执行职业卫生法规的情况所实施的监督活动，以确保用人单位职业卫生条件处于良好状态，预防和消除职业性有害因素对劳动者健康的损害，保证和促进生产的顺利进行。国家卫生健康委员会贯彻落实党中央关于卫生健康工作的方针政策和决策部署，在履行职责过程中坚持和加强党对卫生健康工作的集中统一领导。其主要职责有：

(1) 拟订基层卫生健康政策、标准和规范并组织实施，指导基层卫生健康服务体系建设和乡村医生相关管理工作。

(2) 组织协调传染病疫情应对工作，承担医疗卫生应急体系建设，组织指导各类突发公共事件的医疗救治和紧急医学救援工作；拟订医疗安全、医疗监督、采供血机构管理以及行风建设等行业管理政策、标准并组织实施；拟订重大疾病、慢性病防控管理政策规范并监督实施。

(3) 拟订职业卫生、放射卫生相关政策、标准并组织实施。开展重点职业病监测、专项调查、职业健康风险评估和职业人群健康管理工作，协调开展职业病防治工作。

10.3.2 职业卫生行政执法

职业卫生立法为职业病防治工作奠定了法律依据，而职业卫生行政执法则是为贯彻执行《职业病防治法》，对用人单位进行监督检查并对违法者进行行政处罚的具体行政行为。所谓卫生行政执法是指卫生行政执法机关依据有关法律法规的规定，针对特定的对象或事件，即对用人单位所采取的具体的能直接产生法律效果的卫生行政行为。按照《职业病防治法》的有关规定，具体包括：卫生行政许可、卫生行政监督、卫生行政处罚、卫生行政强制。

(1) 职业卫生行政执法依据与主体

① 卫生行政执法的依据

一是卫生行政执法的实体法律依据。各种职业卫生法律法规，如《职业病防治法》《中华人民共和国尘肺病防治条例》《使用有毒物品作业场所劳动保护条例》《国家职业卫生标准管理办法》《职业病诊断与鉴定管理办法》《职业病危害事故调查处理办法》《职业病分类和目录》《职业病危害因素分类目录》《建设项目职业病危害评价规范》都是卫生行政执法的实体法律依据。

二是卫生行政处罚程序的法律依据。《中华人民共和国行政许可法》第五章规定，对申请人的行政许可项目的实施情况要进行监督检查。当监督检查发现相对人有违法行为时，则按《中华人民共和国行政处罚法》的规定进行行政处罚。《中华人民共和国行政处罚法》对行政处罚的种类和设定、实施机关、管辖和适用、处罚决定和执行及法律责任都有明确规定，尤其对做出行政处罚的简易程序、一般程序、听证程序也有详细规定。

三是卫生标准是卫生监督监测的重要依据。依据《中华人民共和国标准化法》，卫生标准是保障人体健康，人身、财产安全的标准。因此，职业卫生标准是国家为保护人体健康和生命安全，对生产环境、条件及其有关产品中的各种有害因素所确定的卫生学容许限度。这些卫生学容许限度大多以数量单位形式表示。

在职业卫生法律法规中，主要是对管理相对人的技术性义务性规定，即要求管理相对人采取技术手段使环境或产品达到国家规定的卫生标准，这样才能达到保护人体健康的目的。而卫生行政执法过程中主要是监督检查相对人履行义务的情况，并采取技术的手段进行查证，即通过对环境或产品进行监测检验，查验是否存在有害的因素及是否超过国家卫生标准。因此，卫生标准是卫生监督监测的重要依据，也是进行卫生行政处罚和行政强制的证据，同时也是在卫生行政复议或卫生行政诉讼中作出正确的复议决定或判决的重要证据。

② 职业病防治的法定责任者主体

我国第一部专门针对预防、控制和消除职业病危害，防治职业病，保护劳动者健康及其相关权益的《职业病防治法》，其中涉及的法律主体关系有七方，在这七方法律主体关系中建立以人民政府统一领导为核心，落实用人单位责任为首要环节，各部门协调配合、接受群众监督的职业病防治管理体系和保障机制。建立人民政府统一领导是预防和控制职业病危害的核心，卫生行政部门是预防和控制职业病危害的监督主体，人力资源社会保障部门是职业病危害的工伤鉴定者，工会组织是劳动者健康及其相关权益的维护者，职业卫生相关服务机构是预防和控制职业病危害的技术支撑，用人单位是预防和控制职业病危害的责任主体，劳动者是《职业病防治法》落到实处的最终受益者。

(2) 职业卫生监督执法具体内容

根据职业卫生的特点和《职业病防治法》的规定，职业卫生监督可分为对用人单位的监督和对职业卫生服务机构及医疗机构的监督，对职业中毒事故发生与处理的监督检查。

① 对用人单位的职业卫生监督

a. 预防性卫生监督。预防性卫生监督指卫生行政执法机关依法对工矿企业等用人单位的卫生防护设备设施所进行的检查与预评价活动。其内容包括：对设计图纸的审查，即根据生产特点，对工程选址、布局及是否有卫生防护设施设备及是否科学合理进行审查；对施工过程的检查，即检查是否按图纸要求施工，有无将卫生防护设施设备砍掉或修改；在试生产(经营)时进行审查，即检查防护设施设备的防护效果是否符合国家卫生标准和要求。以上审查内容，通称“三同时”审查，即要求卫生防护设施设备要与主体工程同时设计、同时施工、同时使用。

根据《职业病防治法》第十七条规定：新建、扩建、改建建设项目和技术改造、技术引进项目(以下统称建设项目)可能产生职业病危害的，建设单位在可行性论证阶段应当进行职业病危害预评价。医疗机构建设项目可能产生放射性职业病危害的，建设单位应当向卫生行政部门提交放射性职业病危害预评价报告。卫生行政部门应当自收到预评价报告之日起三十日内，作出审核决定并书面通知建设单位。未提交预评价报告或者预评价报告未经卫生行政部门审核同意的，不得开工建设。职业病危害预评价报告应当对建设项目可能产生的职业病危害因素及其对工作场所和劳动者健康的影响作出评价，确定危害类别和职业病防护措施。建设项目职业病危害分类管理办法由国务院卫生行政部门制定。

根据《职业病防治法》第十八条规定：建设项目的职业病防护设施所需费用应当纳入建设项目工程预算，并与主体工程同时设计，同时施工，同时投入生产和使用。建设项目的职业病防护设施设计应当符合国家职业卫生标准和卫生要求；其中，医疗机构放射性职业病危害严重的建设项目的防护设施设计，应当经卫生行政部门审查同意后，方可施工。建设项目在竣工验收前，建设单位应当进行职业病危害控制效果评价。医疗机构可能产生放射性职业病危害的建设项目竣工验收时，其放射性职业病防护设施经卫生行政部门验收合格后，方可投入使用；其他建设项目的职业病防护设施应当由建设单位负责依法组织验收，验收合格后，方可投入生产和使用。卫生行政部门应当加强对建设单位组织的验收活动和验收结果的监督核查。

根据《职业病防治法》第十九条规定：国家对从事放射性、高毒、高危粉尘等作业实行特殊管理。具体管理办法由国务院制定。

b. 经常性卫生监督。《职业病防治法》第五章监督检查中规定，县级以上人民政府职业卫生监督管理部门依照职业病防治法律、法规、国家职业卫生标准和卫生要求，依据职责划分，对职业病防治工作进行监督检查。卫生执法人员有权进入现场了解情况、调查取证，有权查阅、复制与违法行为有关的资料和采集样品，有权责令用人单位或个人停止违法行为。发生职业病危害事故或者有证据证明危害状态可能导致职业病危害事故发生时，卫生行政部门可以采取下列临时控制措施：责令暂停导致职业病危害事故的作业；封存造成职业病危害事故或者可能导致职业病危害事故发生的材料和设备；组织控制职业病危害事故现场。在职业病危害事故或者危害状态得到有效控制后，卫生行政部门应当及时解除控制措施。

职业卫生监督执法人员依法执行职务时，应当出示监督执法证件。职业卫生监督执法人员应当忠于职守，秉公执法，严格遵守执法规范；涉及用人单位秘密的，应当为其保密。同时也对执法人员的行为规范和职业资格作出规定。

c. 对新化学品或产品的监督。《职业病防治法》第二十三条规定：用人单位应当优先采用有利于防治职业病和保护劳动者健康的新技术、新工艺、新设备、新材料，逐步替代职业病危害严重的技术、工艺、设备、材料。《职业病防治法》第二十九条第二款规定：国内首次使用或者首次进口与职业病危害有关的化学材料，使用单位或者进口单位按照国家规定经国务院有关部门批准后，应当向国务院卫生行政部门报送该化学材料的毒性鉴定以及经有关部门登记注册或者批准进口的文件等资料。即要对新化学品或产品进行安全性论证，生产经营单位对新化学品或产品在投产或使用前向卫生行政执法机关提出安全性证明，并由卫生行政执法机关组织专家进行论证，此又称为新化学品或产品安全性论证。此时用人单位应提交的资料有产品名称、理化性质、生产工艺或用途、检验或检测方法、毒性或副作用、三废处理与如何防护。论证的主要内容包括：急性毒性——急性中毒与急救处理方法及防护方法；慢性毒性——慢性毒性的特点，有无致畸、致癌、致突变及防护方法等。与新化学材料一样，卫生行政执法机关对放射性同位素、射线装置和含有放射性物质的物品，也要进行严格的监督管理。

d. 对健康监护的监督。监督检查企业是否按照《职业病防治法》第二十六条有关规定，用人单位应当实施由专人负责的职业病危害因素日常监测，并确保监测系统处于正常运行状态。用人单位应当按照国务院卫生行政部门的规定，定期对工作场所进行职业病危害因素检测、评价。检测、评价结果存入用人单位职业卫生档案，定期向所在地卫生行政部门报告并向劳动者公布。职业病危害因素检测、评价由依法设立的取得国务院卫生行政部门或者设区的市级以上地方人民政府卫生行政部门按照职责分工给予资质认可的职业卫生技术服务机构进行。职业卫生技术服务机构所作检测、评价应当客观、真实。发现工作场所职业病危害因素不符合国家职业卫生标准和卫生要求时，用人单位应当立即采取相应治理措施，仍然达不到国家职业卫生标准和卫生要求的，必须停止存在职业病危害因素的作业；职业病危害因素经治理后，符合国家职业卫生标准和卫生要求的，方可重新作业。

② 对职业卫生服务机构和医疗机构的监督

按《职业病防治法》第四章“职业病诊断与职业病病人保障”规定中，职业病诊断标准和职业病诊断、鉴定办法由国务院卫生行政部门制定。同时《职业病防治法》对现场检测评价机构的工作质量、职业病诊断机构的职业病诊断与鉴定的程序，也包括职业病诊断、鉴定过程中用人单位应履行的义务，职业病诊断的因素、用人单位职责、职业病诊断仲裁、诊断机构的职责及要求、职业病人的相关待遇等。这些都是卫生行政执法机构监督检查的重点。

③ 对职业中毒事故发生与处理的监督检查

根据《职业病防治法》第三十七条的规定，发生或者可能发生急性职业病危害事故时，用人单位应当立即采取应急救援和控制措施，并及时报告所在地卫生行政部门和有关部门。卫生行政部门接到报告后，应当及时会同有关部门组织调查处理；必要时，可以采取临时控制措施。卫生行政部门应当组织做好医疗救治工作。对遭受或者可能遭受急性职业病危害的劳动者，用人单位应当及时组织救治、进行健康检查和医学观察，所需费用由用人单位承担。

同时《职业病防治法》第六十四条规定，发生职业病危害事故或者有证据证明危害状态可能导致职业病危害事故发生时，卫生行政部门可以采取下列临时控制措施：责令暂停导致职业病危害事故的作业；封存造成职业病危害事故或者可能导致职业病危害事故发生的材料和设备；组织控制职业病危害事故现场。在职业病危害事故或者危害状态得到有效控制后，卫生行政部门应当及时解除控制措施。

总之，在上述卫生监督检查中发现的所有违法行为，首先要进行教育，对情节严重者要给予行政处罚。

10.3.3 职业卫生行政处罚

所谓卫生行政处罚是指卫生行政执法机关对违反卫生法律、法规的相对人所做出的惩戒。卫生行政处罚既是一种具体卫生行政行为，也是一种广泛应用的卫生监督执法手段和步骤。该行政行为是卫生行政执法机关单方面意志的表示，不能调解、不能协商。相对人如对处罚不服，可提请行政复议或提起行政诉讼。

(1) 行政处罚的种类

《中华人民共和国行政处罚法》第九条规定，行政处罚的种类包括：① 警告、通报批评；② 罚款、没收违法所得、没收非法财物；③ 暂扣许可证件、降低资质等级、吊销许可证件；④ 限制开展生产经营活动、责令停产停业、责令关闭、限制从业；⑤ 行政拘留；⑥ 法律、行政法规规定的其他行政处罚。

(2) 其他形式的行政处罚

对于卫生行政处罚，除没有行政拘留的行政处罚权外，其他形式的行政处罚在卫生法律法规中都有规定。

① 申戒罚。其为影响声誉的行政处罚，只为精神上惩戒，不直接涉及实体权益。可为独立的处罚形式，但往往是其他处罚的先行程序或与其他种类的行政处罚同时做出。

a. 通报批评：在一定范围通过报刊、电台、电视台等新闻媒介，或某些会议上给予点名批评。

b. 警告：对情节轻微、尚未构成实际危害后果的违法行为所予以的处罚。警告必须是"要式"行为，必须由执法机关做出书面决定。

② 财产罚。财产罚是强迫违法者缴纳一定数额的钱和物，是损害或剥夺某种财产权的处罚。

a. 罚款：为最常用的处罚形式。是对不履行法定义务的个人与组织所做的经济制裁，以对其财产造成损害。罚款为"要式"行为，执法机关必须做出书面决定，应有具体的时间和数额规定，也要告知相对人。如果对处罚不服，有提请行政复议或提起行政诉讼的权利。对重大的处罚和罚款还应有听证制度。

b. 没收：将违法者的非法所得、违禁物、违法行为工具予以收缴。没收是对生产、保管、加工、运输、销售违禁物品，或进行其他营利性违法行为者的一种经济制裁。没收可为全部没收，可为部分没收。

③ 行为罚。行为罚(也称能力罚)是限制或剥夺违法者特定行为能力的制裁。该处罚既影响声誉也影响经济利益，在各种卫生法律、法规中几乎都有有关规定。

a. 责令停产停业整顿(改进)：是通过一定期限内暂时剥夺违法者生产经营权，促使其改善卫生状况的行政处罚措施，一旦改善，即履行了法定义务，则可继续恢复生产经营。在《职业病防治法》第六章法律法规中有明确规定。与该类规定相似的"责令改正"的规定则更多，尤其是《职业病防治法》中有多条规定。

b. 暂时扣留与吊销许可证或取消资格：是对违法者的严重违法行为给予的最严厉的处罚。吊销卫生许可证实际上是剥夺了生产经营权，但真正实施剥夺其生产经营权时需报告工商部门决定处理。该类规定主要出现在《中华人民共和国药品管理法》(主席令第 45 号，修订)、《中华人民共和国食品安全法》(主席令第 9 号)等。执业医师资格和医疗机构执业资格的注销，按规定由卫生行政部门决定，但目前民营医疗机构营业执照的注销须工商部门决定处理。

10.3.4　职业卫生行政强制

行政强制是“行政强制措施”与“行政强制执行”的合称，系指国家行政机关为维护和实施行政管理秩序，预防和制止社会危害事件与违法行为的发生或存在，依据法律、法规的规定，针对特定公民、法人或其他组织的人身、行为及财产进行约束与处置，或在当事人拒不履行业已生效的具体行政行为时，国家行政机关或人民法院依法对其负有履行义务的当事人采取有关强制手段，迫使其履行义务，或使之达到与履行义务相同状态的强制性行为。在《职业病防治法》防治法律法规中，都有有关“行政强制”的规定，用人单位应充分注意和重视，以积极配合卫生行政部门的监督检查，发生违法行为时主动接受卫生行政部门的行政处罚，避免卫生行政执法机关采取强制执行措施，从而避免给企业造成更多经济损失和名誉上的不利影响。

(1) 非执行性行政强制措施

根据《中华人民共和国行政处罚法》第七十二条，当事人逾期不履行行政处罚决定的，做出行政处罚决定的行政机关可以采取下列措施：

① 到期不缴纳罚款的，每日按罚款数额的百分之三加处罚款，加处罚款的数额不得超出罚款的数额。

② 根据法律规定，将查封、扣押的财物拍卖、依法处理或者将冻结的存款、汇款划拨抵缴罚款。

③ 根据法律规定，采取其他行政强制执行方式。

④ 依照《中华人民共和国行政强制法》的规定申请人民法院强制执行。行政机关批准延期、分期缴纳罚款的，申请人民法院强制执行的期限，自暂缓或者分期缴纳罚款期限结束之日起计算。

(2) 执行性行政强制措施

执行性行政强制措施是指行政强制执行采取的手段，可分为由行政机关自行强制执行和申请人民法院强制执行。其中由行政机关自行强制执行的包括：① 代执行，指管理相对人不履行法律法规规定的，或行政机关确定的可替代义务时，行政机关或第三人代为履行。② 执行罚，指对不履行处罚义务的相对人，通过加收滞纳金或增加处罚款的手段，迫使相对人尽快履行处罚义务。滞纳金为自滞纳之日起，每日加收千分之二，增加处罚款是指到期不交纳罚款的，每日按百分之三加处罚款。③ 直接强制，指用代执行或执行罚等间接执行手段，不能达到执行的目的，或无法采取间接手段时，可对义务人的人身或财产直接采取强制措施。

在卫生行政执法中遇到的另一种情况是违法者不履行处罚义务，不按时交纳罚款，此时卫生执法机关可向人民法院提出申请，由人民法院强制执行。

10.3.5　卫生行政复议与诉讼

为了保护组织和个人在生产经营中的合法权益，防止行政机关不作为和乱作为，为此国家制定了《中华人民共和国行政复议法》(主席令第 16 号)、《中华人民共和国行政诉讼法》(主席令第 16 号)及《中华人民共和国国家赔偿法》(主席令第 29 号)。当企业认为卫生行政执法机关的执法行为侵害了自己的合法权益时，可按《中华人民共和国行政复议法》的规定到该卫生行政机关的上级卫生行政机关申请卫生行政复议，或按《中华人民共和国行政诉讼法》的规定到所在地人民法院提起卫生行政诉讼。若人民法院判决卫生行政机关败诉，则按《中华人民共和国国家赔偿法》的规定，由卫生行政机关对企业予以赔偿。

10.4 职业卫生应急管理

按照《突发公共卫生事件应急条例》的规定，急性职业病危害事故是突发公共卫生事件的重要组成部分之一，也是职业卫生应急管理的重点内容之一。这里所说的应急管理是指针对可能发生或已经发生的突发事件，为了减少突发事件的发生或降低其可能造成的后果和影响而开展的一系列有计划、有组织的管理活动。它涵盖突发事件发生前、中、后的各个过程，包括为应对突发事件而采取的预先防范措施、事发时采取的应对行动、事发后采取的各种善后措施及减少损害的行为。

10.4.1 概述

当前，虽然我国职业病防治法制建设逐步完善，执法力度逐年加大，但有关地区的职业病危害事故仍时有发生。面对职业病危害事故的不断发生，从根本上消除职业病危害事故的隐患，预防事故发生是关键，但同时事故发生时对职业病危害事故的救援也非常重要，通过应急救援系统的建立与实施，可以最大限度地减少事故发生或降低事故损失。因此，必须科学认识职业病危害事故的应急管理规律。

(1) 职业病危害事故及其特征

所谓职业病危害事故是指突然发生，造成或者可能造成职业人群或社会公众健康严重损害的核与放射突发事件、职业中毒、高温中暑、大量危险品的泄漏等事故。

① 职业病危害事故往往多为突然发生，发病很急，甚至没有预兆，难以预测，由于没有防备，以致难以做出能完全避免此类事件发生的应对措施。

② 突发事件往往病情严重，主要表现为发病人数多或病死率高，甚至会出现难以诊断或是没有特效药，给治疗带来很多困难。

③ 职业病危害事故并非仅仅影响少数几个人的健康，而是影响到相当人数的群体。

④ 职业病危害事故的传播速度很快，其危害因素可以通过各种传播途径迅速扩大影响范围，造成更多人受害。

⑤ 职业病危害事故的发生和应急处理往往会涉及社会上诸多方面。因此，在采取应急措施方面不仅应由卫生部门来负责，而且需要各有关部门。

⑥ 突发事件都是有原因的。其中有些是已知的，另有一些是原因不明的。

(2) 事故应急管理工作的基本内容

应急管理强调对突发事件全过程的管理，即包括预防与应急准备、监测与预警、应急处置与救援、事后恢复与重建等阶段的管理。

① 预防与应急准备。预防是指在突发事件发生之前，为了消除突发事件发生的概率，或者为了减轻突发事件可能造成的损害所做的各种预防性工作。如开展危险源调查、登记、评估，分析、调节和化解社会矛盾与纠纷，开展突发事件隐患的排查、治理与监控等。准备是指针对特定的或者潜在的突发事件，为迅速、有序地开展应急行动而预先进行的各种应对准

备工作。如制订应急预案、建立应急队伍、加强应急物资储备、建设应急避难场所、建设应急平台、开展培训与演练活动等。

② 监测与预警。监测与预警是指通过对突发事件的监测、相关信息的收集与分析，发现突发事件发生的预兆，发布预警信息，是应对突发事件工作的第一道防线。

③ 应急处置与救援。应急处置与救援是指在突发事件发生发展过程中所进行的各种紧急处置和救援工作。包括：进行报警与通报，启动应急预案，开展人员搜救及消防和工程抢险，实施现场警戒和交通管制，紧急疏散事故可能影响区域的人员，提供现场急救与转送医疗，向公众通报事态进展情况等一系列工作，其目标是尽可能地抢救受害人员，保护可能受威胁的人群，尽可能控制并消除突发事件。

④ 事后恢复与重建。事后恢复与重建是指在突发事件的影响得到初步控制后，为使生产、工作、生活和生态环境尽快恢复到正常状态所进行的各种善后工作。包括：评估突发事件损失，进行原因调查，清理事发现场废墟，提供事故保险理赔及卫生应急保障。

(3) 事故应急管理机构及其职责

① 政府及相关部门职责。各级人民政府是职业病危害应急救援工作的指挥和领导机构，全面负责事件应急处理工作，调动各方开展职业病危害事故的应急处理。

卫生行政部门依照职责，在国务院统一领导下，负责组织、协调全国职业病危害事件医疗卫生应急处理工作，并根据事件医疗卫生应急处理工作的实际需要，决定是否成立全国事件医疗卫生应急指挥部。地方各级人民政府卫生行政部门依照职责，在本级人民政府统一领导下，负责组织、协调本行政区域内职业病危害事件医疗卫生应急处理工作，并根据事件医疗卫生应急处理工作的实际需要，决定是否成立地方事件医疗卫生应急指挥部。

安全生产监督管理部门负责化学品的生产、储存、运输等的安全卫生监督管理工作，定期以及不定期地向卫生行政部门通报重点防范区域的相关信息。

发展改革部门负责组织应急解毒药品、医疗设备和器械、防护用品以及生活必需品的生产、储备和调度，保证供应，维护市场秩序，保持物价稳定。

公安部门密切注视事件动态与有关的社会反应，依法、及时、妥善地处置与职业病危害事件有关保障工作，负责事件现场封锁、刑事责任查处，维护社会稳定。

政府其他部门按照各自职责和政府交办的任务开展相应的工作。

② 专业技术机构的职责。各级各类医疗卫生机构要结合本部门职责开展专业技术人员处理职业病危害事件能力培训，提高快速应对能力和技术水平，平时要做好应对的准备工作。事件发生后，医疗卫生机构要服从卫生行政部门的统一指挥和安排，开展应急处理工作。

医疗机构主要负责病人的报告，现场抢救、运送、诊断、治疗，检测样本采集，配合进行病人的流行病学调查，并及时向当地卫生行政部门报告患者转归情况。

疾病预防控制机构(职业病预防机构)主要负责职业病危害事件报告，现场流行病学调查处理(包括对有关人员采取观察和疏散措施，采集病人和环境标本等)，开展现场快速检测和实验室检测，加强接触人群疾病和健康监测。

卫生监督机构协助地方卫生行政部门对事件发生地区的职业卫生以及医疗卫生机构的事件报告、医疗救治等进行卫生监督和执法稽查。

10.4.2 职业病危害事故的紧急处置

(1) 职业病危害事故的现场处理原则

突发职业病危害事故通常是非常紧急的,急需进行现场的紧急处理。一方面是急需及时抢救受害人的生命,使其尽快脱离危险期;另一方面须继续采取应急措施最大限度地减少危险因素的扩散,尽可能多地保护未受害者,避免其受到伤害。现场处理时应把握的基本原则主要包括:

① 及时上报领导。突发事件发生后,必须迅速及时上报有关行政领导,按照《突发公共卫生事件应急条例》的要求,逐项报告,争取尽快协调组织好各有关方面的力量,及时果断地落实应急措施。

② 立即抢救受害者。应立即将受害者脱离危险现场,尽快送往有关的医院,及早抢救,使之尽早脱离危险。必要时应立即隔离,以免病原体进一步扩散。

③ 迅速保护高危人群。对疑似受害者、受害者的密切接触者以及其他有关高危人群,应根据有关情况,采取相应的医学观察措施。

④ 尽快查明事故原因。查明原因是有效抢救、治疗、控制、预防的关键。原因查明了,各项措施的落实才更有针对性,目标才更明确。

查明事故原因主要从临床检查、化验和诊断,职业流行病学调查,现场环境调查和环境检测、现场环境复原试验等几个方面进行。

a. 临床检查、化验和诊断通过直接对受害者进行检查来查明原因。根据受害者的症状进行初步判断以后,可以选择需要检查的项目,例如X射线检查、B超、CT、心电图等物理方法;或通过对血、尿样品化验,可以掌握很多生化指标、毒物指标、免疫指标以及病原微生物指标等多项信息。

b. 职业流行病学调查是对一定数量的有关人群进行调查,调查的方式主要是询问,必要时也可进行一定的化验。除调查受害者以外,必要时还可以调查其他有关人群,例如受害者家属、密切接触者等。尤其对于原因不明的突发事件,调查的范围应该扩大一些。

c. 现场环境的调查和检测对于查明原因以及印证原因等都起着很重要的作用。现场是突发事件的发生地点,很多有价值的信息来自现场,所以现场的信息非常重要,必须调查清楚。环境检测的采样要求是很严格的,不是随便取一点样品就能反映出真实情况的,而是要使所采集的样品既有代表性又有准确性。尤其是采集空气和水的样品,由于水和空气的流动性极大,质量很容易变动,所以在采样前应该注意尽量保持环境的原有状态,以保证对所测定的指标在采样时不受到干扰,尽量选择污染最严重的地点进行采样。

d. 有些突发事件在发生后,现场已经变动,已经不是原来的状态,很难调查原因。其中有些原因不明的事件在其他方法不能确定原因的情况下,在条件允许时,可以进行现场环境复原试验。尽可能将现场的环境情况恢复到事件发生时的状态,例如环境的布局、室内物体的布置、人员的活动方式等都恢复如初,然后进行调查和测试。必要时可以将试验动物放置于现场进行观察,追踪原因,这种方法只适用于受害人数很多,但现场环境规模不大、易于复原的案件。

e. 清理现场。突发事件发生后,现场往往受到污染,急需对现场进行清理,甚至消毒,杜绝污染源,切断传播途径,保护高危人群以防有害因素继续扩散。因此,在现场调查和采样以后，应立即清理现场。由于突发事件的原因不同，扩散传播的方式不同，其清理措施也就各不相同，总的说来，清理现场更需要有关方面密切配合，协同解决。现场处理是非常紧急的任务，要求做到及时、准确、有效。

（2）职业病危害事故的现场处理程序

① 停止继续接触职业病危害源。消防、安全生产等部门应组织力量及时控制危害源，将仍然处于危害源核心区域的人员搜救出来，移送到空气新鲜的安全区域，并封锁危险区域。

② 现场分区和警示标识。现场根据危害源性质和散布特点设立分区，对中毒事件，毒源周围为污染区（热区），用红色警示线围拢；红色警示线外为污染降解区（温区），用黄色警示线围拢；黄线外为洁净区（冷区），用绿色警示线围拢，将无关人员隔在事件区域外。

③ 现场检伤。到达现场的医疗卫生救援应急队伍，应在黄线上设立洗消点，对接触者进行洗消后，送到冷区的紧急救治点。本着“先救命后治伤、先救重后救轻”的原则最大限度地减少事件对人员健康带来的伤害。按照国际统一的标准对伤病员进行检伤分类，分别用绿、黄、红、黑四种颜色，对轻、重、危重伤病员和死亡或濒临死亡的人员做出标识，以便后续救援人员的救治辨认或采取相应的措施。

④ 转送伤员。当现场环境处于危险或在伤病员情况允许时，要尽快将伤病员转送并做好以下工作：一是对有严重污染、大量摄入毒物或转运途中有生命危险的急危重症者，应就地先予污染清除、催吐等处理后再转运。二是认真给接纳的医疗机构填写转运卡，并报送现场医疗卫生救援指挥部汇总。三是在转运中，医护人员必须在医疗仓内密切观察伤病员病情变化，并确保治疗持续进行。四是在转运过程中要科学搬运，避免造成二次损伤。五是合理分流伤病员或按现场医疗卫生救援指挥部指定的地点转送，任何医疗机构不得以任何理由拒诊、拒收伤病员。

⑤ 应急人员的安全防护。政府有关部门要为涉险人员和应急救援人员提供符合要求的安全防护装备，采取必要的防护措施，严格按照程序开展应急救援工作，确保人员安全。进入存在尘毒或可致人伤害的其他现场，应当穿着合适的防护用品，进行皮肤、眼睛和手足防护。没有进行有效个人安全防护的应急救援人员，均不得进入存在或可能存在中毒危险的现场。

⑥ 群众的安全保护。各级政府和相关部门要指定或建立与人口密度、城市规模相适应的应急避险场所，完善紧急疏散管理办法和程序，明确各级责任人，确保在紧急情况下的公众安全和有序的转移或疏散。对暴露地区（空气中有毒物质浓度高于卫生标准）的群众，应根据事件环境特点，积极采取措施，将其转移到空气清新处。对毒气泄漏，要根据当地的气象条件和地貌特点，将群众转移到地势较高的上风向区域避险。必要时，应提供合适的呼吸防护用品。如果毒物污染了环境或水源，要立即标记和封锁污染区，控制污染源。对暴露地区的群众积极开展有针对性的健康知识教育，指导群众发现可能被污染的环境、物质和可能出现的健康损害，指导群众积极就医，快速发现潜在病人和亚临床病人。指导暴露地区的群众积极开展自救互救工作。

⑦ 信息报告和发布。医疗急救中心（站）和其他医疗机构接到突发公共事件的报告后，在迅速开展应急医疗卫生救援工作的同时，立即将人员伤亡、抢救等情况报告现场医疗卫生救援指挥部或当地卫生行政部门。现场医疗卫生救援指挥部、承担医疗卫生救援任务的医

疗机构要每日向上级卫生行政部门报告中毒病人情况、医疗救治进展等，重要情况要随时报告。有关卫生行政部门要及时向本级人民政府和突发公共事件应急指挥机构报告有关情况。各级卫生行政部门要按照有关规定，做好职业病危害事件医疗卫生救援信息发布工作。

⑧ 应急的终止。职业病危害事件医疗卫生应急反应的终止需要符合以下条件：事件危害源得到有效控制，相关危险因素被消除，现场空气中有毒有害物质浓度低于卫生标准，无同源性新发中毒病例出现，多数患者病情得到基本控制或无恶化的可能。负责事件医疗卫生应急响应的部门，应根据事件现场和病人的处理情况，组织专家进行分析论证，提出终止应急医疗卫生应急反应的建议，并以书面形式报告同级人民政府或其设定的应急指挥部，得到负责事件响应的人民政府批准后实施，并向上一级卫生行政部门报告。

(3) 职业病危害事故的主要有害因素分析

① 物理因素所致事故主要有害因素。在物理因素所致职业病危害事故中核电站、核设施和部分民用放射源是核与放射突发事件应考虑的重点对象。核电厂或其他核设施中很少发生严重偏离运行工况的状态，一旦发生严重偏离，放射性物质的释放可能或已经失去应有的控制，达到不可接受的水平。放射性同位素丢失、被盗或者射线装置、放射性同位素失控而导致工作人员或者公众受到意外的、非自愿的异常照射，称之为放射事故。“放射事故”与“放射事件”都是应急准备和响应中经常使用的术语，两者的意义并无明显区别。在卫生防护管理的法律、法规和技术标准中多数情况下使用“放射事故”一词。美国“9・11”事件后特别是在发生“非典”事件后，我国使用“放射事件”的频度显著增加。2001 年发布的《放射事故管理规定》中，将放射事故分为一般、严重和重大共三级事故。

② 化学性有害因素事故主要有害因素。造成突发事件的化学因素的种类非常多，它是造成食物中毒、职业中毒、环境污染等突发事件的主要原因。这些有害因素主要包括生产事故、操作故障、误食、谋害、化学武器、环境污染等，通过空气、水、食物等环境渠道进入人体。进入的方式可以是吸入、食入、饮入甚至是皮肤接触吸收，都可以使机体受到伤害。有些有害因素在气象条件恶劣时，造成的危害更严重，例如炎热、严寒、逆温、大风或使水流速度变化等环境因素的影响，都能加剧化学性有害因素的作用。

③ 生物性有害因素应急与救援。一是病原微生物。包括致病的病毒、细菌、螺旋体、真菌等，例如冠状病毒、流感病毒、肝炎病毒、葡萄球菌、军团杆菌、沙门杆菌、霍乱弧菌、钩端螺旋体等。这类病原微生物可以分别通过空气、飞沫、水或食物等环境渠道进入人体，引起传染病的暴发或食物中毒。二是微生物产生的毒素。这些毒素是微生物体内的代谢产物，主要是由于食物在加工过程中受到污染或者是由于食物没有妥善保管而造成细菌大量繁殖，产生大量毒素污染了食物，引起食物中毒。例如葡萄球菌毒素、肉毒杆菌毒素等。三是病原生物。例如疟原虫引起疟疾，各种寄生虫引起寄生虫病等。

④ 病媒生物。例如蚊子、苍蝇、蟑螂、虱子、跳蚤、老鼠、某些野生动物等，身上都能携带多种病原微生物传播传染病。这些生物性有害因素的传播途径除了通过空气、水、食物等通常的途径以外，洪涝灾害、天气过冷过热、居住环境的变迁、人口大规模迁移等因素，均能促使生物性有害因素的急速扩散，更易引起传染病的暴发。

复习思考题

1. 简述职业卫生管理的手段与方法。
2. 职业卫生法律体系根据什么制定?
3. 职业病危害事故的现场处理原则有哪些?

参 考 文 献

[1] 鲍含诚.矿山粉尘与相关疾病[M].北京:煤炭工业出版社,2004.
[2] 鲍含诚,李庆海.矿山粉尘与相关疾病[M].北京:煤炭工业出版社,1999.
[3] 曹瑜强.铸造工艺及设备[M].北京:机械工业出版社,2003.
[4] 陈蔷,王生.职业卫生概论[M].北京:中国劳动社会保障出版社,2008.
[5] 陈卫红,邢景才,史廷明,等.粉尘的危害与控制[M].北京:化学工业出版社,2005.
[6] 陈沅江,吴超,吴桂香.职业卫生与防护[M].北京:机械工业出版社,2009.
[7] 程卫民.矿井粉尘防治理论与技术[M].北京:煤炭工业出版社,2016.
[8] 樊立华.卫生法学[M].北京:人民卫生出版社,2004.
[9] 国家安全生产监督管理总局.煤尘爆炸性鉴定规范:AQ 1045—2007[S].北京:煤炭工业出版社,2007.
[10] 何潮洪,冯霄.化工原理[M].北京:科学出版社,2001.
[11] 何风生.劳动卫生与职业病[M].北京:中国科学技术出版社,1991.
[12] 侯杰.现代肺弥漫性疾病学[M].北京:人民军医出版社,2003.
[13] 胡广霞,段晓瑞.防火防爆技术[M].北京:中国石化出版社,2012.
[14] 胡克.弥漫性肺疾病临床诊断学[M].北京:科学技术文献出版社,2003.
[15] 胡志光.电除尘器运行及维修[M].北京:中国电力出版社,2004.
[16] 黄元平.矿井通风[M].徐州:中国矿业大学出版社,1986.
[17] 浑宝炬,郭立稳.矿井粉尘检测与防治技术[M].北京:化学工业出版社,2005.
[18] 金国淼.除尘设备[M].北京:化学工业出版社,2002.
[19] 金龙哲.矿井粉尘防治[M].北京:煤炭工业出版社,1993.
[20] 金泰廙.职业卫生与职业医学[M].6 版.北京:人民卫生出版社,2007.
[21] 李雨成.矿井粉尘防治[M].北京:煤炭工业出版社,2017.
[22] 林大泽,韦爱勇.职业安全卫生与健康[M].北京:地质出版社,2005.
[23] 卢伟.工作场所有害因素危害特性实用手册[M].北京:化学工业出版社,2008.
[24] 鲁忠良.煤矿井下粉尘防治[M].北京:煤炭工业出版社,2016.
[25] 马振雨.矿井粉尘危害及其治理初探[J].科技促进发展,2012(S1):137-138.
[26] 牛侨.职业卫生与职业医学[M].2 版.北京:中国协和医科大学出版社,2007.
[27] 平海军,武洪才,金华勇.职业卫生安全管理手册[M].北京:学苑出版社,2008.
[28] 任国友,孟燕华.中国职业安全卫生一体化发展模式探索[J].中国安全科学学报,2007,17(5):69-74.
[29] 山东省劳动卫生职业病防治研究所.职业医学临床实践[M].济南:山东科学技术出版社,1991.

[30] 沈国安. 职业性肺病[M]. 北京:中国医药科技出版社,1999.
[31] 沈岳奋. 生物化学检验技术[M]. 北京:人民卫生出版社,2008.
[32] 史富川,康聚鼎. 矿井综合防尘技术与管理[M]. 北京:煤炭工业出版社,1994.
[33] 孙一坚. 工业通风[M]. 3 版. 北京:中国建筑工业出版社,1994.
[34] 谭天佑,梁凤珍. 工业通风除尘技术[M]. 北京:中国建筑工业出版社,1984.
[35] 唐国山,唐复磊. 水泥厂电除尘器应用技术[M]. 北京:化学工业出版社,2005.
[36] 唐敬麟,张禄虎. 除尘装置系统及设备设计选用手册[M]. 北京:化学工业出版社,2004.
[37] 汪德淇. 矿井通风防尘[M]. 北京:冶金工业出版社,1994.
[38] 王晋育,刘新强,冉文清. 综采工作面综合防尘技术研究[J]. 煤炭工程师,1990,17(6):1-7.
[39] 王俊治张文华刘洪军. 孙村煤矿综合防尘经验[M]. 北京:煤炭工业出版社,1991.
[40] 王显政. 煤矿安全新技术[M]. 北京:煤炭工业出版社,2002.
[41] 王英敏. 矿井通风与安全[M]. 北京:冶金工业出版社,1993.
[42] 文涛,王明海. 尘肺病防治[M]. 大连:大连海事大学出版社,1998.
[43] 吴超. 化学抑尘[M]. 长沙:中南大学出版社,2003.
[44] 吴崇其. 卫生法学[M]. 北京:法律出版社,2005.
[45] 吴崇其. 中国卫生学[M]. 北京:中国协和医科大学出版社,2005.
[46] 吴九辅. 安全防爆[M]. 北京:石油工业出版社,2011.
[47] 吴晓明,李士雪,徐凌忠,等. 新世纪职业卫生服务面临的挑战与对策[J]. 中国卫生事业管理,2010,27(2):128-129.
[48] 向晓东. 现代除尘理论与技术[M]. 北京:冶金工业出版社,2002.
[49] 闫跃进,刘建超. 呼吸性粉尘监测技术与防治方法[M]. 武汉:中国地质大学出版社,1998.
[50] 严兴忠. 工业防尘手册[M]. 北京:劳动人事出版社,1989.
[51] 杨胜强. 粉尘防治理论及技术[M]. 徐州:中国矿业大学出版社,2007.
[52] 叶钟元. 矿尘防治[M]. 徐州:中国矿业大学出版社,1991.
[53] 袁聚祥,范雪云,王广增. 煤矿职业危害预防与控制指南[M]. 北京:北京大学医学出版社,2007.
[54] 张殿印,王纯. 除尘工程设计手册[M]. 北京:化学工业出版社,2003.
[55] 张殿印,张学义. 除尘技术手册[M]. 北京:冶金工业出版社,2002.
[56] 张国枢. 通风安全学[M]. 徐州:中国矿业大学出版社,2000.
[57] 张敏,李涛,杜燮祎,等. 我国职业卫生标准体系研究[J]. 中国卫生监督杂志,2009,16(3):225-231.
[58] 张敏,李涛,杜燮祎. 我国职业卫生标准体系建设[J]. 劳动保护,2009(7):13-15.
[59] 张永吉. 煤层注水技术[M]. 北京:煤炭工业出版社,2001.
[60] 张忠彬,孙庆云. 我国职业卫生监管工作现状分析[J]. 中国安全科学学报,2008,18(6):34-39.
[61] 赵衡阳. 气体和粉尘爆炸原理[M]. 北京:北京理工大学出版社,1996.

[62] 赵姗姗,鲁顺清.我国职业卫生现状研究[J].工业安全与环保,2008,34(12):40-42.
[63] 赵书田.煤矿粉尘防治技术[M].北京:煤炭工业出版社,1987.
[64] 赵晓亮,岳阳霞,宋子岭,等.无机盐对表面活性剂润湿煤尘的影响[J].露天采矿技术,2020,35(3):35-38.
[65] 赵益芳.矿井防尘理论及技术[M].北京:煤炭工业出版社,1995.
[66] 中国标准出版社第二编辑室.煤矿安全标准汇编:瓦斯防治 通风管理 粉尘防治 防治水 防灭火(下)[M].北京:中国标准出版社,2012.
[67] 中国法制出版社.最新《煤矿安全规程》学习读本[M].修订版.北京:中国法制出版社,2016.
[68] 中国预防医学科学院标准处.职业病诊断国家标准汇编(1992)[M].北京:中国标准出版社,1992.
[69] 中华人民共和国国务院办公厅.国务院办公厅关于印发劳动和社会保障部职能配置内设机构和人员编制规定的通知[J].湖南政报,1998(17):23-26.
[70] 中央机构编制委员会办公室.关于国家安全生产监督管理局(国家煤矿安全监察局)主要职责内设机构和人员编制调整意见的通知[J].湖南安全与防灾,2003(12):5-8.
[71] 周学勤.职业卫生管理与技术[M].北京:中国石化出版社,2005.

附　录

附表1　《职业病分类和目录》新增加的职业病名单

调整后分类	疾病
职业性尘肺病及其他呼吸系统疾病	金属及其化合物粉尘肺沉着病(锡、铁、锑、钡及其化合物等)
	刺激性化学物所致慢性阻塞性肺疾病
	硬金属肺病
职业性皮肤病	白斑
职业性耳鼻喉口腔疾病	爆震聋
职业性化学中毒	铟及其化合物中毒
	溴丙烷中毒
	碘甲烷中毒
	氯乙酸中毒
	环氧乙烷中毒
物理因素所致职业病	激光所致眼(角膜、晶状体、视网膜)损伤
	冻伤
职业性传染病	艾滋病(限于医疗卫生人员及人民警察)
	莱姆病
职业性肿瘤	毛沸石所致肺癌、胸膜间皮瘤
	煤焦油、煤焦油沥青、石油沥青所致皮肤癌
	β-萘胺所致膀胱癌
其他职业病	股静脉血栓综合征、股动脉闭塞症或淋巴管闭塞症(限于刮研作业人员)

附表2　《职业病分类和目录》调整的职业病名称

调整后分类	调整前疾病名称	调整后疾病名称
职业性尘肺病及其他呼吸系统疾病	尘肺	尘肺病
	职业性变态反应性肺泡炎	过敏性肺炎
职业性皮肤病	光敏性皮炎	光接触性皮炎
职业性化学中毒	铀中毒	铀及其化合物中毒
	工业性氟病	氟及其无机化合物中毒
	有机磷农药中毒	有机磷中毒
	氨基甲酸酯类农药中毒	氨基甲酸酯类中毒
	拟除虫菊酯类农药中毒	拟除虫菊酯类中毒

附表 2(续)

调整后分类	调整前疾病名称	调整后疾病名称
职业性化学中毒	根据《职业性中毒性肝病诊断标准》可以诊断的职业性中毒性肝病。根据《职业性急性化学物中毒诊断标准(总则)》可以诊断的其他职业性急性中毒	上述条目未提及的与职业有害因素接触之间存在直接因果联系的其他化学中毒
职业性放射性疾病	放射性肿瘤	放射性肿瘤(含矿工高氡暴露所致肺癌)
职业性传染病	布氏杆菌病	布鲁氏菌病
职业性肿瘤	氯甲醚所致肺癌	氯甲醚、双氯甲醚所致肺癌
	砷所致肺癌	砷及其化合物所致肺癌、皮肤癌
	焦炉工人肺癌	焦炉逸散物所致肺癌
	铬酸盐制造业工人肺癌	六价铬化合物所致肺癌
其他职业病	煤矿井下工人滑囊炎	滑囊炎(限于井下工人)